校企合作计算机类技能实战系列丛书

互联网+创新型“十四五”精品教材

Inventor 产品设计 项目教程

主　编　黎文龙　樊　琦　田　妮

副主编　刘　宁　李晓娟　黄尚林

冯发勇　姚会娟　纪刚刚

微课版

哈爾濱工程大學出版社

Harbin Engineering University Press

内 容 简 介

Inventor 软件是 Autodesk 公司推出的可视化三维实体设计软件。本书以 Inventor 2024 为例，分为 6 个项目，系统全面地介绍了 Inventor 基本知识、草图、零件建模、部件装配及视图表达、工程图，以及 Inventor 产品设计综合实践等内容。

本书既可作为应用型本科、职业院校、技工院校等相关专业的教学用书，也可以作为工程应用设计人员的培训用书，以及 Inventor 软件爱好者的参考用书。

图书在版编目（CIP）数据

Inventor 产品设计项目教程 ： 微课版 / 黎文龙，樊琦，田妮主编. -- 哈尔滨 ： 哈尔滨工程大学出版社，2025. 8. -- ISBN 978-7-5661-4905-3

Ⅰ. TH122

中国国家版本馆 CIP 数据核字第 2025YH0803 号

Inventor 产品设计项目教程（微课版）

Inventor CHANPIN SHEJI XIANGMU JIAOCHENG（WEIKE BAN）

选题策划 张林峰

责任编辑 刘依蕾

出版发行 哈尔滨工程大学出版社
社　　址 哈尔滨市南岗区南通大街 145 号
邮政编码 150001
电　　话 0451-82519989
经　　销 新华书店
印　　刷 三河市中晟雅豪印务有限公司
开　　本 787 mm×1 092 mm　1/16
印　　张 15
字　　数 384 千字
版　　次 2025 年 8 月第 1 版
印　　次 2025 年 8 月第 1 次印刷
书　　号 ISBN 978-7-5661-4905-3
定　　价 69.80 元

http://www.hrbeupress.com
E-mail:heupress@hrbeu.edu.cn

前　言

党的二十大报告指出，“坚持尊重劳动、尊重知识、尊重人才、尊重创造，实施更加积极、更加开放、更加有效的人才政策”“着力形成人才国际竞争的比较优势。加快建设国家战略人才力量”“深化人才发展体制机制改革……把各方面优秀人才集聚到党和人民事业中来”。

在科技飞速发展的当下，数字化设计技术已成为推动制造业行业前行的核心力量。本书以国家高等职业教育人才培养目标为依据，结合职业岗位需求现状编写而成，使用的是 Autodesk Inventor 2024 软件中文版。本书具有以下特色。

（1）本书秉持“学以致用”的教育理念，从基础操作入手，以典型工作任务为载体，图文并茂地介绍了 Inventor 软件的功能和应用技巧。

（2）本书中每一个教学案例都有详细的操作步骤和教学微视频，方便读者学习，使其更熟练地掌握 Inventor 软件的各项功能。

（3）本书结构清晰，循序渐进，案例理论联系实际，具有简洁性、易学性、新颖性、代表性、实用性等特点。

本书由赣州职业技术学院智能制造学院黎文龙、抚州职业技术学院樊琦、重庆工信职业学院田妮担任主编并负责全书统稿工作；由赣州职业技术学院刘宁、李晓娟、黄尚林、冯发勇，青铜峡市职业教育中心姚会娟、陕西航天职工大学纪刚刚担任副主编。本书的相关资料和售后服务可用微信扫描封底二维码或登录 www.bjzzwh.com 下载获得。本书的编写得到了有关领导和相关企业的大力支持和帮助，在此对他们的辛勤付出表示感谢。

由于编者水平有限，书中难免存在疏漏和不足之处，恳请广大读者批评指正。

编　者

目　录

项目 1　Inventor 基本知识

项目概述

本项目主要介绍 Inventor 软件的常用工具操作，以及绘图环境设置方法。熟练操作 Inventor 软件的基础工具，可以提升设计效率，为后续任务的学习打下坚实基础。

素质目标

（1）在学习 Inventor 软件的过程中，培养学生的学习热情和探索精神。
（2）通过学习基本知识，强化学生的动手能力和实际操作技能。

任务 1　Inventor 常用工具操作

学习目标

（1）了解 Inventor 软件的鼠标操作方法。
（2）熟悉 Inventor 软件的 ViewCube、SteeringWheels 等工具的使用。

Inventor 常用工具操作

工作任务

运用鼠标可以完成各种功能，包括选择和编辑对象、移动视角、单击鼠标右键打开快捷菜单、按住鼠标滑动快捷功能、旋转视角和物体缩放等。运用 ViewCube、SteeringWheels 等工具观察视图。

任务重点与实施

1．鼠标的使用

Step 01 移动或悬停鼠标。鼠标经过某一特征或某一工具按钮时，该特征或该工具按钮会高亮显示。例如，当鼠标在浏览区模型树中的某一父特征上悬停时，该父特征以蓝框形式显示，并且在图形显示区的模型上，相对应的特征会以虚线形式高亮显示；当鼠标在工具面板的某一特征工具按钮上悬停时，会弹出对该特征的介绍窗口。Inventor 软件特征介绍窗口如图 1-1-1 所示。

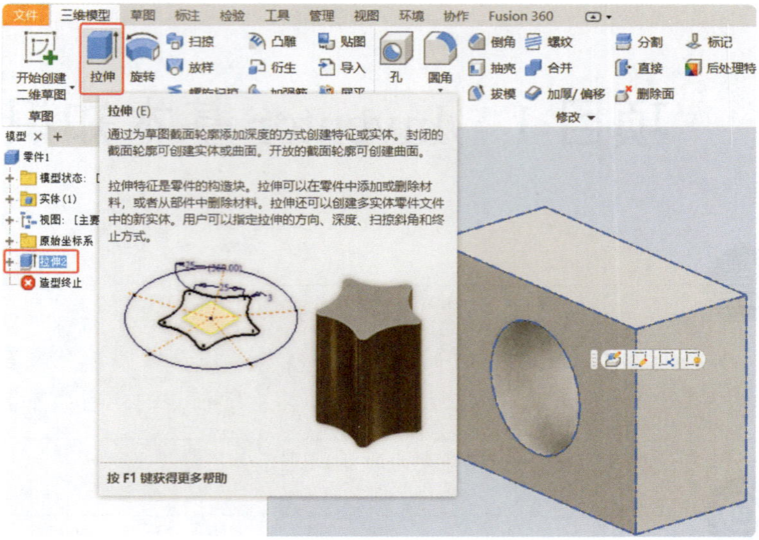

图 1-1-1　Inventor 软件特征介绍窗口

Step 02 单击或双击鼠标左键。单击鼠标左键用于选择对象，双击鼠标左键用于编辑对象。例如，单击某一特征会弹出对应的特征参数框，可以进行编辑，如图 1-1-2 所示。

Step 03 单击鼠标右键。单击鼠标右键用于弹出选择对象的快捷菜单。在 Inventor 软件的各种环境中，很多常用工具都在右键菜单中。使用右键菜单比单击工具按钮更方便、高效，如图 1-1-3 所示。

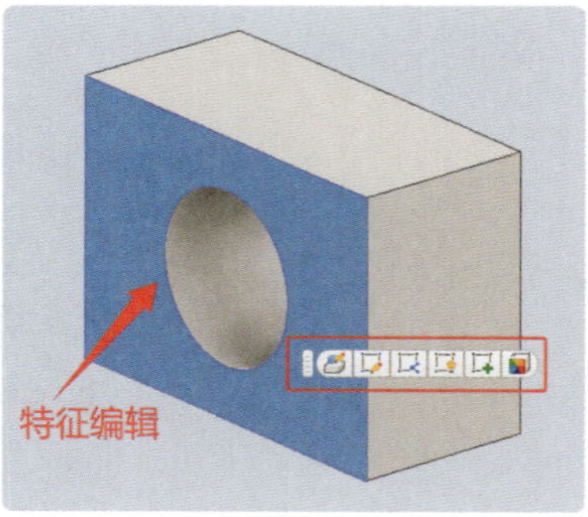

图 1-1-2　特征编辑

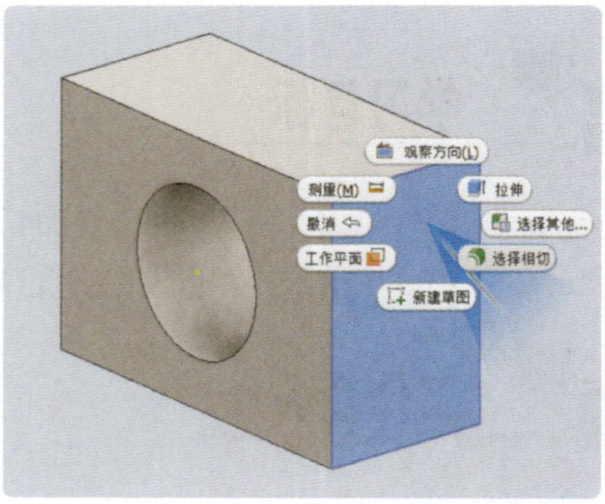

图 1-1-3　右键菜单

Step 04 滚轮操作。滚动鼠标滚轮可用于缩放当前视图，向前滚动滚轮时可缩小视图，反之可放大视图。按下滚轮会平移用户界面内的数据模型，此时鼠标变成小手形状。如果按下【Shift】键的同时再按下滚轮并拖动鼠标则会动态观察当前视图。

Step 05 拖动鼠标左键。在按下【F4】键的同时按住鼠标左键并拖动则可以动态观察当前视图。鼠标放置轴心指示器的位置不同，其效果也不同。

2．ViewCube

ViewCube 是一种导航工具界面，由于其简单易用，已经成为 Autodesk 产品中必需的“装备”之一。ViewCube 外观如图 1-1-4 所示。可以通过单击正方体的角、棱、面来改变视图的观察方向。单击正方体四边的箭头，可以翻转视图。

图 1-1-4　ViewCube 外观

Step 01 改变 ViewCube 的激活状态。ViewCube 显示在窗口的左上角或右上角并且处于未激活状态。当将光标定位在其上方时，它将变为激活状态，如图 1-1-5 所示。

Step 02 显示指南针。在 ViewCube 上右击快捷菜单【选项】中【记录设置】，勾选【在 ViewCube 下方显示指南针】，【指南针】会显示在 ViewCube 下方，如图 1-1-6 所示。

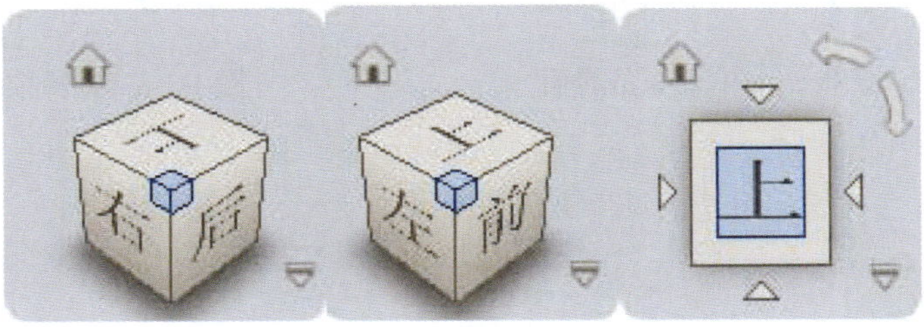

图 1-1-5　ViewCube 激活状态

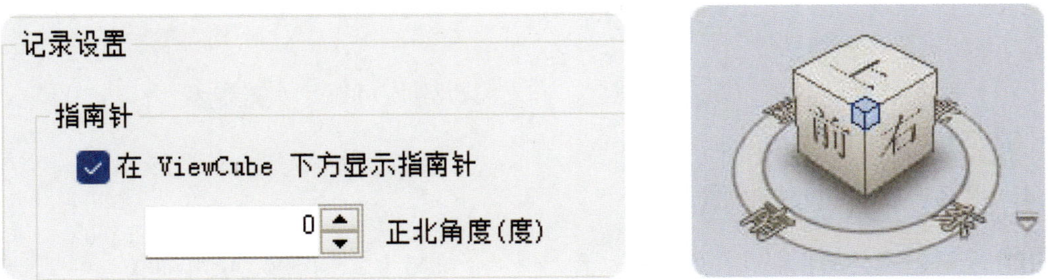

图 1-1-6　ViewCube 指南针设置

Step 03 控制模型的视图。拖动或单击 ViewCube 可改变观察模型的角度。

Step 04 旋转当前视图。在平行视图中，提供了旋转箭头，使用户能够以 90° 为增量，垂直于屏幕旋转视图。

Step 05 更改为前视图。单击 ViewCube 或指南针来重新定向模型，该模型将围绕上次所选对象的中心点旋转，当出现【前】字时，用鼠标单击，视图即可更改为前视图。

3. SteeringWheels

SteeringWheels 是一种便捷的动态观察工具，以屏幕托盘的形式展现，包含常用的和不常用的导航控件。当 SteeringWheels 被激活后，它会一直跟随鼠标指针，无须将鼠标指针移动到功能区的图标上便可立即使用该托盘上的工具。像 ViewCube 一样，用户可以通过【视图】选项卡

【导航】组中的下拉菜单打开和关闭 SteeringWheels，而且 SteeringWheels 可以根据个人喜好调整工具。与 ViewCube 不同，SteeringWheels 默认处于关闭状态，使用时需在功能区【视图】选项卡【导航】组中选择【全导航控制盘】命令来激活它。SteeringWheels 的界面如图 1-1-7 所示。

Step 01 显示控制盘。在导航栏中，单击【控制盘】下拉箭头，可以选择控制盘类型，如图 1-1-8 所示。

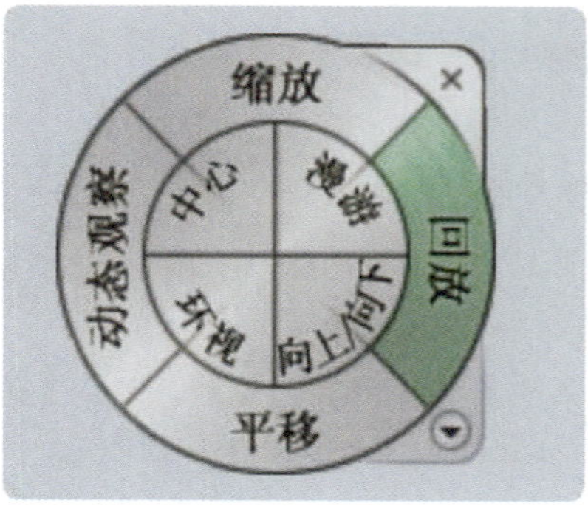

图 1-1-7　SteeringWheels 的界面

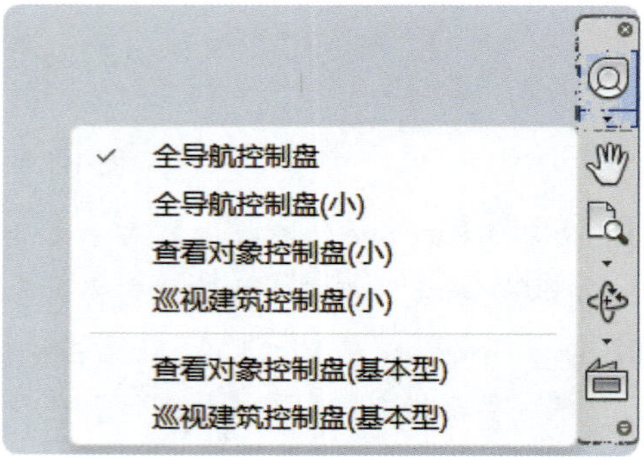

图 1-1-8　选择控制托盘类型

Step 02 关闭控制盘。使用以下方法之一可关闭控制盘：按【CTRL+W】组合键；在控制盘上单击鼠标右键，然后选中【关闭控制盘】选项。

Step 03 更改控制盘的大小。

（1）显示控制盘。

（2）在控制盘上单击鼠标右键，然后选中【SteeringWheels】选项。

（3）在【SteeringWheels】选项对话框中，单击【大控制盘】或【小控制盘】旁边的下拉箭头，可以设置控制盘类型。

（4）向左移动滑块可以减小控制盘，向右移动滑块可以增大控制盘。

（5）单击【确定】按钮。

4．平移、旋转和缩放视图

Step 01 平移。平移操作会改变视图的位置，但不会改变其显示比例。使用标准工具栏上的【平移】命令可以在平行于屏幕的任意方向上移动图形窗口中的视图。在其他命令被激活时，也可以平移视图。

Step 02 旋转。使用标准工具栏上的【旋转】命令可在图形窗口中旋转零件或部件。

（1）单击【标准】工具栏上的【旋转】命令或按【F4】键。

（2）沿所需的方向拖动，以获得所需的旋转。

Step 03 放大或缩小视图。使用【标准】工具栏上的【缩放】命令可放大或缩小图形窗口中的视图，以达到所需的比例。

（1）单击【缩放】缩放 命令。

（2）使用箭头光标单击并拖动视图达到需要的大小。向下拖动放大视图，向上拖动缩小视图。

（3）当图像达到所需的显示比例时，松开鼠标按钮，【缩放】命令保持激活状态，直到用户选择了其他命令为止。在使用滚轮进行缩放时，Inventor View 将使用光标位置作为缩放操作的固定点。此外，上述可以使用智能鼠标来缩放视图，向前滚动滚轮为放大，向后滚动则为缩小。

任务 2 Inventor 绘图环境设置

学习目标

（1）熟悉应用程序常规功能设置。
（2）能够根据所需自定义快捷键。
（3）熟悉鼠标右键功能设置。

Inventor 绘图环境设置

工作任务

设置标注比例为 2、绘图单位为毫米、视图转换时间为 0 秒、视觉样式为带着色边、草图显示不透明度为 40%、自定义快捷键、自定义鼠标右键功能。

任务重点与实施

1. 设置标注比例为 2

Step 01 单击【文件】按钮，选择【选项】，如图 1-2-1 所示。

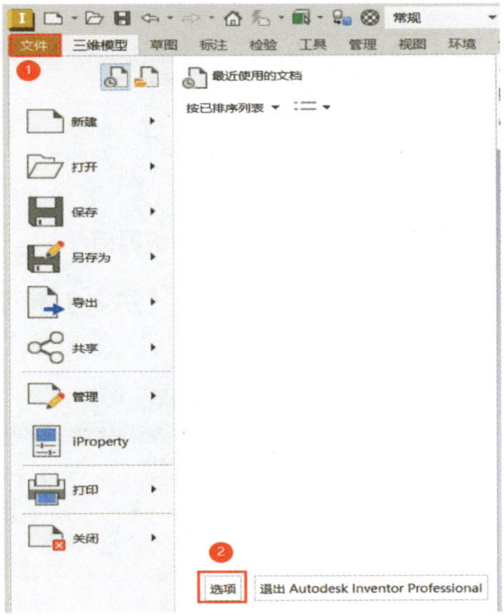

图 1-2-1 单击【文件】，选择【选项】

Step 02 进入【应用程序选项】卡中的【常规】选项设置界面，设置标注比例为 2，如图 1-2-2 所示。标注比例效果如图 1-2-3 所示。标注比例可以根据个人绘图习惯进行调整。

图 1-2-2　设置标注比例为 2

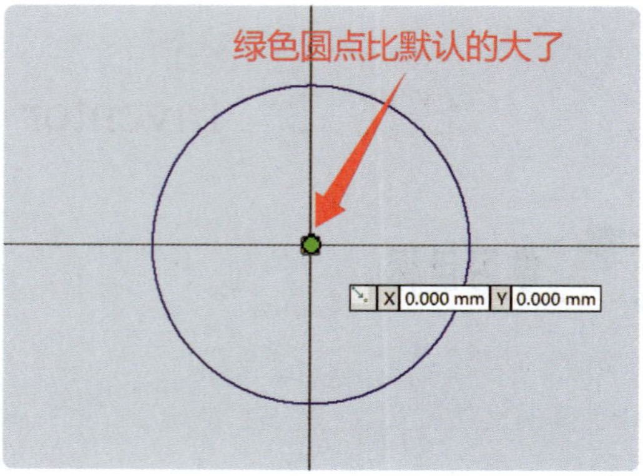

图 1-2-3　标注比例效果

2. 设置绘图单位为毫米

Step 01 单击【文件】按钮，选择【选项】，如图 1-2-1 所示。

Step 02 进入【应用程序选项】卡中的【文件】选项设置界面，选择【配置默认模版】选项，如图 1-2-4 所示。

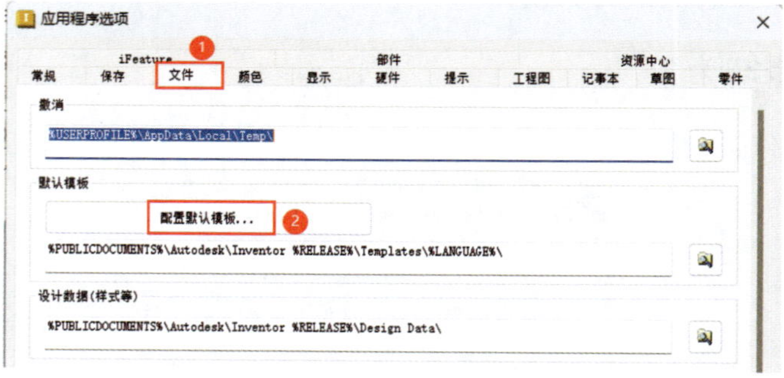

图 1-2-4　配置默认模版界面

Step 03 勾选度量单位为毫米，绘图标准勾选 GB，点击【确定】和【应用】按钮，完成设置，如图 1-2-5 所示。绘图单位设置效果如图 1-2-6 所示。

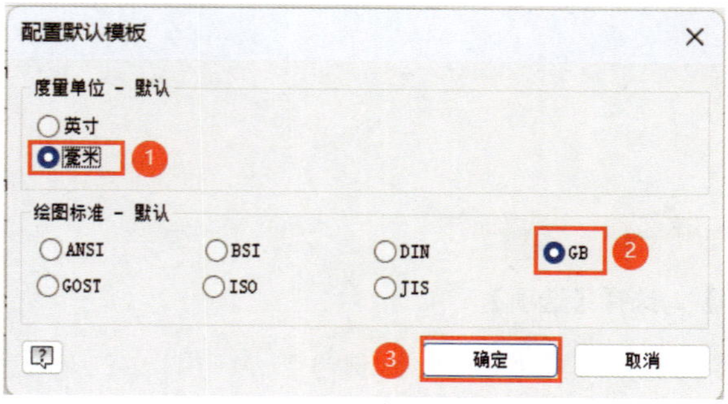

图 1-2-5　设置绘图单位和绘图标准界面

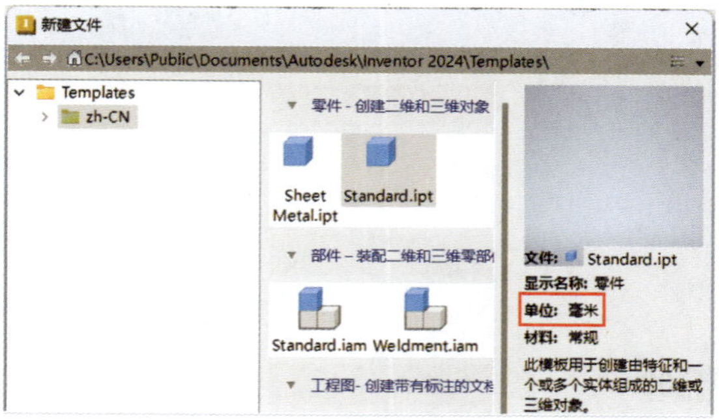

图 1-2-6　绘图单位设置效果

3．设置视图转换时间为 0 秒

Step 01 单击【文件】按钮，选择【选项】。

Step 02 进入【应用程序选项】卡中的【显示】选项设置界面，在【视图转换时间】选项中用鼠标拖至最左边的 0 秒，如图 1-2-7 所示。点击【应用】按钮，完成视图转换时间的设置。

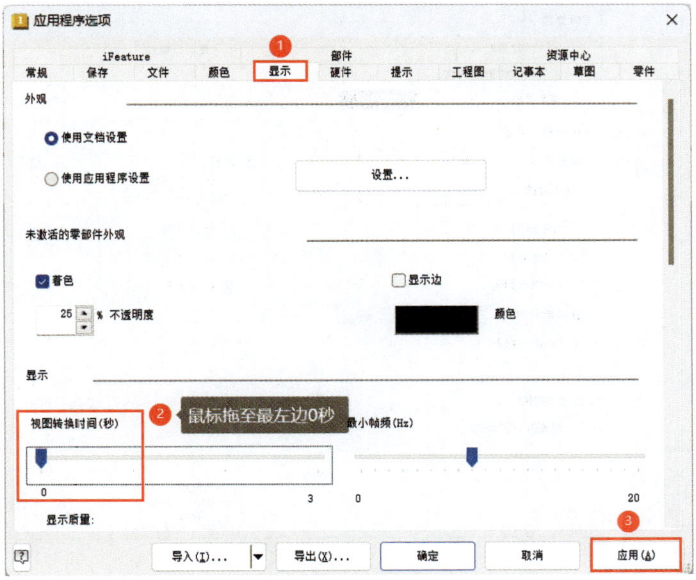

图 1-2-7　设置视图转换时间

▶ 专家指点

设置成 0 秒后，可以提高视图转换时间，减少进入绘图界面的时间，提高绘图效率。

4．设置视觉样式为带着色边

Step 01 单击【文件】按钮，选择【选项】。

Step 02 进入【应用程序选项】卡中的【显示】选项设置界面，在外观下勾选【使用应用程序设置】，单击【设置】按钮，如图 1-2-8 所示。

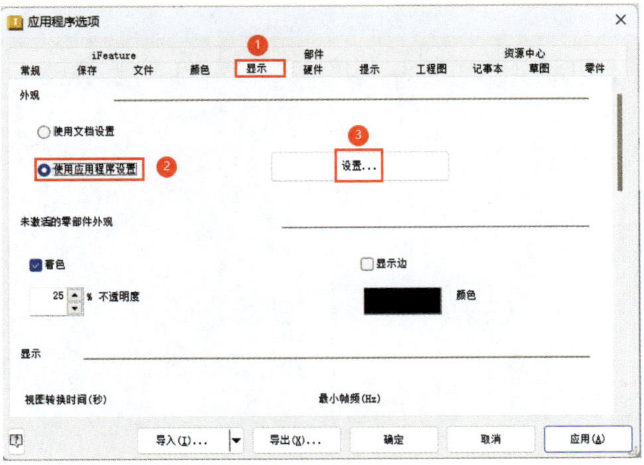

图 1-2-8　使用应用程序设置

Step 03 进入显示外观设置界面，在视觉样式的下拉菜单中选择带边着色，单击【确定】和【应用】按钮，完成设置，如图 1-2-9 所示。

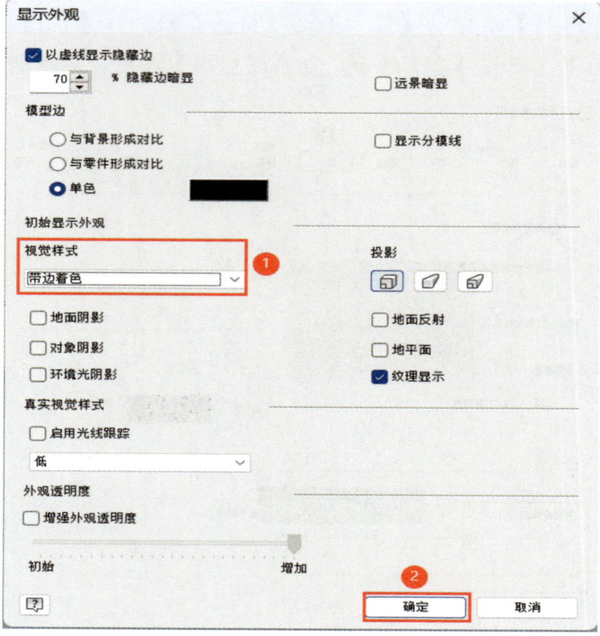

图 1-2-9　设置视觉样式

> ▶ 专家指点
>
> 设置了带边着色有利于图形轮廓的选择，特别是在产品装配中应用，效果比较明显。

5．设置草图显示不透明度为 40%

Step 01 单击【文件】按钮，选择【选项】。

Step 02 进入【应用程序选项】卡中的【草图】选项设置界面，在【草图显示】中，将透过着色模型显示的草图的不透明度设置为 40%，单击【应用】按钮完成设置，如图 1-2-10 所示。草图显示设置效果如图 1-2-11 所示。

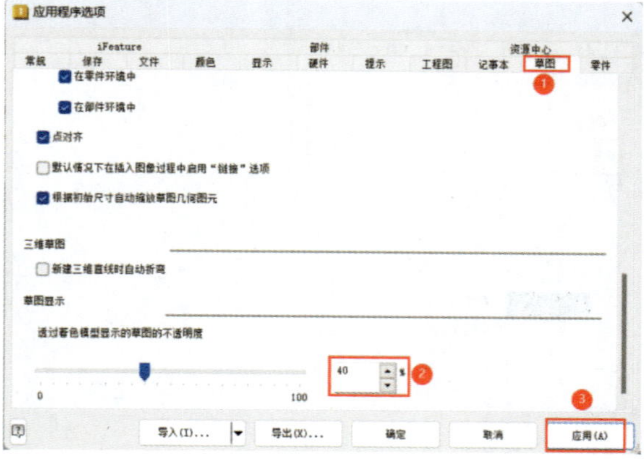

图 1-2-10　草图显示设置

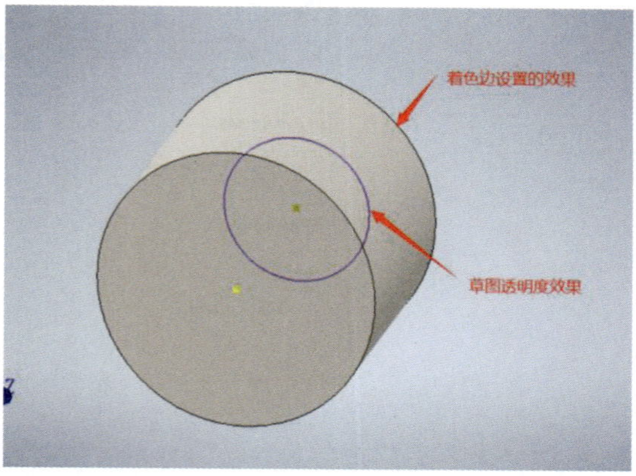

图 1-2-11　草图显示设置效果

6. 设置自定义快捷键

Step 01 在软件绘图界面右上角的空白区单击【鼠标右键】，选择【自定义用户命令】，如图 1-2-12 所示。

Step 02 在【自定义】选项卡中，选择【键盘】选项，类别选择【草图】，根据个人绘图习惯设置自己需要的快捷键，然后点击【应用】和【确定】完成设置，如图 1-2-13 所示。

图 1-2-12　自定义用户命令

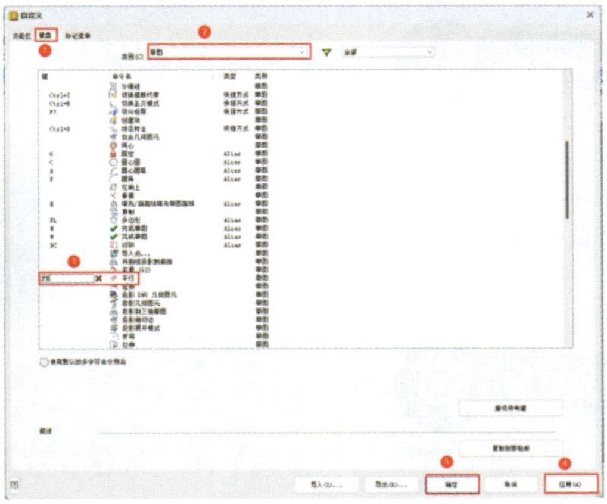

图 1-2-13　设置自定义快捷键

7. 设置自定义鼠标右键功能

Step 01 在软件绘图界面右上角的空白区单击鼠标右键，选择【自定义用户命令】，如图 1-2-12 所示。

Step 02 在【自定义】选项卡中，选择【标记菜单】选项，环境选择【零件】，确定一个要更改的菜单位置，搜索要更改的命令，点选【所有命令】，对话框中就会检索出想要的命令，点击该命令即可替换。然后点击【应用】和【确定】完成设置，如图 1-2-14 所示。

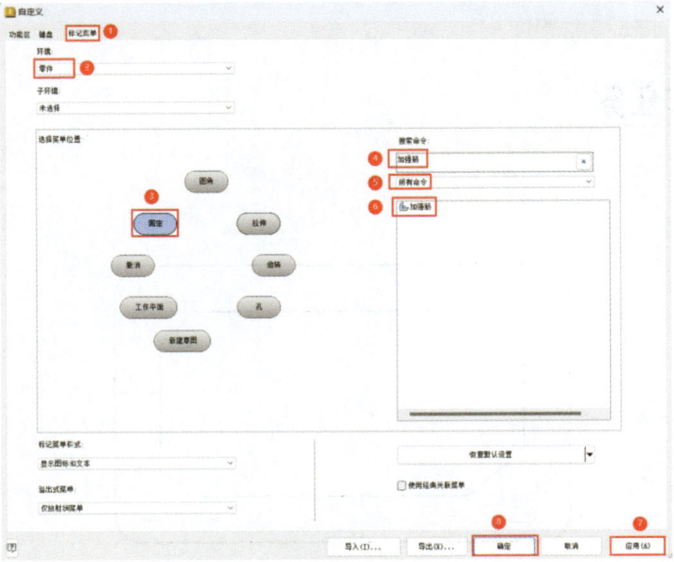

图 1-2-14　设置自定义鼠标右键功能

项目2　草　图

项目概述

在 Inventor 中，草图绘制不仅是几何形状的创建过程，更是通过约束与标注实现参数化设计的关键环节。本项目将系统讲解 Inventor 草图绘制工具与设计规范，包括从基础图形绘制到复杂轮廓控制的技能，为后续实体建模奠定扎实基础。

素质目标

（1）通过学习绘制草图，使学生理解草图的重要性。

（2）提升学生的设计能力、绘图能力。

任务1　垫片草图

学习目标

（1）掌握线功能、圆角、倒角功能的应用。

（2）熟悉尺寸标注功能的应用。

垫片草图

工作任务

根据图纸尺寸要求，完成如图 2-1-1 所示垫片草图。

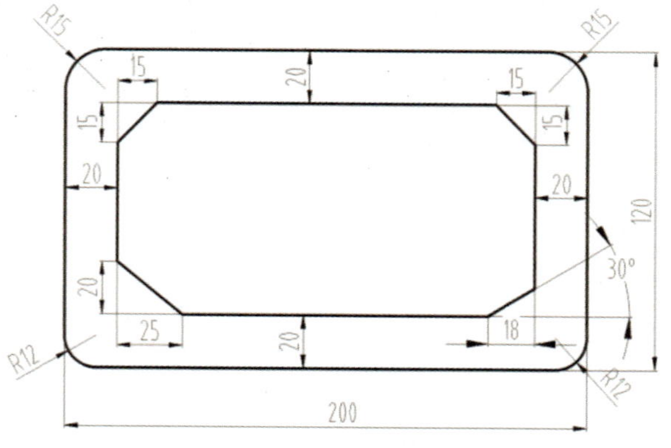

图 2-1-1　垫片草图

任务重点与实施

Step 01 单击【文件】—【新建】—【零件】，进入绘图界面，如图 2-1-2 所示。然后单击【开始创建二维草图】，任选一个基准平面作为草绘平面。单击【直线命令】，选择坐标原点为起点，绘制长为 200 mm，宽为 120 mm 的长方形，如图 2-1-3 所示。

图 2-1-2 新建零件

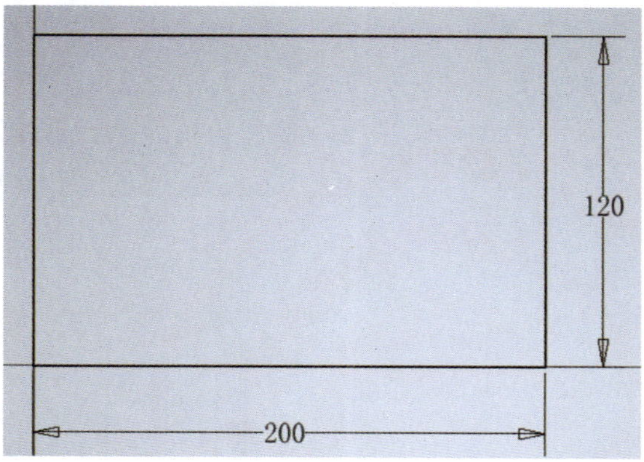

图 2-1-3 绘制外部长方形

Step 02 单击【直线命令】，在 200 mm × 120 mm 的长方形内任选一点作为起点，绘制内部长方形，如图 2-1-4 所示。

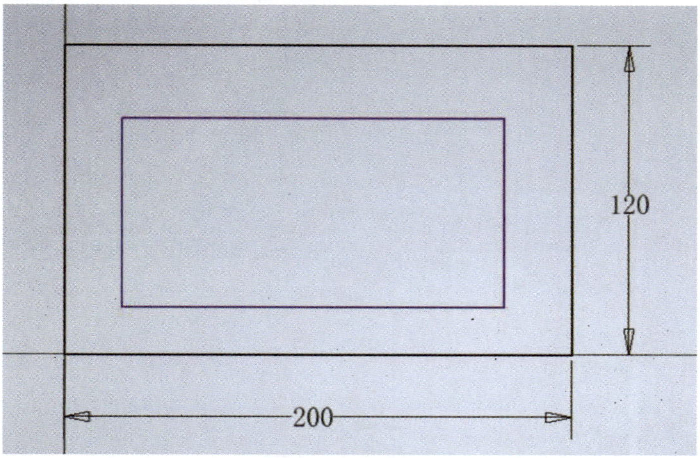

图 2-1-4 绘制内部长方形

Step 03 单击【圆角命令 圆角】，设置圆角参数 *R*15（*R*12），选择要倒圆角的边，完成如图 2-1-5 所示的倒圆角。

Step 04 单击【倒角命令 倒角】，选择边长相等的模式，设置倒角边长为 15 mm，选择要倒角的边，完成如图 2-1-6 所示的倒角（1）。

Step 05 单击【倒角命令 倒角】，选择边长不相等的模式，设置倒角边长 1 为 20 mm，设置倒角边长 2 为 25 mm，选择要倒角的边，完成如图 2-1-7 所示的倒角（2）。

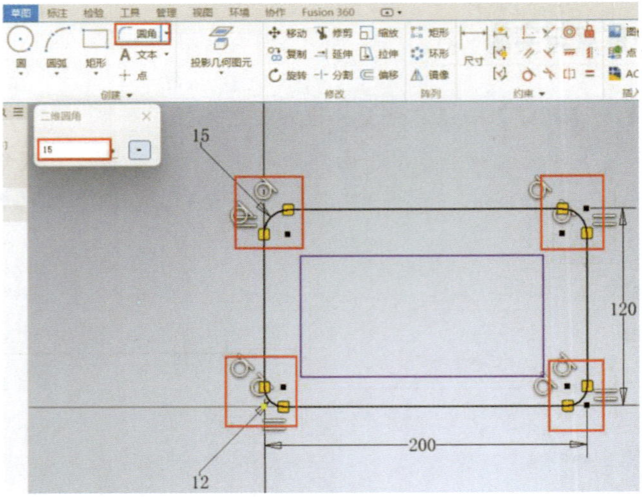

图 2-1-5　倒圆角

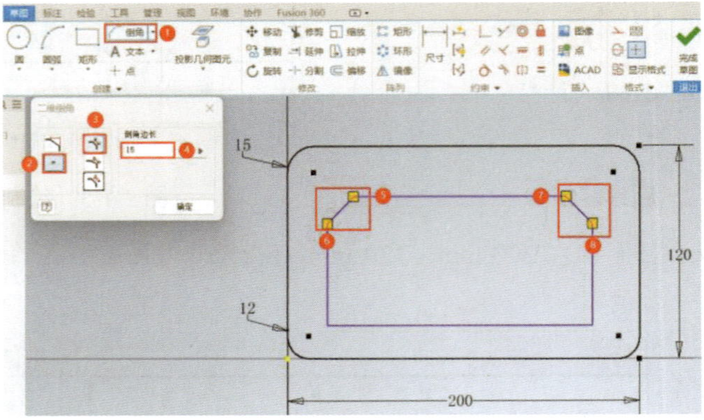

图 2-1-6　倒角（1）

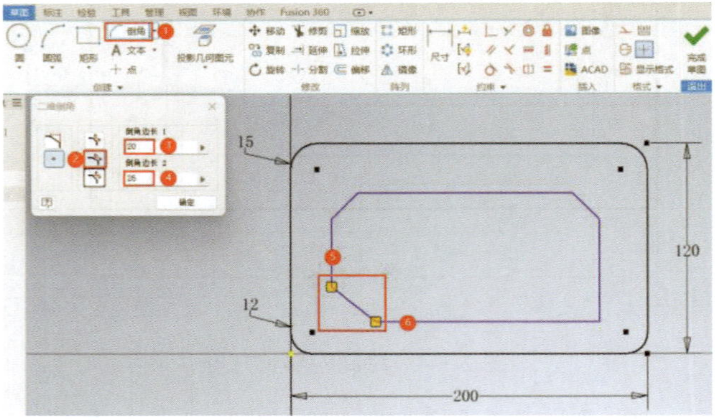

图 2-1-7　倒角（2）

Step 06 单击【倒角 倒角】，选择边长+角度的模式，设置倒角边长为 18 mm，设置倒角角度为 30°，选择要倒角的边，完成如图 2-1-8 所示的倒角（3）。

Step 07 单击【尺寸标注命令】，按图纸尺寸要求进行角度、线性、圆角尺寸的标注，完成后如图 2-1-9 所示。

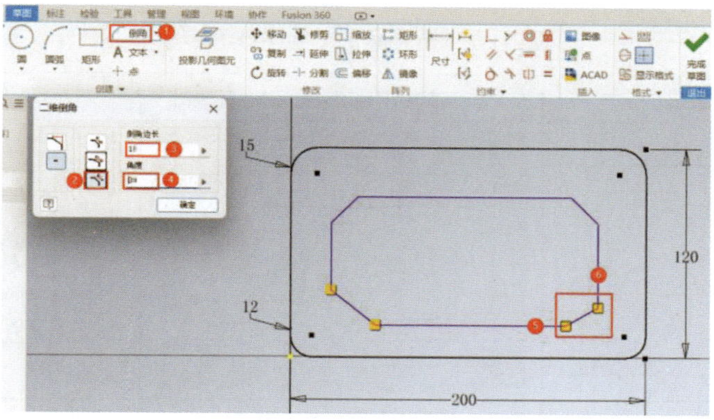

图 2-1-8　倒角（3）

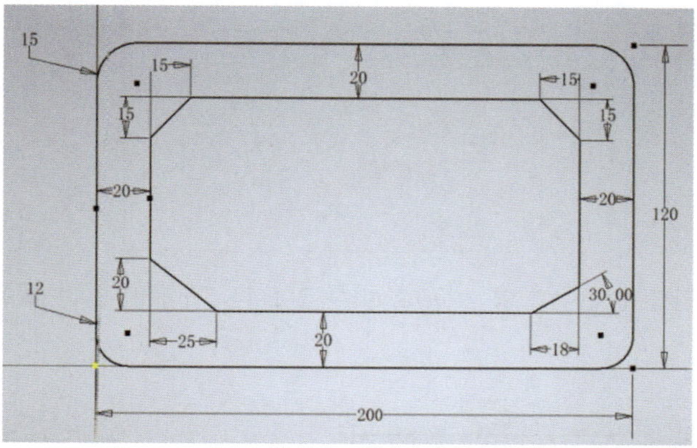

图 2-1-9　尺寸标注

TASK 拓展案例

【拓展案例 1】按图纸尺寸要求，完成如图 2-1-10 所示的零件草图，绘图思路可参考表 2-1-1 中的步骤。

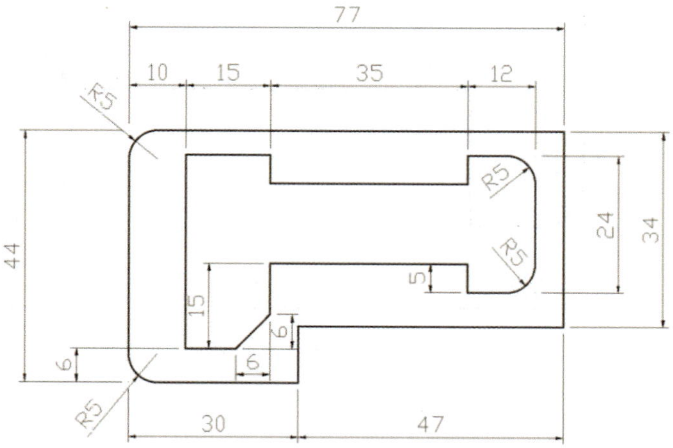

图 2-1-10　拓展案例 1

表 2-1-1　拓展案例 1 绘图参考步骤

（1）绘制外形并修改尺寸	（2）绘制内部形状并修改尺寸	（3）倒圆角并标注尺寸
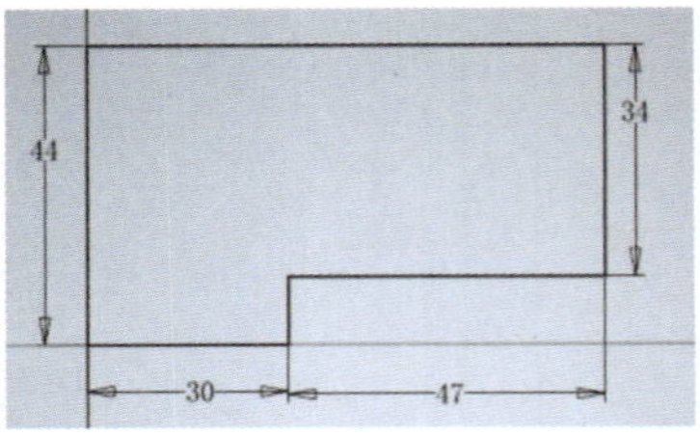	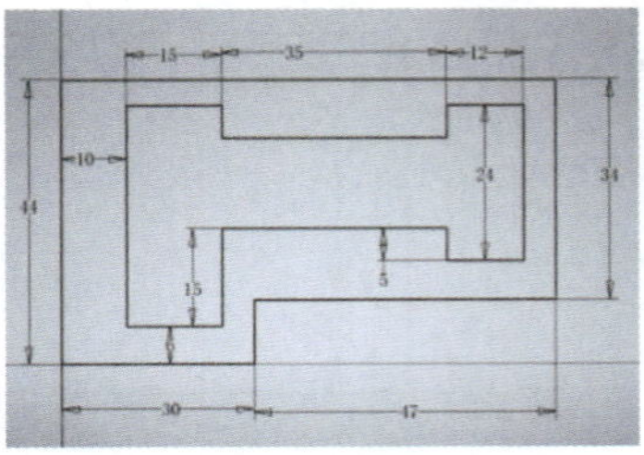	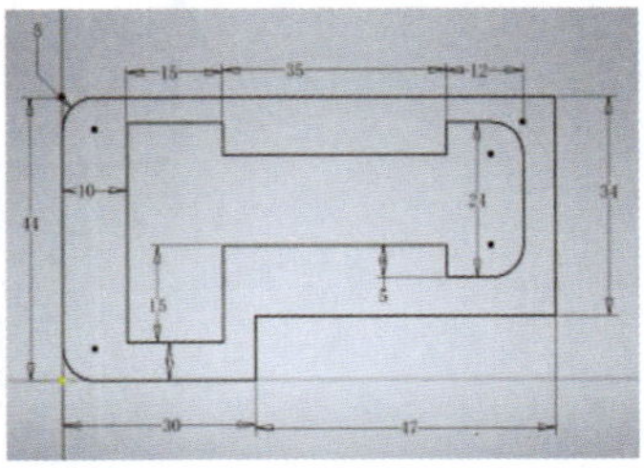
（4）倒角并标注尺寸	（5）完成草图	
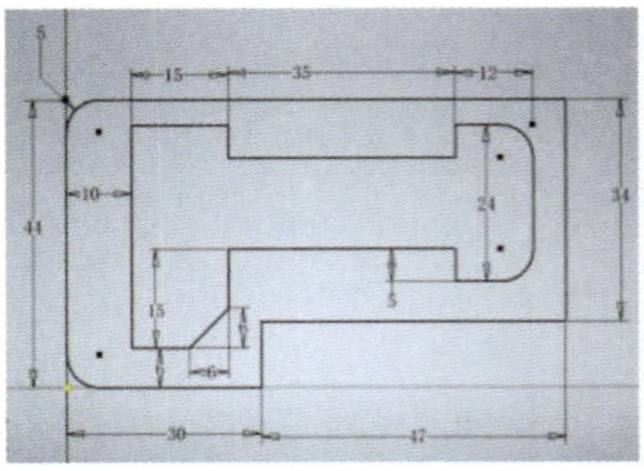	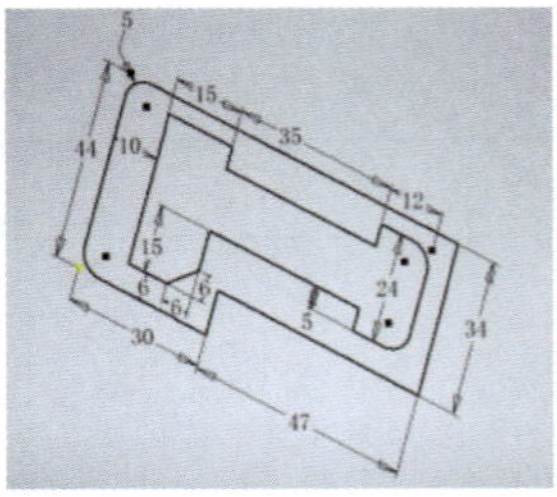	

【拓展案例 2】 按图纸尺寸要求，完成如图 2-1-11 所示的零件草图，绘图思路可参考表 2-1-2 中的步骤。

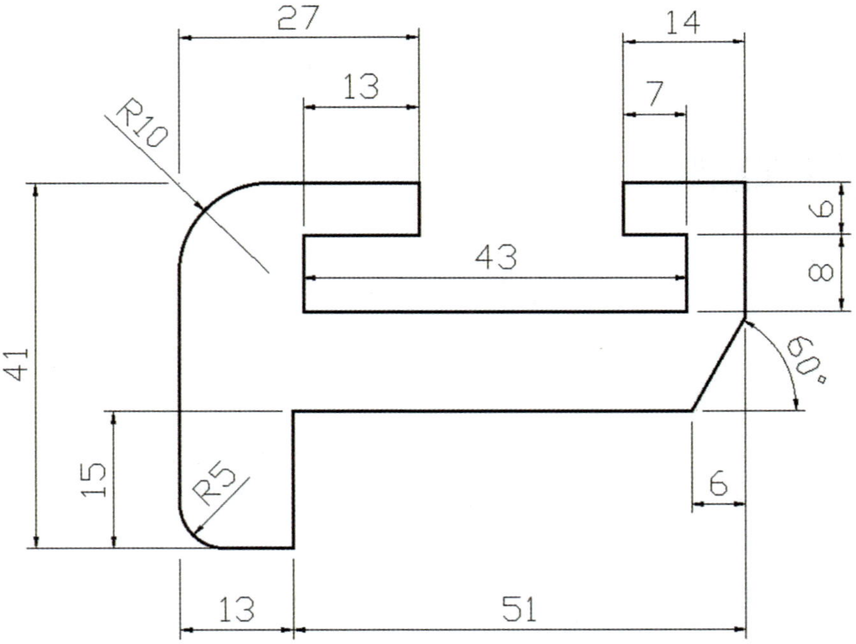

图 2-1-11　拓展案例 2

表 2-1-2　拓展案例 2 绘图参考步骤

（1）绘制外形并修改尺寸	（2）绘制内部形状并修改尺寸	（3）倒圆角并标注尺寸
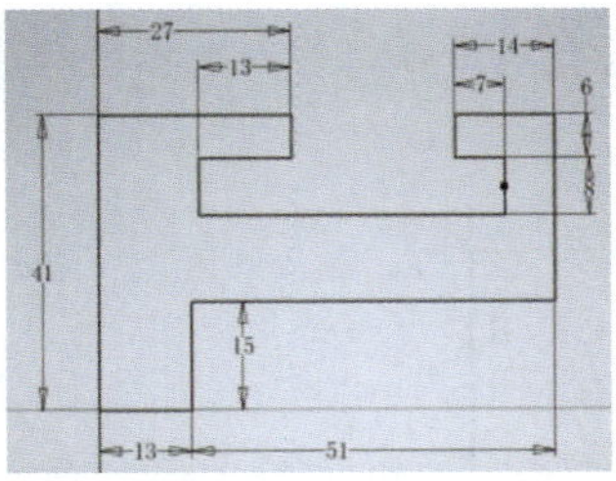	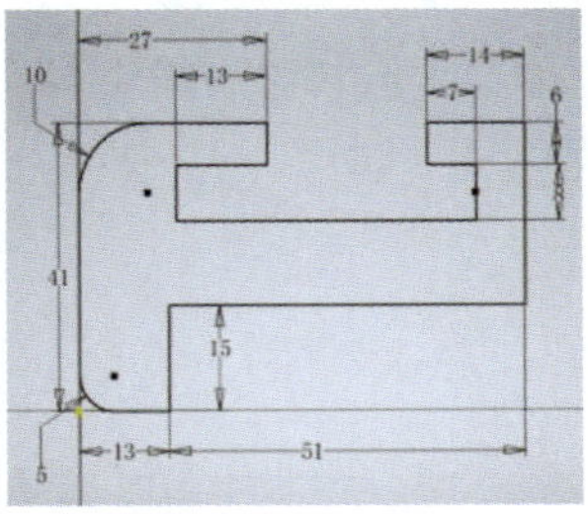	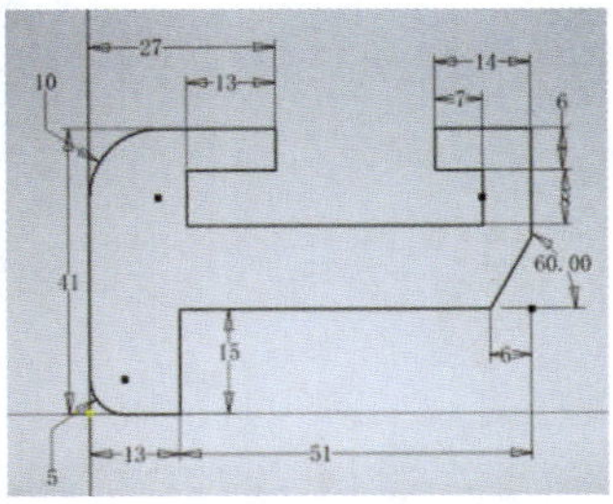

任务 2　吊钩草图

学习目标

（1）掌握圆功能的应用。
（2）熟悉圆弧功能的应用。
（3）掌握修剪功能的应用。

吊钩草图

工作任务

根据图纸尺寸要求，完成如图 2-2-1 所示的吊钩草图。

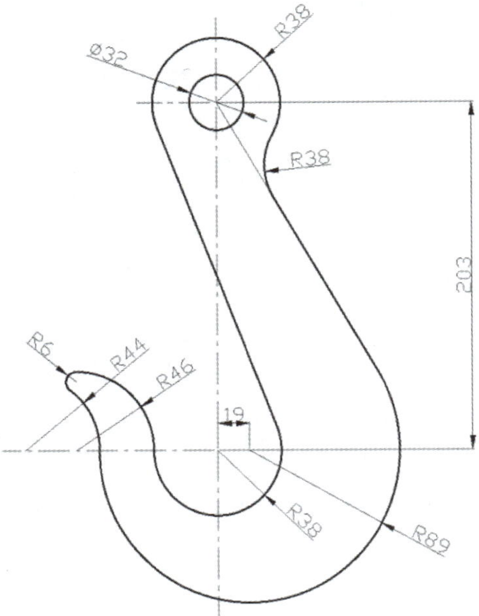

图 2-2-1　吊钩草图

任务重点与实施

Step 01 单击【文件】—【新建】—【零件】，进入绘图界面，如图 2-2-2 所示。然后单击【开始创建二维草图】，任选一个基准平面作为草绘平面。单击【直线命令】，选择坐标原点为起点，绘制两条直线，如图 2-2-3 所示。

图 2-2-2　新建零件

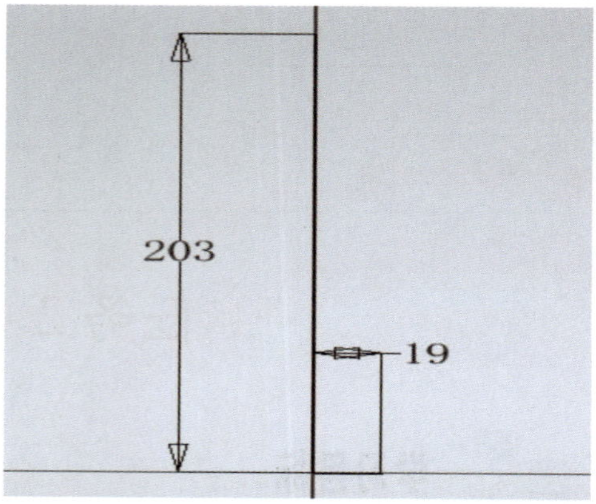

图 2-2-3　绘制两条参考中心线

Step 02 单击【圆命令】，在 203 mm 的上方端点处绘制直径为 32 mm 的圆，如图 2-2-4 所示。

Step 03 单击【圆弧命令】选取圆心的方式画圆弧，找到对应的圆心点分别绘制 *R*38 mm、*R*89 mm、*R*38 mm 三段圆弧，完成后如图 2-2-5 所示。

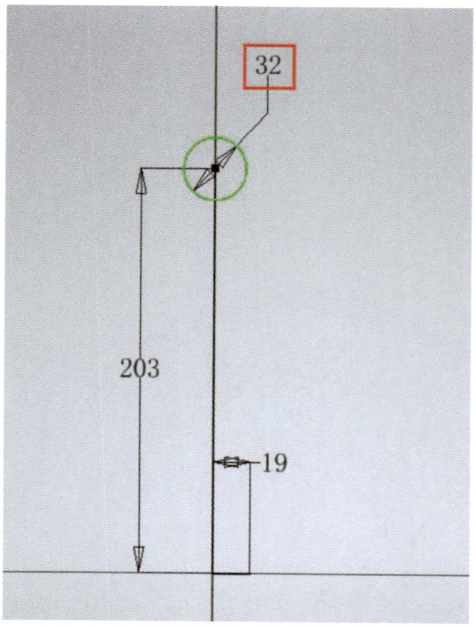

图 2-2-4　绘制 ϕ32 mm 的圆

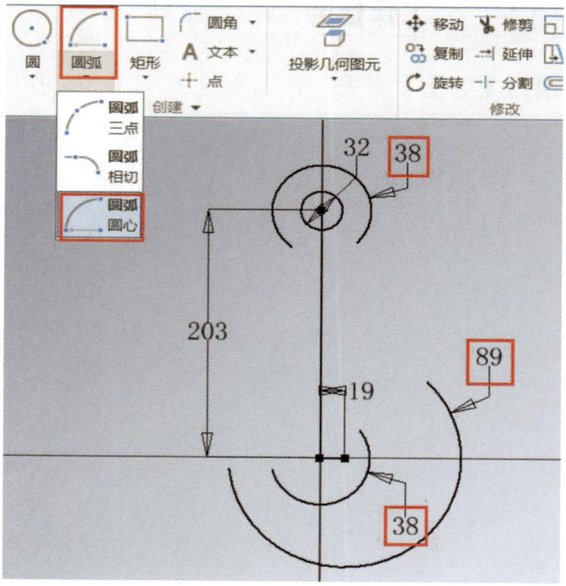

图 2-2-5　绘制 *R*38 mm、*R*89 mm、*R*38 mm 圆弧

Step 04 单击【圆弧命令】，选取三点的方式画圆弧，找到对应的起点、终点和任一点依次绘制 *R*46 mm、*R*44 mm、*R*6 mm 三段圆弧，完成后如图 2-2-6 所示。

Step 05 单击【直线命令】，选择点 1 和点 2 绘制直线，选择点 3 和点 4 绘制直线，选择点 3 和点 5 绘制直线。完成如图 2-2-7 所示的图形。

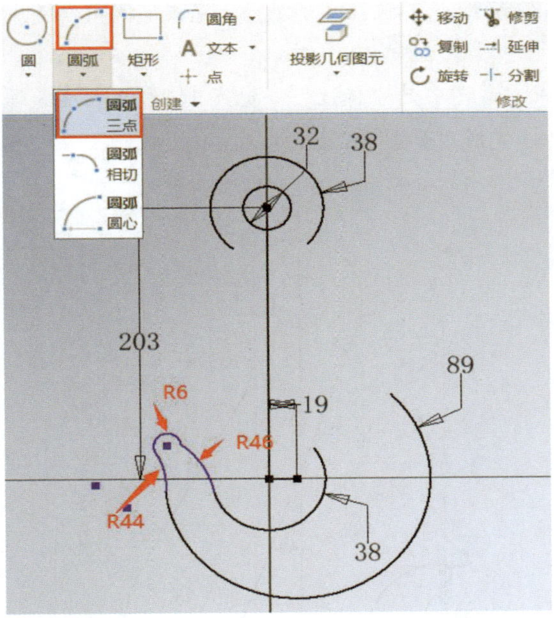

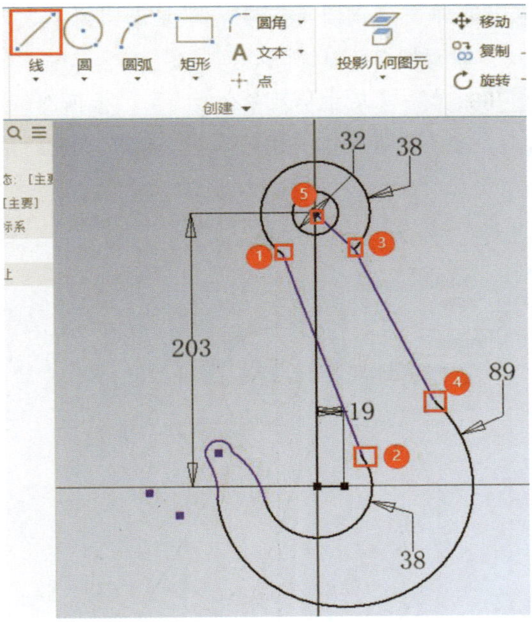

图 2-2-6　绘制 $R46$ mm、$R44$ mm、$R6$ mm 圆弧

图 2-2-7　绘制切线

Step 06 启用约束功能，单击【相切约束】，保障圆弧与圆弧之间相切，保证关键点位点 1 至点 7 为相切点。然后单击【重合约束】，保证点 8、点 9 与 $R38$ mm 的圆心在同一水平线上，完成后如图 2-2-8 所示。

Step 07 继续使用约束功能，单击【平行约束】，选择线 1 和线 2，保证它们为平行关系，完成后如图 2-2-9 所示。

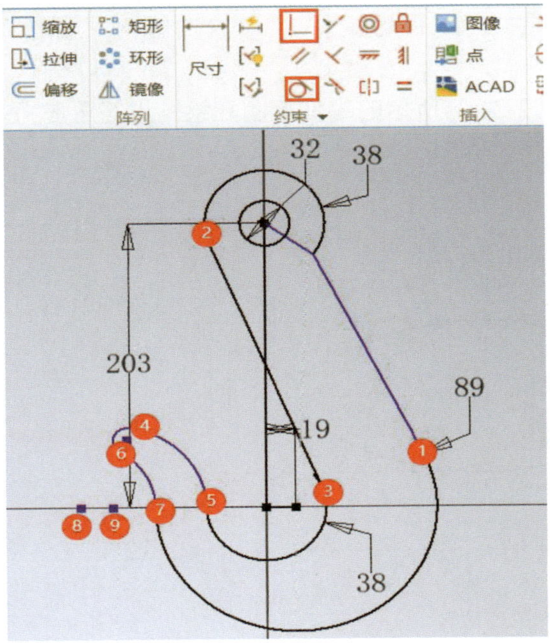

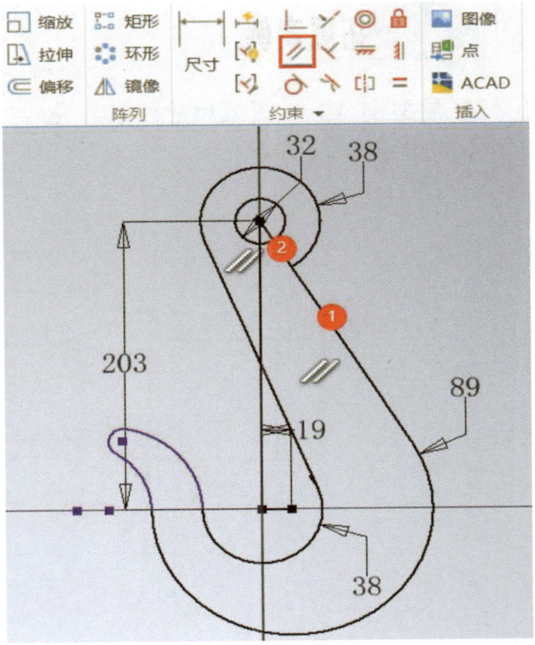

图 2-2-8　相切约束

图 2-2-9　平行约束

Step 08 单击【倒圆角 】，设置倒圆角参数为 38 mm，选择圆弧 1 和线 2，完成倒圆角，完成后如图 2-2-10 所示。

Step 09 单击【尺寸标注命令 】，根据图纸要求完成图形尺寸标注，并把线 1、线 2 和线 3 转换为构造线，并用修剪命令修剪多余的轮廓，完成后如图 2-2-11 所示。

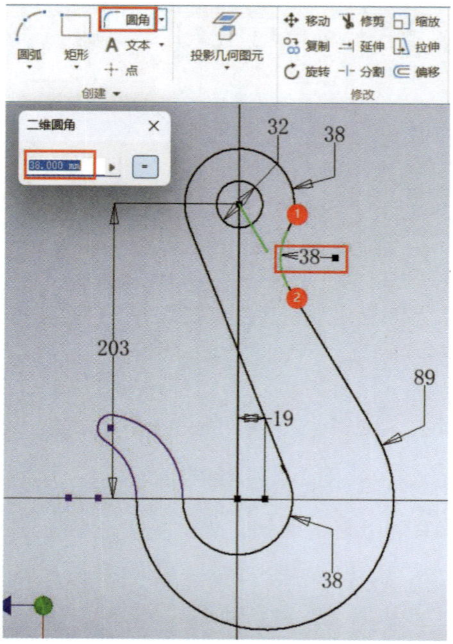

图 2-2-10　倒圆角

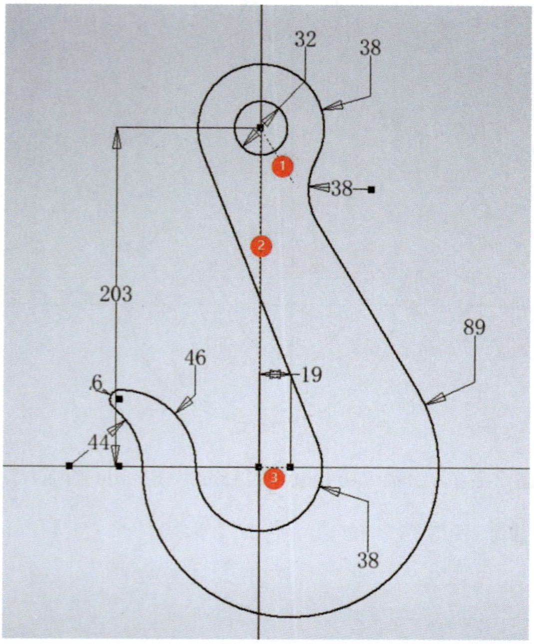

图 2-2-11　标注尺寸

拓展案例

【拓展案例 1】按图纸尺寸要求，完成如图 2-2-12 所示的零件草图，绘图思路可参考表 2-2-1 中的步骤。

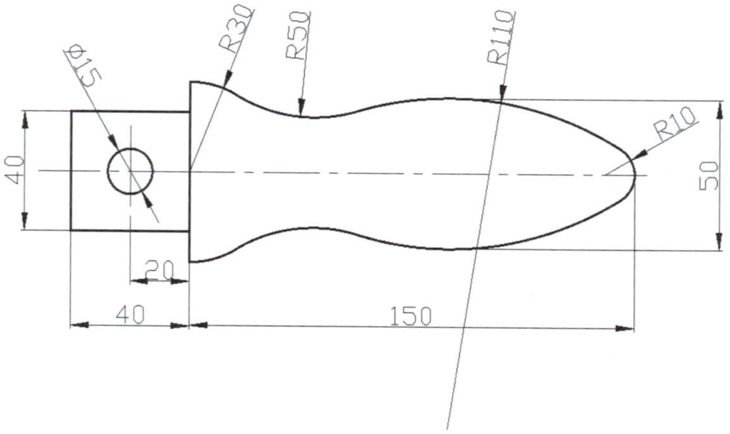

图 2-2-12　拓展案例 1

表 2-2-1 拓展案例 1 绘图参考步骤

（1）绘制两条直线	（2）绘制外部圆弧	（3）约束相切
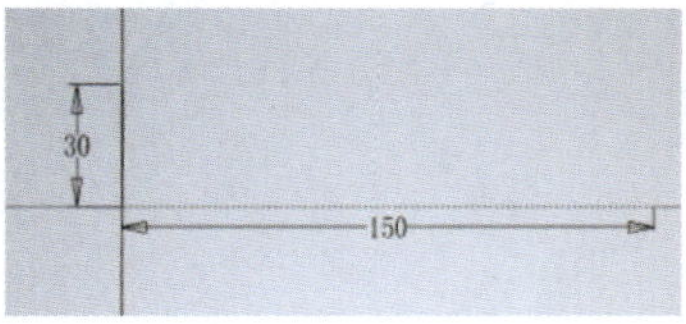	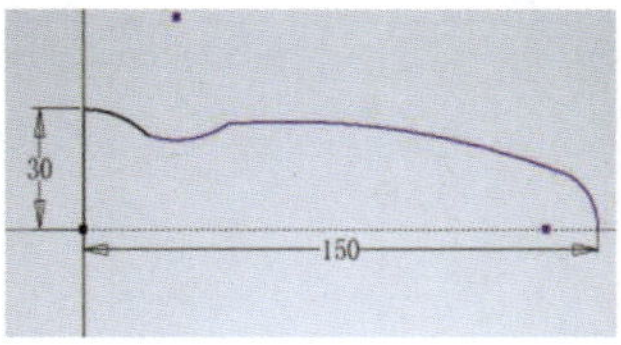	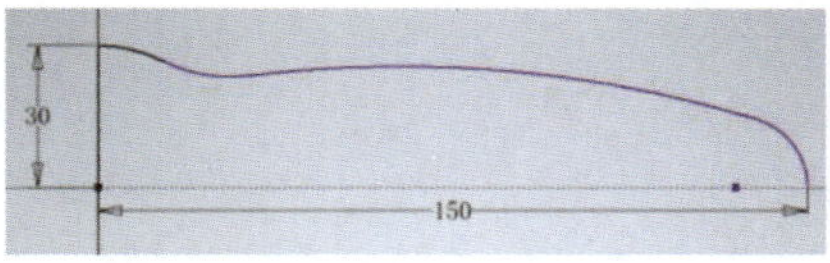
（4）绘制左边的轮廓	（5）绘制对称轮廓和圆	（6）标注尺寸并完成草图
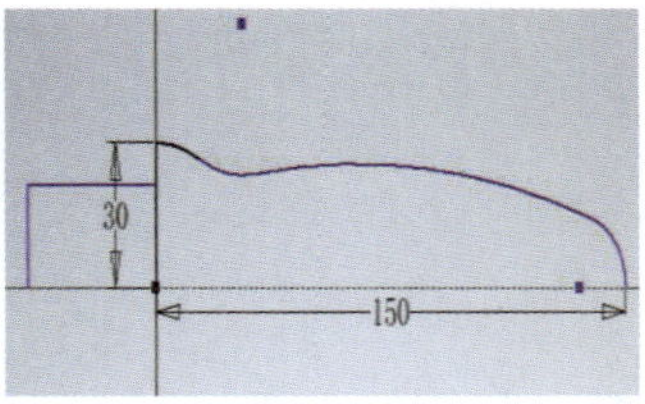	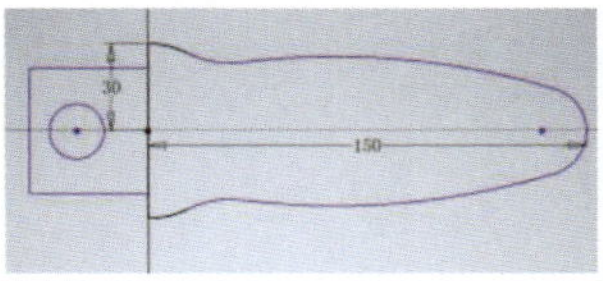	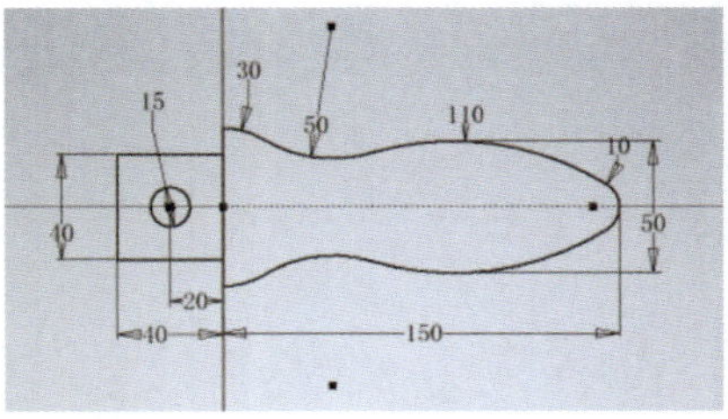

【拓展案例 2】按图纸尺寸要求，完成如图 2-2-13 所示的零件草图，绘图思路可参考表 2-2-2 中的步骤。

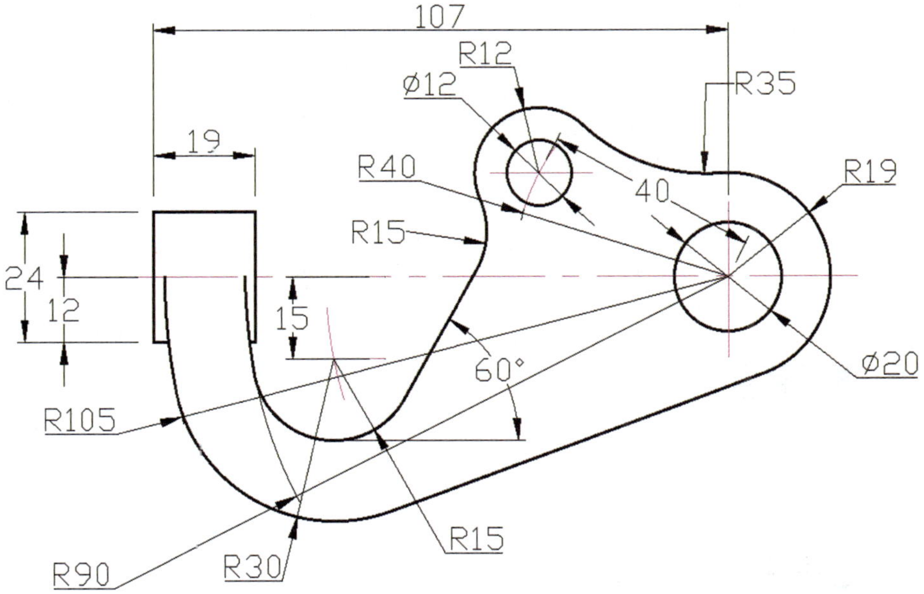

图 2-2-13 拓展案例 2

表 2-2-2　拓展案例 2 绘图参考步骤

（1）图形布局	（2）绘制直径为 20 mm 和 12 mm 的圆	（3）绘制圆弧
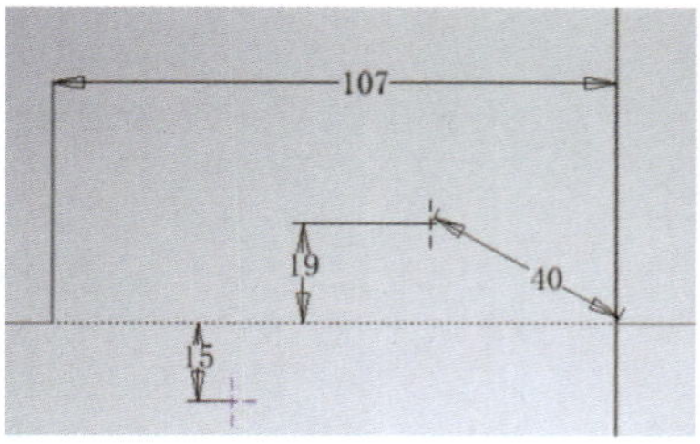	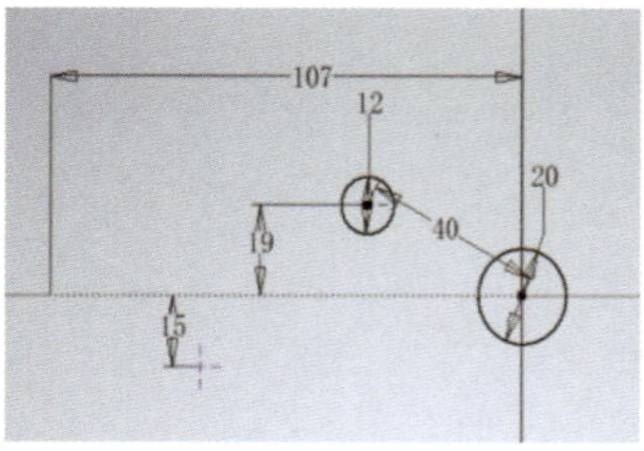	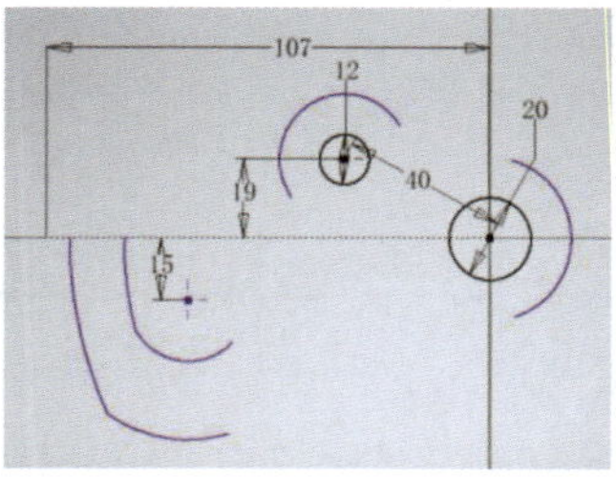
（4）绘制切线	（5）约束圆弧相切	（6）绘制直线
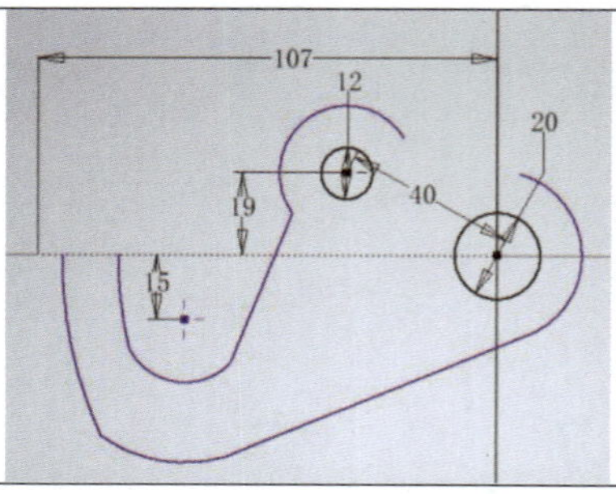	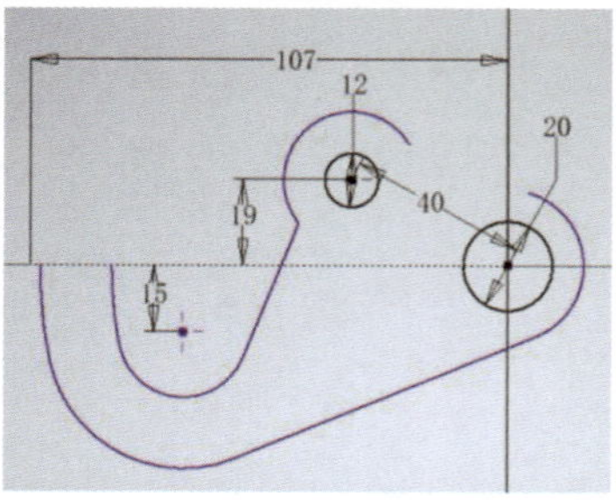	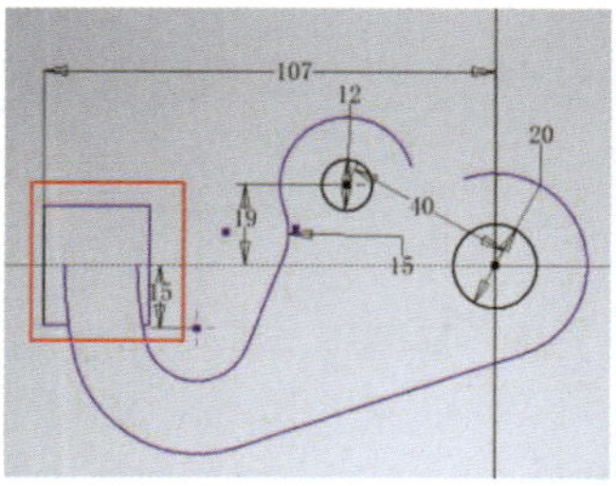
（7）绘制 *R*35 mm 圆弧并约束相切	（8）标注尺寸	（9）完成草图
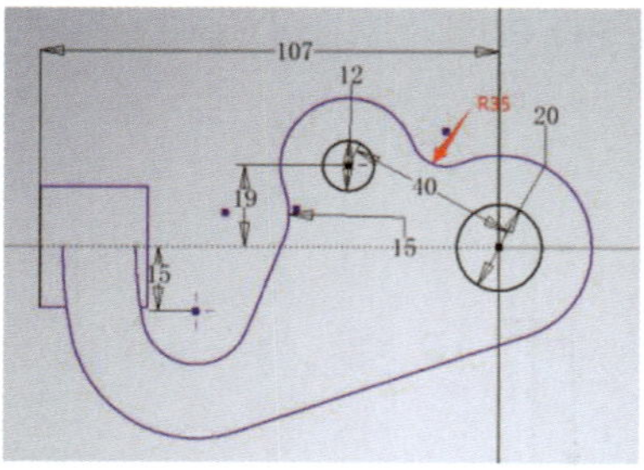	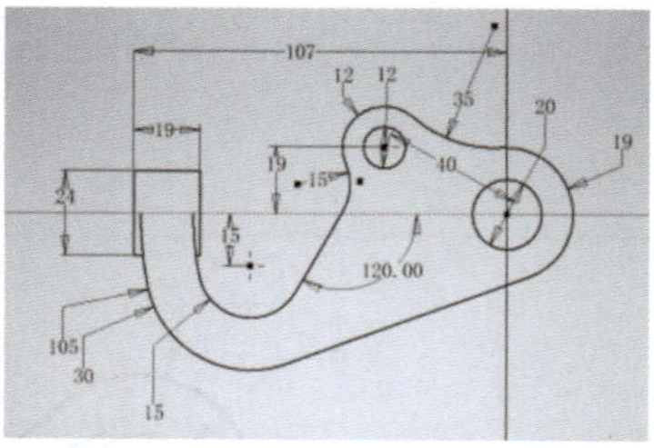	

任务 3　连 杆 草 图

学习目标

（1）掌握椭圆功能的应用。

（2）熟悉椭圆与圆弧连接的技巧。

连杆草图

工作任务

根据图纸尺寸要求，完成如图 2-3-1 所示的连杆草图。

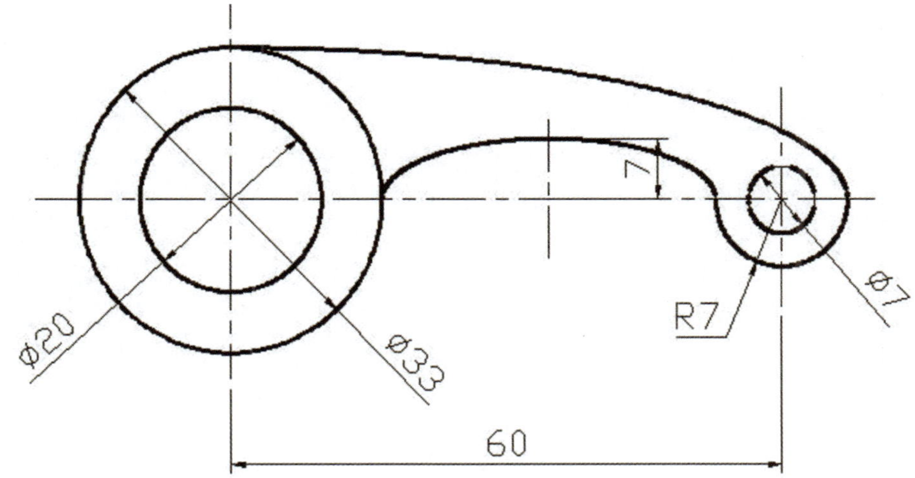

图 2-3-1　连杆草图

任务重点与实施

Step 01 单击【文件】—【新建】—【零件】，进入绘图界面，如图 2-3-2 所示。然后单击【开始创建二维草图】，任选一个基准平面作为草绘平面。单击【直线命令】，选择坐标原点为起点，绘制一条直线，如图 2-3-3 所示。

图 2-3-2　新建零件

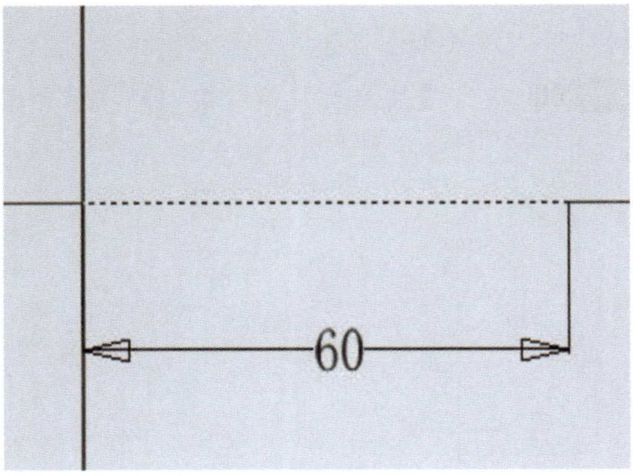

图 2-3-3　绘制水平中心线

Step 02 单击【圆命令】，在 60 mm 直线的左端端点处绘制直径为 33 mm 和直径为 20 mm 的圆，在 60 mm 直线的右端端点处绘制直径为 7 mm 和直径为 14 mm 的圆，如图 2-3-4 所示。

Step 03 单击【椭圆命令】，选取点 1 为椭圆的圆心，选取点 2 为第一轴点，选取点 3 为第二轴点，完成第一个椭圆的绘制；选取点 4 为椭圆的圆心，选取点 5 为第一轴点，选取点 6 为第二轴点，完成第 2 个椭圆的绘制，完成后如图 2-3-5 所示。

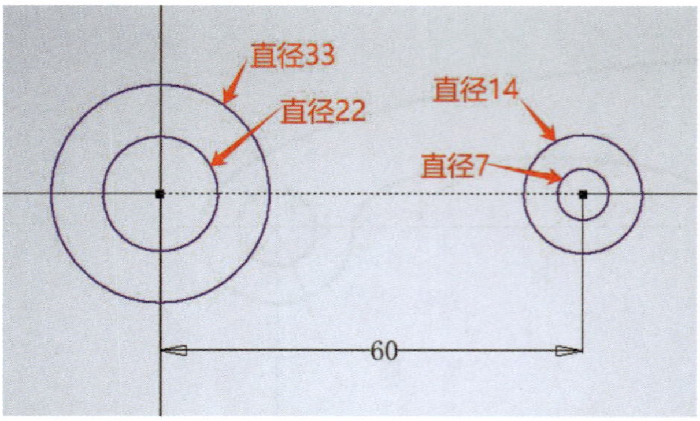

图 2-3-4　绘制 4 个圆

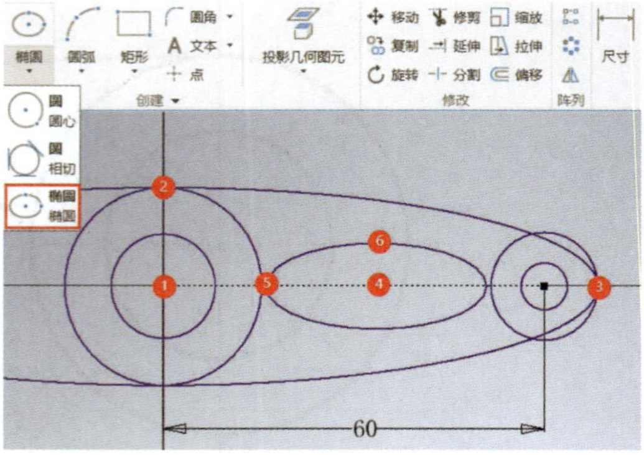

图 2-3-5　绘制 2 个椭圆

Step 04 单击【相切约束命令 】，选取对应的圆和圆弧，保证点位 1、点位 2、点位 3 和点位 4 为切点，完成后如图 2-3-6 所示。

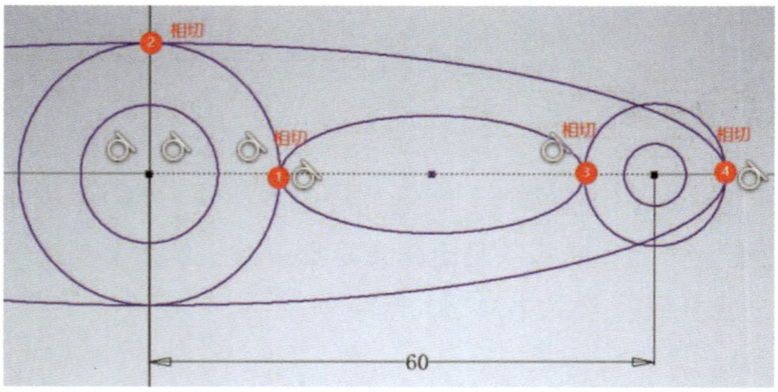

图 2-3-6　相切约束

Step 05 单击【修剪命令 修剪】，根据图纸形状要求完成图形多余线轮廓的修剪，修剪后的完成效果如图 2-3-7 所示。

Step 06 单击【尺寸标注命令 】，根据图纸要求完成图形尺寸标注，完成效果如图 2-3-8 所示。

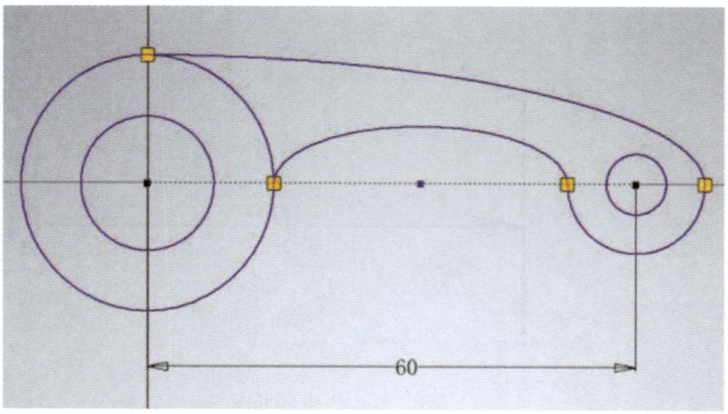

图 2-3-7　修剪多余轮廓

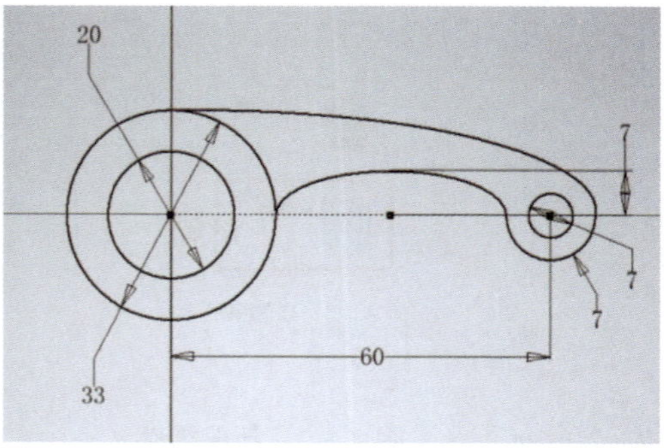

图 2-3-8　尺寸标注效果

拓展案例

【拓展案例 1】按图纸尺寸要求，完成如图 2-3-9 所示的零件草图，绘图思路可参考表 2-3-1 中的步骤。

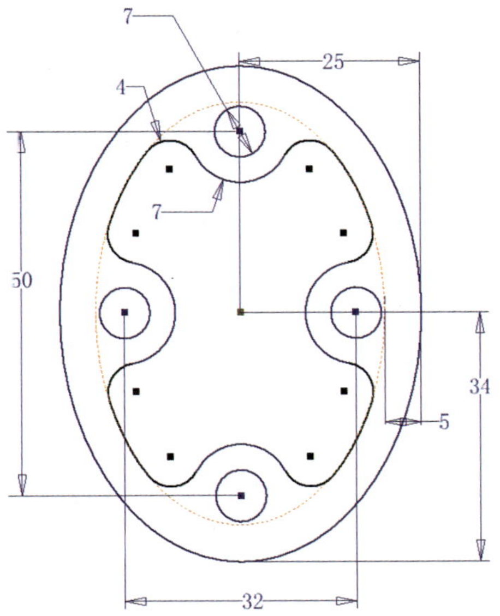

图 2-3-9 拓展案例 1

表 2-3-1 拓展案例 1 绘图参考步骤

（1）绘制内外 2 个椭圆	（2）绘制 2 个圆并约束相等	（3）绘制两段弧并约束相等
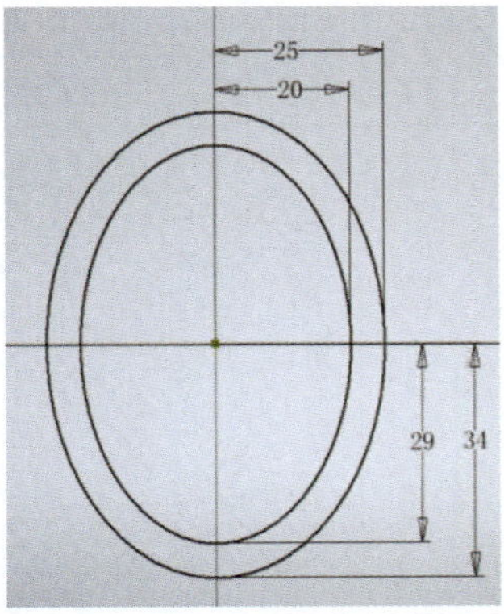	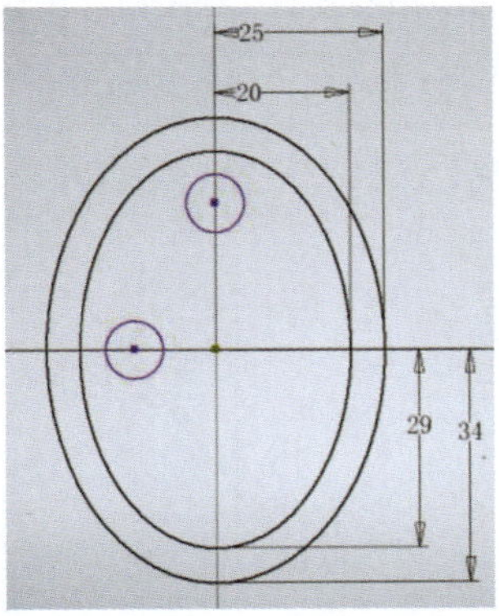	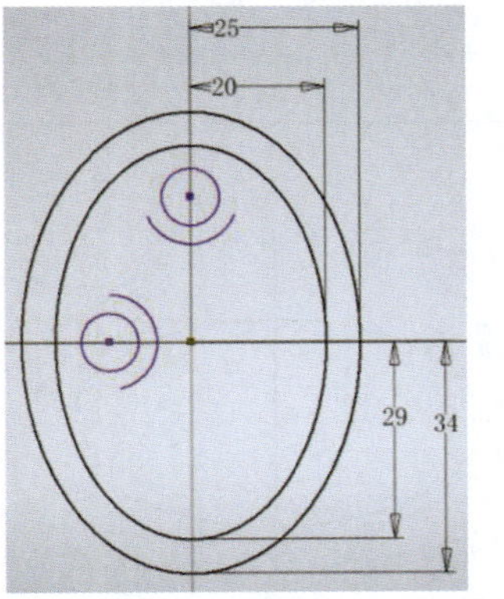
（4）绘制圆弧并约束相切相等	（5）镜像处理	（6）先标注尺寸后修剪
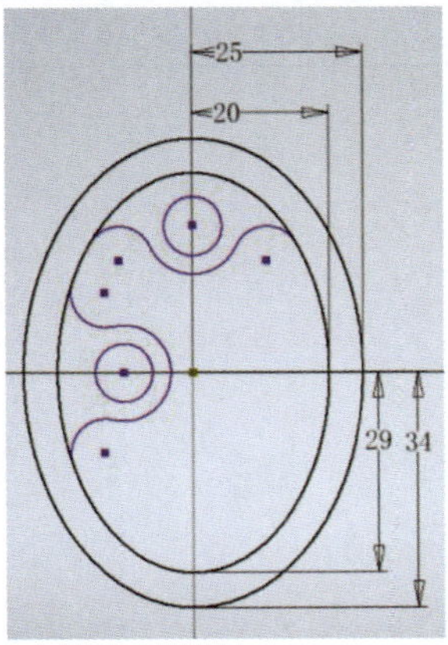	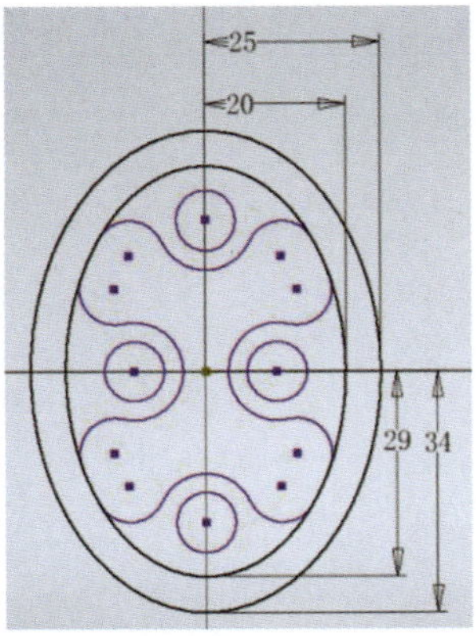	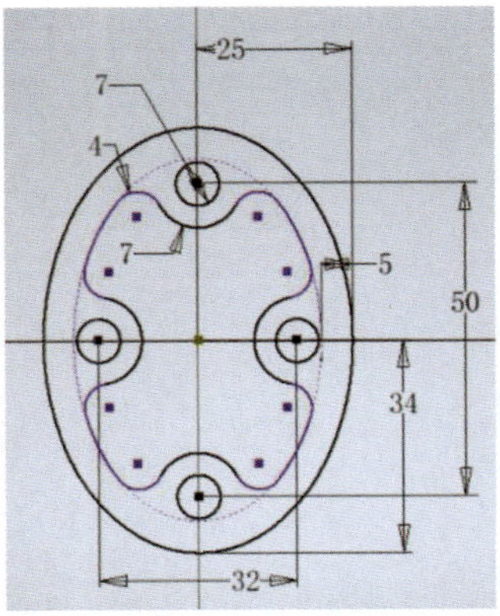

【**拓展案例 2**】按图纸尺寸要求，完成如图 2-3-10 所示的零件草图，绘图思路可参考表 2-3-2 中的步骤。

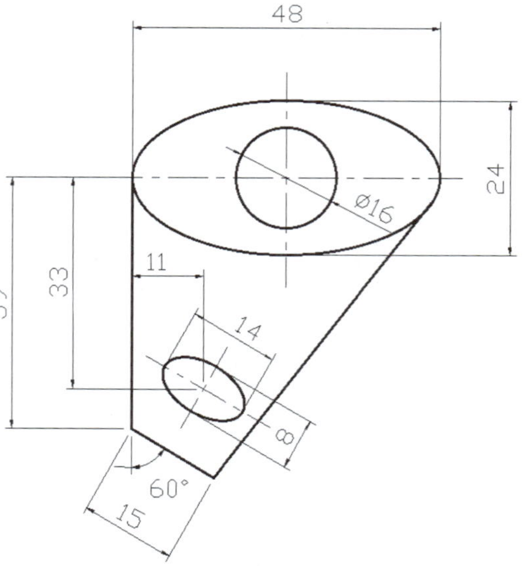

图 2-3-10　拓展案例 2

表 2-3-2　拓展案例 2 绘图参考步骤

（1）绘制椭圆并标注尺寸	（2）绘制直线并标注尺寸	（3）绘制构造线并约束平行
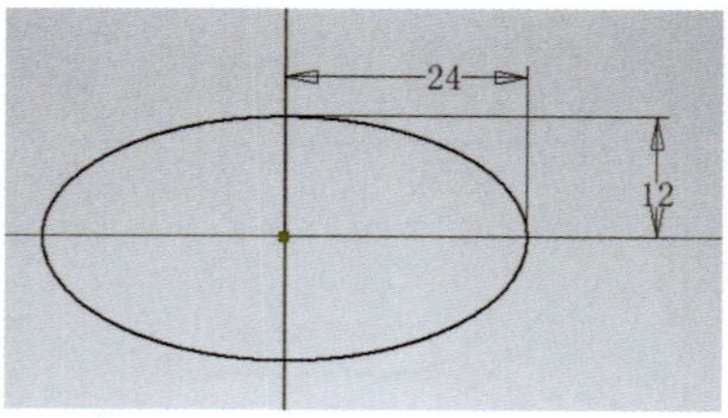	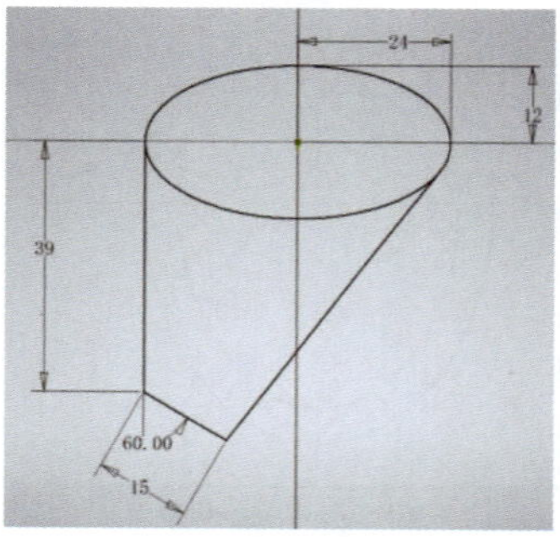	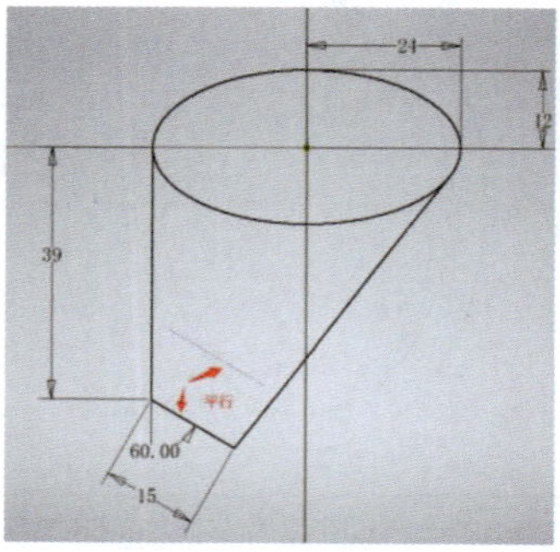
（4）绘制椭圆并标注尺寸	（5）绘制圆并标注尺寸	（6）绘制直线
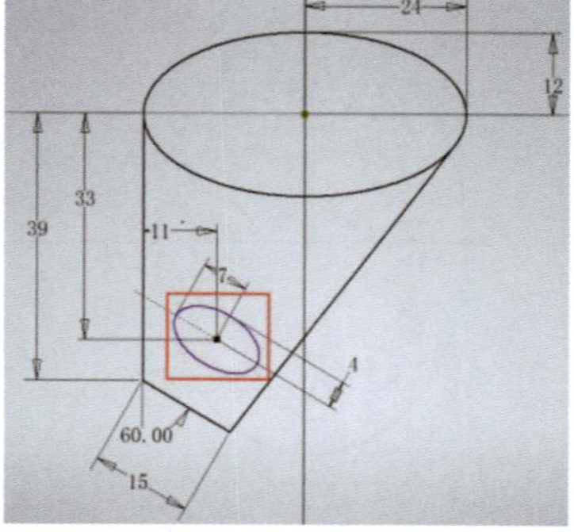	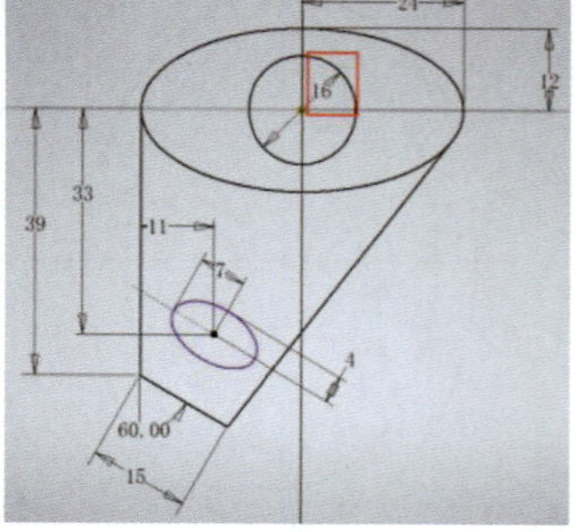	

任务 4　扳手草图

学习目标

（1）掌握矩形功能的应用。
（2）熟悉多边形功能的应用。
（3）掌握镜像功能的应用。

扳手草图

工作任务

根据图纸尺寸要求，完成如图 2-4-1 所示的扳手草图。

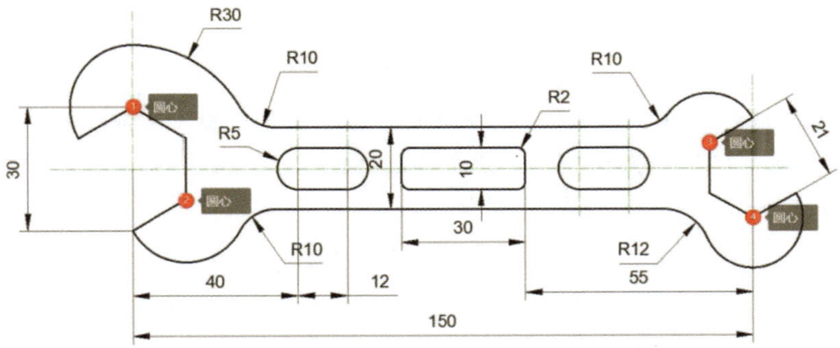

图 2-4-1　扳手草图

任务重点与实施

Step 01 单击【文件】—【新建】—【零件】，进入绘图界面，如图 2-4-2 所示。然后单击【开始创建二维草图】，任选一个基准平面作为草绘平面。单击【直线命令】，选择坐标原点为起点，绘制一条长为 150 mm 的直线，并标注尺寸为 150 mm。然后以直线的两个端点为起点分别绘制线段 2 和线段 3，然后把 3 条绘制好的直线变成构造线，如图 2-4-3 所示。

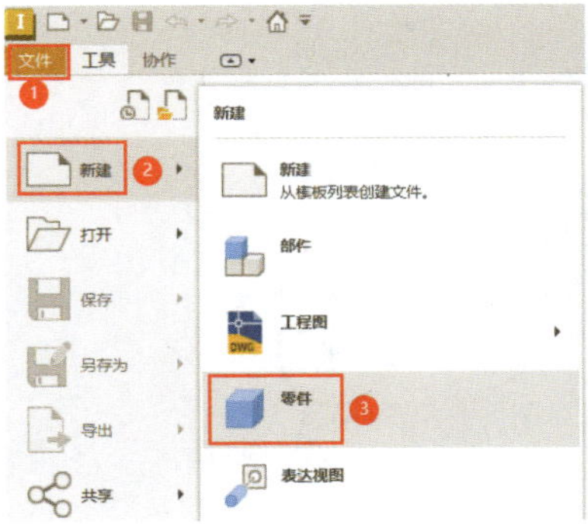

图 2-4-2　新建零件

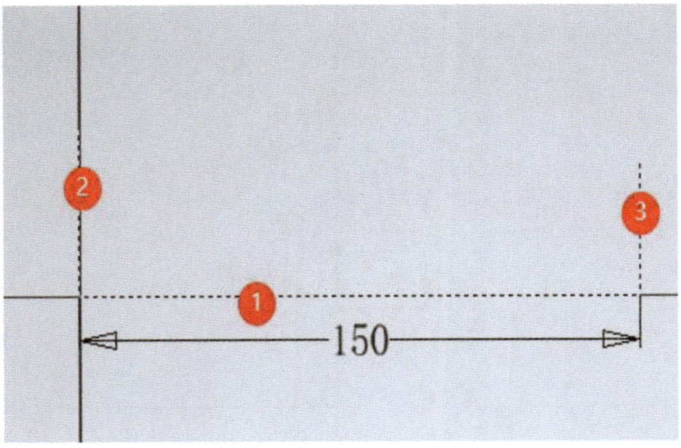

图 2-4-3　绘制辅助中心线

Step 02 单击【多边形命令】，以 150 mm 直线的左端端点为多边形的中心，绘制左边的六边形，并标注相关尺寸为 30 mm；以 150 mm 直线的右端端点为多边形的中心，绘制右边的六边形，并标注相关尺寸为 21 mm，如图 2-4-4 所示。

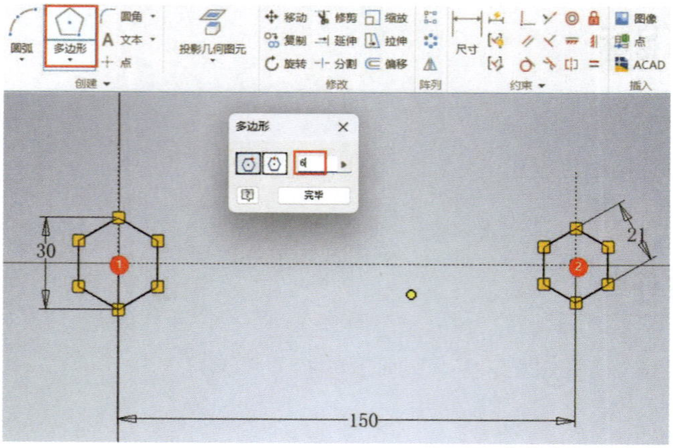

图 2-4-4　绘制六边形

Step 03 单击【圆弧命令】，以圆心的方式画弧，分别选取点①、点②、点③、点④、点⑤作为圆弧的圆心，绘制 1、2、3、4、5 五段圆弧，并标注第 3 段圆弧的尺寸为 *R*30 mm，完成如图 2-4-5 所示。

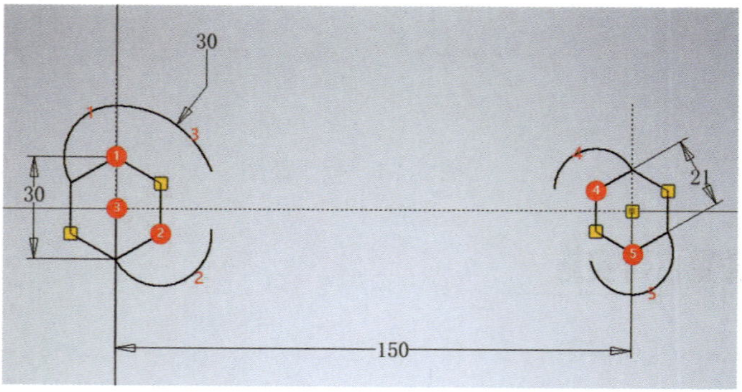

图 2-4-5　绘制圆弧

Step 04 单击【修剪命令 修剪】，根据图形要求，修剪六边形多余的边，完成后如图 2-4-6 所示。

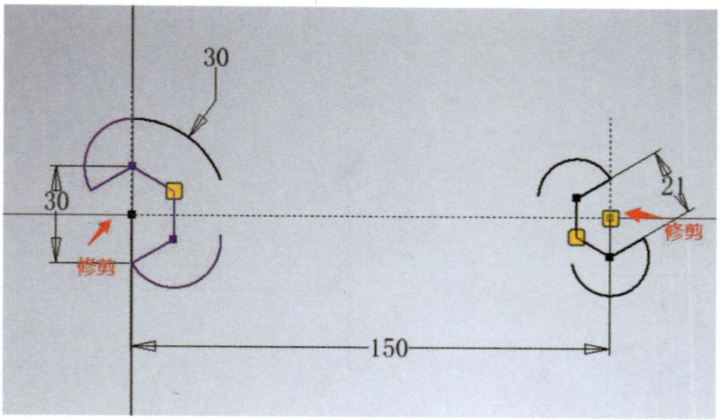

图 2-4-6　修剪六边形多余的边

Step05 单击【重合约束命令】，选取多边形点①，然后选择垂直构造线 1，把点①约束到垂直构造线 1 上，如图 2-4-7 所示。

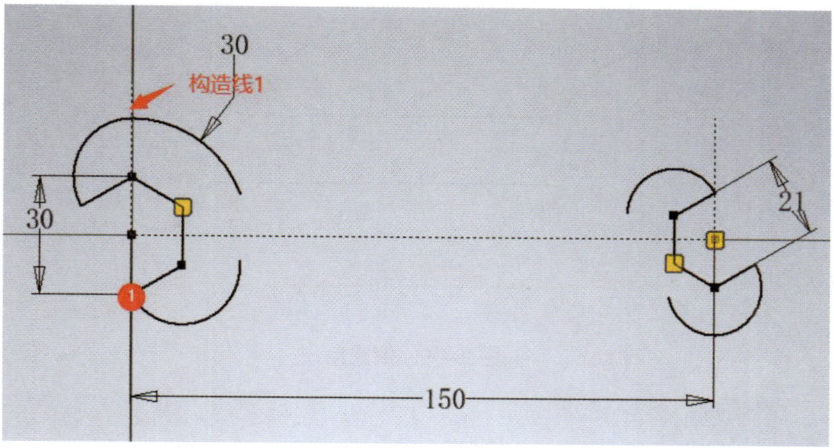

图 2-4-7　重合约束

Step06 单击【直线命令】，绘制一条水平直线（①镜像几何图元），单击【镜像命令】，选取线①为要镜像的镜像几何图元，然后选择线②为镜像中心线，单击【应用】，再单击【完毕】。然后单击【尺寸标注命令】，标注线①和线③之间的距离为 20 mm，效果如图 2-4-8 所示。

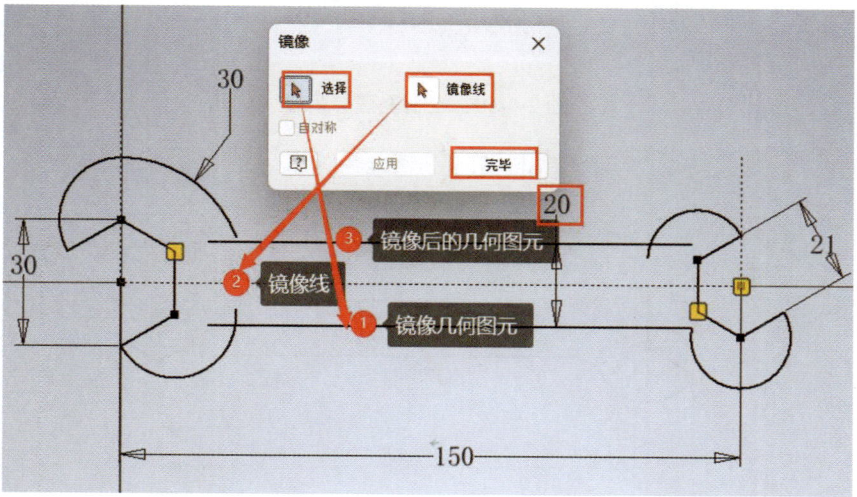

2-4-8　镜像直线

Step07 单击【倒圆角命令 圆角】，分别对图 2-4-9 中①、②、③、④四处进行圆角处理并标注尺寸。

Step08 单击【直线命令】，绘制一条垂直的构造线，并完成尺寸标注，距离为 70 mm，结果如图 2-4-10 所示。

Step09 单击【矩形命令】，以两点中心的方式绘制一个长为 30 mm、宽为 10 mm 的矩形，矩形的中心点选择两根构造线的交点（①处）。完成后结果如图 2-4-11 所示。

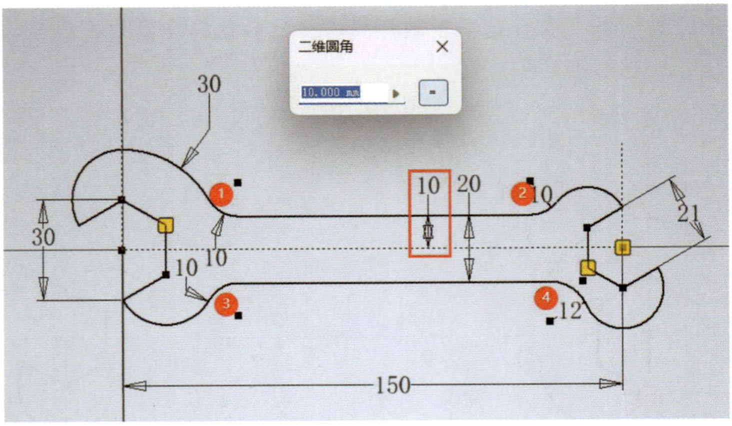

图 2-4-9　倒圆角

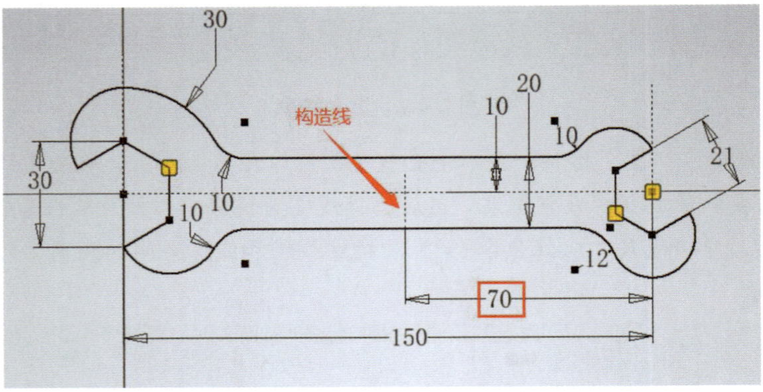

图 2-4-10　绘制垂直构造线

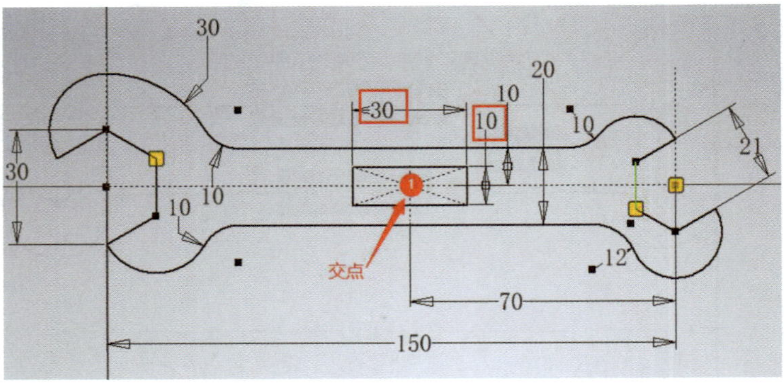

图 2-4-11　绘制矩形

Step 10 单击【槽命令】，以中心到中心的方式画槽，在水平的构造线上任选两点（点①和点②）作为中心点，完成槽的创建，结果如图 2-4-12 所示。

Step 11 单击【镜像命令】，将上一步骤完成的槽（图 2-4-13 中的轮廓①）为要镜像的镜像几何图元，然后选择构造线（图 2-4-13 中线②）为镜像中心线，单击【应用】，再单击【完毕】即可。

Step 12 单击【倒圆角命令 圆角】，对中间矩形进行 *R*2 mm 的圆角处理，结果如图 2-4-14 所示。

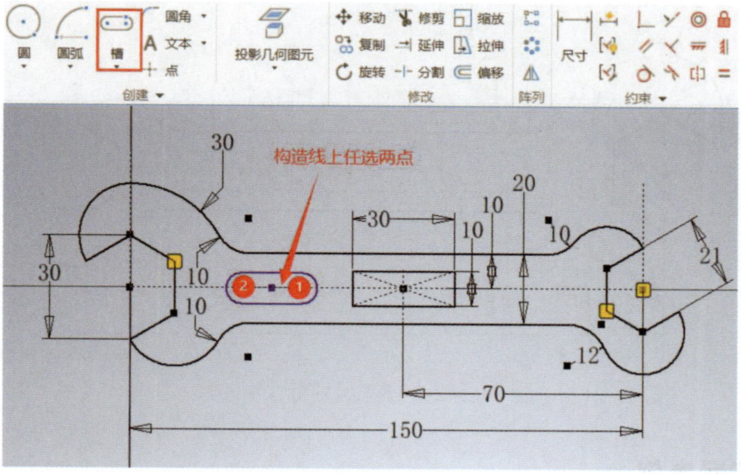

图 2-4-12　绘制槽

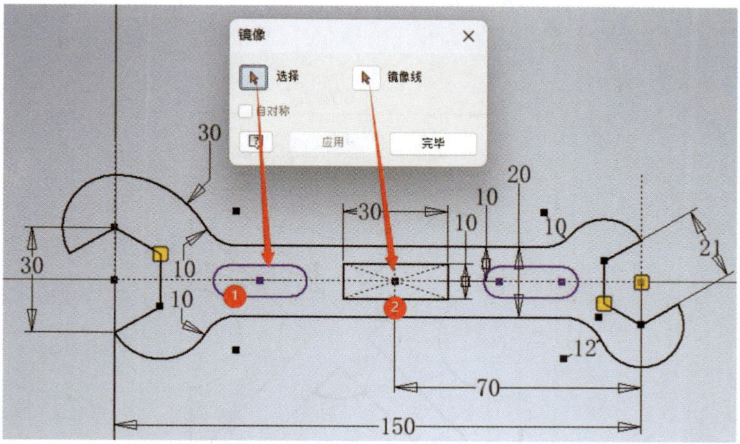

图 2-4-13　镜像槽

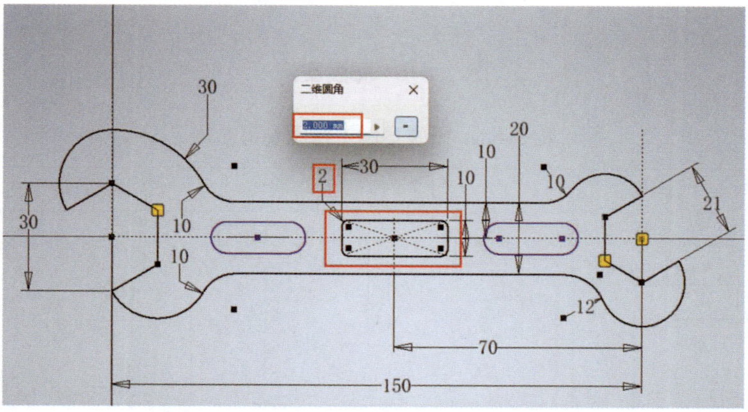

图 2-4-14　倒圆角

Step 13 单击【尺寸标注命令】，对图 2-4-13 中的两个槽进行定位和定形尺寸的标注，同时检查图形是否正确，结果如图 2-4-15 所示。

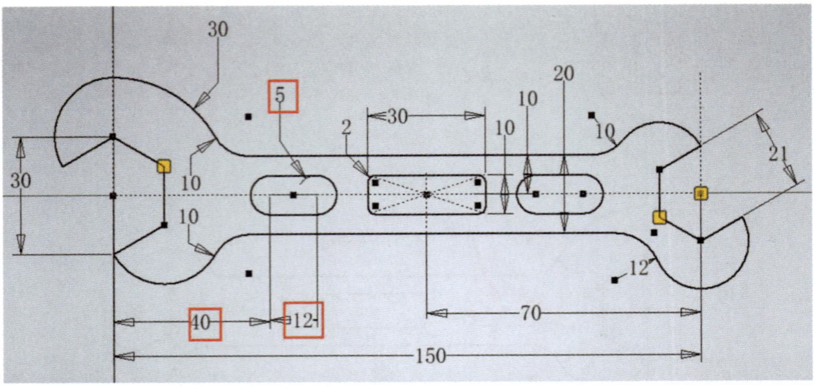

图 2-4-15　尺寸标注

拓展案例

【拓展案例 1】按图纸尺寸要求，完成如图 2-4-16 所示的零件草图，绘图思路可参考表 2-4-1 中的步骤。

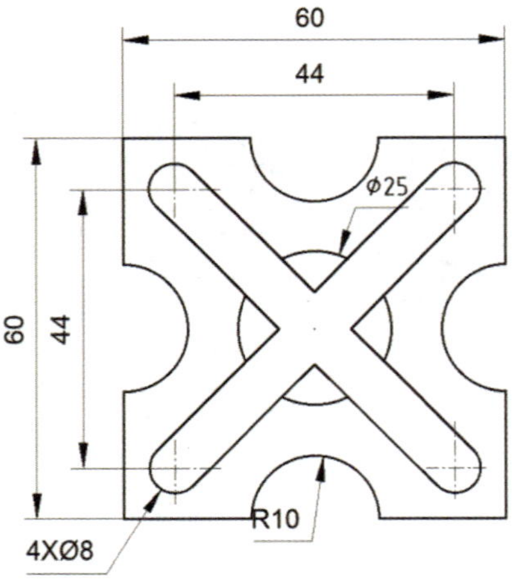

图 2-4-16　拓展案例 1

表 2-4-1　拓展案例 1 绘图参考步骤

（1）绘制 60×60 的矩形	（2）绘制 4 段圆弧并修剪	（3）绘制两个交叉槽，并标注尺寸
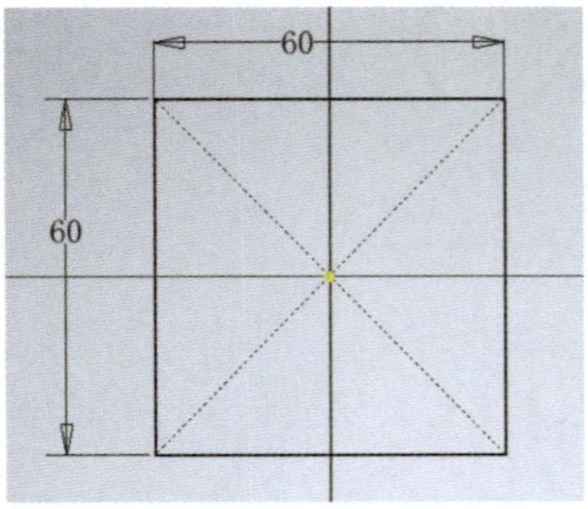	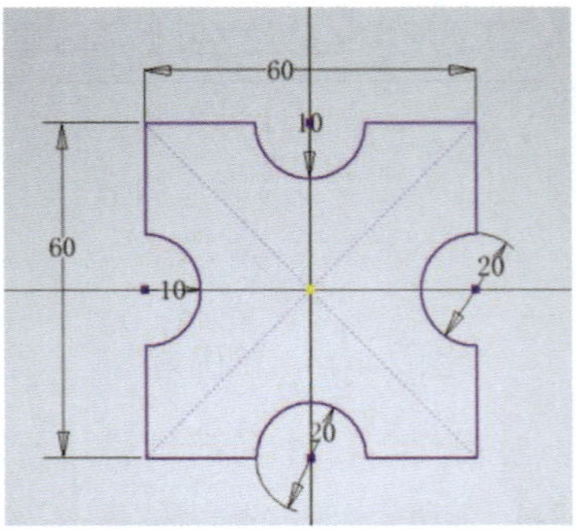	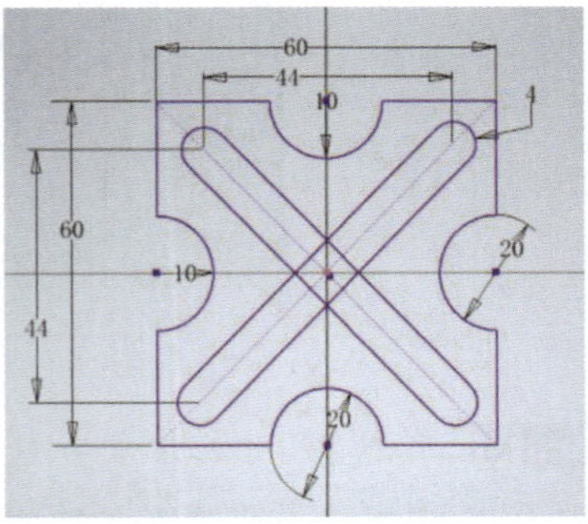

表 2-4-1（续）

（4）在中间绘制直径为 25 mm 的圆	（5）修剪多余的轮廓
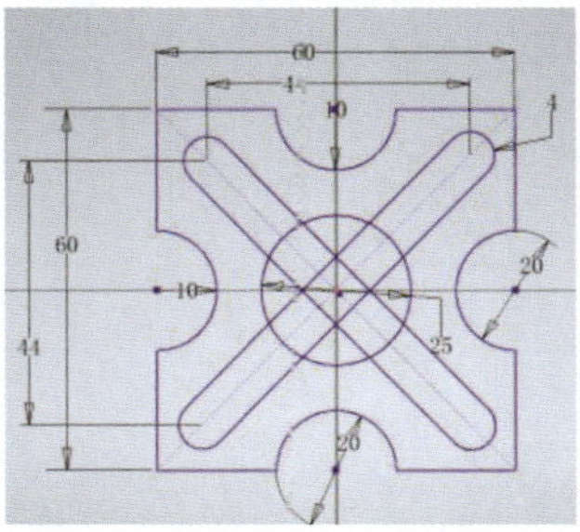	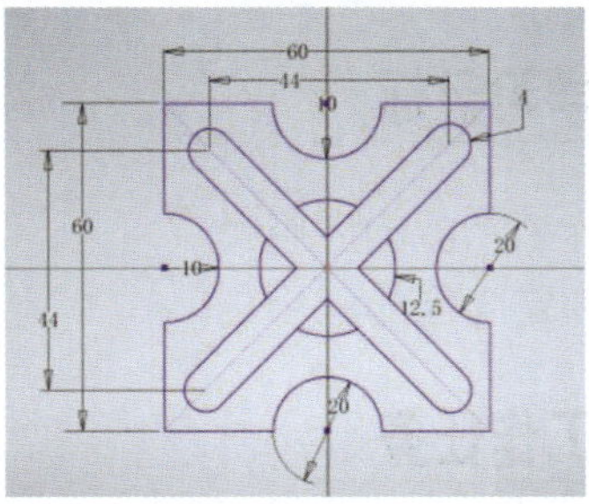

【拓展案例 2】按图纸尺寸要求，完成如图 2-4-17 所示的零件草图，绘图思路可参考表 2-4-2 中的步骤。

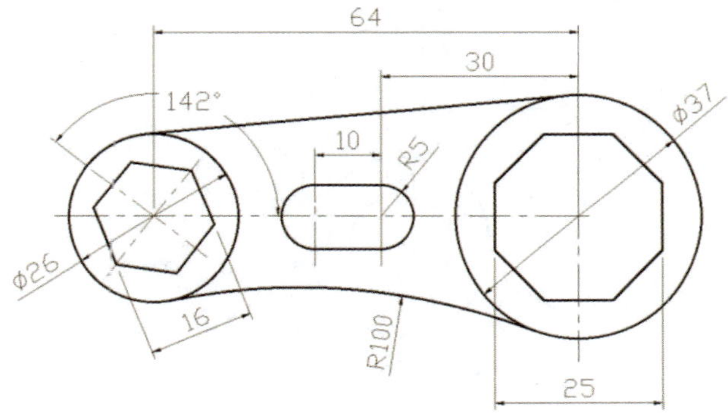

图 2-4-17　拓展案例 2

表 2-4-2　拓展案例 2 绘图参考步骤

（1）绘制 3 条构造线	（2）绘制多边形并标注尺寸	（3）绘制圆并标注尺寸
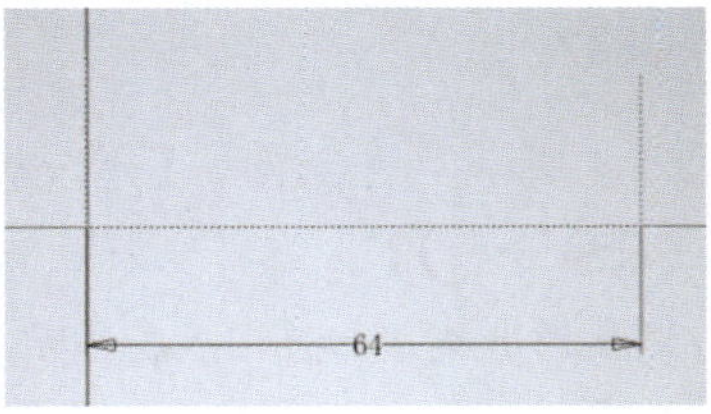	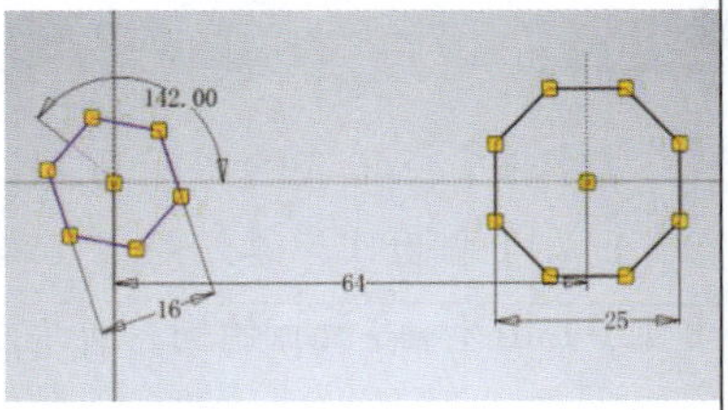	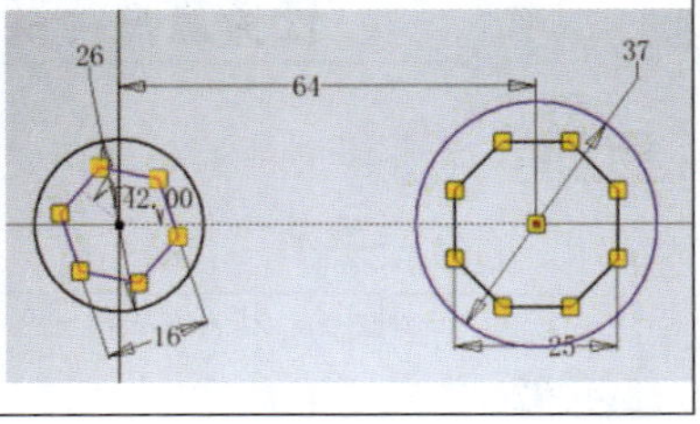
（4）绘制切线和 100 mm 的切弧	（5）绘制槽并标注尺寸	
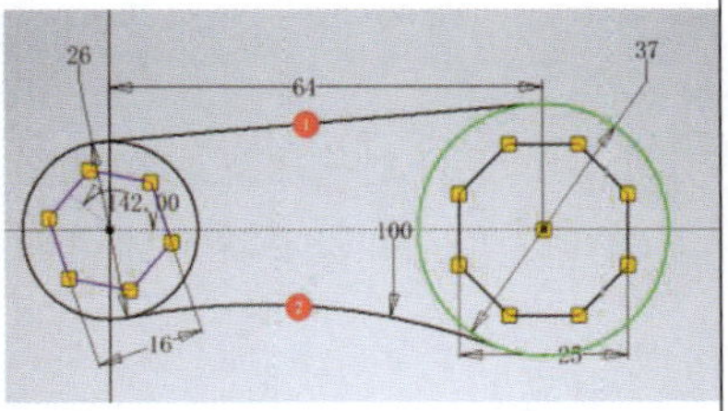	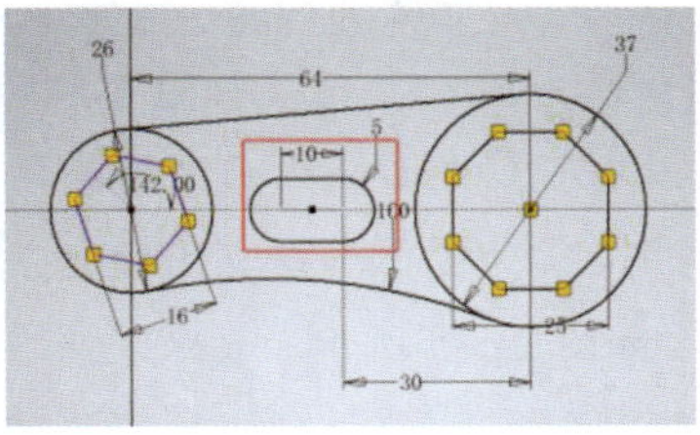	

任务 5　槽 轮 草 图

学习目标

（1）掌握阵列功能的应用。
（2）熟悉锁定功能的应用。

槽轮草图

工作任务

根据图纸尺寸要求，完成如图 2-5-1 所示的槽轮草图。

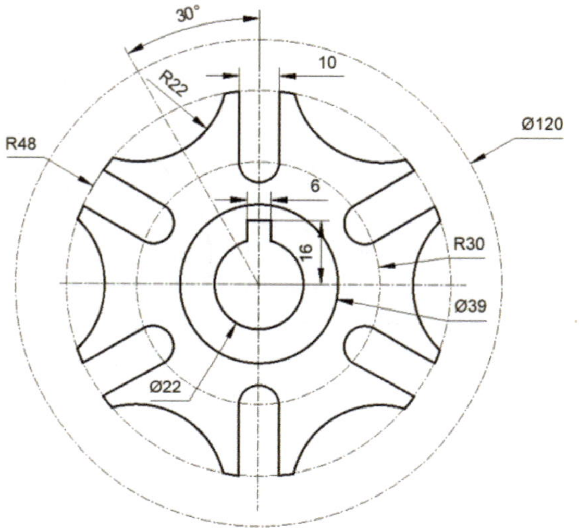

图 2-5-1　槽轮草图

任务重点与实施

Step 01 单击【文件】—【新建】—【零件】，进入绘图界面，如图 2-5-2 所示。然后单击【开始创建二维草图】，任选一个基准平面作为草绘平面。单击【圆命令】，选择坐标原点为圆心，分别绘制直径为 120 mm 和 60 mm 的圆，并把它们变成构造线，如图 2-5-3 所示。

Step 02 单击【直线命令】，绘制一条水平中心线（线①）和一条垂直中心线（线②），并把它们变成构造线。单击【锁定功能】，点选线①和线②，对线①和线②进行锁定约束。继续单击【直线命令】，以 ϕ120 mm 圆的圆心为起点，绘制一条夹角为 30° 的夹角线，把它变成构造线，并标注角度为 30°，结果如图 2-5-4 所示。

Step 03 单击【槽命令】，以中心到中心的方式画槽，在垂直构造线上分别选取点①和点②作为槽的两个中心点（其中点①为圆弧和垂直线的交点，点②为任意点），并标注圆槽的半径尺寸为 5 mm，完成后如图 2-5-5 所示。

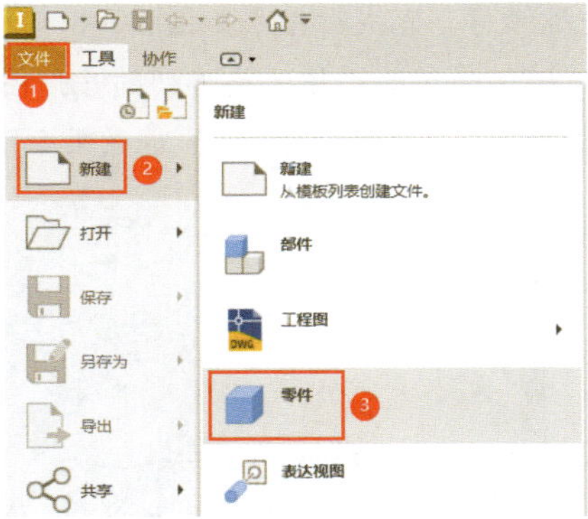

图 2-5-2　新建零件

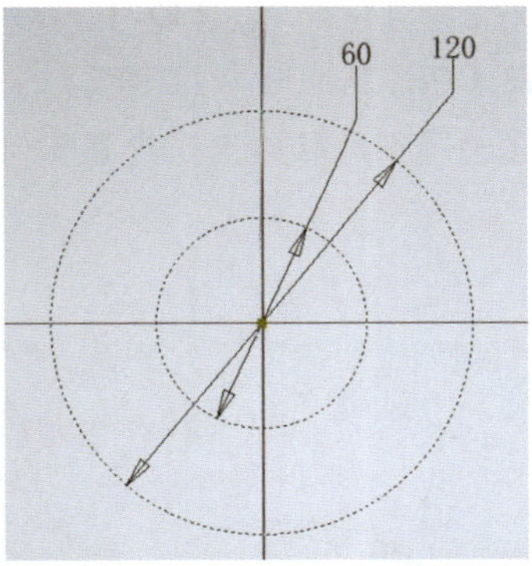

图 2-5-3　绘制构造圆

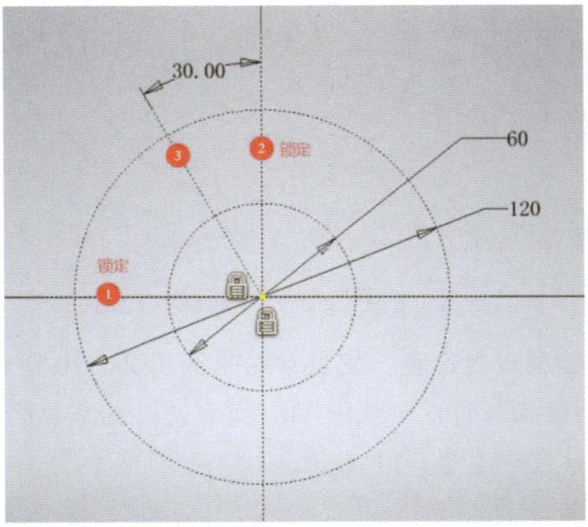

图 2-5-4　绘制直线并锁定

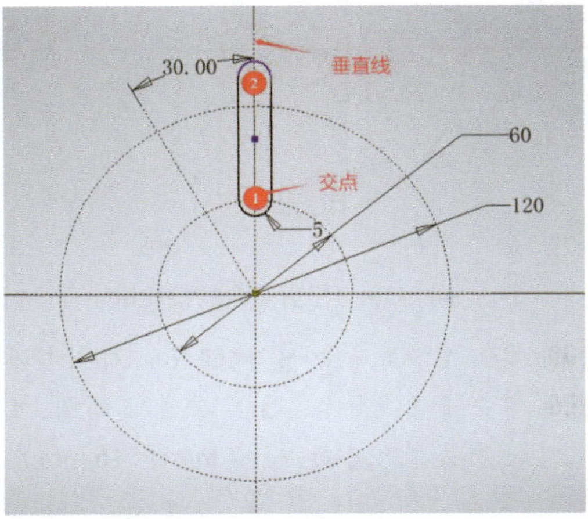

图 2-5-5　绘制槽

Step 04　单击【圆命令】，以 ϕ120 mm 圆的圆心，分别绘制 ϕ96 mm、ϕ22 mm 和 ϕ39 mm 三个圆，并标注尺寸，完成后如图 2-5-6 所示。

Step 05　单击【圆弧命令】，以已知圆弧圆心的方式画弧，选取点①（ϕ120 mm 圆和 30° 夹角线的交点）为圆弧的圆心，输入圆弧半径值为 R22 mm，接着在 ϕ96 mm 的圆上选择起点和终点，结果如图 2-5-7 所示。

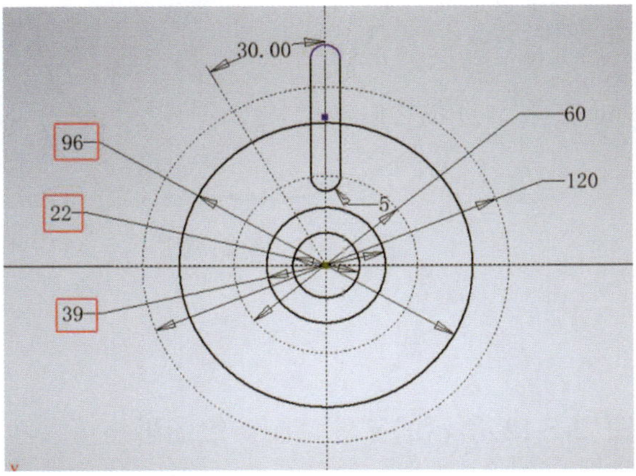

图 2-5-6　绘制 3 个圆

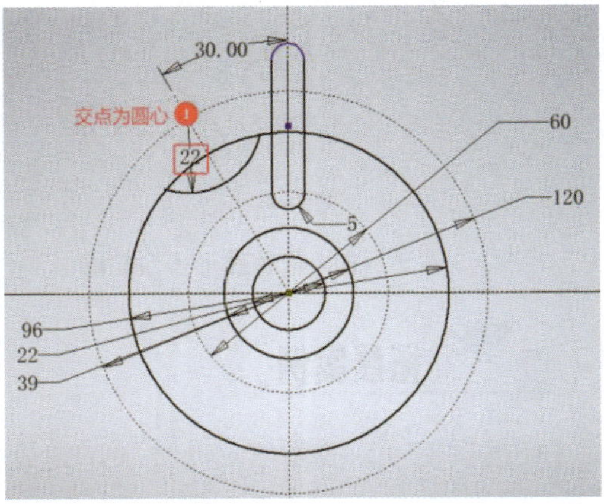

图 2-5-7　绘制圆弧

Step 06 单击【修剪命令 修剪】，对槽进行轮廓修剪，完成后结果如图 2-5-8 所示。

Step 07 单击【环形阵列命令 环形】，选择槽和 *R*22 mm 的圆弧为要阵列的几何图元，选取中心点①为阵列的轴心点，设置阵列数量为 6，阵列范围角度为 360°，效果如图 2-5-9 所示。

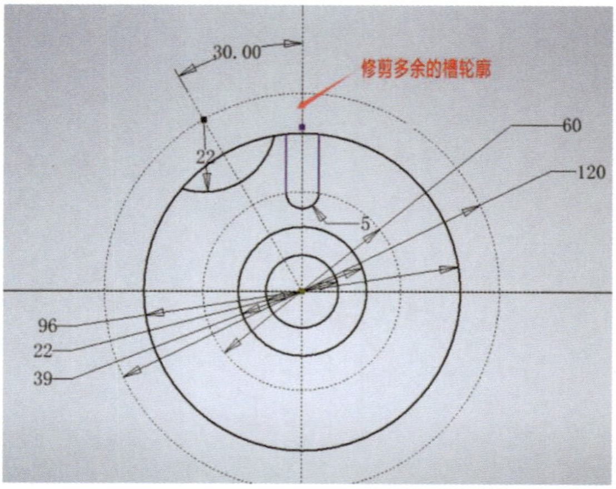

图 2-5-8　修剪多余的槽轮廓

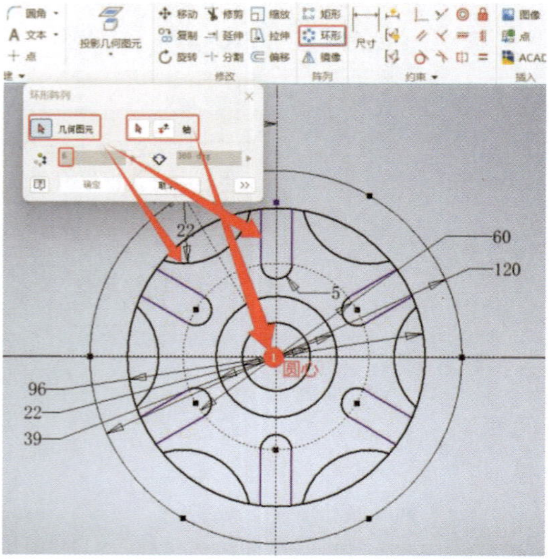

图 2-5-9　阵列槽

Step 08 单击【修剪命令 修剪】，对图形多余轮廓进行修剪，完成后结果如图 2-5-10 所示。

Step 09 单击【直线命令 ╱】，在 ϕ22 的圆上绘制键槽（可以绘制一半，然后使用镜像功能），修剪并完成尺寸标注（7 mm 和 16 mm），结果如图 2-5-11 所示。

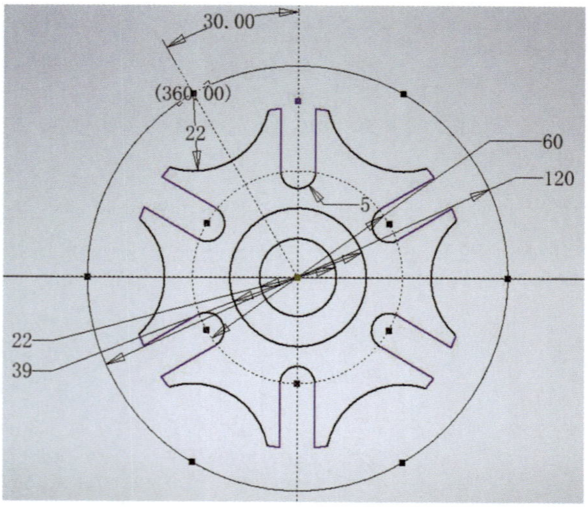

图 2-5-10　修剪图形多余轮廓

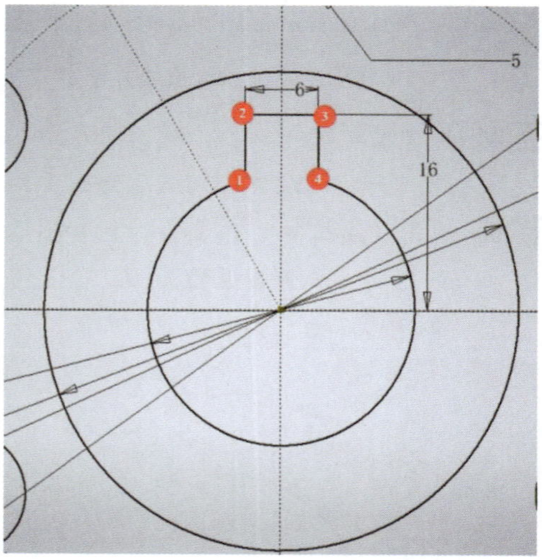

图 2-5-11　绘制键槽

拓展案例

【拓展案例 1】按图纸尺寸要求，完成如图 2-5-12 所示的零件草图，绘图思路可参考表 2-5-1 中的步骤。

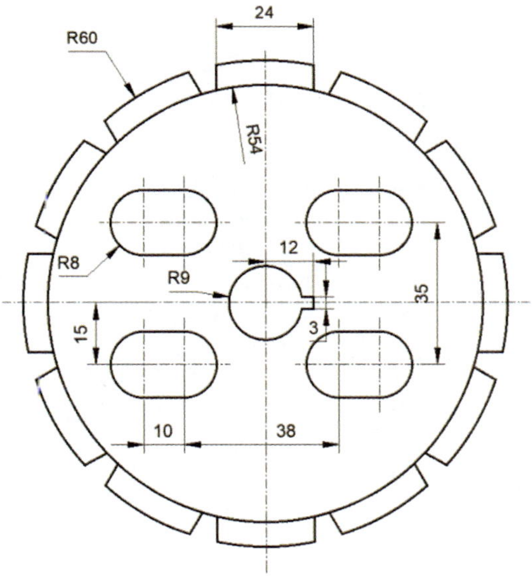

图 2-5-12　拓展案例 1

表 2-5-1　拓展案例 1 绘图参考步骤

（1）绘制 3 个圆	（2）绘制两条直线并修剪	（3）阵列 12 个
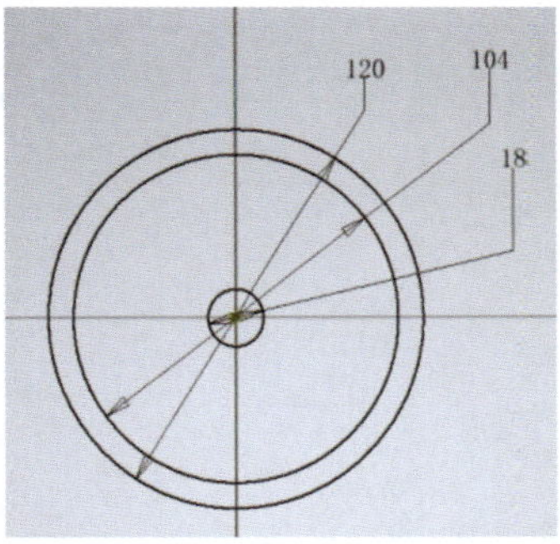	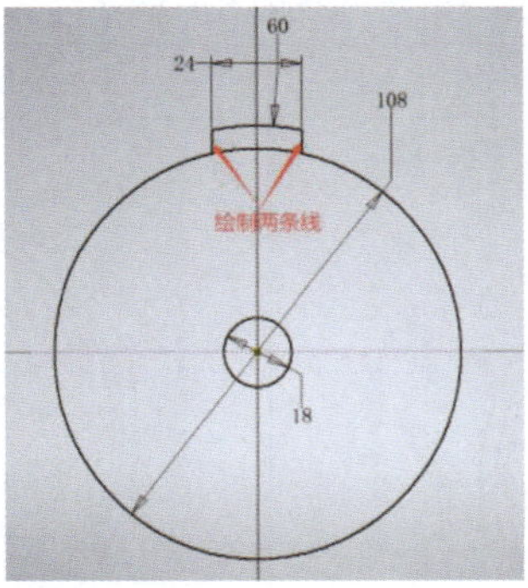	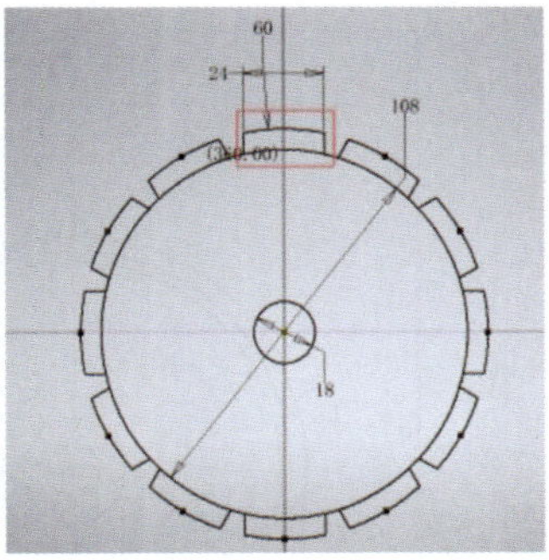
（4）绘制槽并标注尺寸	（5）阵列槽两行两列	（6）绘制键槽并标注尺寸
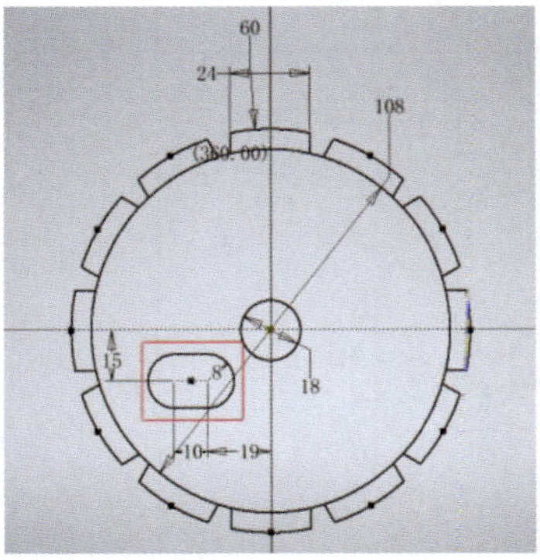	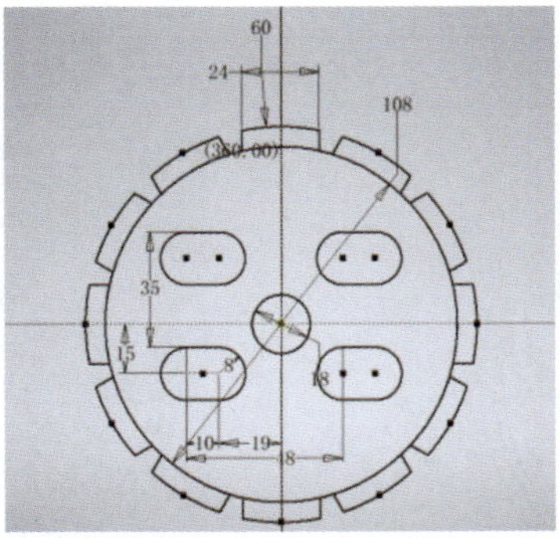	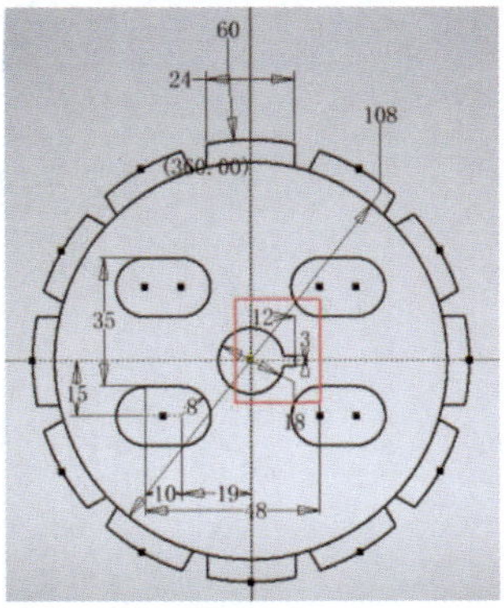

【拓展案例 2】按图纸尺寸要求，完成如图 2-5-13 所示的零件草图，绘图思路可参考表 2-5-2 中的步骤。

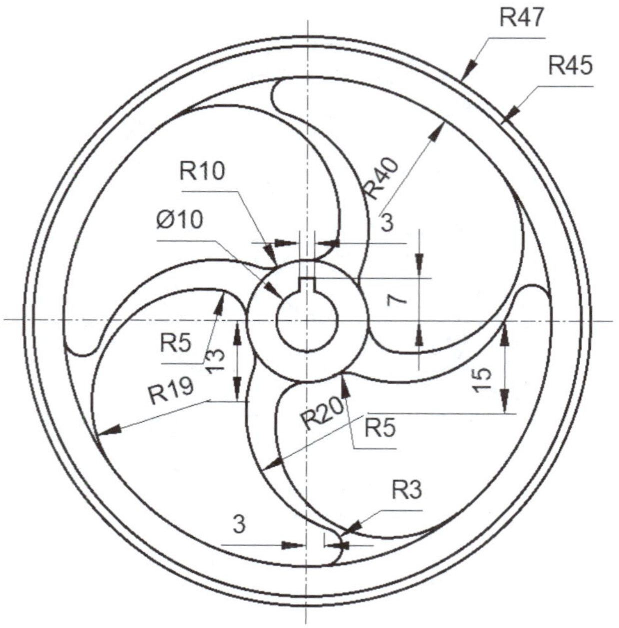

图 2-5-13　拓展案例 2

表 2-5-2　拓展案例 2 绘图参考步骤

（1）绘制 5 个圆并标注尺寸	（2）绘制阵列图元并标注尺寸
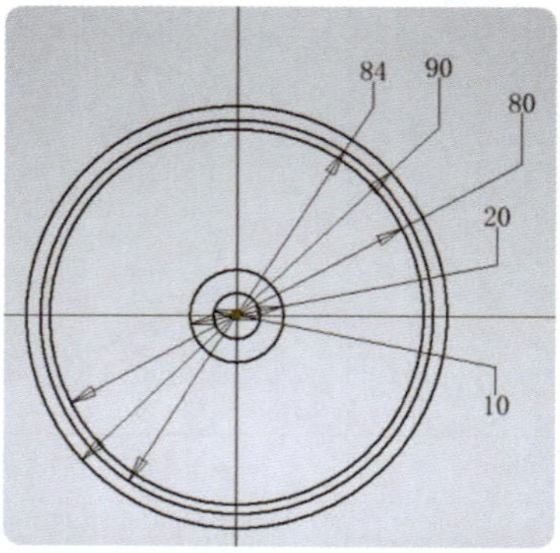	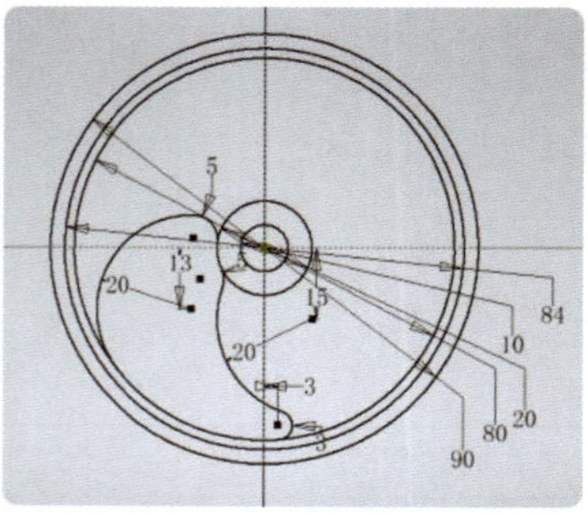
（3）阵列 4 个特征	（4）绘制中间的键槽并标注尺寸
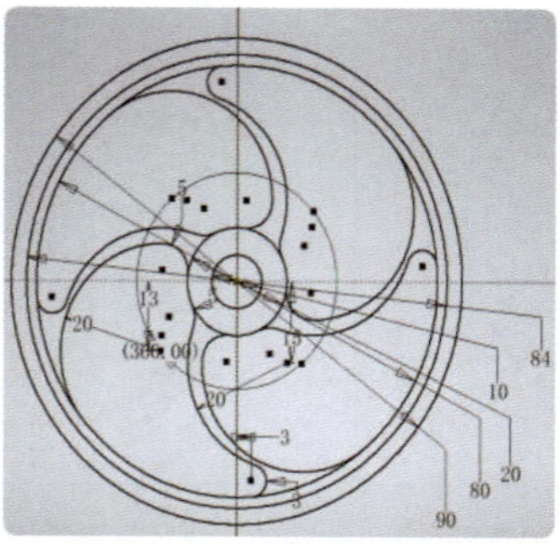	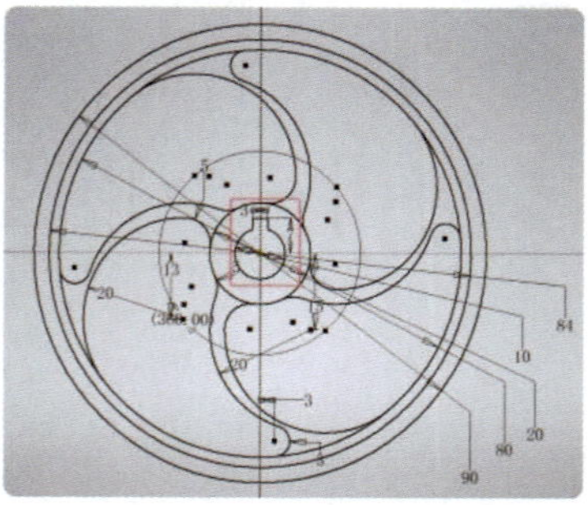

任务 6　骑车标志草图

学习目标

（1）掌握复杂图形布局和分析。
（2）熟悉复杂图形约束功能的应用。

骑车标志草图

工作任务

根据图纸尺寸要求，完成如图 2-6-1 所示的骑车标志草图。

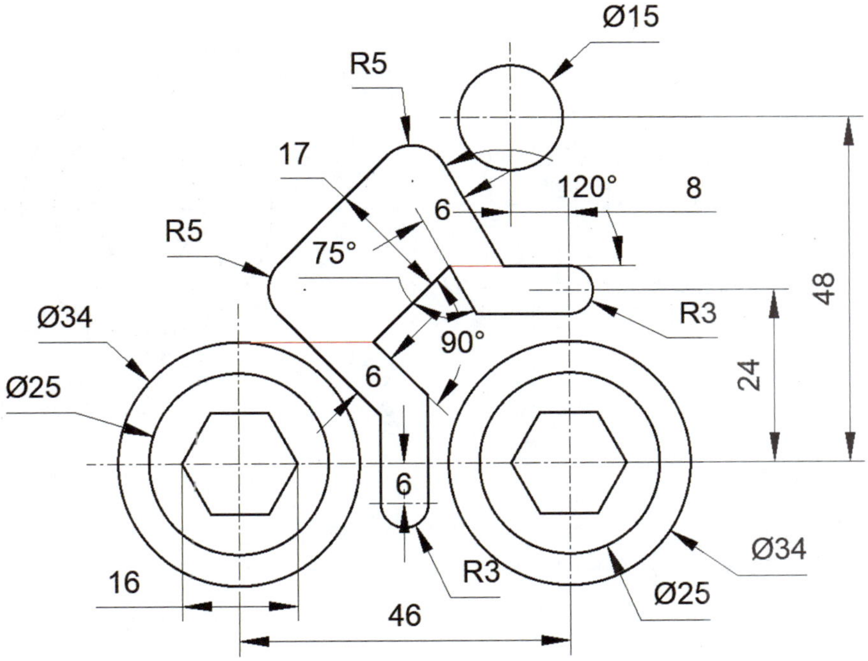

图 2-6-1　骑车标志草图

任务重点与实施

Step 01 单击【文件】—【新建】—【零件】，进入绘图界面，如图 2-6-2 所示。然后单击【开始创建二维草图】，任选一个基准平面作为草绘平面。单击【直线命令】，选择坐标原点为起点，分别绘制两条直线（线①和线②），并把它们变成构造线，如图 2-6-3 所示。

Step 02 单击【圆命令】，以水平构造线①的左端点为圆心，分别绘制 ϕ34 mm 和 ϕ25 mm 的圆，同时标注尺寸，结果如图 2-6-4 所示。

Step 03 单击【多边形命令】，以 ϕ25 mm 的圆心为多边形的中心点，设置多边形的边数为 6，绘制六边形并标注尺寸，完成后如图 2-6-5 所示。

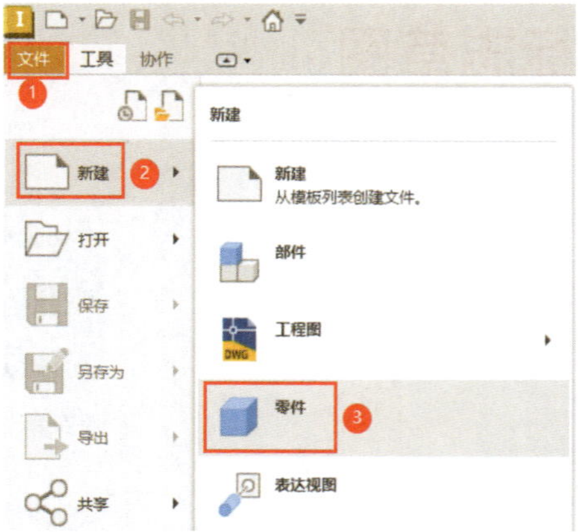

图 2-6-2　新建零件

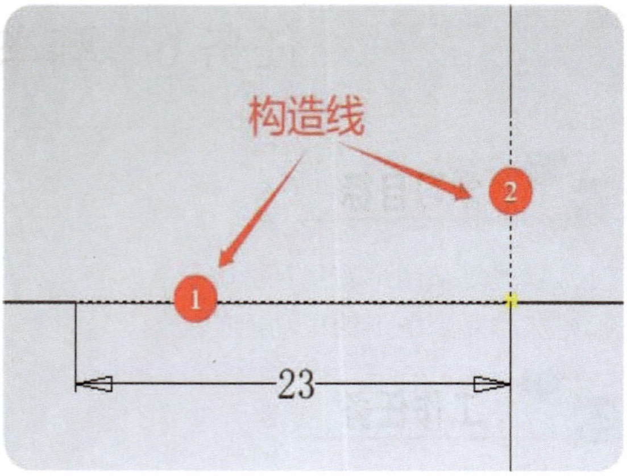

图 2-6-3　绘制构造线

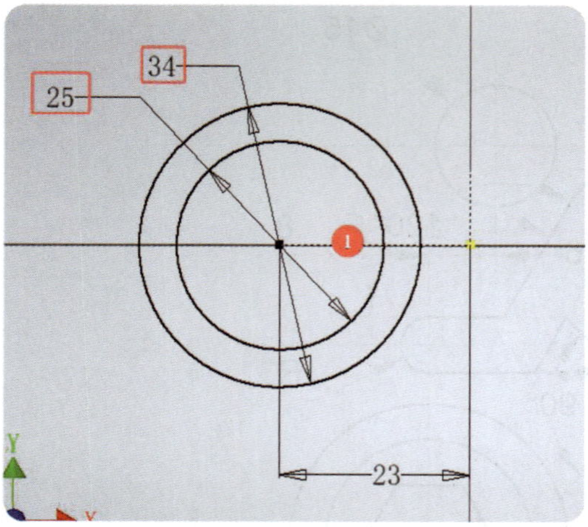

图 2-6-4　绘制圆

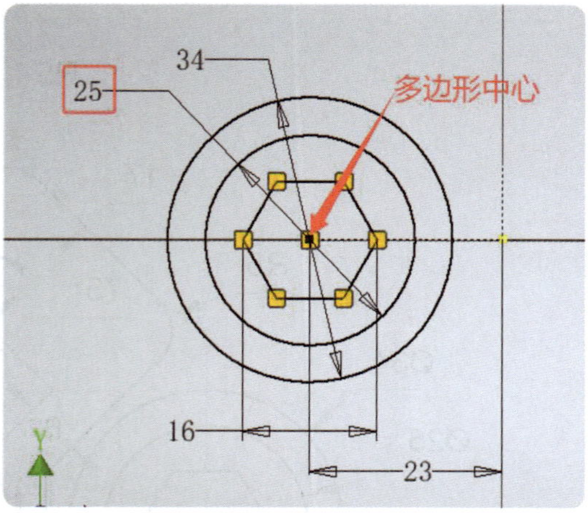

图 2-6-5　绘制六边形

Step 04 单击【镜像命令 】，选取绘制好的圆和六边形为镜像图元，选取线①为镜像中心线，单击【应用】和【完毕】，完成后效果如图 2-6-6 所示。

Step 05 单击【圆命令 】，在空白处绘制一个圆，并标注好定形和定位尺寸（8 mm，48 mm，ϕ15 mm），结果如图 2-6-7 所示。

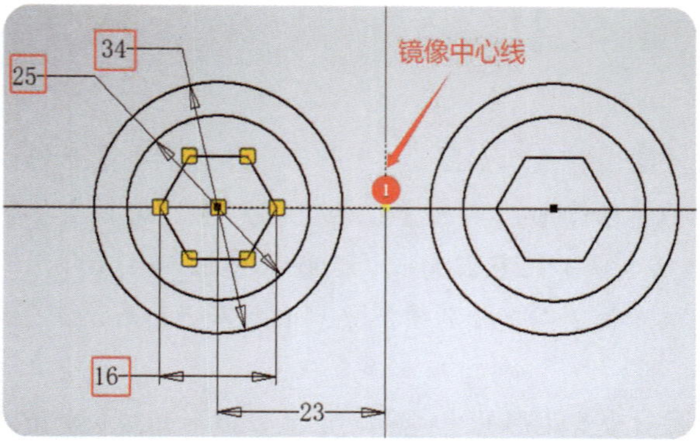

图 2-6-6　镜像

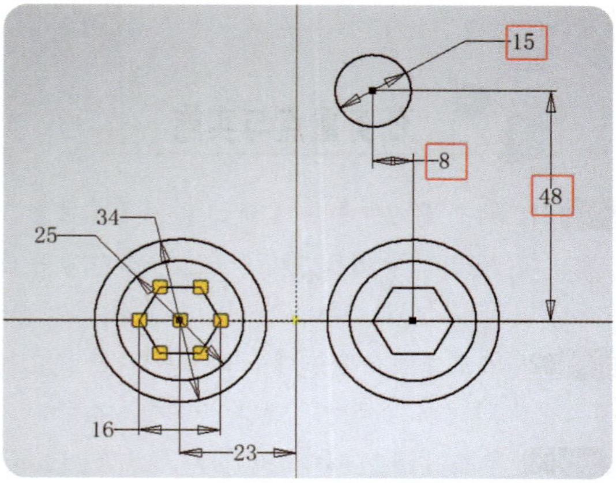

图 2-6-7　绘制圆

Step06 单击【槽命令】，以中心到中心的方式绘制两个槽（槽①和槽②），并标注相关尺寸，完成后效果如图 2-6-8 所示。

Step07 单击【直线命令】，依次绘制 6 条线段，然后单击【修剪命令 修剪】修剪多余的轮廓线，并保证相关线的平行和垂直关系，同时标注好相关尺寸，结果如图 2-6-9 所示。

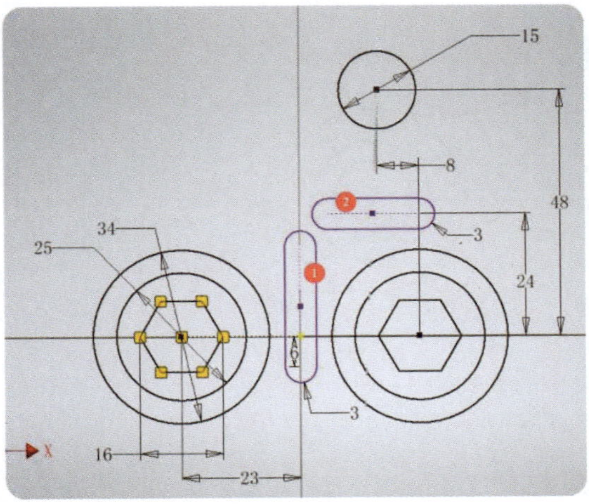

图 2-6-8 绘制槽

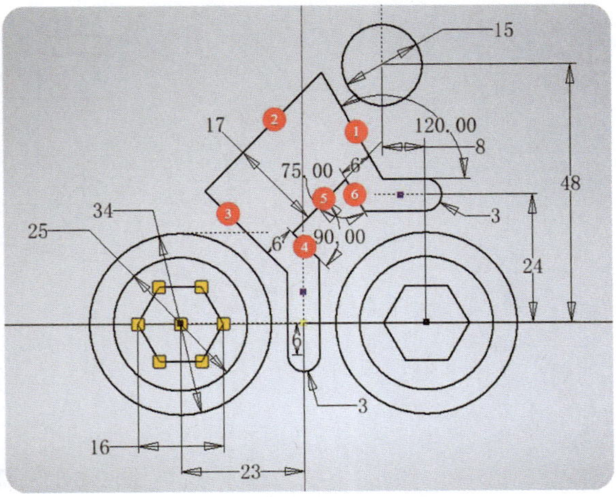

图 2-6-9 绘制人形结构线

Step08 单击【倒圆角命令 圆角】，对图形进行 $R5$ mm 圆角处理（①处和②处），完成后效果如图 2-6-10 所示。

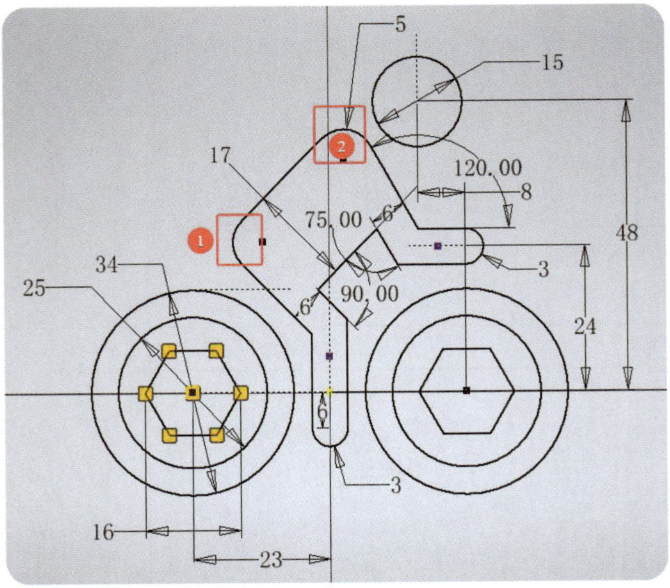

图 2-6-10 倒圆角

拓展案例

【拓展案例 1】按图纸尺寸要求，完成如图 2-6-11 所示的零件草图，绘图思路可参考表 2-6-1 中的步骤。

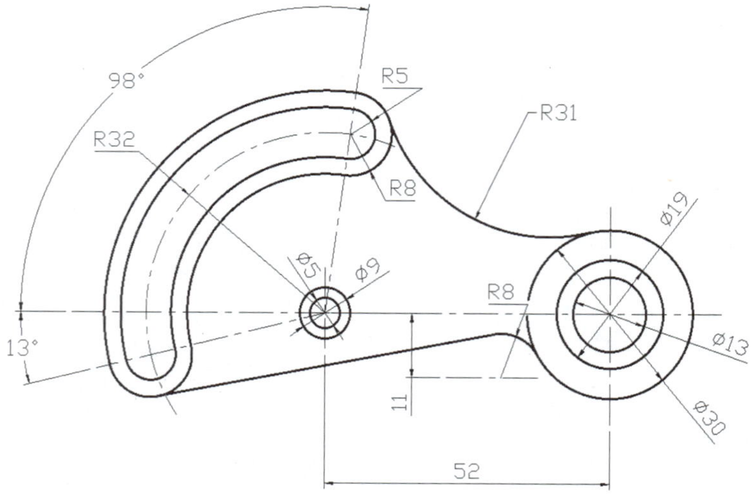

图 2-6-11　拓展案例 1

表 2-6-1　拓展案例 1 绘图参考步骤

（1）用直线和圆弧绘制构造线	（2）用圆的命令绘制 5 个圆	（3）用槽的命令绘制两个槽
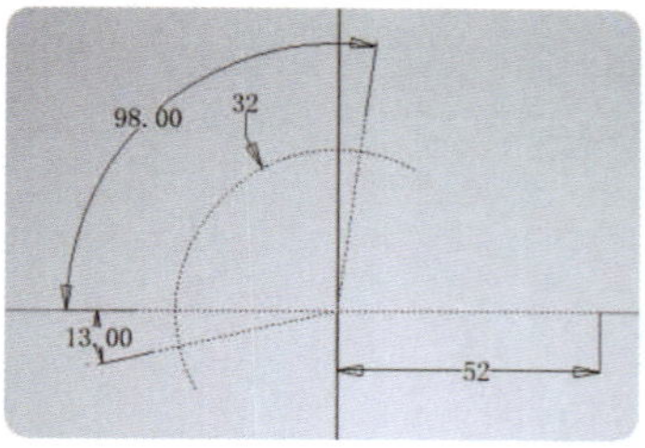	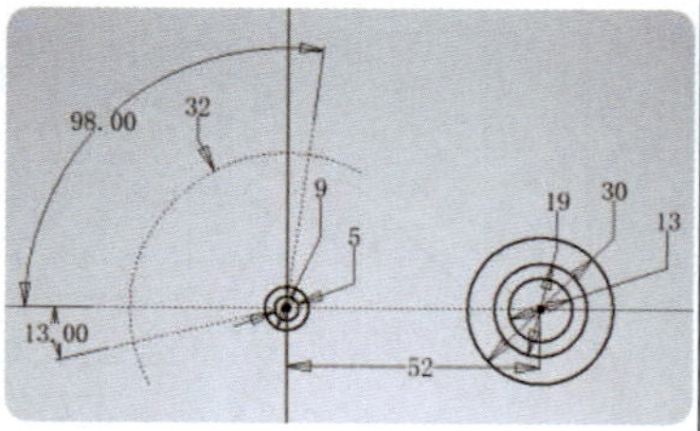	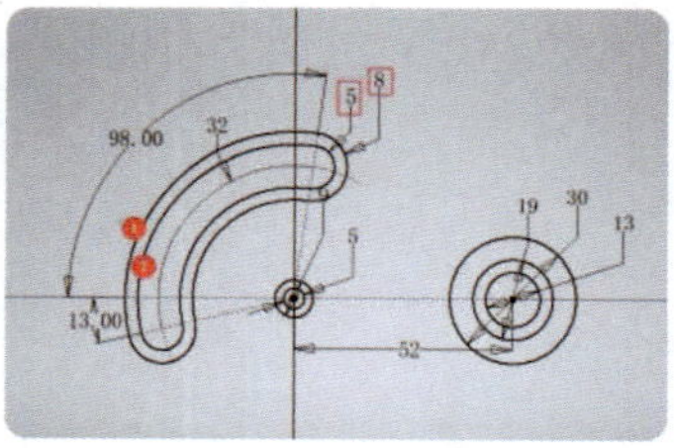
（4）绘切线①和弧②	（5）用 3 点弧绘制圆弧①	（6）完成草图绘制
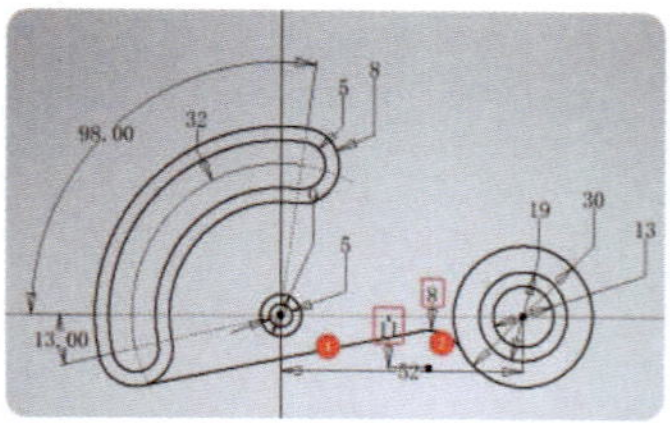	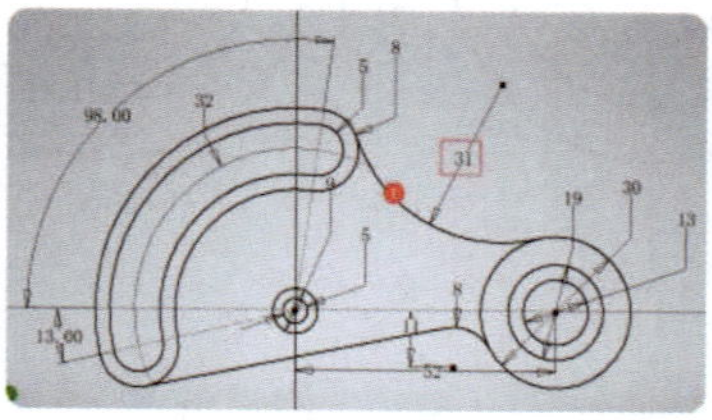	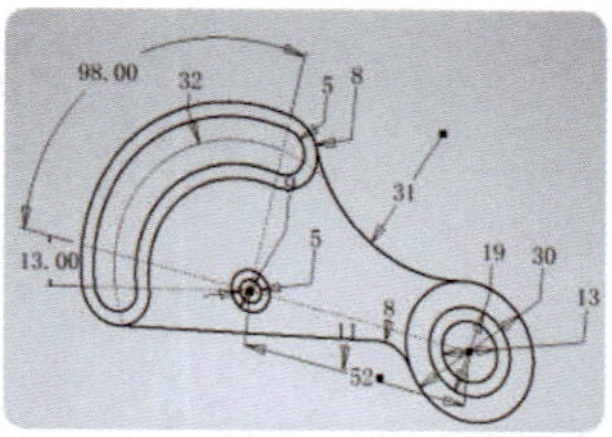

【拓展案例 2】按图纸尺寸要求，完成如图 2-6-12 所示的零件草图，绘图思路可参考表 2-6-2 中的步骤。

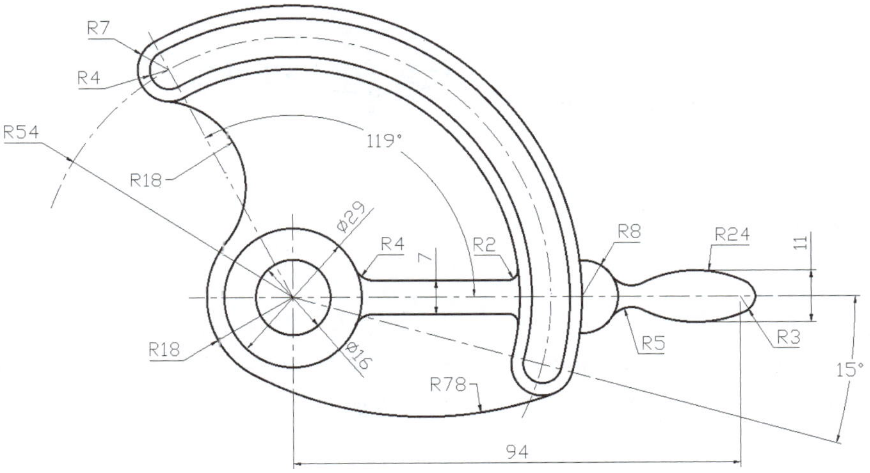

图 2-6-12　拓展案例 2

表 2-6-2　拓展案例 2 绘图参考步骤

（1）用直线和圆弧绘制构造线	（2）用圆的命令绘制 3 个圆	（3）用槽的命令绘制两个槽
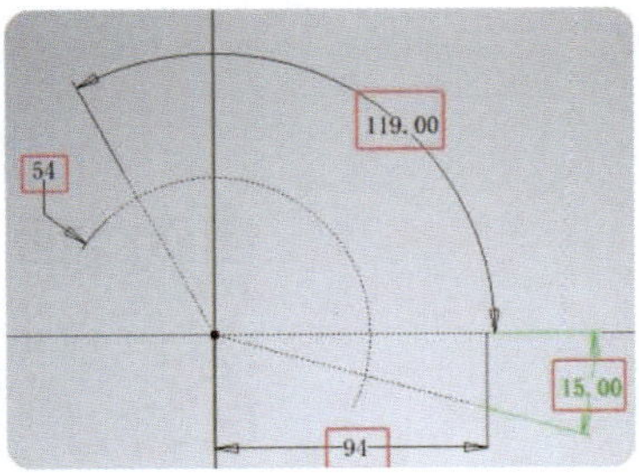	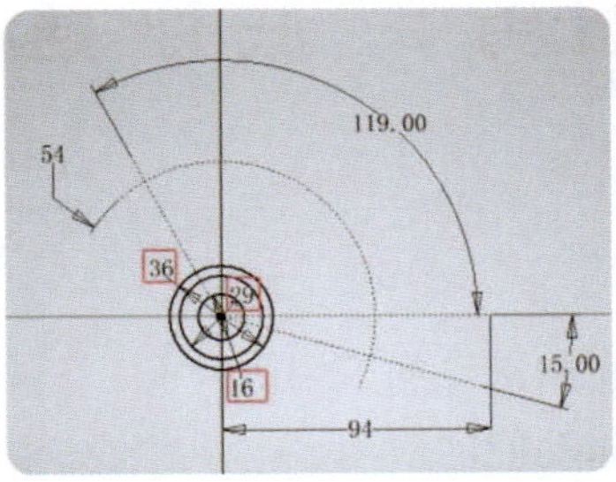	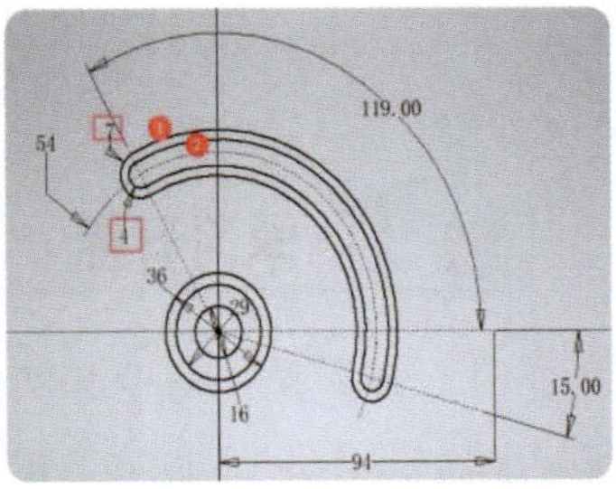
（4）绘制两段弧并修剪和标注尺寸	（5）绘制直线和圆弧并镜像	（6）用圆弧和镜像命令绘制手柄
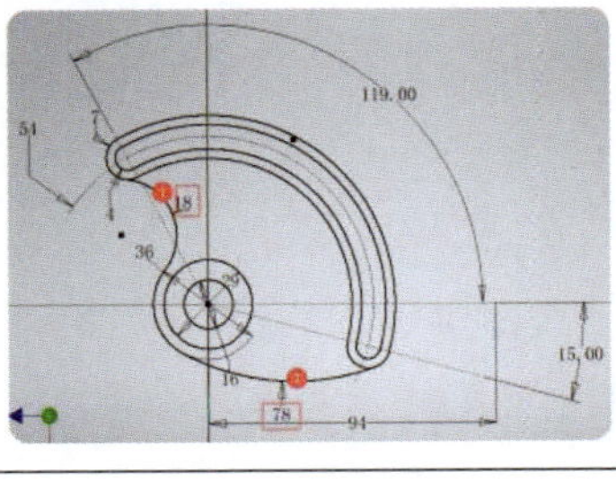	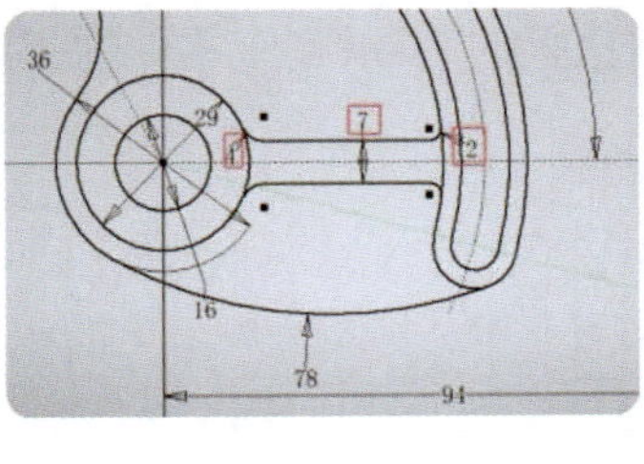	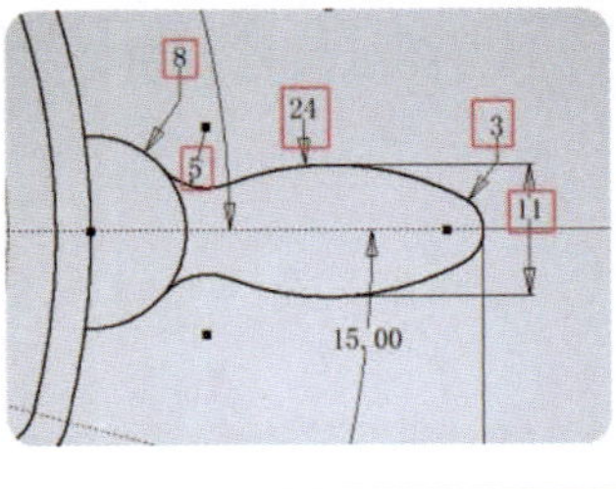

项目3　零件建模

项目概述

Inventor 提供了丰富的建模工具，支持从基础几何体到复杂机械零件的灵活创建与编辑。本项目将系统讲解 Inventor 的参数化建模逻辑与工具链，通过典型任务的实操训练，帮助读者掌握实体建模、特征修饰及设计意图传递的方法。

素质目标

（1）通过几何建模，培养学生的空间想象力。

（2）通过复杂的机械零件，提升学生对机械零件的理解。

任务1　底座建模

学习目标

（1）掌握拉伸命令和实体布尔运算的应用。

（2）熟悉加强筋命令和圆角功能的应用。

底座建模

工作任务

根据图纸尺寸要求，完成如图 3-1-1 所示底座零件的三维实体建模。

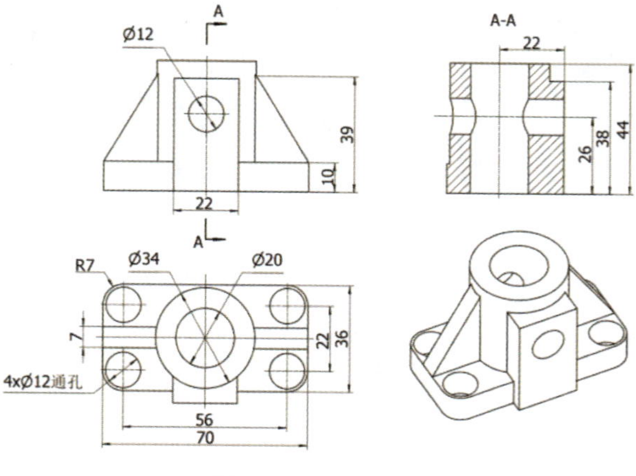

图 3-1-1　底座图纸

任务重点与实施

1．拉伸底板

Step01 点击【开始创建二维草图 】，任选一个基准平面作为草绘平面，用直线、圆、矩形、镜像等草图命令绘制如图 3-1-2 所示草图。先要绘制两条构造线，一条水平，一条垂直，四个圆要保证上下左右对称，矩形的中心确定在原点。

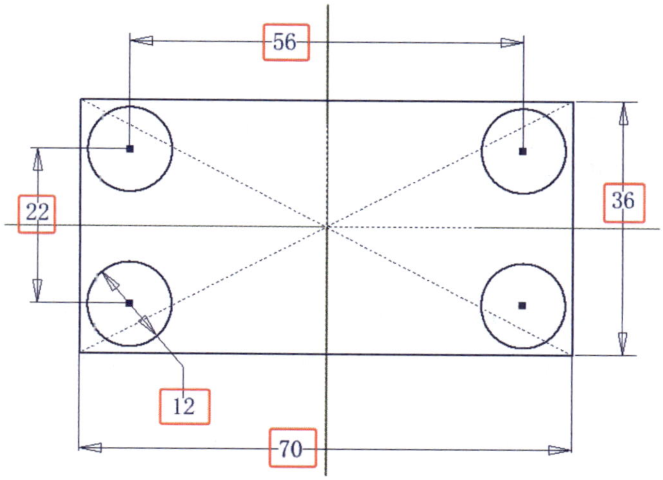

图 3-1-2　底板草图

Step02 单击【拉伸命令 】，选择上一步画好的草图截面为轮廓，设置拉伸参数（高度为 10 mm），单击【确定】按钮，结果如图 3-1-3 所示。

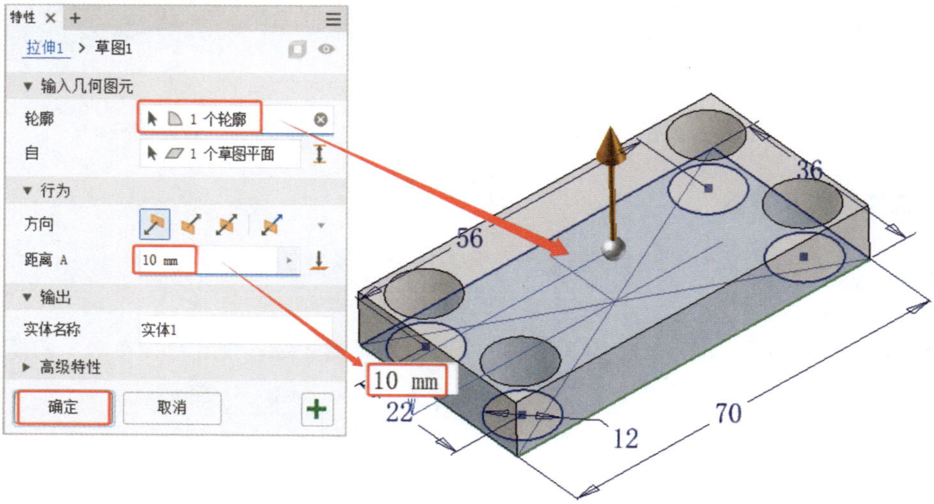

图 3-1-3　拉伸底板

Step03 单击【圆角命令 】，选择边的方式，选择要倒圆角的四条边（边①、②、③、④），设置圆角半径为 $R7$ mm，单击【确定】按钮，结果如图 3-1-4 所示。

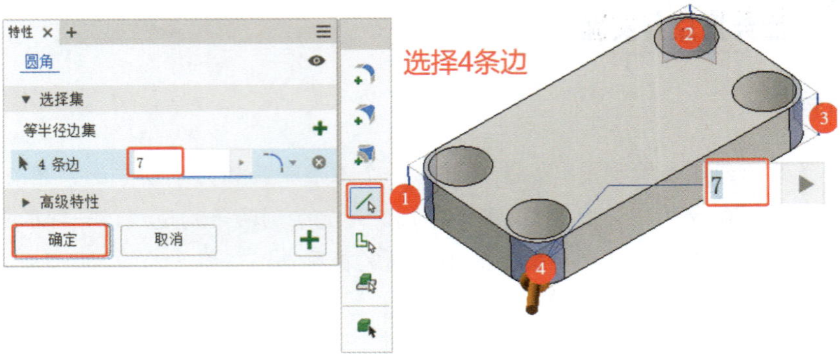

图 3-1-4　倒圆角

2．拉伸 ϕ34 mm 的圆柱体

Step 01 单击【开始创建二维草图 】，选择长方体底面作为草绘平面，绘制 ϕ34 mm 的草图线，如图 3-1-5 所示。

Step 02 单击【拉伸命令 】，选择图 3-1-5 中 ϕ34 mm 草图轮廓，设置拉伸参数（高度为 44 mm），在布尔运算中选择【求并】，单击【确定】按钮，如图 3-1-6 所示。

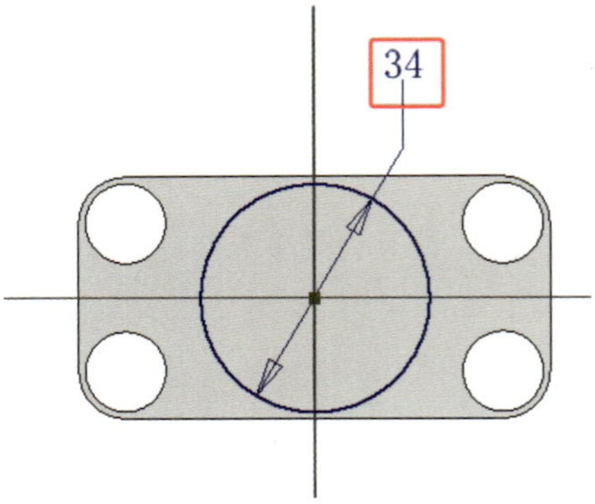

图 3-1-5　圆柱草图

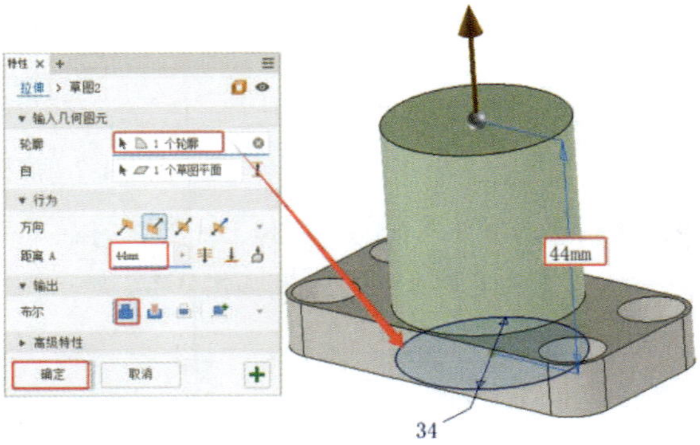

图 3-1-6　拉伸圆柱

3．拉伸侧边长方体

Step 01 单击【开始创建二维草图 】，选择长方体底面作为草绘平面，绘制如图 3-1-7 所示的草图轮廓。

Step 02 单击【拉伸命令 】，选择图 3-1-7 中长方形草图轮廓，设置拉伸参数（高度为 38 mm），在布尔运算中选择【求并】，单击【确定】按钮，如图 3-1-8 所示。

4．拉伸 ϕ12 mm 的圆柱体

Step 01 单击【开始创建二维草图 】，选择图 3-1-9 所示的面作为草绘平面，绘制草图轮廓。

Step 02 单击【拉伸命令 】，选择图 3-1-9 中长方形草图轮廓，设置拉伸参数（高度为 60 mm），在布尔运算中选择【求差】，单击【确定】按钮，如图 3-1-10 所示。

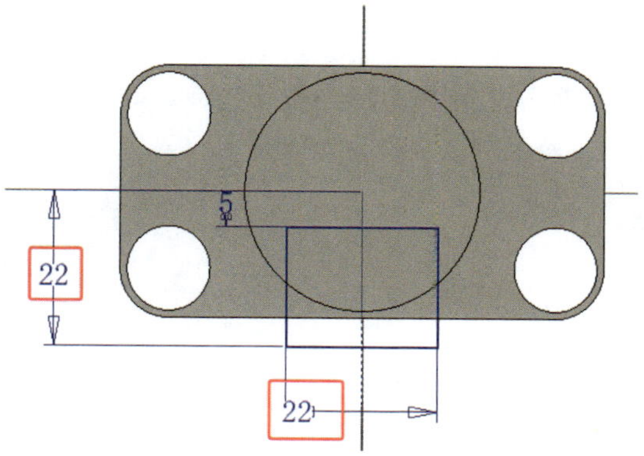

图 3-1-7　创建矩形草图

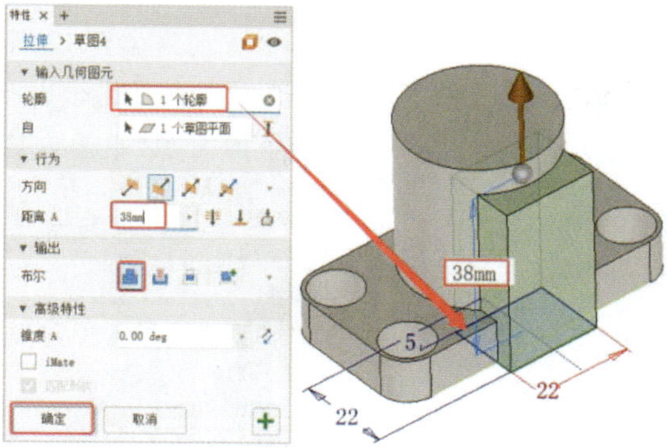

图 3-1-8　拉伸侧边长方体

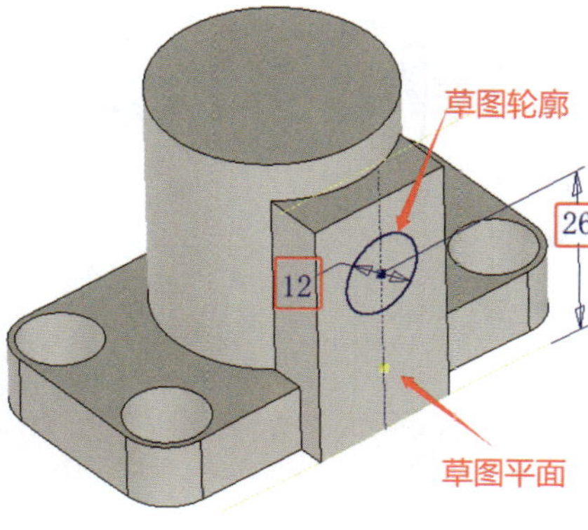

图 3-1-9　绘制草图轮廓

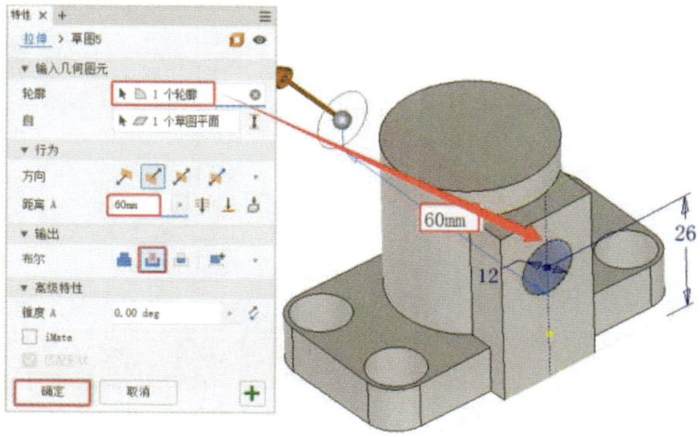

图 3-1-10　拉伸圆柱体

5．拉伸 ϕ20 mm 的圆柱体

Step 01　单击【开始创建二维草图 】，选择图 3-1-11 所示的面作为草绘平面，绘制草图轮廓。

Step 02　单击【拉伸命令 】，选择图 3-1-11 中圆形草图轮廓，设置拉伸参数（高度为 44 mm），在布尔运算中选择【求差】，单击【确定】按钮，如图 3-1-12 所示。

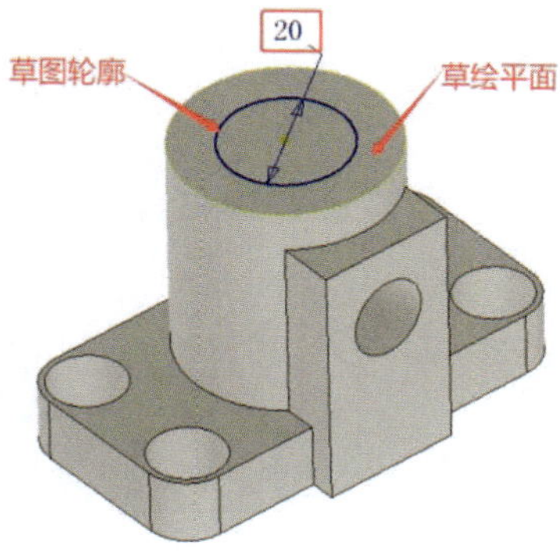

图 3-1-11　绘制草图轮廓

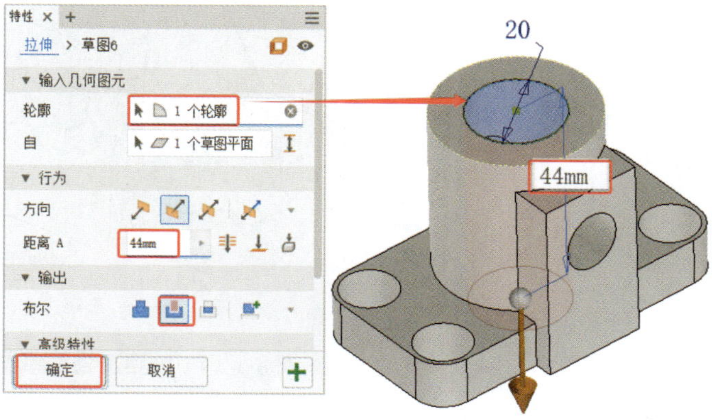

图 3-1-12　拉伸圆柱体

6. 加强筋

Step 01 点击【模型树】，选择点击【原始坐标系】，选择【YZ 平面】，单击【鼠标右键】，勾选【可见性】，此时中间面 YZ 平面就显示出来了，如图 3-1-13 所示草图。

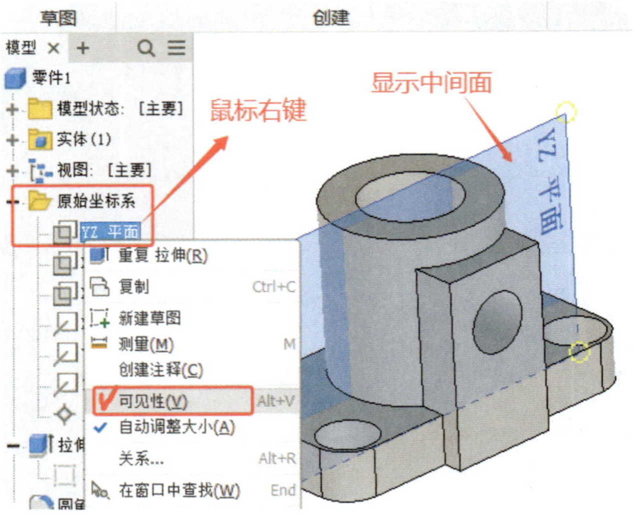

图 3-1-13　显示 YZ 平面

▶ 专家指点

不一定是 YZ 平面，根据自己的实际情况选择，只要保证是中间面就可以。

Step 02 单击【开始创建二维草图 】，选择图 3-1-14 所示的 YZ 面作为草绘平面，绘制加强筋草图轮廓。

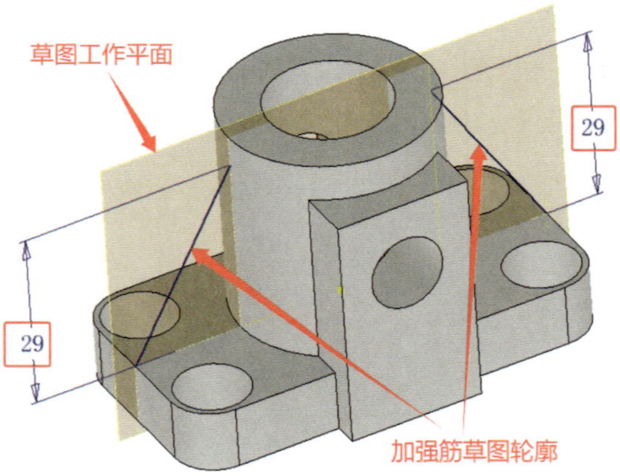

图 3-1-14　创建加强筋草图轮廓

Step 03 单击【加强筋命令 加强筋 】，选择加强筋草图线（图 3-1-14 所示左边线），设置加强筋参数（厚度为 7 mm），单击【确定】按钮，如图 3-1-15 所示。右边的加强筋创建方法与左边的相同，结果如图 3-1-16 所示。

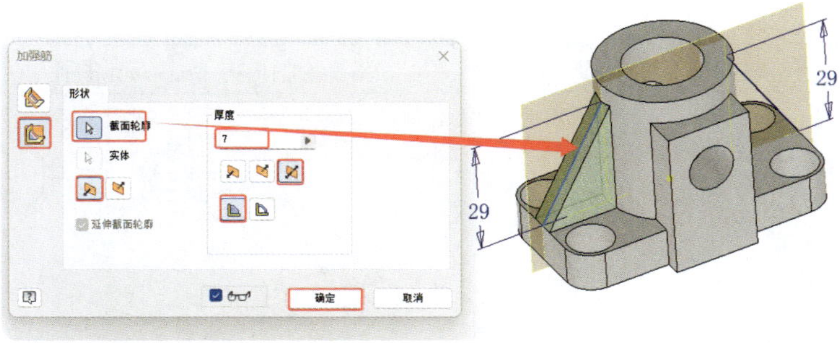

图 3-1-15　创建加强筋

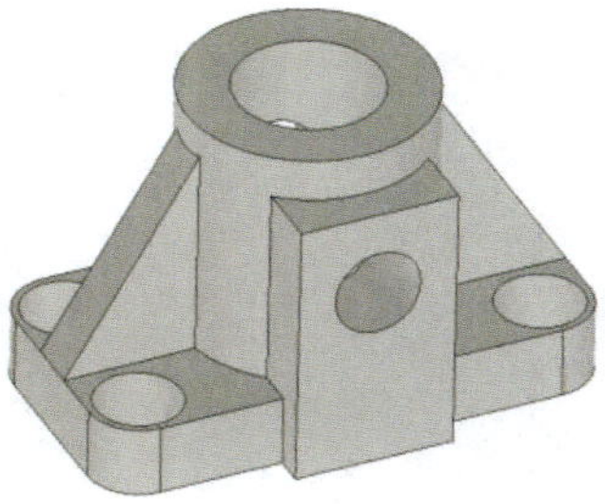

图 3-1-16　零件效果图

拓展案例

【拓展案例 1】按图纸尺寸要求完成，如图 3-1-17 所示的零件三维建模，建模思路可参考表 3-1-1 中的步骤。

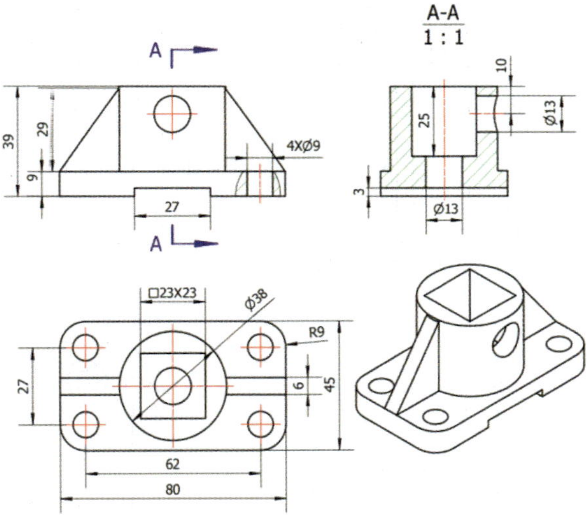

图 3-1-17　拓展案例 1

表 3-1-1　拓展案例 1 建模参考步骤

（1）拉伸长方体底板	（2）拉伸圆柱凸台	（3）拉伸长方体和 ϕ13 mm 的孔去材料
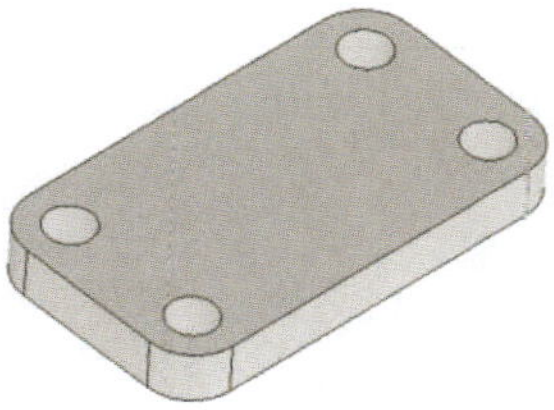	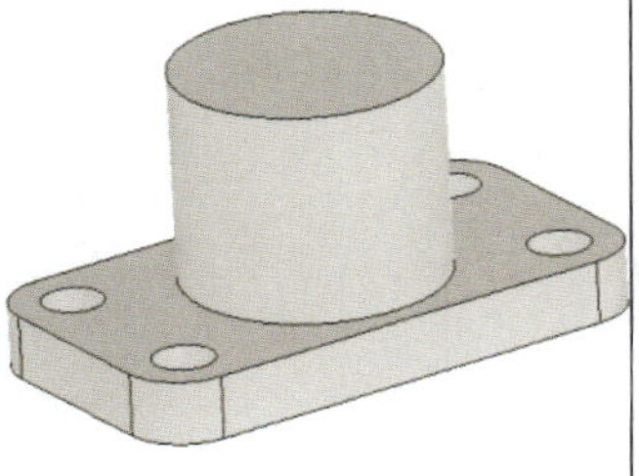	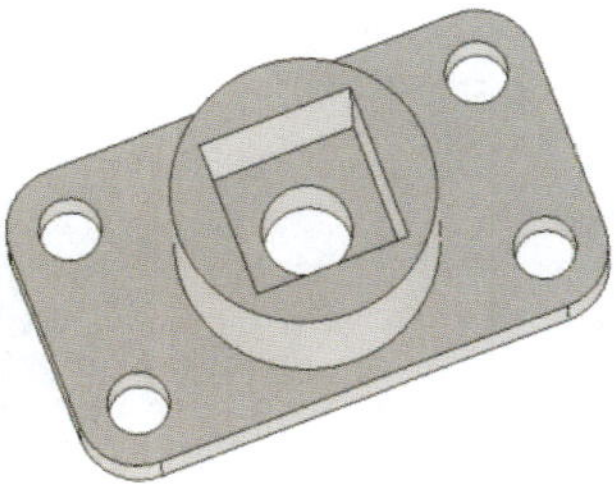

表 3-1-1 （续）

（4）拉伸底部槽去材料	（5）绘制左右两边的加强筋	（6）绘制前方 ϕ13 mm 的孔
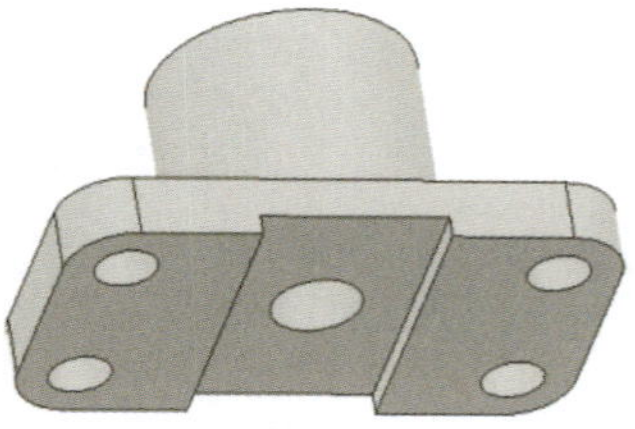	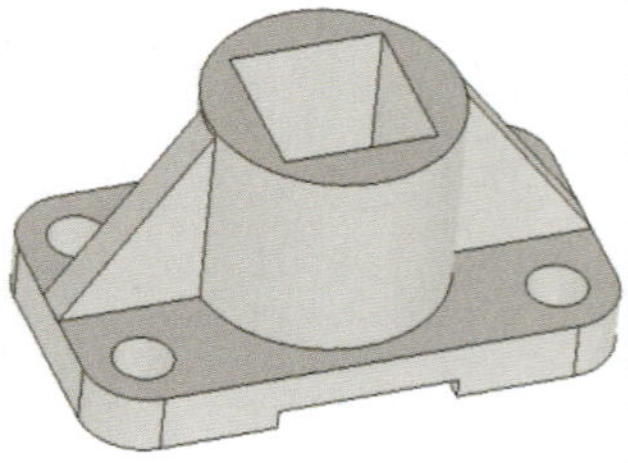	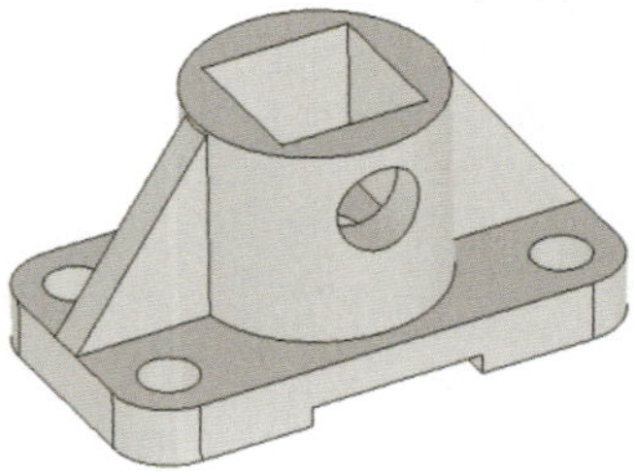

【拓展案例 2】按图纸尺寸要求，完成如图 3-1-18 所示的零件三维建模，建模思路可参考表 3-1-2 中的步骤。

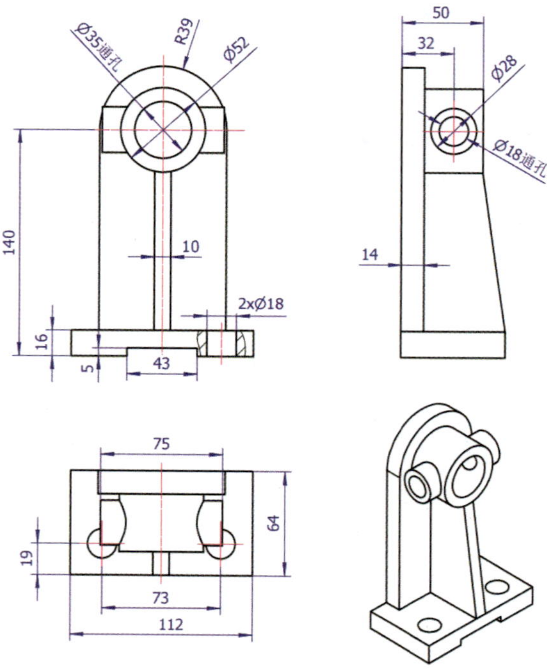

图 3-1-18 拓展案例 2

表 3-1-2 拓展案例 2 建模参考步骤

（1）拉伸底板	（2）拉伸竖板
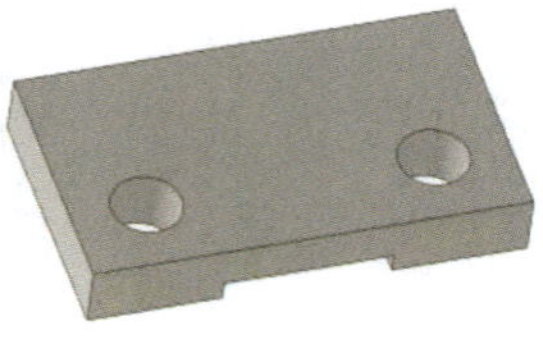	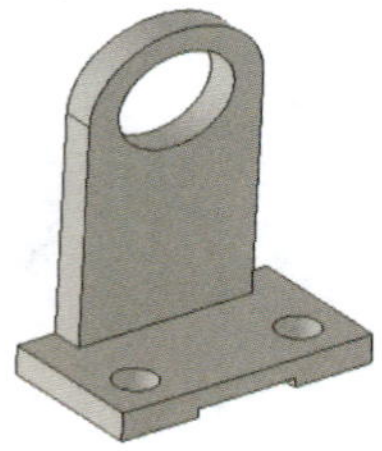

表 3-1-2　（续）

（3）拉伸 2 个相贯凸台	（4）加强筋建模
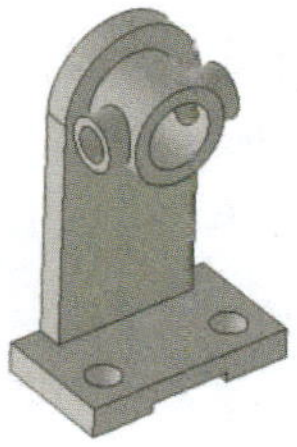	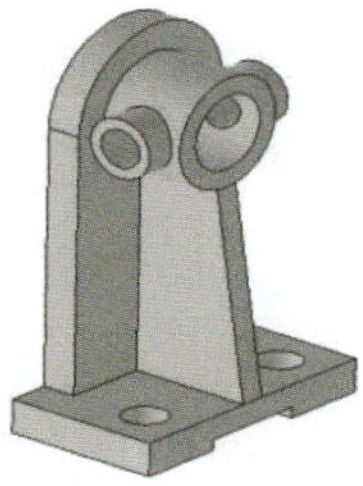

任务 2　角 座 建 模

学习目标

（1）掌握基准轴的创建方法。
（2）熟悉基准面的创建方法。
（3）掌握基准点的创建方法。

角座建模

工作任务

根据图纸尺寸要求，完成如图 3-2-1 所示角座零件的三维实体建模。

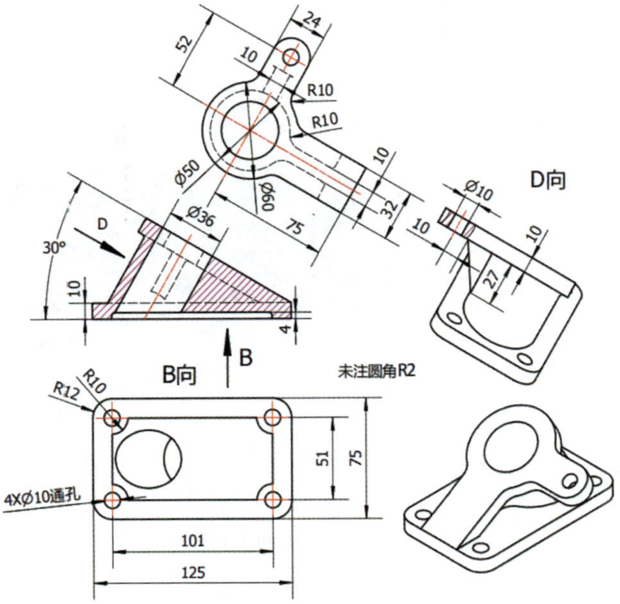

图 3-2-1　角座图纸

任务重点与实施

1. 拉伸底板

Step 01 点击【开始创建二维草图 】，任选一个基准平面作为草绘平面，用直线、圆、矩形、镜像等草图命令绘制如图 3-2-2 所示草图。先要绘制两条构造线，一条水平，一条垂直，四个圆要保证上下左右对称，矩形的中心确定在原点。

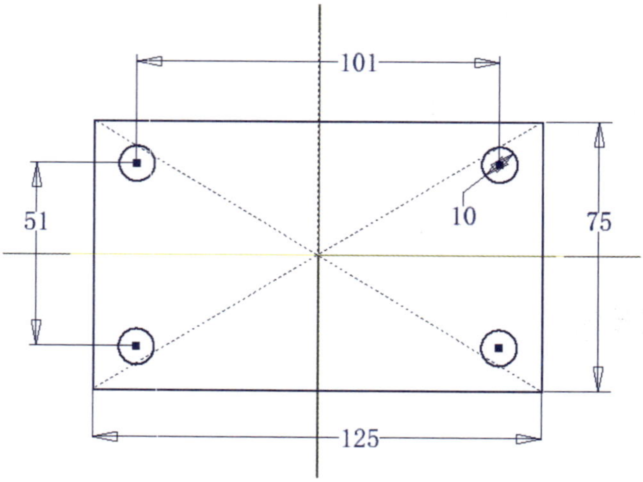

图 3-2-2　绘制矩形草图

Step 02 单击【拉伸命令 】，选择上一步画好的草图截面为轮廓，设置拉伸参数（高度为 10 mm），单击【确定】按钮，结果如图 3-2-3 所示。

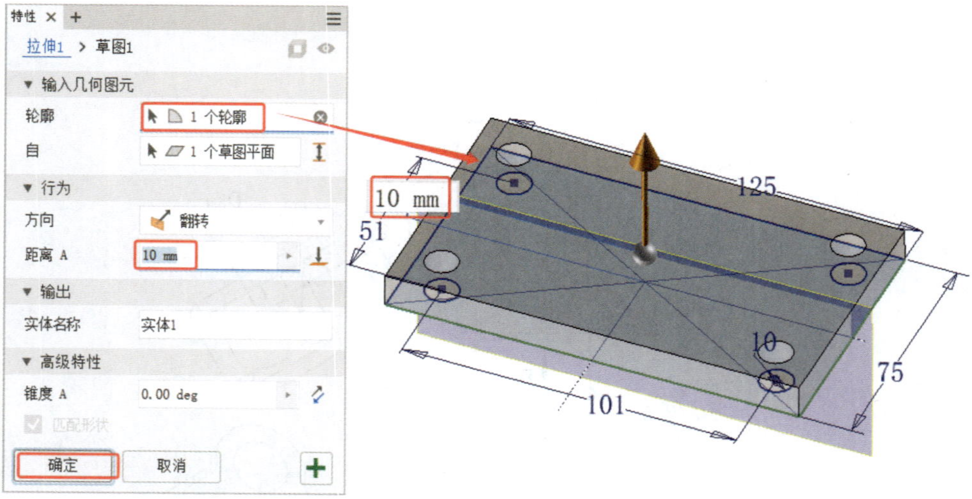

图 3-2-3　拉伸底板

Step 03 单击【圆角命令 】，选择要倒圆角的四条边（边①、②、③、④），设置圆角半径为 $R7$ mm，单击【确定】按钮，结果如图 3-2-4 所示。

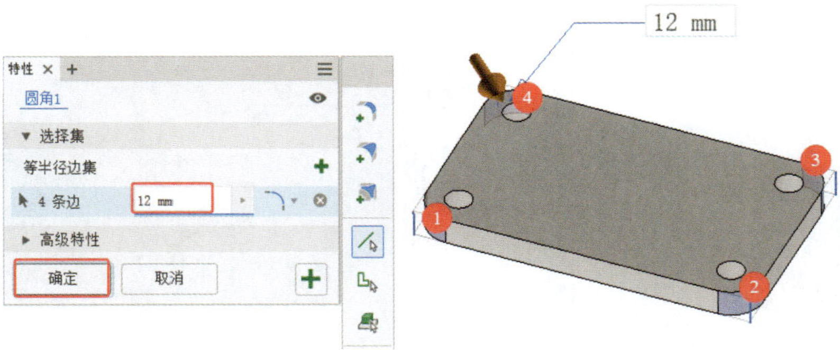

图 3-2-4　倒圆角

2．创建基准面

Step 01 单击【开始创建二维草图 】，选择底板中间面作为草绘平面，也可以先在模型树中把中间平面设置为可见，绘制两条草图线（线①和线②），如图 3-2-5 所示。

Step 02 单击【基准平面 】，选择图 3-2-6 所示的线①和线③草图轮廓线，创建基准平面。

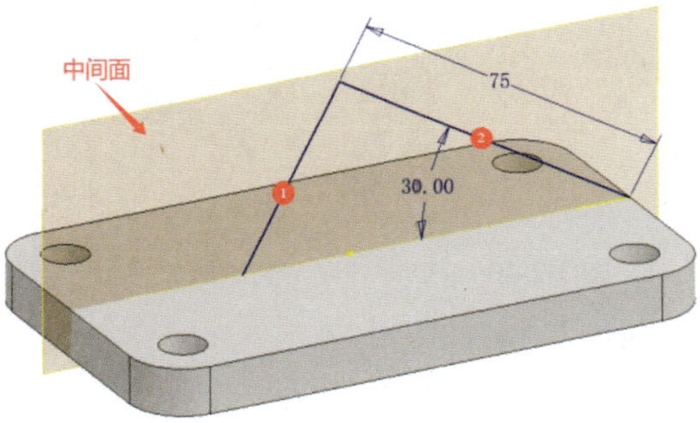

图 3-2-5　选择草图平面

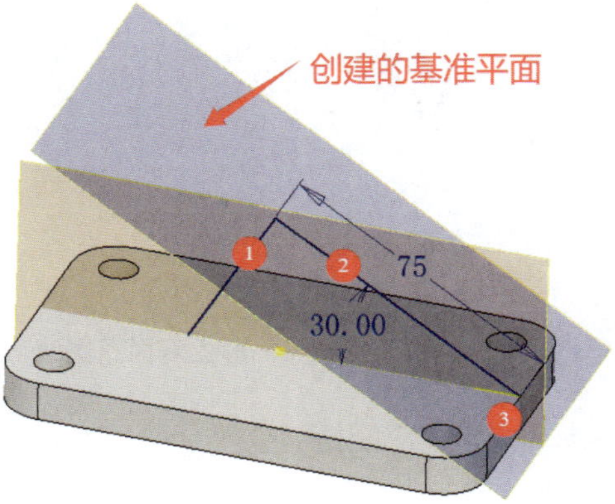

图 3-2-6　创建基准平面

3．拉伸 ϕ50 mm 的斜圆柱体

Step 01 单击【开始创建二维草图 】，选择创建好的基准平面作为草绘平面，绘制如图 3-2-7 所示的 ϕ50 mm 的草图轮廓。

Step 02 单击【拉伸命令 】，选择图 3-2-7 所示的 ϕ50 mm 草图轮廓，设置拉伸参数（拉伸到指定的面），在布尔运算中选择【求并】，单击【确定】按钮，如图 3-2-8 所示。

4．拉伸“L”形上面体

Step 01 单击【开始创建二维草图 】，选择图 3-2-6 中的基准平面作为草绘平面，绘制如图 3-2-9 所示的草图轮廓。

Step 02 单击【拉伸命令 】，选择图 3-2-9 中的草图轮廓，设置拉伸参数（高度为 10 mm），在布尔运算中选择【求并】，单击【确定】按钮，如图 3-2-10 所示。

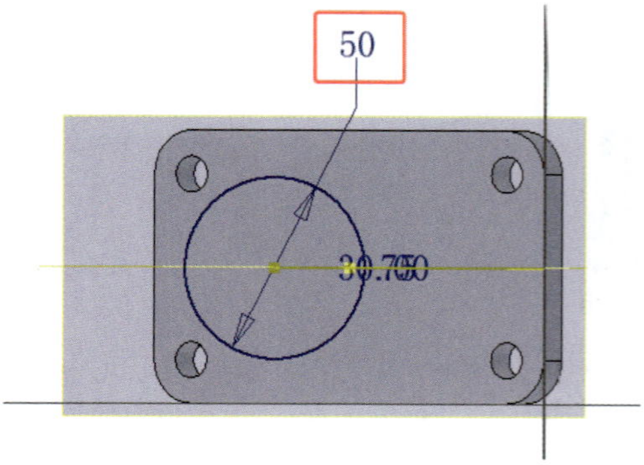

图 3-2-7　绘制圆草图线

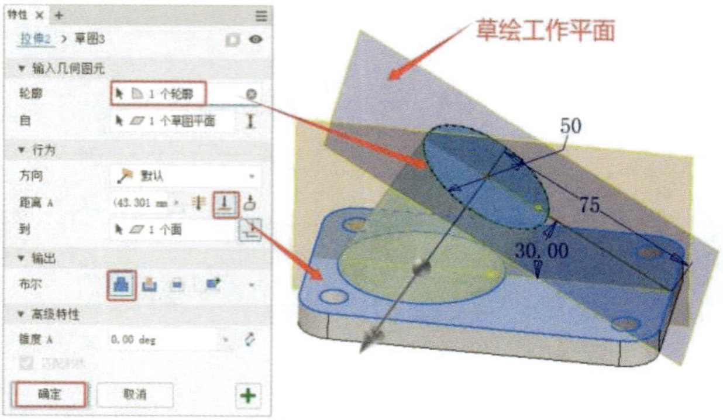

图 3-2-8　拉伸 ϕ50 mm 圆柱

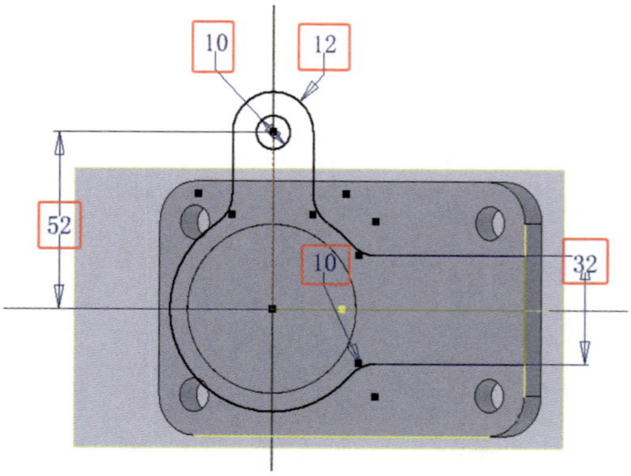

图 3-2-9　绘制“L”形上表面草图线

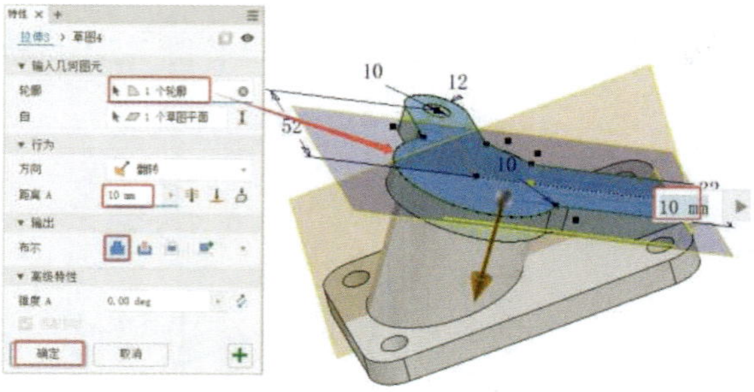

图 3-2-10　拉伸“L”形上面体

5. 拉伸底部凹槽

Step 01 单击【开始创建二维草图 】，选择底板底部面作为草绘平面，绘制如图 3-2-11 所示的草图轮廓。

Step 02 单击【拉伸命令 】，选择图 3-2-11 中的草图轮廓，设置拉伸参数（高度为 4 mm），在布尔运算中选择【求差】，单击【确定】按钮，如图 3-2-12 所示。

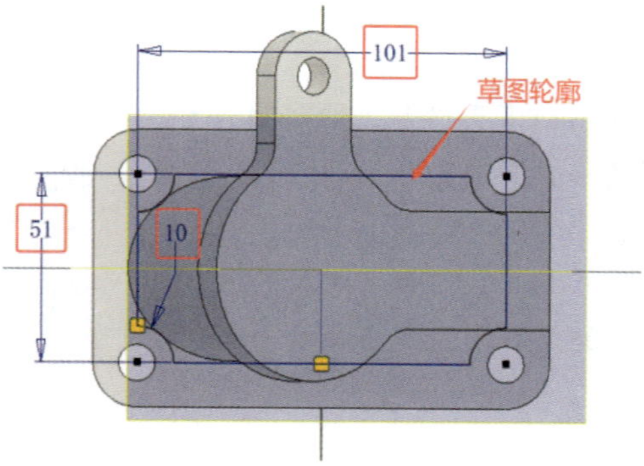

图 3-2-11　绘制底部凹槽草图线

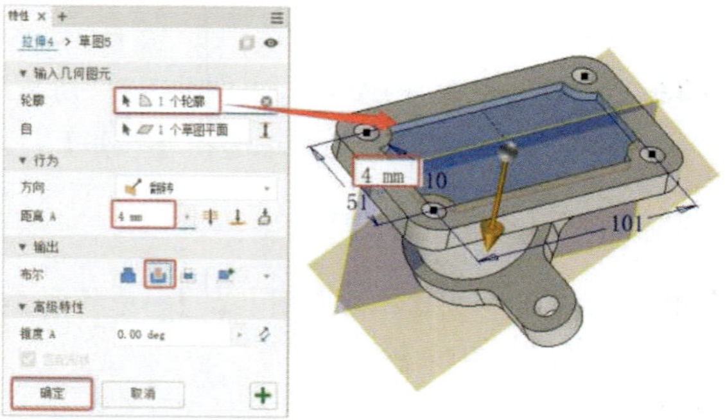

图 3-2-12　拉伸底部凹槽

6. 拉伸中间三角形

Step 01 单击【开始创建二维草图 】，选择中间的面作为草绘平面，绘制如图 3-2-13 所示的草图轮廓。

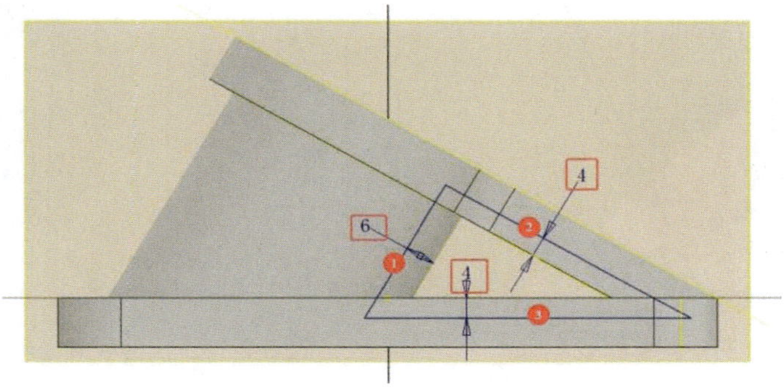

图 3-2-13　绘制中间三角形草图线

Step 02 单击【拉伸命令 】，选择图 3-2-13 中的草图轮廓，设置拉伸参数(对称拉伸高度为 10 mm)，在布尔运算中选择【求并】，单击【确定】按钮，如图 3-2-14 所示。

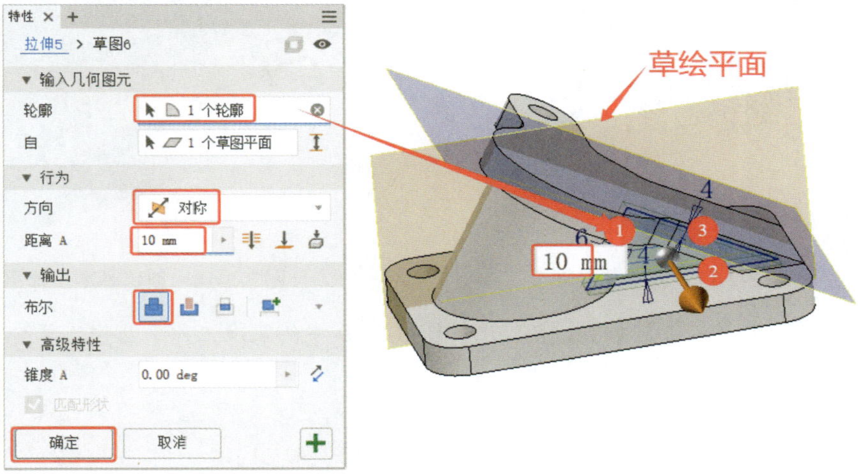

图 3-2-14　拉伸中间三角形肋板

7. 拉伸 ϕ36 mm 的中间斜圆柱

Step 01 单击【开始创建二维草图 】，选择如图 3-2-15 所示的上表面作为草绘平面，绘制如图 3-2-15 所示的 ϕ36 mm 草图轮廓。

Step 02 单击【拉伸命令 】，选择图 3-2-15 中的草图轮廓，设置拉伸参数（拉伸到凹槽底部），在布尔运算中选择【求差】，单击【确定】按钮，如图 3-2-16 所示。

8. 绘制加强筋

Step 01 单击创建【基准轴 轴】，选择 ϕ36 mm 和 ϕ10 mm 的孔创建两根基准轴（轴①和轴②），如图 3-2-17 所示。

Step 02 单击【基准平面 】，选择图 3-2-18 中的基准①和基准②创建基准工作平面。

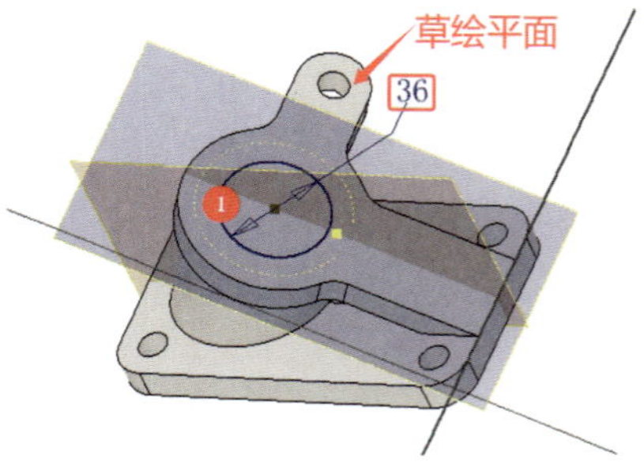

图 3-2-15　绘制 ϕ36 mm 的中间草图线

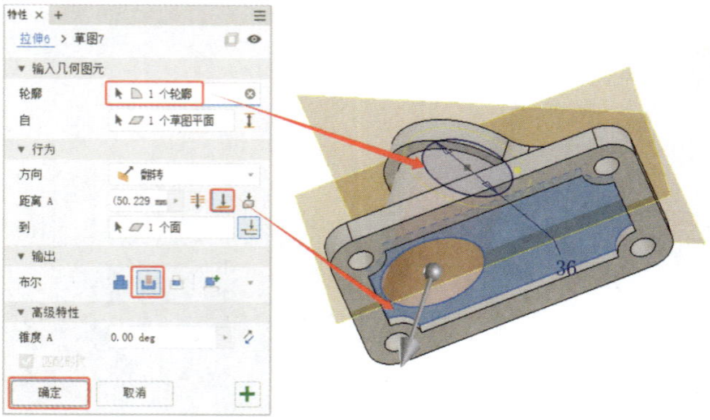

图 3-2-16　拉伸 ϕ36 mm 的中间斜圆柱

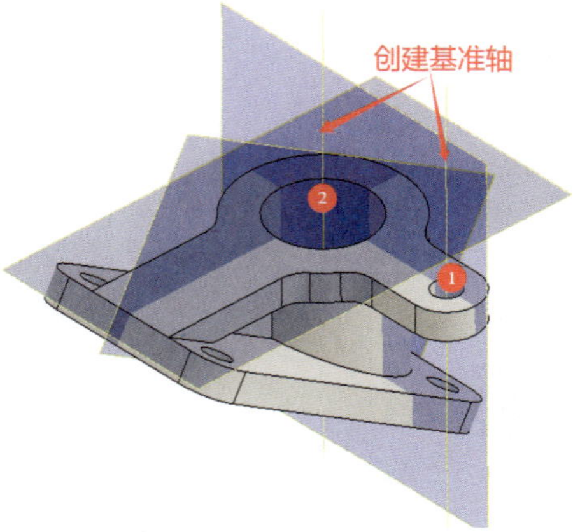

图 3-2-17　创建基准轴

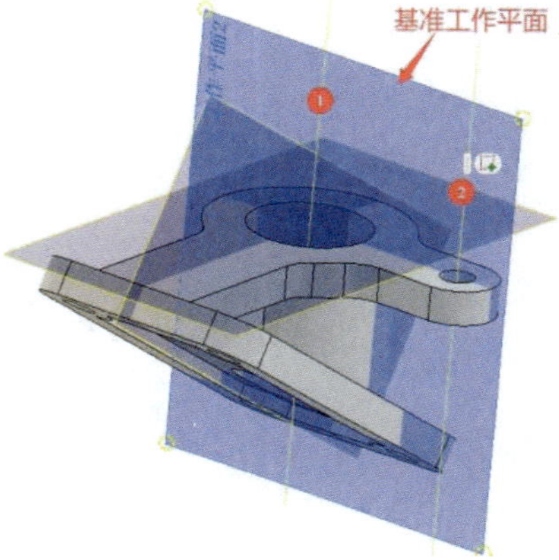

图 3-2-18　创建基准工作平面

Step 03 单击【开始创建二维草图 】，选择图 3-2-19 中的基准工作平面作为草绘平面，绘制如图 3-2-19 所示的加强筋草图轮廓。

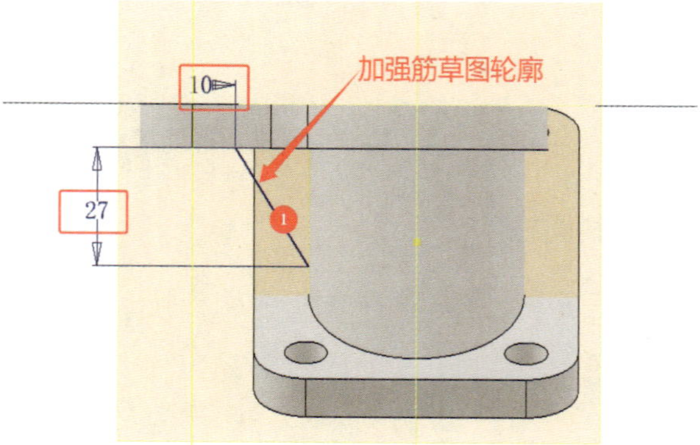

图 3-2-19　绘制加强筋草图轮廓

Step 04 单击【加强筋命令 加强筋 】，选择上一步创建的加强筋草图轮廓（图 3-2-19 中的线①），设置加强筋参数（厚度为 10 mm），单击【确定】按钮，如图 3-2-20 所示。产品效果如图 3-2-21 所示。

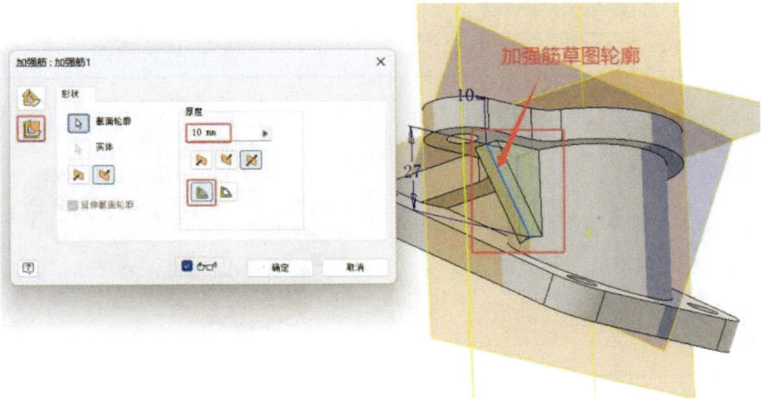

图 3-2-20　创建加强筋

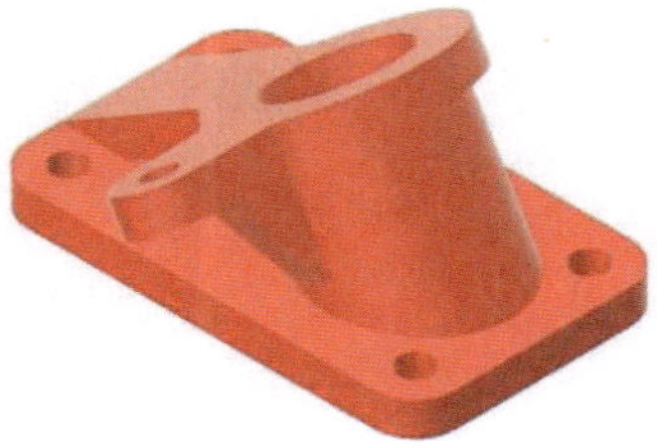

图 3-2-21　产品效果图

拓展案例

【拓展案例 1】按图纸尺寸要求，完成如图 3-2-22 所示的零件三维建模，建模思路可参考表 3-2-1 中的步骤。

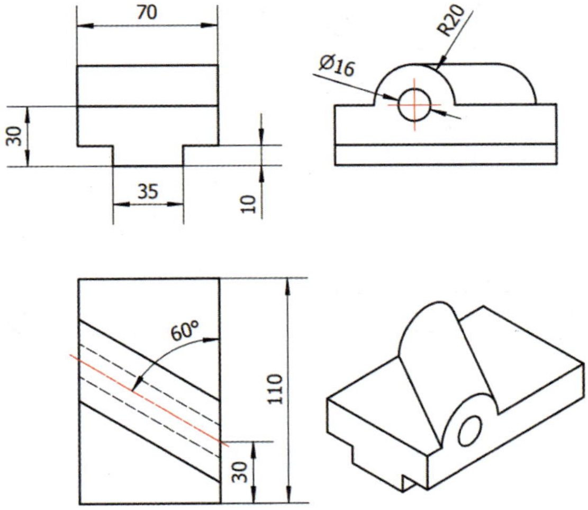

图 3-2-22　拓展案例 1

表 3-2-1　拓展案例 1 建模参考步骤

（1）拉伸 T 形板	（2）创建参考线和基准平面	（3）拉伸 ϕ40 mm 斜柱的一半
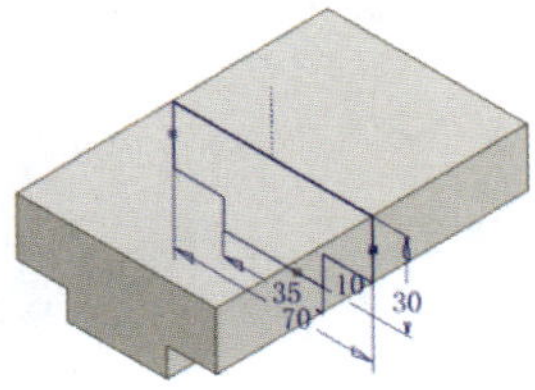	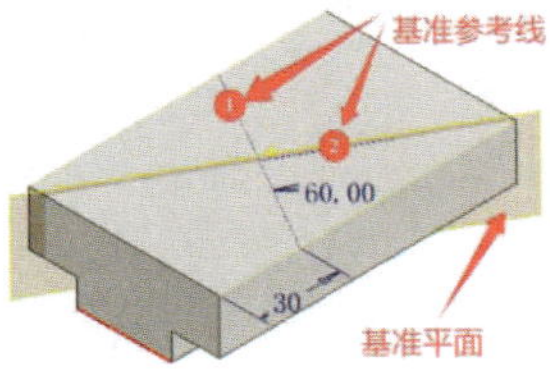	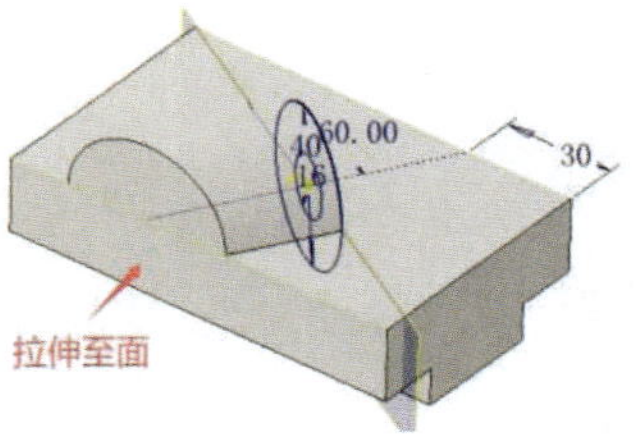

表 3-2-1　（续）

（4）拉伸 ϕ40 mm 斜柱的另一半	（5）拉伸 ϕ16 mm 斜孔	（6）建模效果图
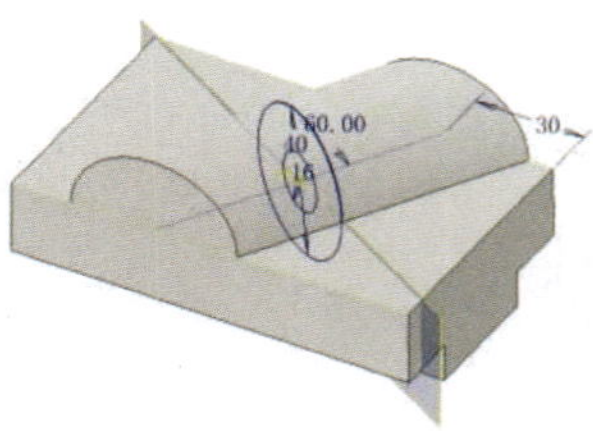	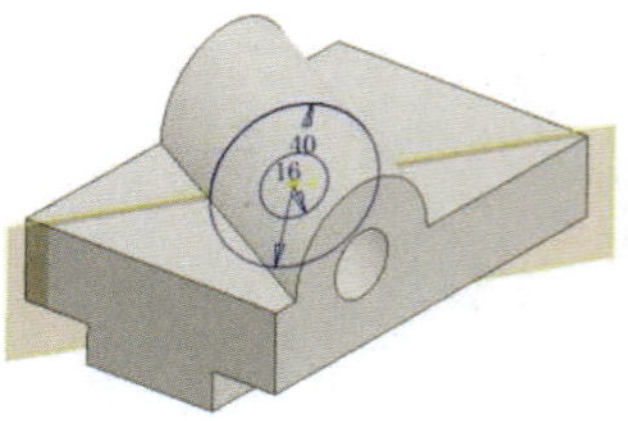	

【拓展案例 2】按图纸尺寸要求，完成如图 3-2-23 所示的零件三维建模，建模思路可参考表 3-2-2 中的步骤。

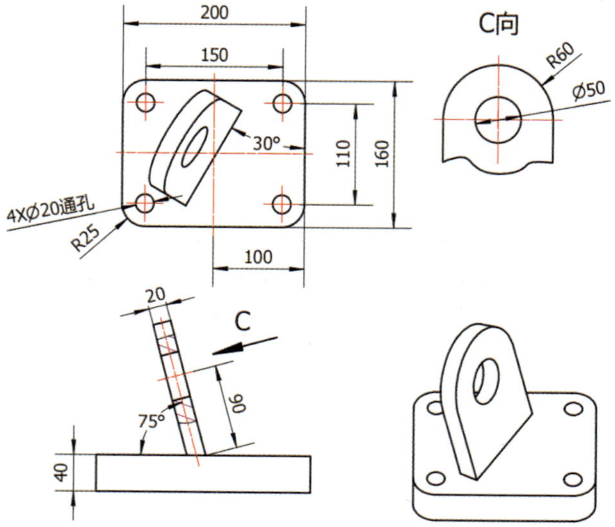

图 3-2-23　拓展案例 2

表 3-2-2　拓展案例 2 建模参考步骤

（1）拉伸底板	（2）创建参考线	（3）创建 75° 的基准平面
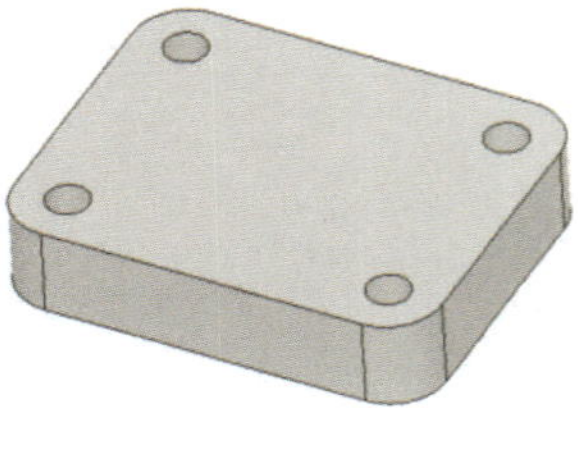	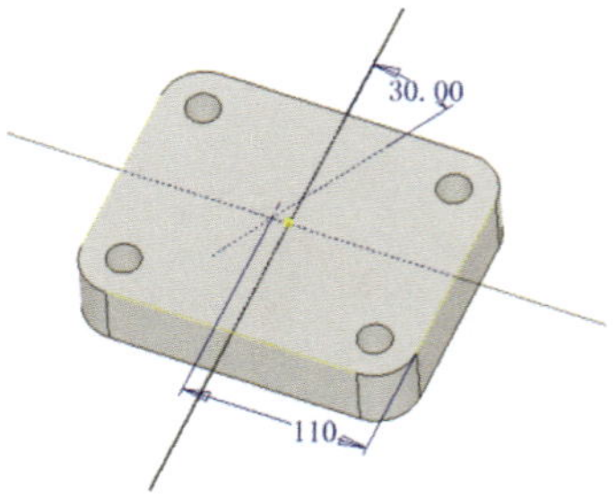	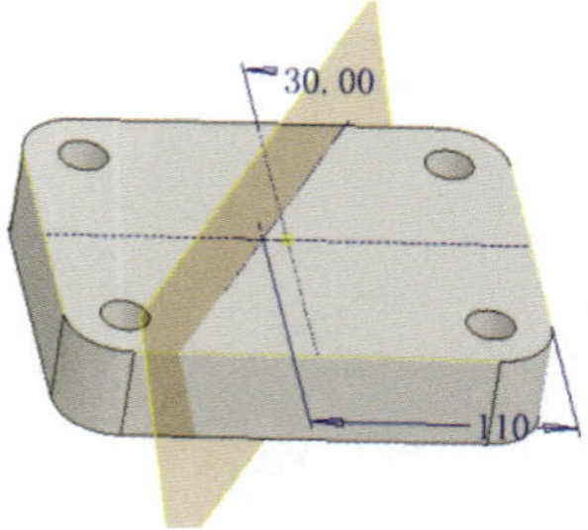

表 3-2-2　（续）

（4）绘制竖板	（5）建模效果图
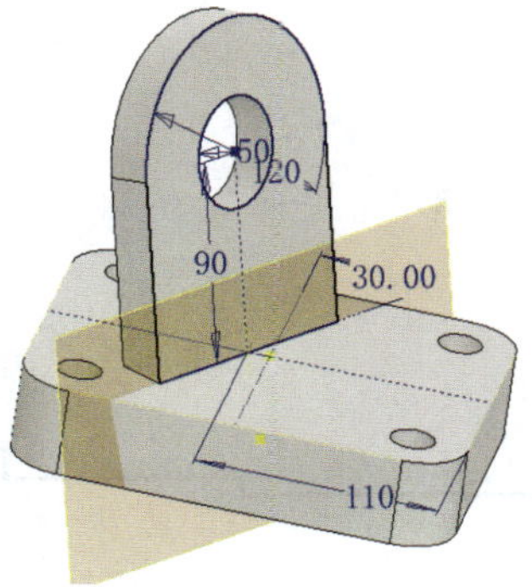	

任务 3　传动轴建模

学习目标

（1）掌握倒角命令的应用。

（2）掌握旋转特征的应用。

传动轴建模

工作任务

根据图纸尺寸要求，完成如图 3-3-1 所示传动轴零件的三维实体建模。

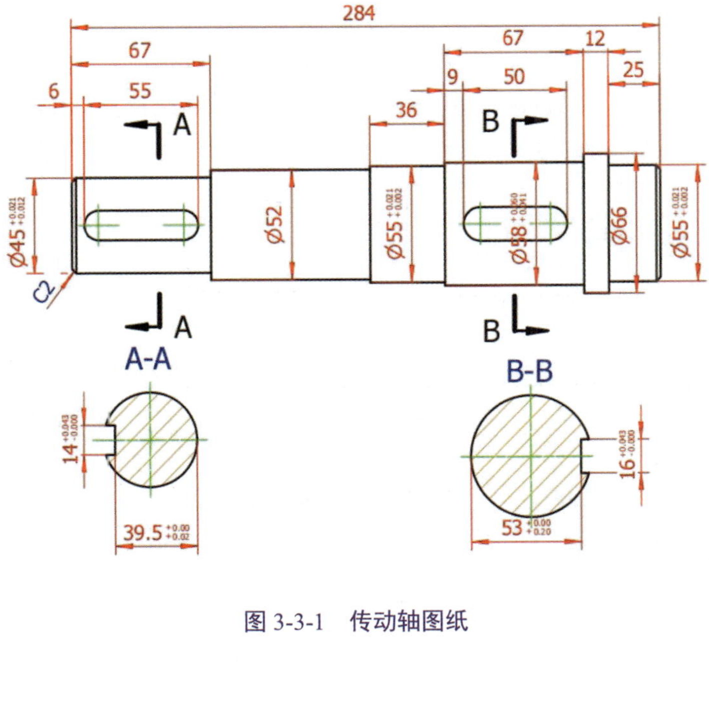

图 3-3-1　传动轴图纸

任务重点与实施

1. 旋转主体

Step 01 点击【开始创建二维草图】，任选一个基准平面作为草绘平面，用直线命令【】绘制如图 3-3-2 所示草图轮廓。这步只需要画出跟图形结构一样的轮廓，先不考虑尺寸标注。

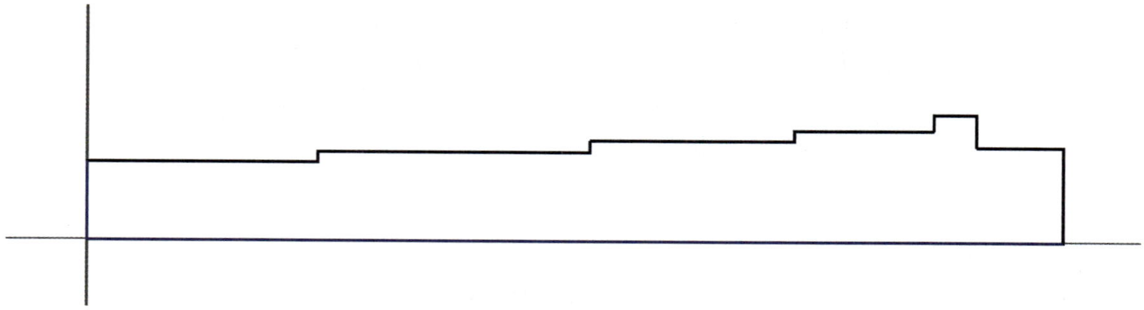

图 3-3-2 绘制旋转主体草图

Step 02 点击【尺寸标注命令】，根据零件尺寸要求标注草图尺寸，结果如图 3-3-2 所示。（提示：建议先标注纵向尺寸，再标注横向尺寸）

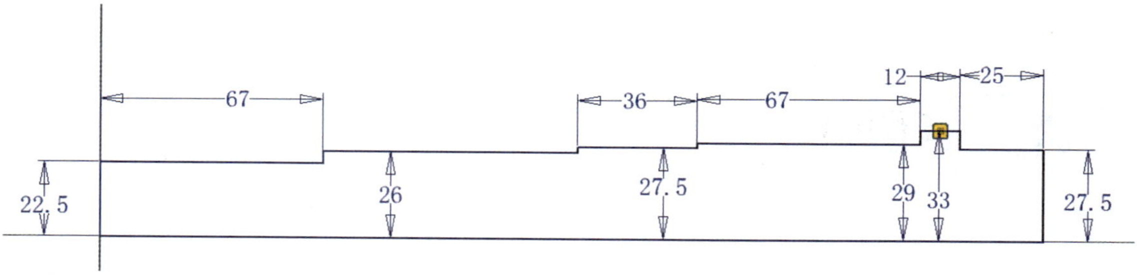

图 3-3-2 标注尺寸

Step 03 点击【槽命令】，以中心点画槽的方式绘制左右两端键槽，并根据图纸要求标注槽的相关尺寸，结果如图 3-3-3 所示。

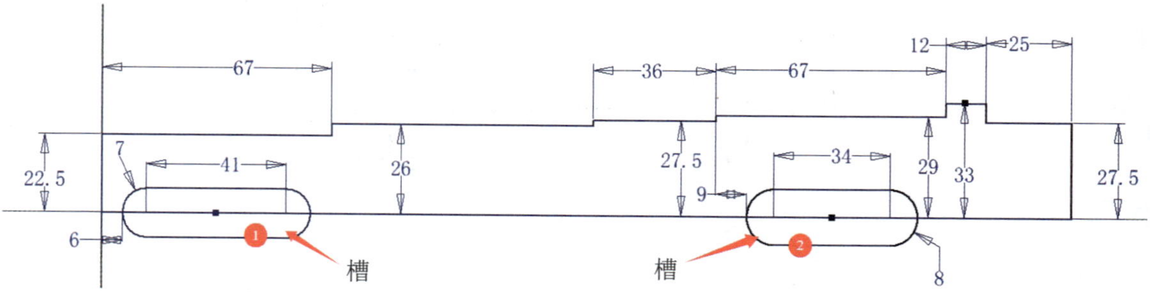

图 3-3-3 绘制槽草图

Step 04 单击【旋转命令】，选择画好的草图作为旋转轮廓，设置旋转参数为 360°，单击【确定】按钮，如图 3-3-4 所示。

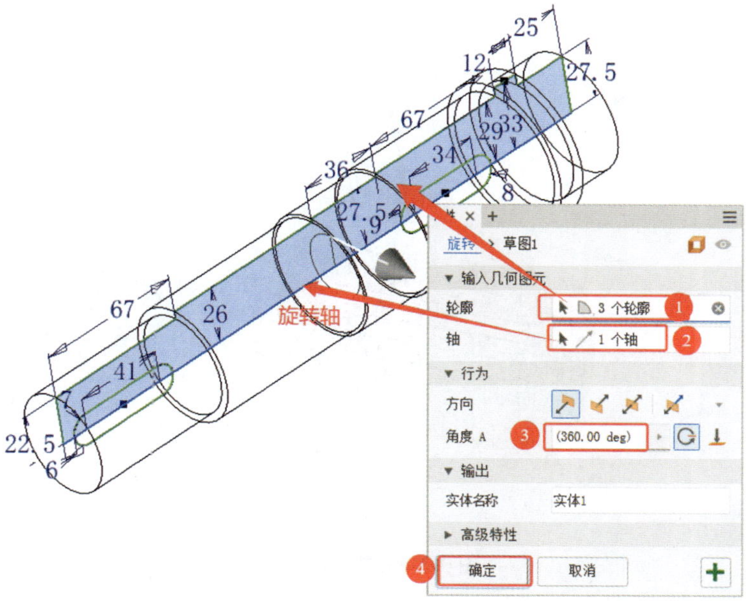

图 3-3-4　创建旋转主体

2. 倒角

Step 01 单击【倒角命令 倒角】，选择倒角边长相等的方式，选择要倒角的两条边（边①、②），设置倒角边长为 2 mm。

Step 02 单击【确定】按钮，如图 3-3-5 所示。

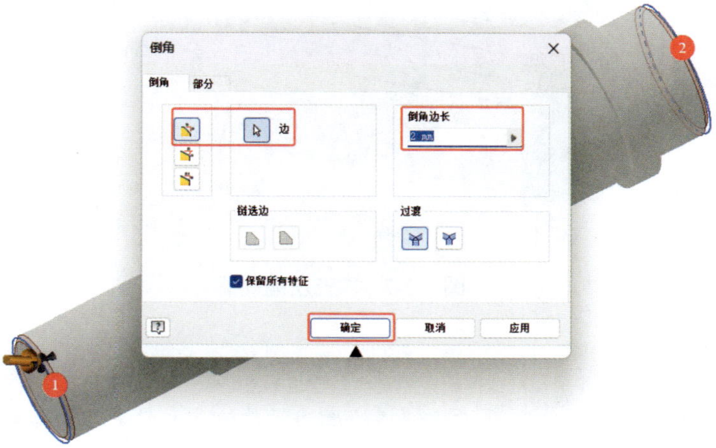

图 3-3-5　倒角

3. 左端键槽建模

Step 01 单击【拉伸命令 】，选择左端键槽轮廓为拉伸轮廓，设置拉伸参数（高度为 50 mm），在布尔运算中选择【求差】，单击【确定】按钮，如图 3-3-6 所示。

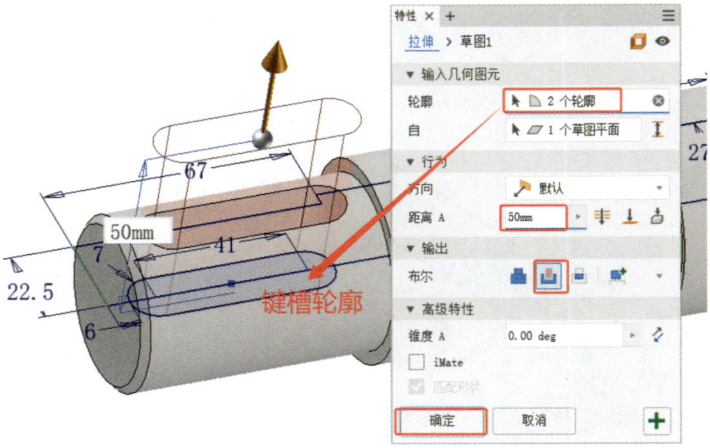

图 3-3-6　拉伸左端键槽

Step 02 单击【拉伸命令 】，继续选择左端键槽轮廓为拉伸轮廓，设置拉伸参数（高度为 39.5～22.5 mm），在布尔运算中选择【求并】，单击【确定】按钮，如图 3-3-7 所示。

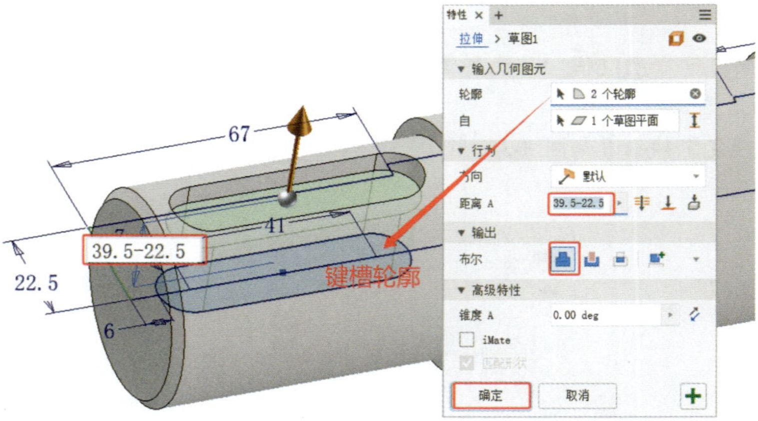

图 3-3-7　填充左端键槽

4．右端键槽建模

Step 01 单击【拉伸命令 】，选择右端键槽轮廓为拉伸轮廓，设置拉伸参数（高度为 50 mm），在布尔运算中选择【求差】，单击【确定】按钮，如图 3-3-8 所示。

Step 02 单击【拉伸命令 】，继续选择右端键槽轮廓为拉伸轮廓，设置拉伸参数（高度为 53～29 mm），在布尔运算中选择【求和】，单击【确定】按钮，如图 3-3-9 所示。产品效果如图 3-3-10 所示。

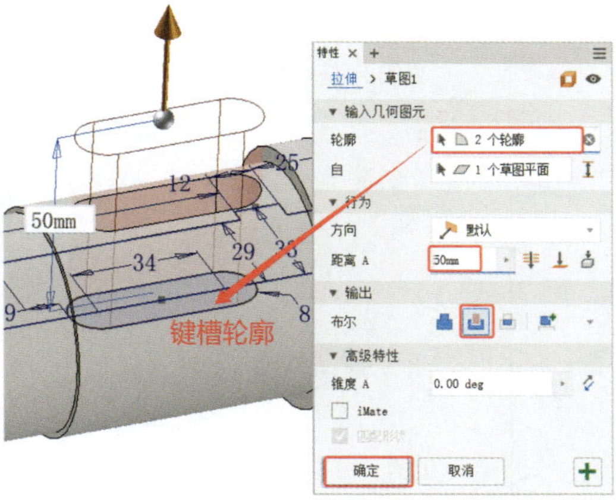

图 3-3-8　拉伸右端键槽

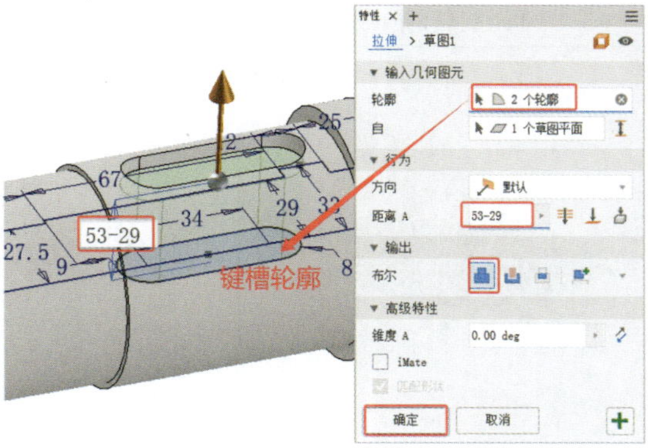

图 3-3-9　填充右端键槽

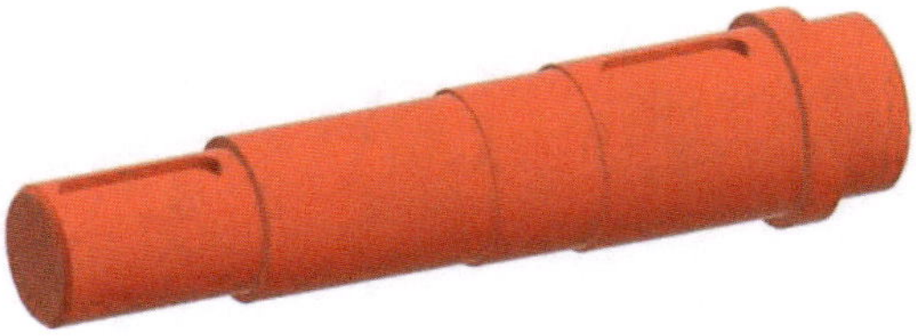

图 3-3-10　产品效果图

拓展案例

【拓展案例 1】按图纸尺寸要求，完成如图 3-3-11 所示的零件三维建模，建模思路可参考表 3-3-1 中的步骤。

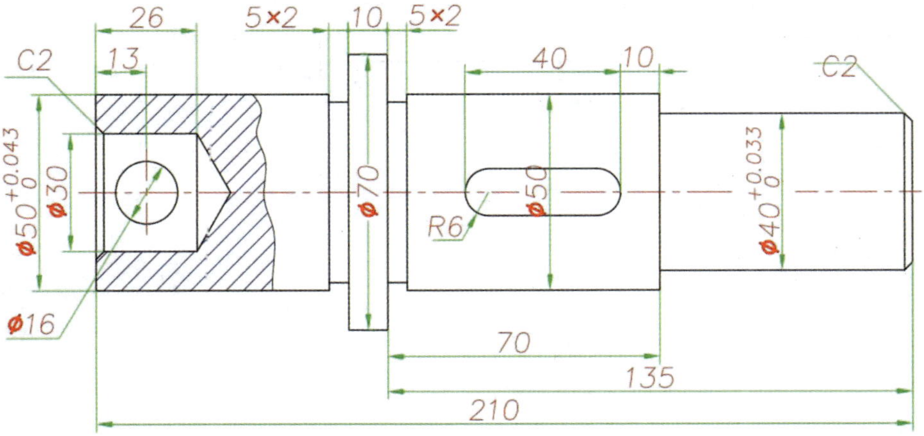

图 3-3-11　拓展案例 1

表 3-3-1　拓展案例 1 建模参考步骤

（1）旋转轴主体	（2）旋转左端孔	（3）左端内孔倒 C2 的角
	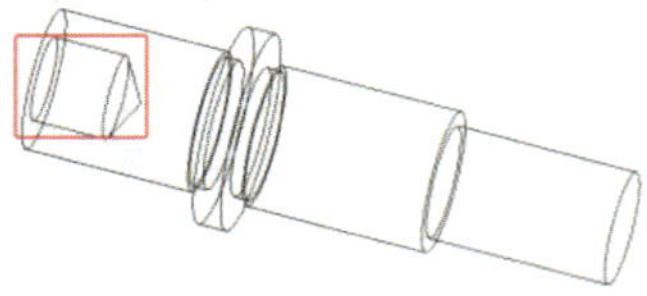	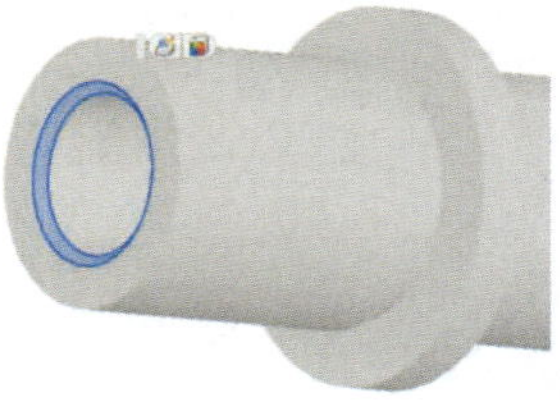
（4）拉伸 ϕ16 mm 的孔	（5）倒右端 C2 的角	（6）中间键槽建模
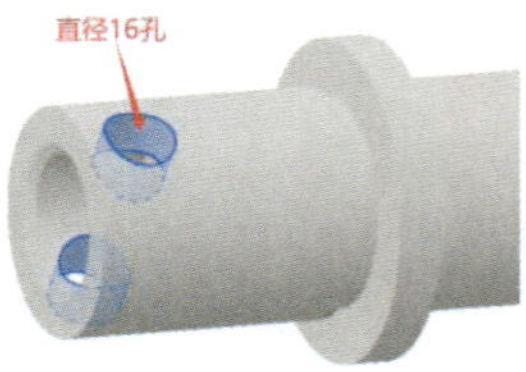	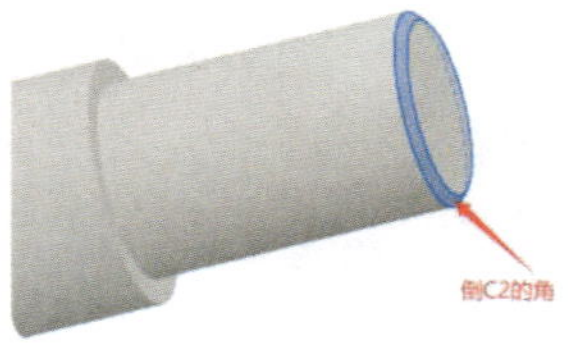	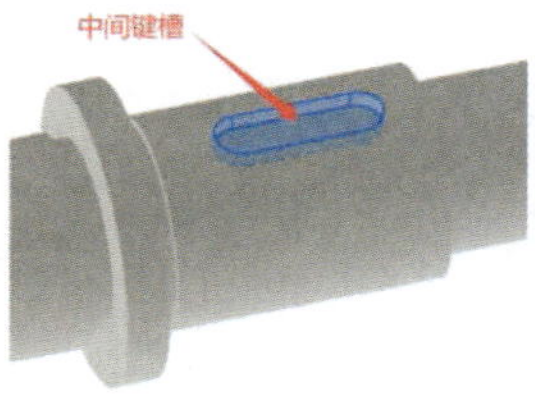

【拓展案例 2】按图纸尺寸要求，完成如图 3-3-12 所示的零件三维建模，建模思路可参考表 3-3-2 中的步骤。

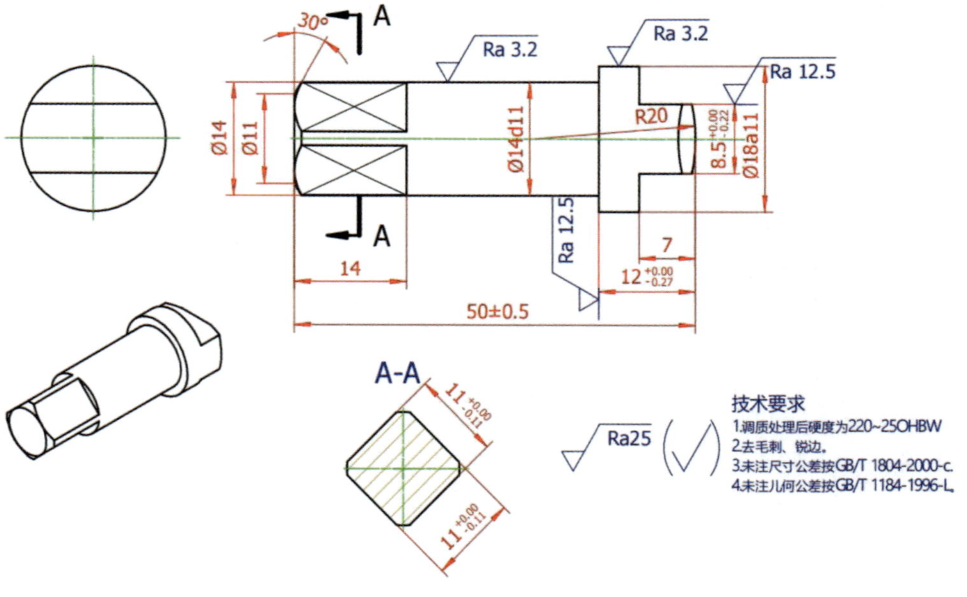

图 3-3-12　拓展案例 2

表 3-3-2　拓展案例 2 参考步骤

（1）旋转主体	（2）开切口槽	（3）创建 30° 的斜面
		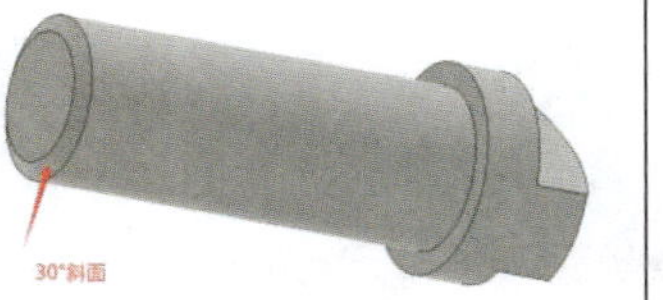
（4）创建方形凸台	（5）效果图	
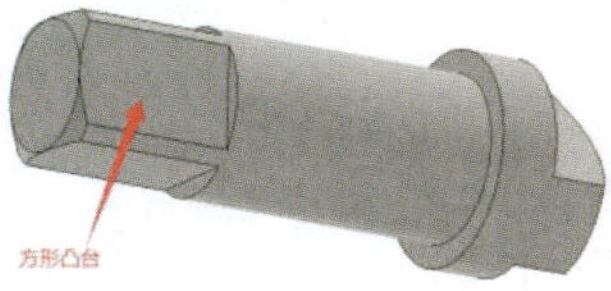		

任务 4　轴盘建模

学习目标

（1）掌握孔特征的应用方法。

（2）学会阵列特征的应用方法。

（3）熟悉镜像特征的应用方法。

轴盘建模

工作任务

根据图纸尺寸要求，完成如图 3-4-1 所示轴盘零件的三维实体建模。

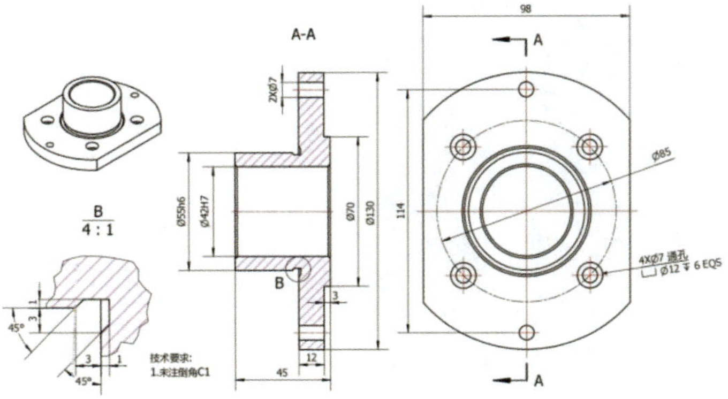

图 3-4-1　轴盘图纸

任务重点与实施

1. 旋转主体

Step 01 点击【开始创建二维草图】，任选一个基准平面作为草绘平面，用直线命令【】绘制如图 3-4-2 所示的草图轮廓。

> **专家指点**
> 这一步只需要画出跟图形结构一样的轮廓，先不考虑尺寸标注。

Step 02 点击【尺寸标注命令】，根据零件尺寸的要求标注草图尺寸，结果如图 3-4-3 所示。

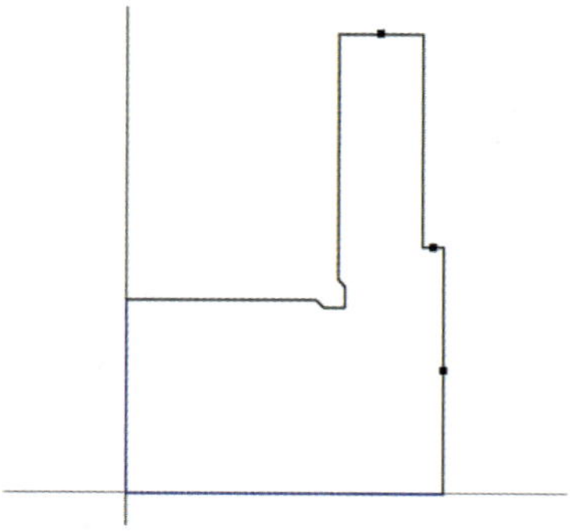

图 3-4-2　草图轮廓

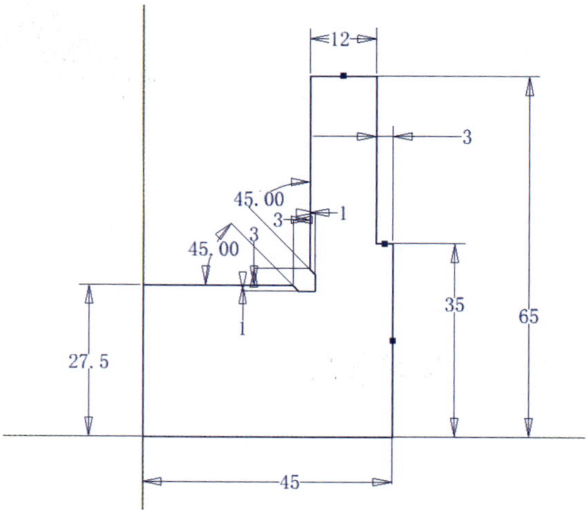

图 3-4-3　尺寸标注草图轮廓

Step 03 单击【旋转命令】，选择前面画好的草图截面（区域①）作为旋转轮廓，选择线②为旋转轴，设置旋转参数（角度为 360°），单击【确定】按钮，如图 3-4-4 所示。

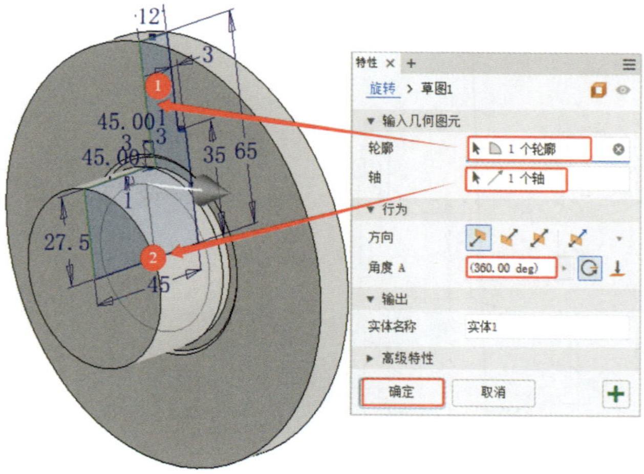

图 3-4-4　旋转主体特征

2. 创建中间孔特征

Step01 单击【孔命令】，选择左端面为孔的第一个放置面，选择 ϕ55 mm 圆柱面为第二个放置面（同轴关系），设置孔的类型（简单孔）和参数（孔直径为 42 mm，孔深为 45 mm）。

Step02 单击【确定】按钮，如图 3-4-5 所示。

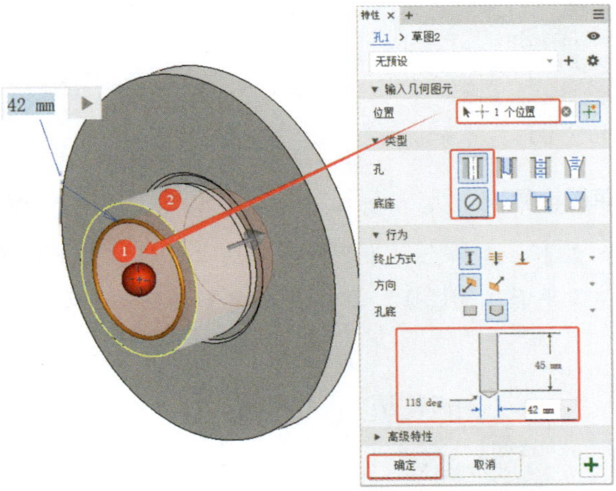

图 3-4-5　创建中间孔特征

3. 创建左右两端倒角

Step01 单击【倒角命令 倒角】，选择倒角边长相等的方式，选择要倒角的左端和右端边（边①和边②），设置倒角边长为 1 mm。

Step02 单击【确定】按钮，如图 3-4-6 所示。

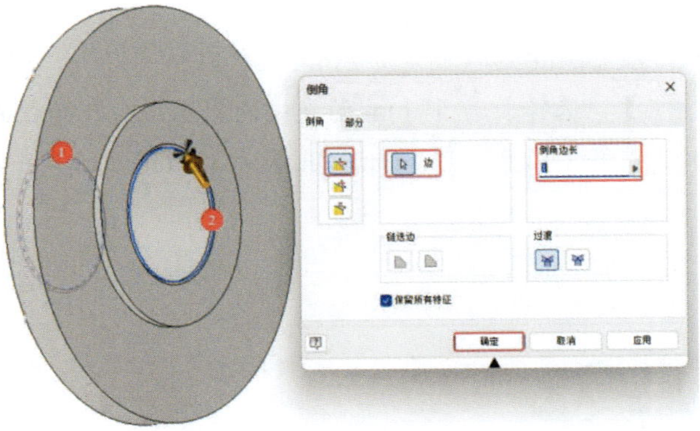

图 3-4-6　倒角

4. 创建两边缺口

Step01 单击【开始创建二维草图】，选择 ϕ130 mm 圆柱左端面作为草绘平面，绘制一个长方形的草图轮廓，如图 3-4-7 所示。单击【拉伸命令】，选择图 3-4-7 所示的长方形草图轮廓，设置拉伸参数（高度为 12 mm），在布尔运算中选择【求差】，单击【确定】按钮，如图 3-4-8 所示。

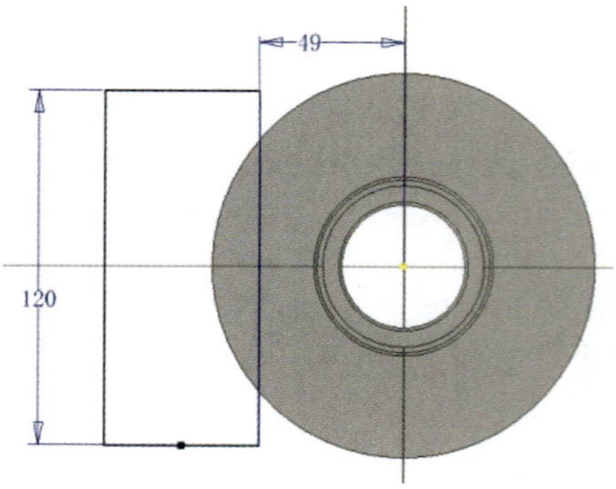

图 3-4-7　草图轮廓

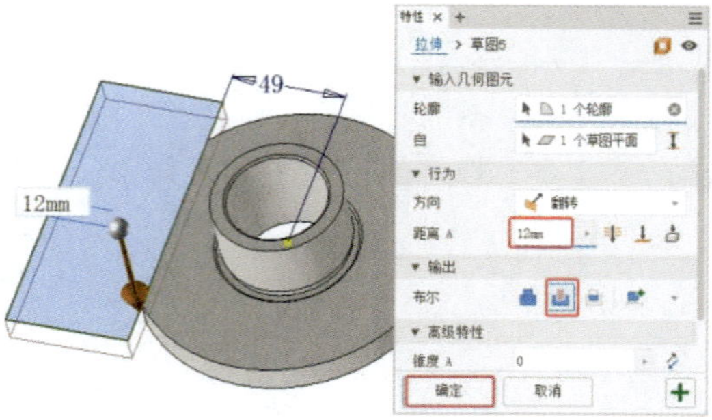

图 3-4-8　拉伸缺口

Step 02 单击【镜像命令】，选择上一步拉伸好的缺口（特征①）作为要镜像的特征，然后选择中间的面作为镜像平面（面②），单击【确定】按钮，如图 3-4-9 所示。

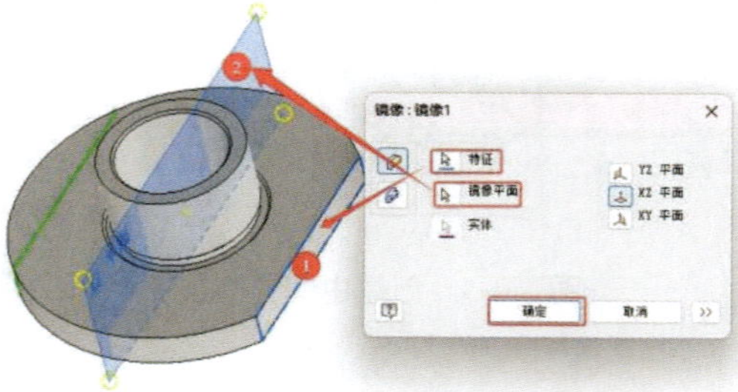

图 3-4-9　镜像特征

5. 创建 ϕ7 mm 的孔

Step 01 单击【开始创建二维草图】，选择 ϕ130 mm 圆柱上表面作为草绘平面，绘制一根长为 57 mm 的直线（提示：为后续创建 ϕ7 mm 孔特征做参考），如图 3-4-10 所示。

Step 02 单击【孔命令】，选择长为 57 mm 的直线的上端点为孔的放置点（点①），设置孔的类型（简单孔）和参数（孔直径为 7 mm，孔深为 12 mm），单击【确定】按钮，如图 3-4-11 所示。

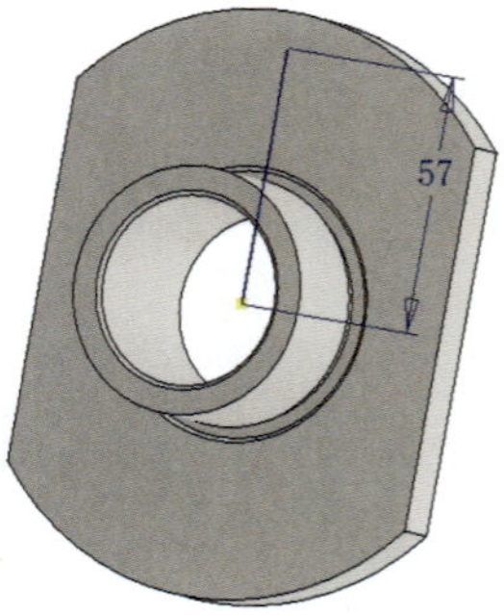

图 3-4-10　草图轮廓

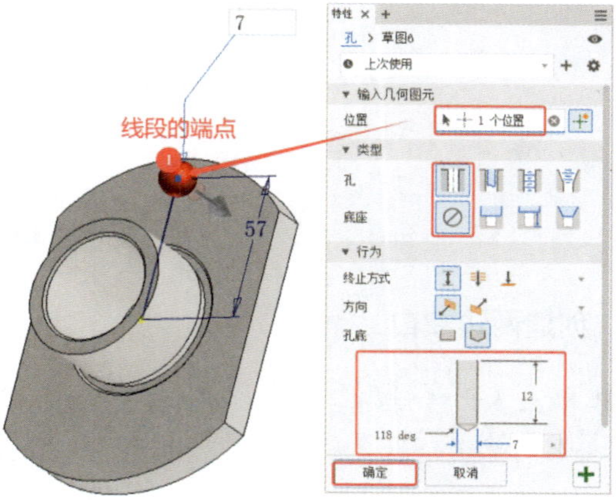

图 3-4-11　创建 ϕ7 mm 孔

Step 03 单击【镜像命令】，选择上一步创建好的 ϕ7 mm 的孔特征（特征①）作为要镜像的特征，然后选择中间的面作为镜像平面（面②），单击【确定】按钮，如图 3-4-12 所示。

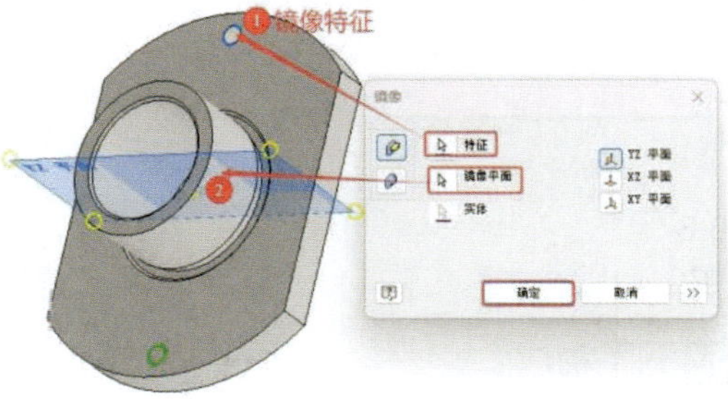

图 3-4-12　镜像特征

6. 创建沉孔特征

Step 01 单击【开始创建二维草图】，选择 ϕ130 mm 圆柱上表面作为草绘平面，绘制一根长为 42.5 mm 的直线（提示：为后续创建沉孔特征做参考），如图 3-4-13 所示的草图轮廓。

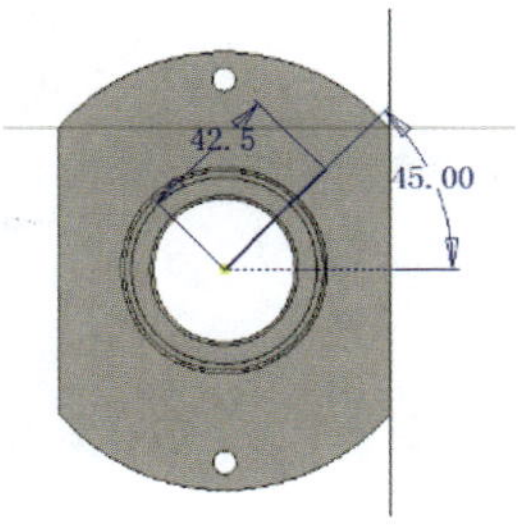

图 3-4-13　草图轮廓

Step 02 单击【孔命令】，选择长为 42.5 mm 的直线上端点为孔的放置点（点①），设置孔的类型（简单沉头孔）和参数（孔直径为 7 mm，孔深为 12 mm，沉头直径为 12 mm，沉头深度为 6 mm），单击【确定】按钮，如图 3-4-14 所示。

Step 03 单击【阵列命令】，选择上一步完成的沉孔特征（特征①）作为阵列特征，选择 ϕ42 mm 圆柱面的中心（轴②）为阵列中心轴，设置阵列参数（阵列个数为 4，阵列角度为 360°），如图 3-4-15 所示。

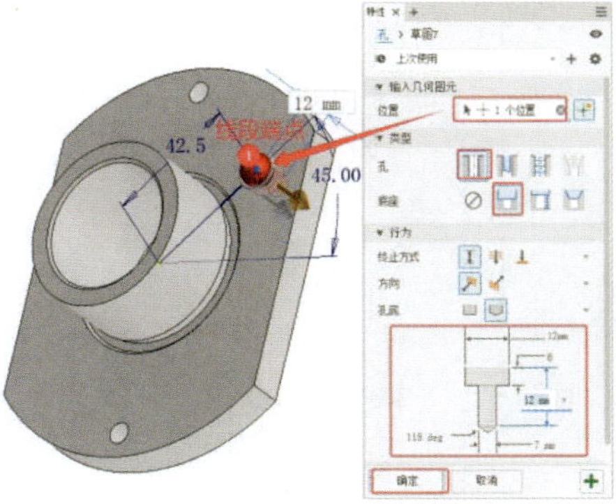

图 3-4-14　创建 ϕ12 mm 沉孔

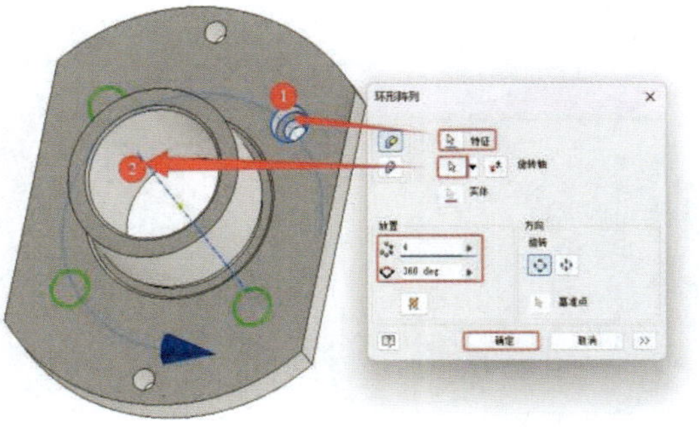

图 3-4-15　阵列沉孔特征

拓展案例

【拓展案例 1】按图纸尺寸要求，完成如图 3-4-16 所示的零件三维建模，建模思路可参考表 3-4-1 中的步骤。

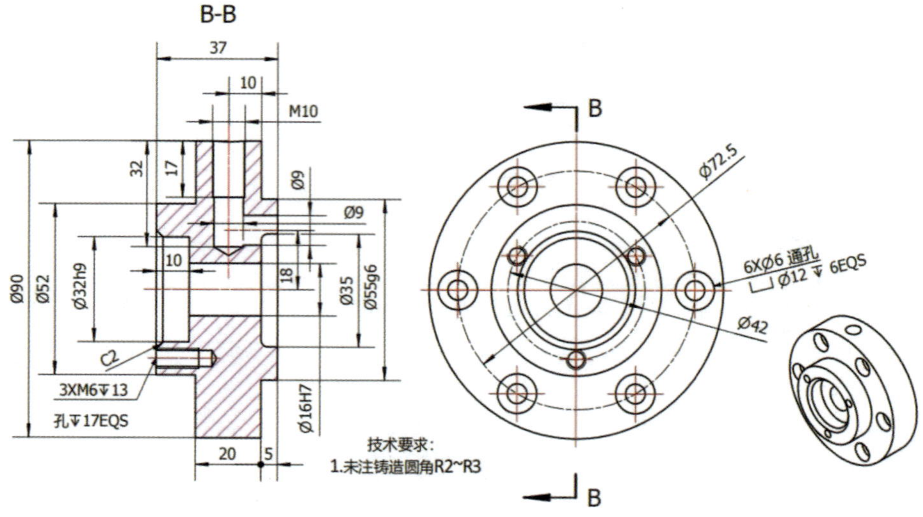

图 3-4-16　拓展案例 1

表 3-4-1　拓展案例 1 建模参考步骤

（1）旋转轴主体	（2）创建左端孔特征	（3）创建右端孔特征
	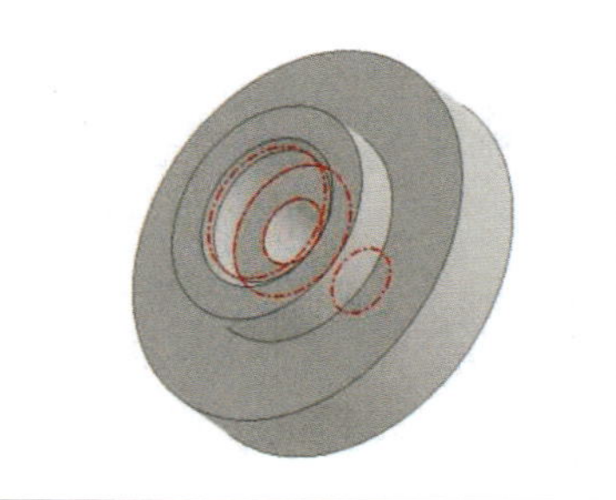	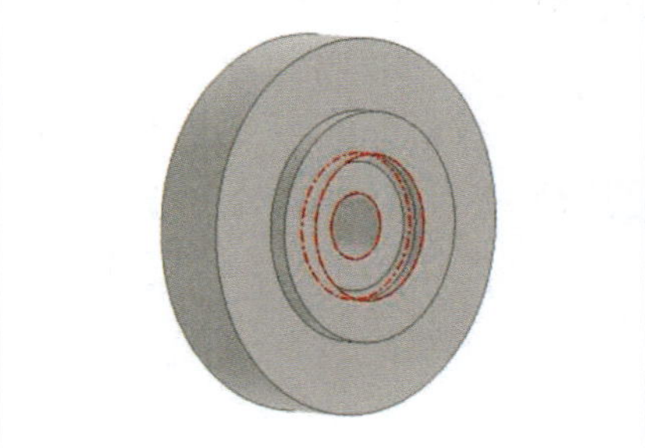
（4）创建螺纹孔	（5）创建沉头孔	（6）创建 M10 的螺纹和 ϕ9 mm 孔
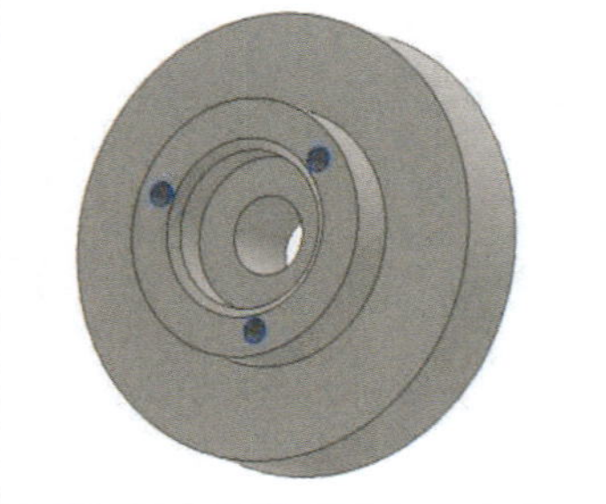		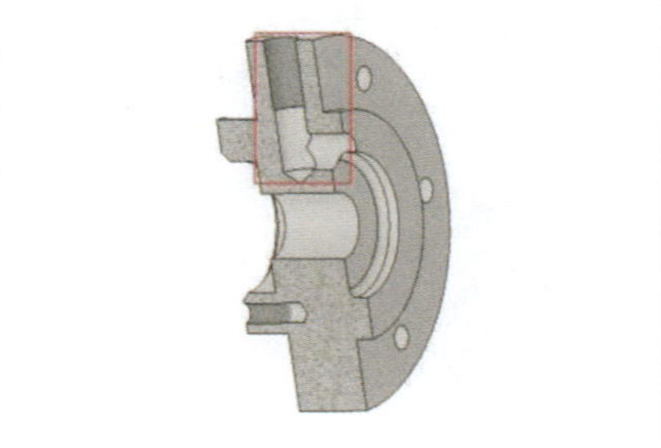

【拓展案例 2】按图纸尺寸要求，完成如图 3-4-17 所示的零件三维建模，建模思路可参考表 3-4-2 中的步骤。

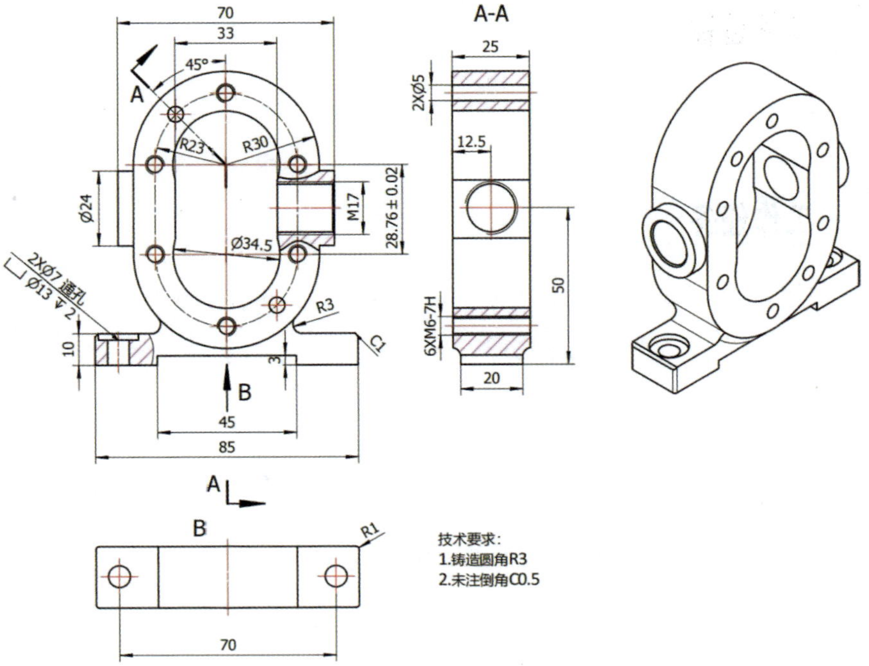

图 3-4-17　拓展案例 2

表 3-4-2　拓展案例 2 建模参考步骤

（1）拉伸主体	（2）创建 M17 的螺纹孔	（3）创建 M6 的螺纹孔
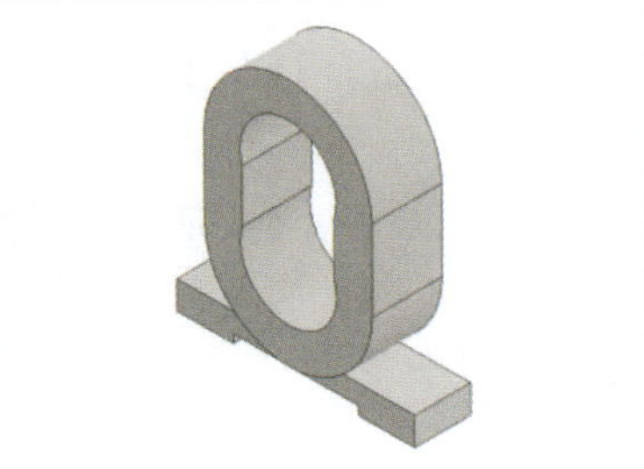	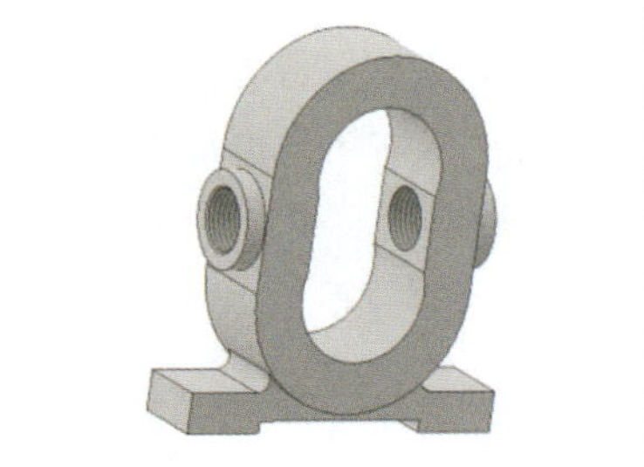	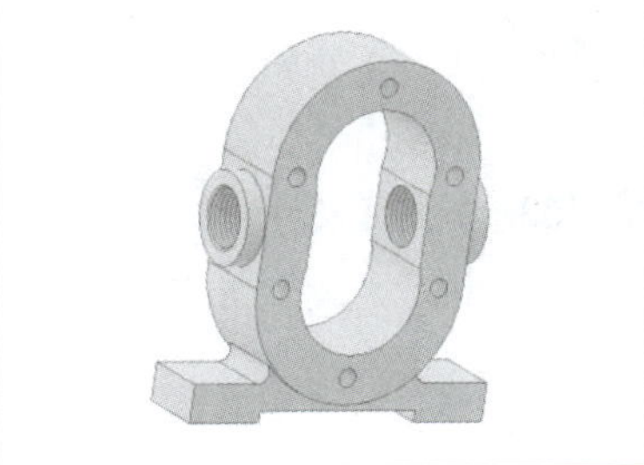
（4）创建 ϕ13 mm 的沉孔	（5）创建通孔	（6）效果图
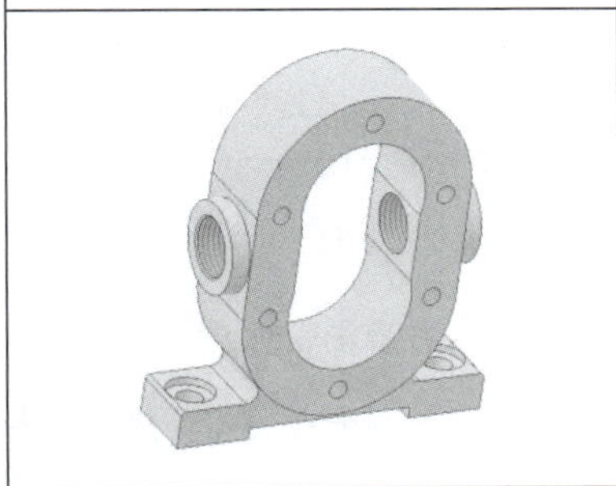	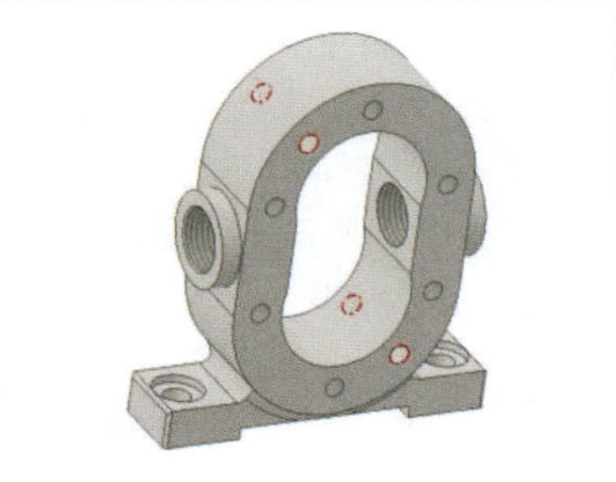	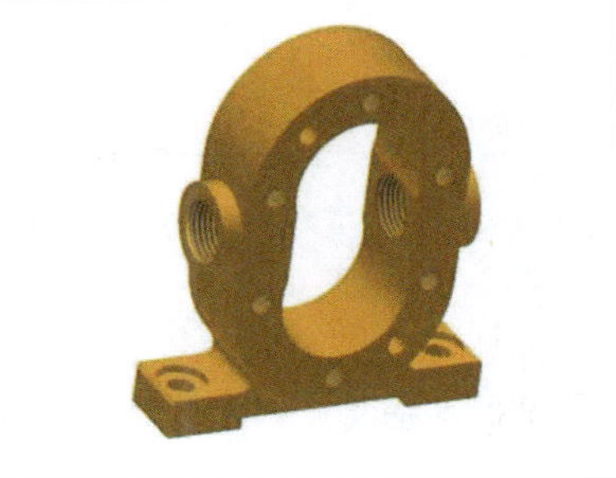

任务 5　手柄建模

学习目标

（1）掌握放样特征的应用方法。
（2）熟悉螺纹特征的应用方法。

手柄建模

工作任务

根据图纸尺寸要求，完成如图 3-5-1 所示手柄零件的三维实体建模。

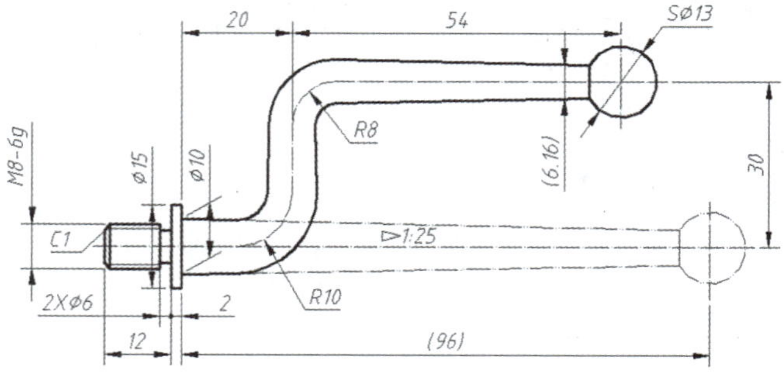

图 3-5-1　手柄图纸

任务重点与实施

1．放样手柄主体

Step 01 点击【开始创建二维草图 】，选 *XZ* 基准平面作为草绘平面，用直线命令【 】绘制如图 3-5-2 所示的草图轮廓。这步只需要画出跟图形结构一样的轮廓，先不考虑尺寸标注。

Step 02 点击【尺寸标注命令 】，根据零件尺寸要求标注草图尺寸，效果如图 3-5-3 所示的草图轮廓。建议先标注总体尺寸，再标注小尺寸。

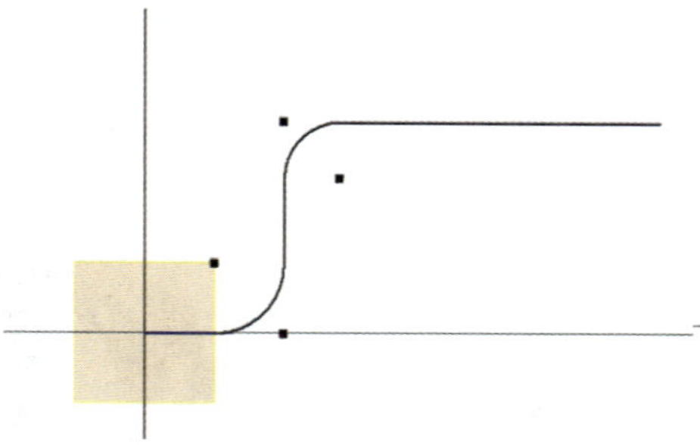

图 3-5-2　草图轮廓

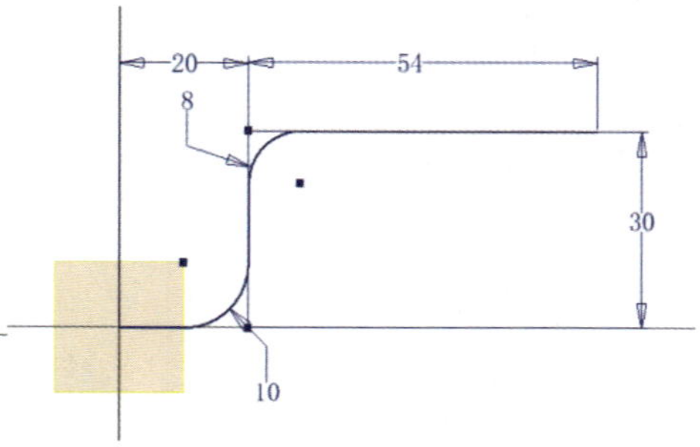

图 3-5-3　绘制带尺寸草图轮廓

Step 03 点击【开始创建二维草图 】，选 *XY* 基准平面作为草绘平面，用圆命令【 】绘制如图 3-5-4 所示 ϕ10 mm 的草图轮廓。这步草图作为后面放样的第一个截面。

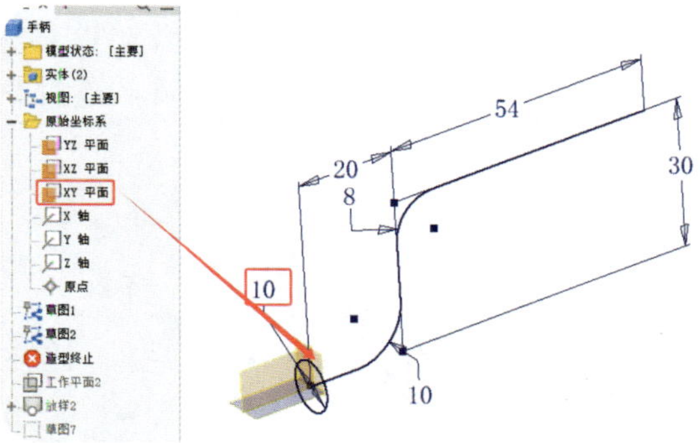

图 3-5-4　创建 ϕ10 mm 草图轮廓

Step 04 点击【创建基准平面】，选长度为 54 mm 的线（线①）作为第一个条件，然后选择 54 mm 线的端点作为第二条件（点②），创建出的工作平面如图 3-5-5 所示。

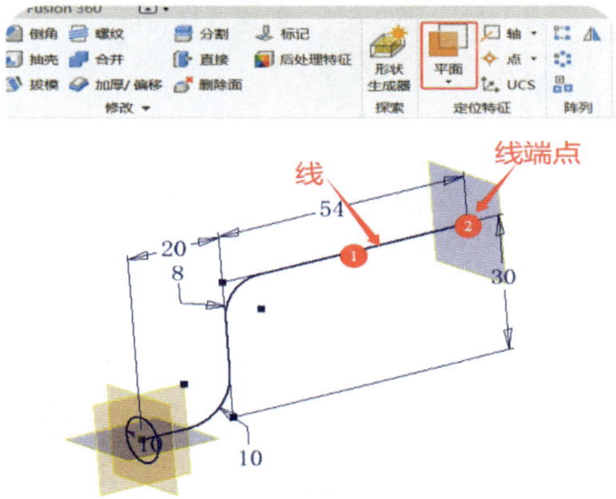

图 3-5-5　创建基准平面

Step 05 点击【开始创建二维草图】，选择上一步创建的基准平面作为草绘平面，用圆命令【】绘制如图 3-5-6 所示 ϕ6.16 mm 的草图轮廓。（提示：这步草图作为后面放样的第二个截面）

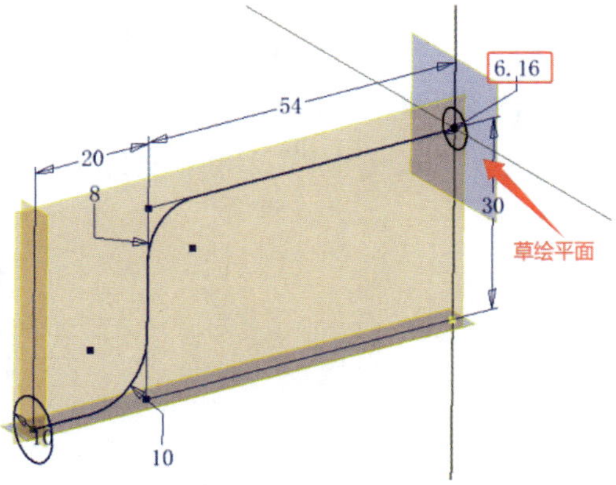

图 3-5-6　创建 ϕ6.16 mm 草图轮廓

▶ 专家指点

此处创建的工作平面作为绘制放样第二个界面的草绘平面。

Step 06 点击【放样命令 放样】，选择 ϕ10 mm 的圆作为截面 1，选择 ϕ6.16 mm 的圆作为截面 2，然后选择步骤 2 创建的草图线作为中心线（轨迹线），然后单击【确定】按钮，如图 3-5-7 所示。

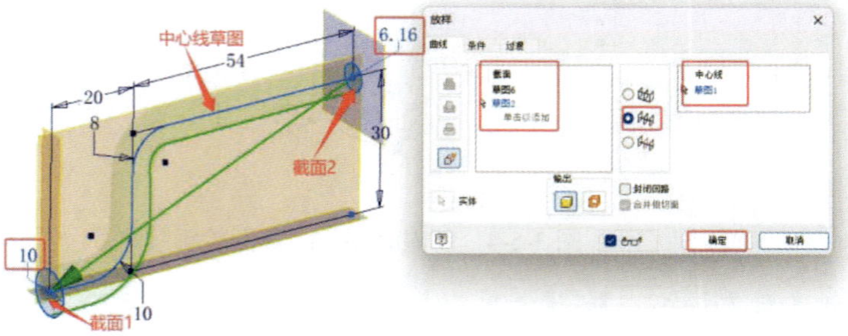

图 3-5-7　创建放样特征

2．旋转手柄左端特征

Step 01 点击【开始创建二维草图 】，选择 *XZ* 基准平面作为草绘平面，用直线命令【 】绘制如图 3-5-8 所示的草图轮廓。（提示：这步作为下一步旋转特征的草图）

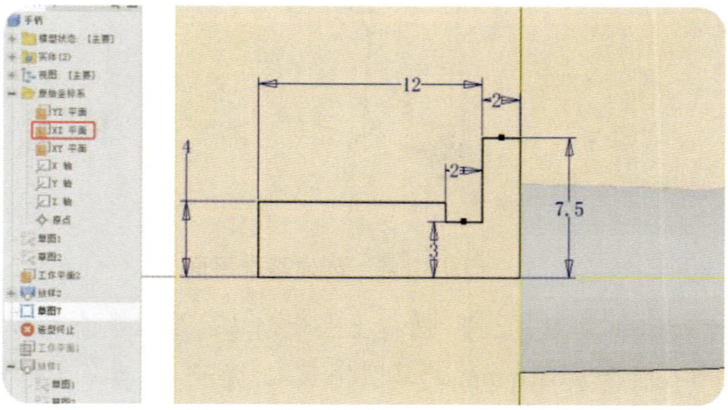

图 3-5-8　创建旋转特征草图

Step 02 单击【旋转命令 】，选择上一步画好的草图截面作为旋转轮廓，选择线①为旋转轴，设置旋转参数（360°），单击【确定】按钮，如图 3-5-9 所示。

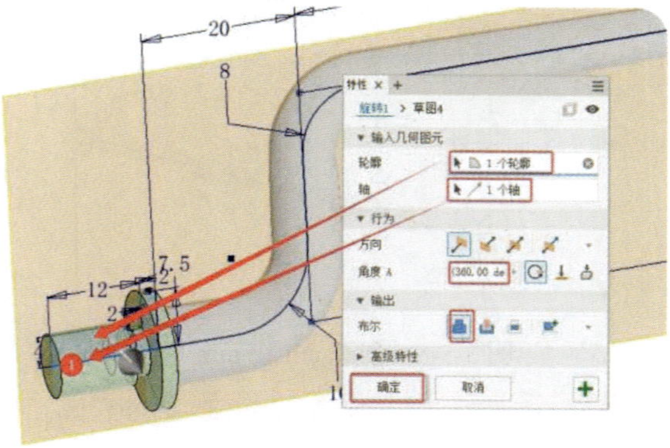

图 3-5-9　旋转手柄左端特征

3. 创建倒角特征

Step 01 单击【倒角命令 倒角】，选择倒角边长相等的方式，选择要倒角的边（边①），设置倒角边长为 1 mm。

Step 02 单击【确定】按钮，如图 3-5-10 所示。

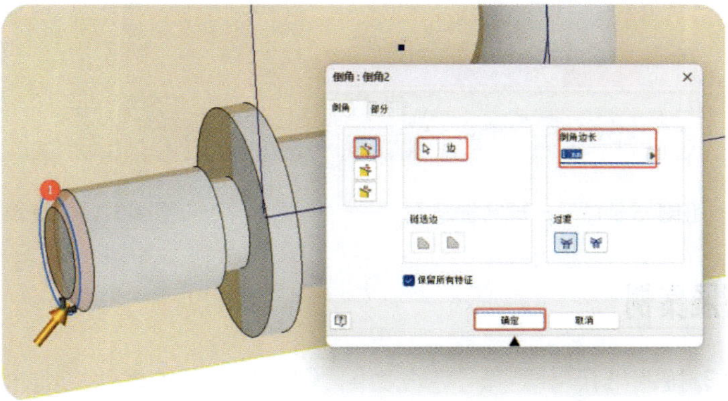

图 3-5-10 创建 C1 倒角

4. 创建手柄左端 M8 螺纹特征

Step 01 单击【螺纹命令 螺纹】，选择 $\phi 8$ mm 圆柱表面为要创建螺纹的面，设置螺纹参数（类型：GB Metric profile，尺寸为 8 mm，规格为 M8，类为 6 g，方向为 R）。

Step 02 单击【确定】按钮，如图 3-5-11 所示。

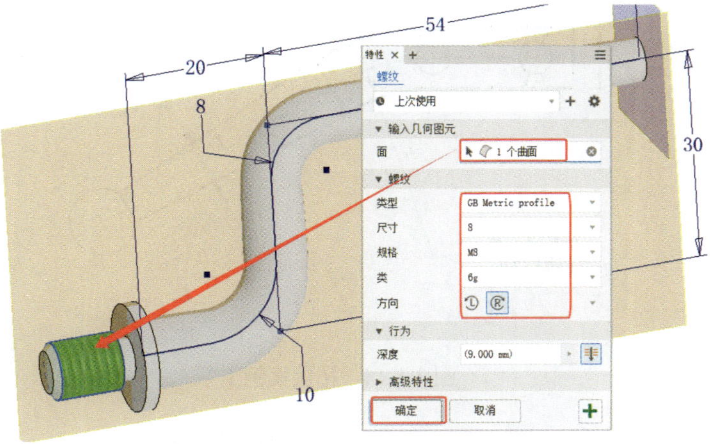

图 3-5-11 创建 M8 螺纹特征

5. 创建手柄右端 $S\phi 13$ mm 球特征

Step 01 点击【开始创建二维草图 】，选择 *XZ* 基准平面作为草绘平面，用直线和圆弧命令绘制如图 3-5-12 所示的草图轮廓。这步作为下一步旋转特征的草图。

Step 02 单击【旋转命令 】，选择上一步画好的草图截面作为旋转轮廓，选择线①为旋转轴，设置旋转参数（360°），单击【确定】按钮，如图 3-5-13 所示。

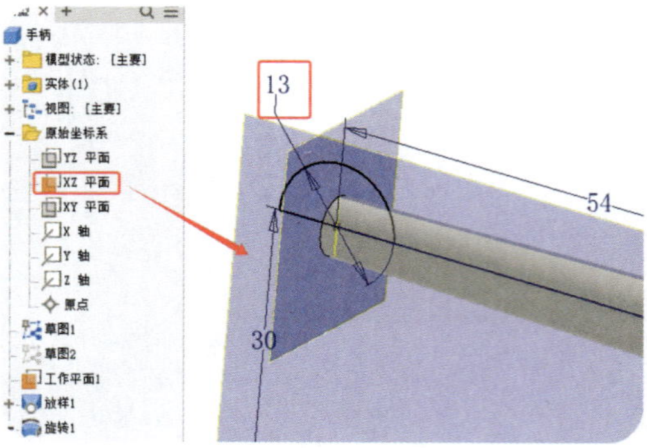

图 3-5-12　创建 $S\phi13$ mm 球特征草图

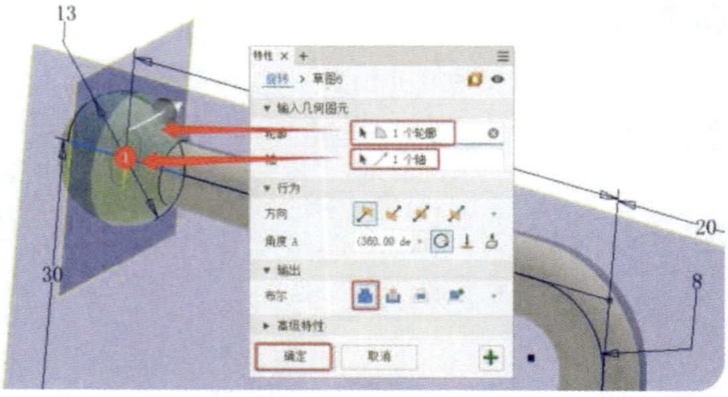

图 3-5-13　旋转手柄右端球特征

拓展案例

【拓展案例 1】按图纸尺寸要求，完成如图 3-5-14 所示的零件三维建模，建模思路可参考表 3-5-1 中的步骤。

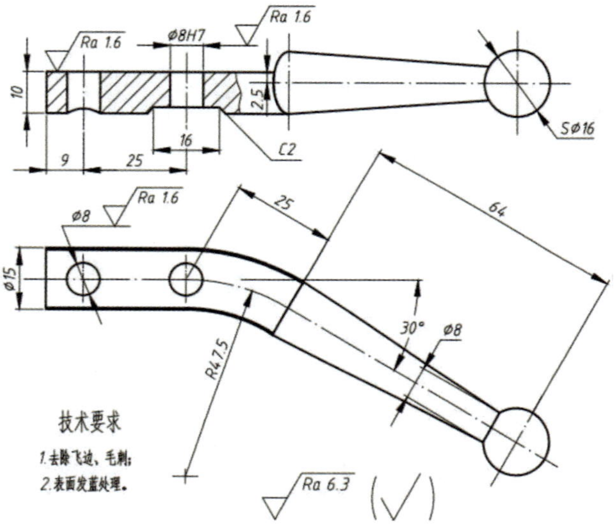

图 3-5-14　拓展案例 1

表 3-5-1　拓展案例 1 建模参考步骤

（1）放样手柄主体	（2）创建右端球体	（3）创建缺口特征
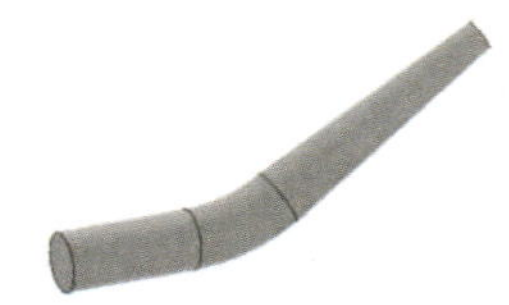	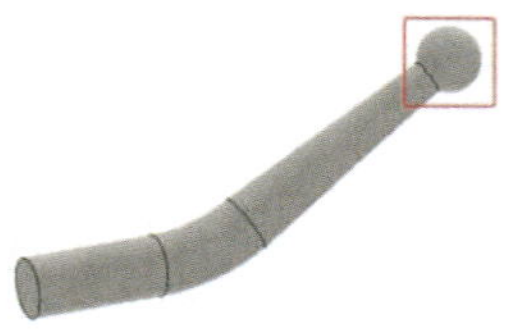	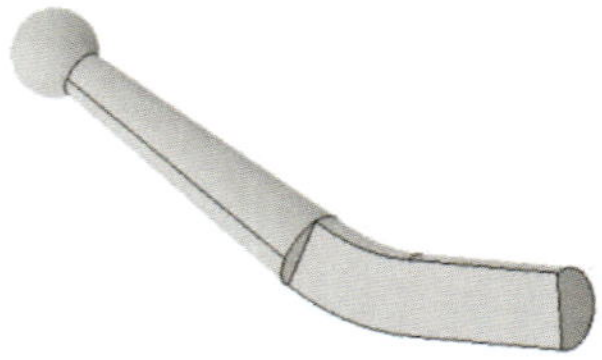

表 3-5-1　（续）

（4）创建孔特征	（5）创建缺口	（6）效果图
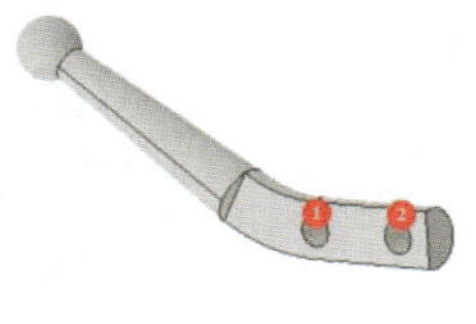	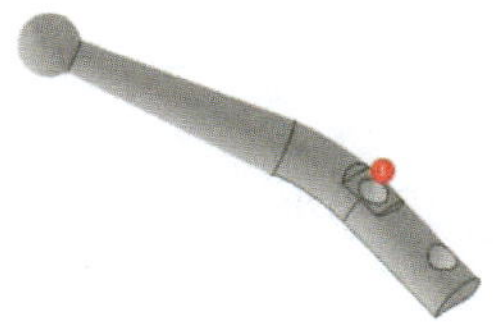	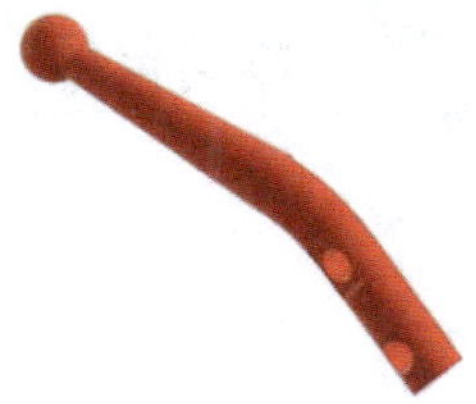

【拓展案例 2】按图纸尺寸要求，完成如图 3-5-15 所示的零件三维建模，建模思路可参考表 3-5-2 中的步骤。

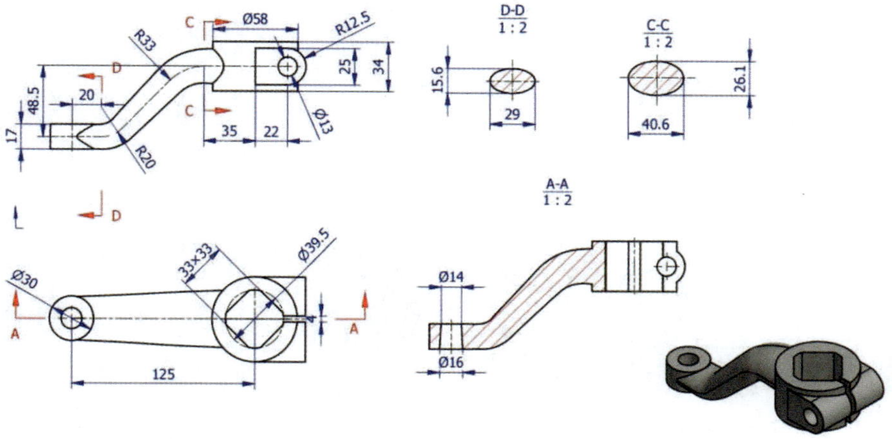

图 3-5-15　拓展案例 2

表 3-5-2　拓展案例 2 建模参考步骤

（1）创建 2 个圆柱体	（2）创建拉伸特征	（3）创建长方孔和开口槽
		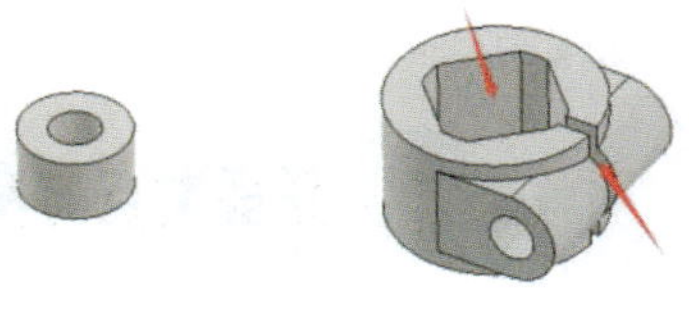
（4）创建放样特征	（5）去除孔多余特征	（6）效果图
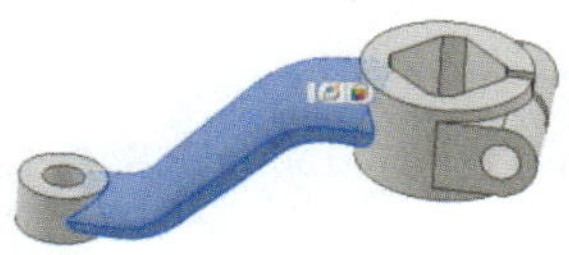	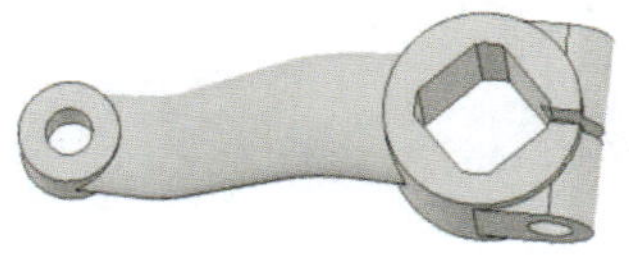	

任务 6　酱料碟建模

学习目标

（1）掌握抽壳命令的应用方法。
（2）熟知拔模命令的应用方法。
（3）熟悉壳体类零件的建模思路与技巧。

酱料碟建模

工作任务

根据已给图纸，完成如图 3-6-1 所示酱料碟零件的三维实体建模。

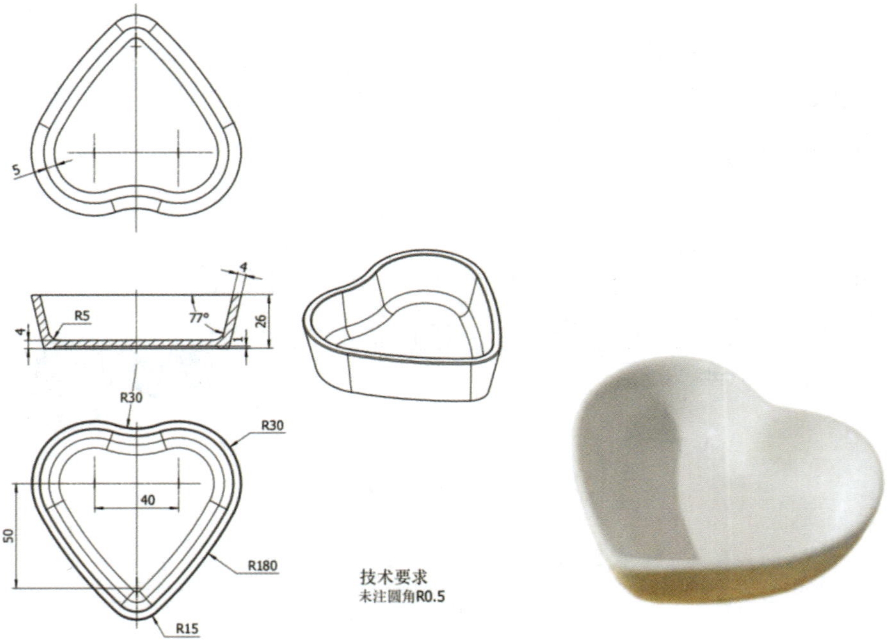

图 3-6-1　酱料碟

任务重点与实施

1．拉伸爱心主体

Step 01 单击【开始创建二维草图】，任选一个基准平面作为草绘平面，用圆弧【】、直线【】和圆角【圆角】命令绘制如图 3-6-2 所示的爱心草图。圆弧间要约束相切，爱心要左右对称。

Step 02 单击【拉伸命令】，选择爱心草图截面，设置拉伸参数（高度为 26 mm），如图 3-6-3 所示。

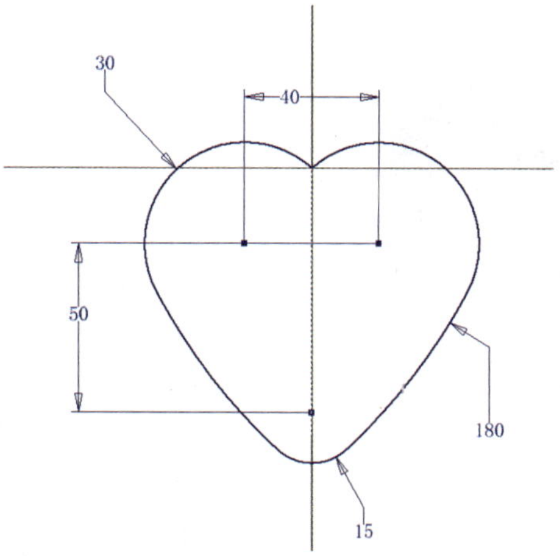

图 3-6-2　绘制爱心草图

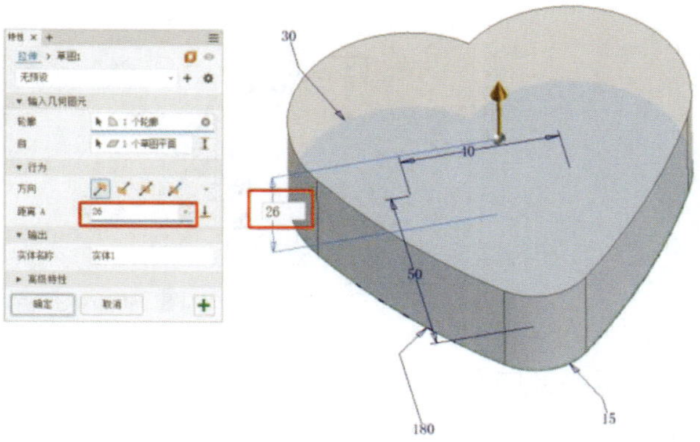

图 3-6-3　拉伸爱心主体

Step03 单击【圆角命令】，选择要倒圆角的边，设置圆角半径为 $R30$ mm，完成如图 3-6-4 所示圆角。

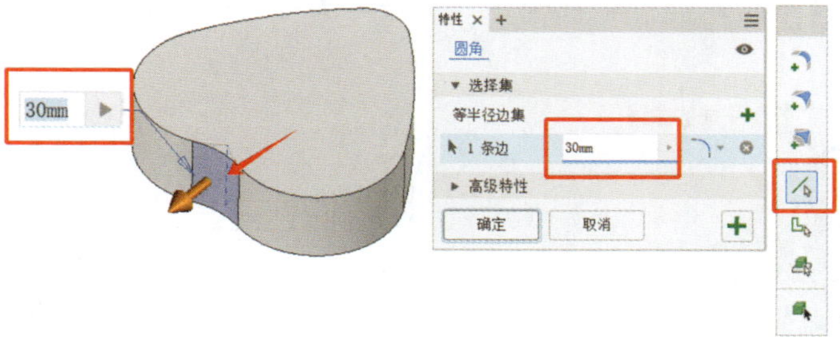

图 3-6-4　$R30$ mm 圆角特征

2. 主体拔模

Step01 单击【拔模命令】，采用固定平面方式，选取固定平面（爱心上表面）。

Step02 然后选取拔模面（爱心周边面），设置拔模角度为 13°，如图 3-6-5 所示。

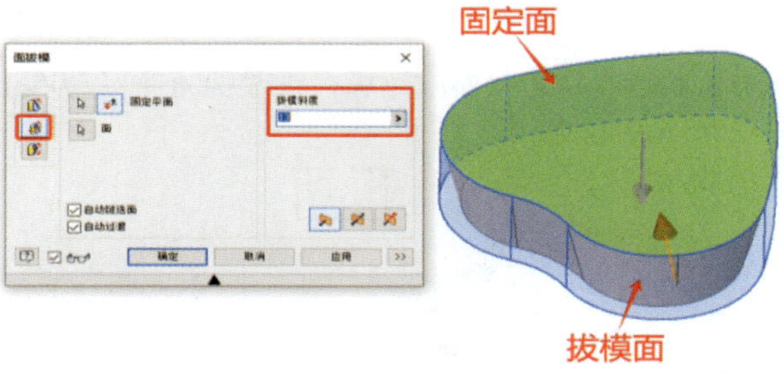

图 3-6-5　拔模

3. 主体抽壳

Step01 单击【抽壳命令】，采用向内方式，选取爱心的上表面为开口面。

Step02 设置壁厚为 4 mm，如图 3-6-6 所示。

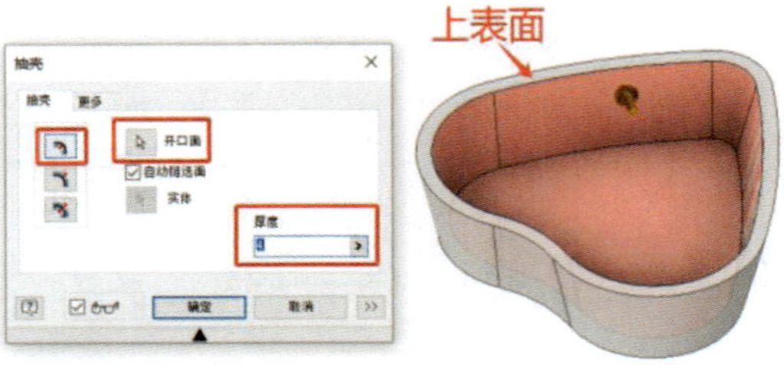

图 3-6-6　抽壳

4．创建底部防滑槽

Step 01 单击【拉伸命令】，选择爱心底部为草绘平面，进入草绘环境，单击【投影几何图元命令】，选取爱心底部面为拾取面，单击【曲线偏移命令 偏移】，选取投影生成的曲线作为偏移参考线，设置偏移距离为 5 mm，如图 3-6-7 所示。

Step 02 单击【完成草图】，选择偏移生成的曲线区域作为拉伸轮廓，设置拉伸参数（距离为 1 mm，布尔方式为【求差】）如图 3-6-8 所示，单击【确定】完成拉伸。

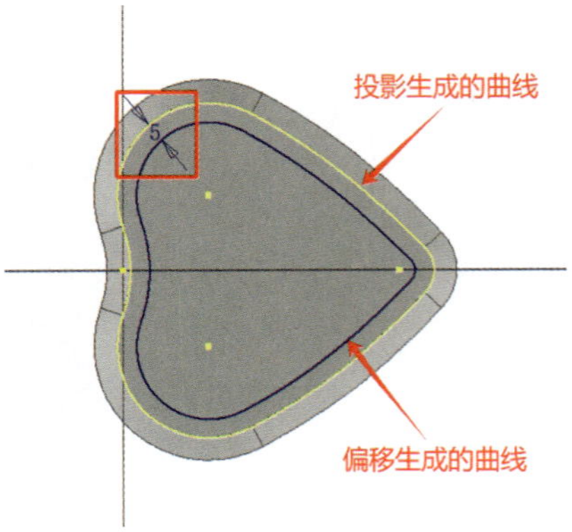

图 3-6-7　创建偏移曲线

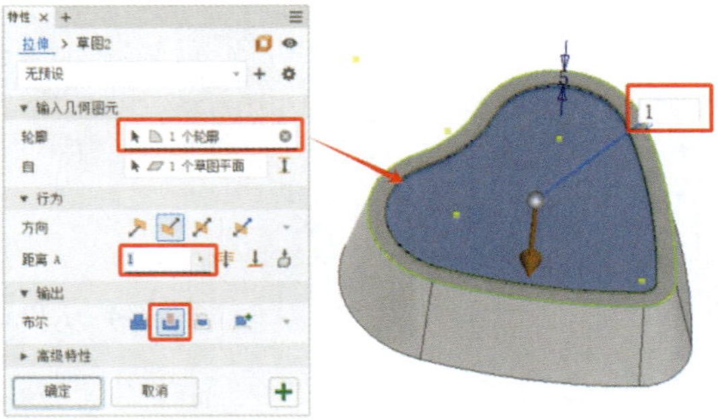

图 3-6-8　拉伸防滑槽

5．实体倒圆角

Step 01 单击【圆角命令】，选择爱心内腔边缘，设置圆角半径为 5 mm，如图 3-6-9 所示。

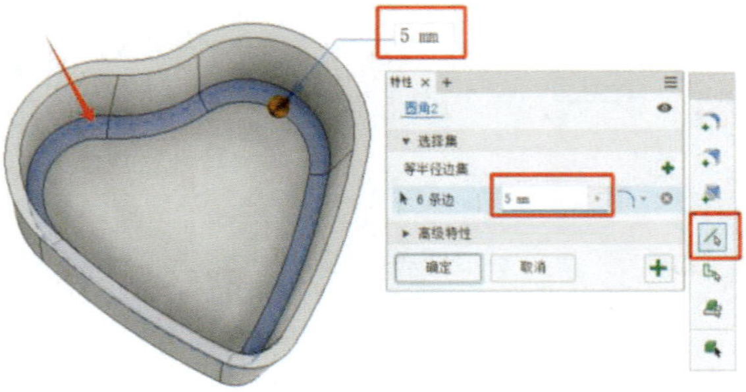

图 3-6-9　*R*5 mm 圆角特征

Step 02 分别选择其余边缘，设置圆角半径为 0.5 mm，如图 3-6-10 所示。

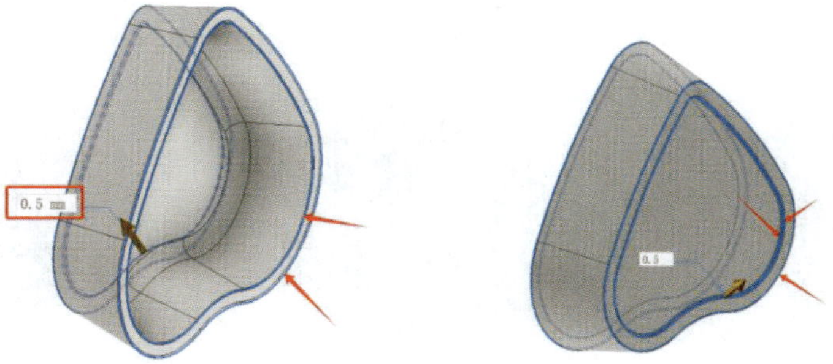

图 3-6-10　*R*0.5 mm 圆角特征

拓展案例

【拓展案例 1】按图纸尺寸要求，完成如图 3-6-11 所示的零件三维建模，建模思路可参考表 3-6-1 中的步骤。

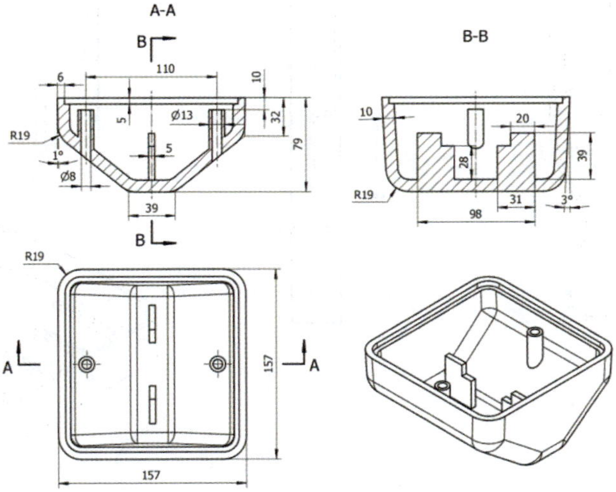

图 3-6-11　拓展案例 1

表 3-6-1　拓展案例 1 建模参考步骤

（1）拉伸主体	（2）拔模	（3）倒圆角
	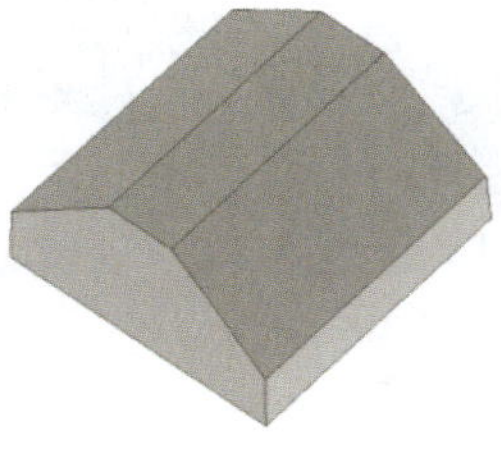	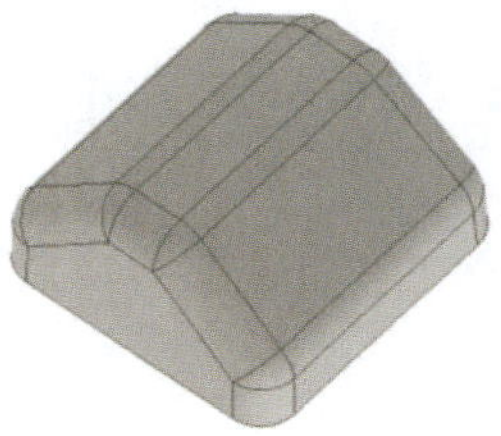

表 3-6-1　（续）

（4）抽壳	（5）拉伸圆柱凸台	（6）拉伸内部 L 型凸台

【拓展案例 2】按图纸尺寸要求，完成如图 3-6-12 所示的零件三维建模，建模思路可参考表 3-6-2 中的步骤。

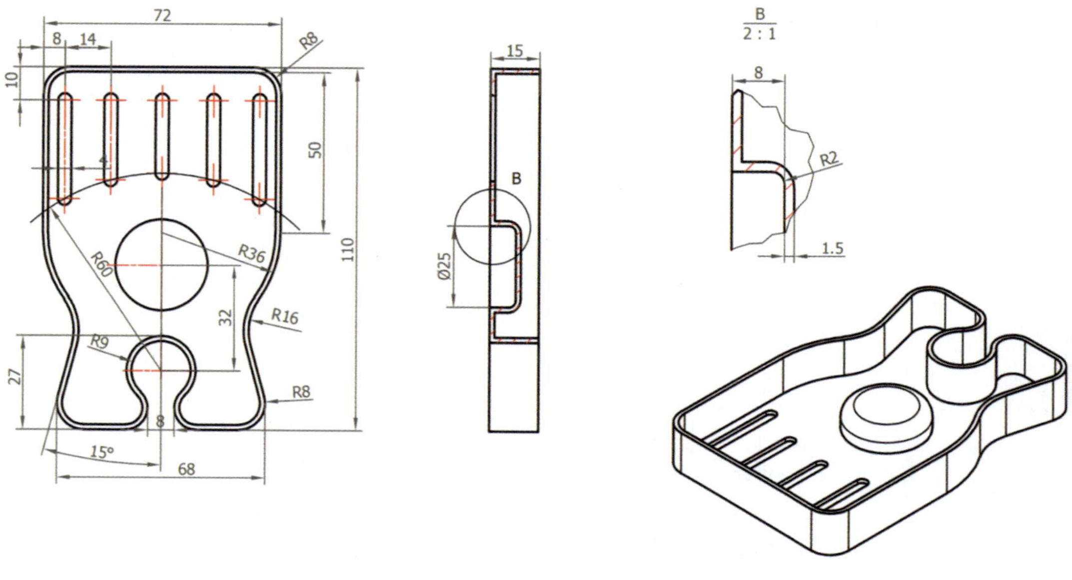

图 3-6-12　拓展案例 2

表 3-6-2　拓展案例 2 建模参考步骤

（1）拉伸主体	（2）抽壳主体	（3）拉伸内部圆柱凸台
	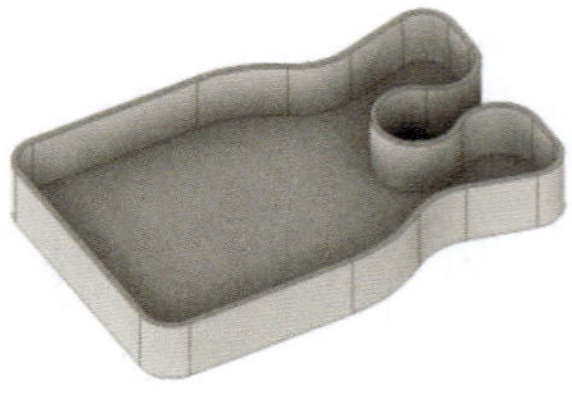	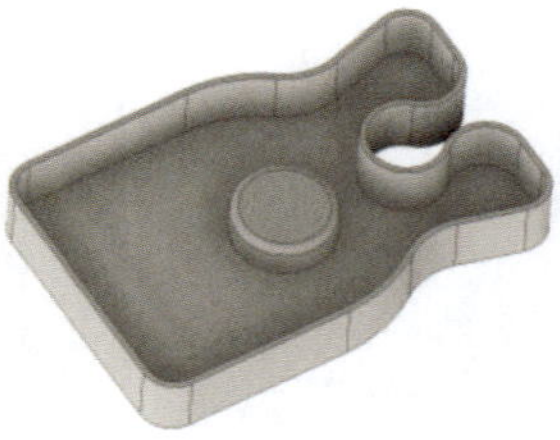

表 3-6-2　（续）

（4）对内部凸台抽壳	（5）创建槽特征
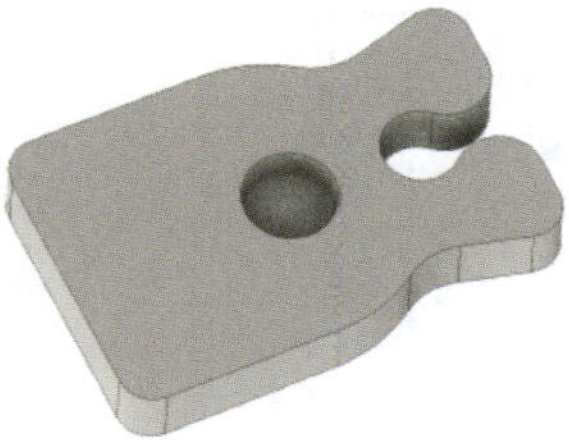	

任务 7　弯管建模

学习目标

（1）掌握扫掠特征的应用方法。

（2）熟悉空间曲线的创建方法。

弯管建模

工作任务

根据图纸尺寸要求，完成如图 3-7-1 所示弯管零件的三维实体建模。

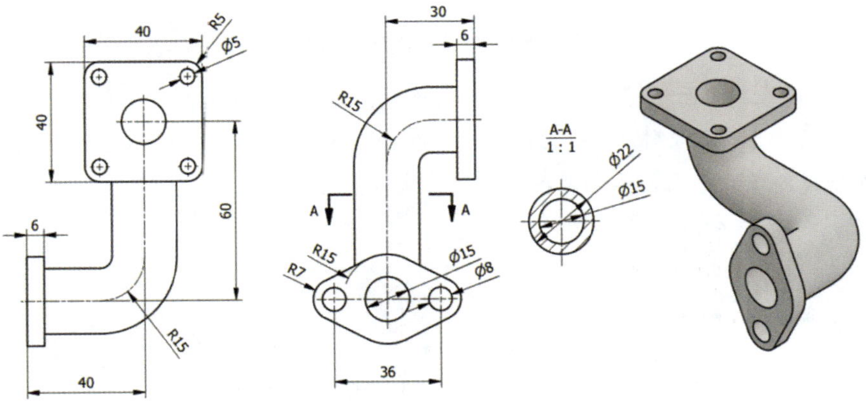

图 3-7-1　弯管图纸

任务重点与实施

1. 扫掠弯管主体

Step 01 点击【开始创建二维草图】，选 *XY* 基准平面作为草绘平面，用【直线命令】和【圆角命令 圆角】绘制如图 3-7-2 所示的草图轮廓。该轮廓可作为扫掠轨迹的第一部分。

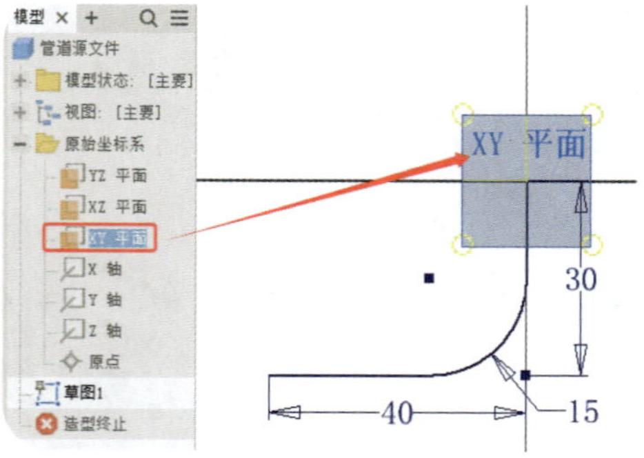

图 3-7-2　创建草图轮廓（1）

Step 02 点击【开始创建二维草图 】，选 *YZ* 基准平面作为草绘平面，用【直线命令 】和【圆角命令 圆角】绘制如图 3-7-3 所示的草图轮廓。这步所完成的轮廓，可作为扫掠轨迹的第二部分。

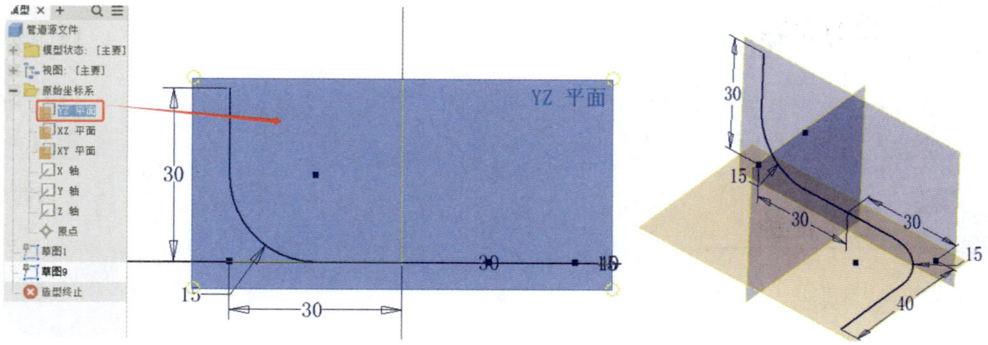

图 3-7-3　创建草图轮廓（2）

Step 03 点击【创建基准平面 】，选长度为 30 mm 的线（线①）作为第一个条件，然后选择 30 mm 线的端点作为第二条件，创建出的工作平面如图 3-7-4 所示（工作面名称为：工作平面 2）。此处创建的工作平面作为绘制扫掠截面的草绘平面。

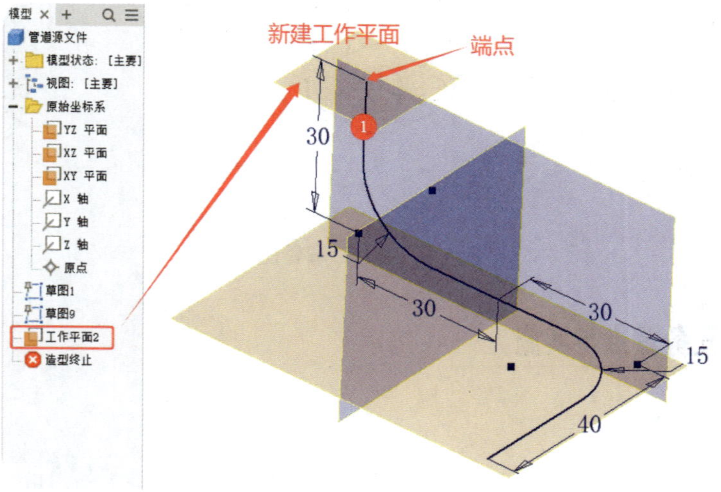

图 3-7-4　创建"工作平面 2"

Step04 点击【开始创建二维草图 】，选择上一步创建的基准平面 2 作为草绘平面，用【圆命令 】绘制 ϕ22 mm 和 ϕ15 mm 构成的草图轮廓，如图 3-7-5 所示。这步绘制的草图轮廓可作为后面扫掠的截面。

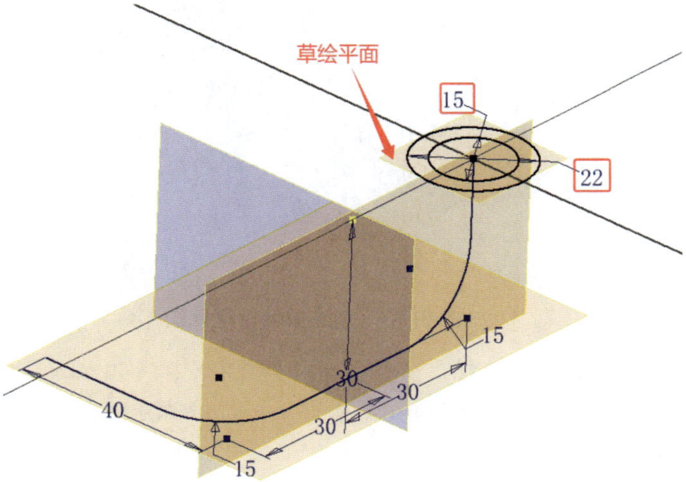

图 3-7-5　创建扫掠草图轮廓

Step05 点击【扫掠命令 扫掠】，选择 ϕ22 mm 和 ϕ15 mm 构成的圆环作为扫掠截面（截面①），选择步骤 1 和步骤 2 所创建的草图轮廓（轮廓线②）作为扫掠路径，方向选择跟随路径，然后单击【确定】按钮，如图 3-7-6 所示。

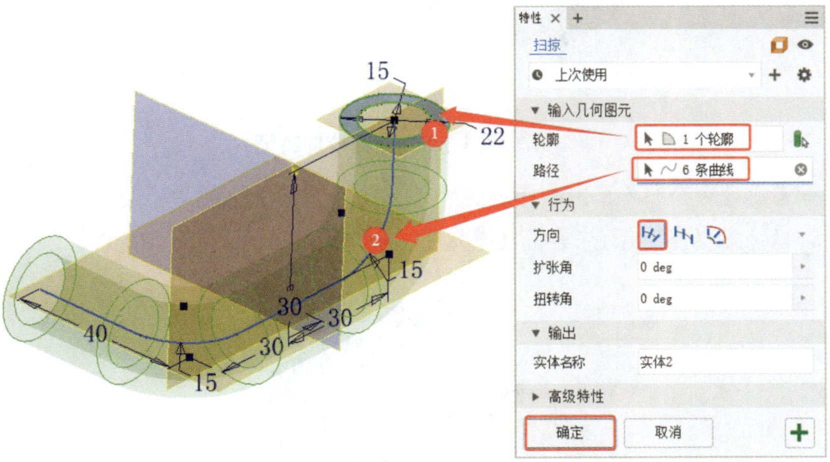

图 3-7-6　创建扫掠特征

2. 创建长正方体特征

Step01 点击【开始创建二维草图 】，选择基准平面 2 作为草绘平面，用【直线命令 】和【圆命令 】绘制如图 3-7-7 所示的草图轮廓。这步作为下一步拉伸特征的草图截面。

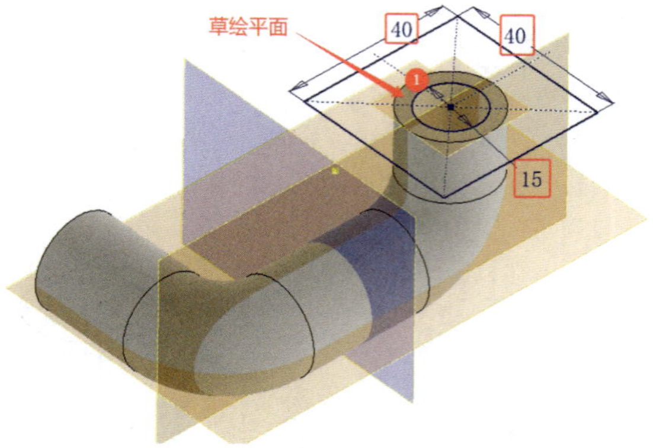

图 3-7-7　创建拉伸特征草图

Step 02 单击【拉伸命令】，选择上一步画好的草图为轮廓（40 mm × 40 mm 正方形和 ϕ15 mm 所构成的区域），设置拉伸参数（高度为 6 mm，布尔运算选择【求并】，锥度为 0），单击【确定】按钮，效果如图 3-7-8 所示。

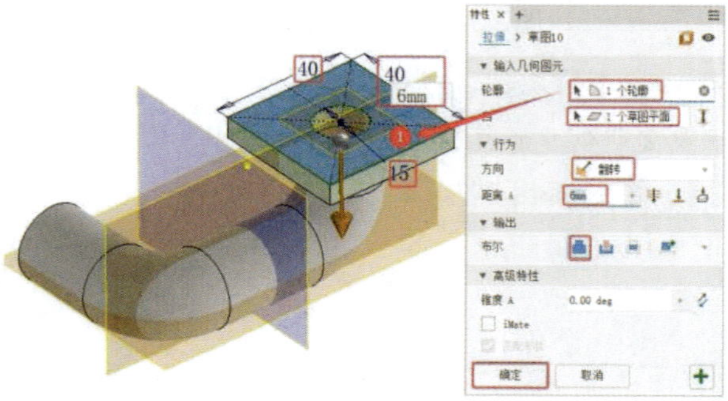

图 3-7-8　创建拉伸特征

Step 03 单击【圆角命令】，选择边的方式，选择要倒圆角的四条边（边①、②、③、④），设置圆角半径为 R5 mm，单击【确定】按钮，结果如图 3-7-9 所示。

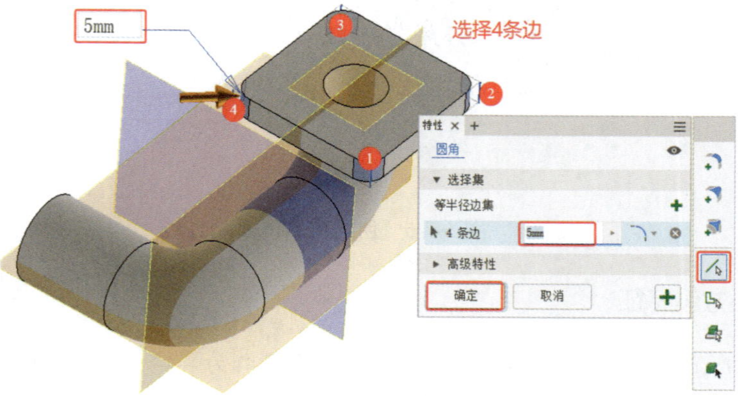

图 3-7-9　倒 R5 mm 圆角

Step04 单击【孔命令】，选择正方形 40 mm × 40 mm 长方体上表面为孔的放置面，同时分别选择 4 处 *R*5 mm 圆角为同心关系（圆弧①、②、③、④），设置孔的类型（简单孔）和参数（孔直径为 5 mm，孔深大于 6 mm 即可），单击【确定】按钮，如图 3-7-10 所示。

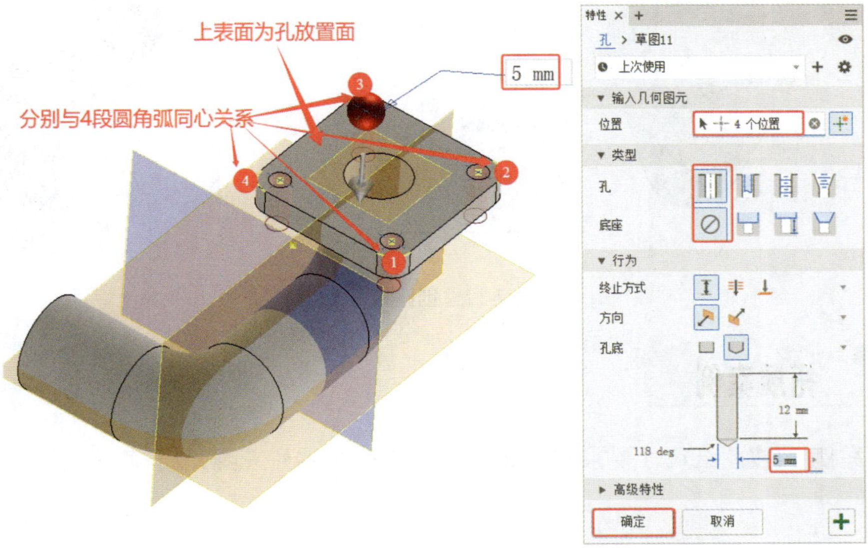

图 3-7-10 创建 ϕ5 mm 孔特征

3. 创建弯管另一端特征

Step01 点击【开始创建二维草图】，选择圆柱上表面（面①）位为草绘平面，用【直线命令】和【圆命令】绘制如图 3-7-11 所示的草图轮廓。这步作为下一步拉伸特征的草图。

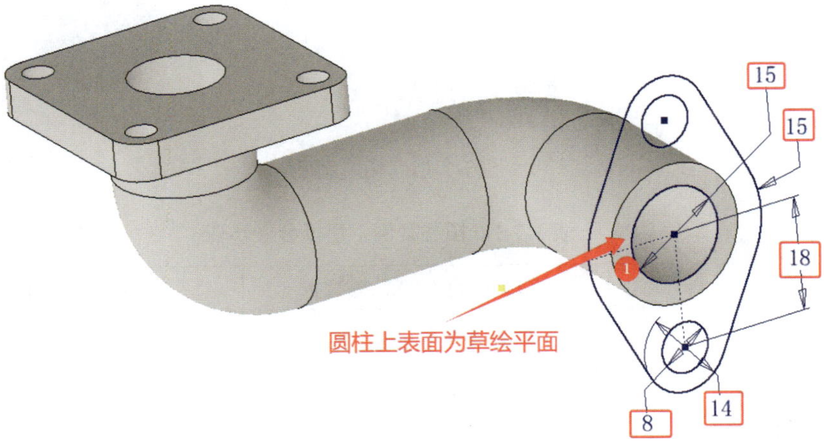

图 3-7-11 创建拉伸草图

Step02 单击【拉伸命令】，选择上一步所创建图 3-7-11 所示的草图为拉伸轮廓，设置拉伸参数（拉伸高度为 6 mm，布尔运算方式为【求并】，锥度为 0），单击【确定】按钮，如图 3-7-12 所示。

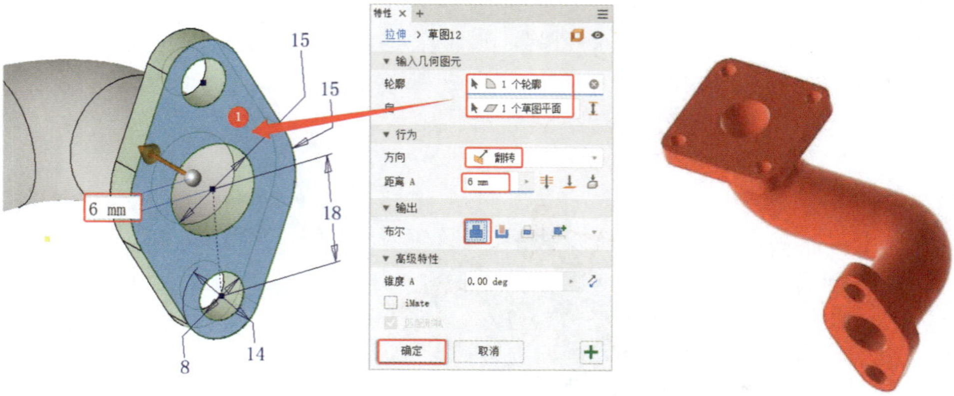

图 3-7-12　创建拉伸特征

拓展案例

【拓展案例 1】按图纸尺寸要求完成如图 3-7-13 所示零件三维建模，建模思路可参考表 3-7-1 中的步骤。

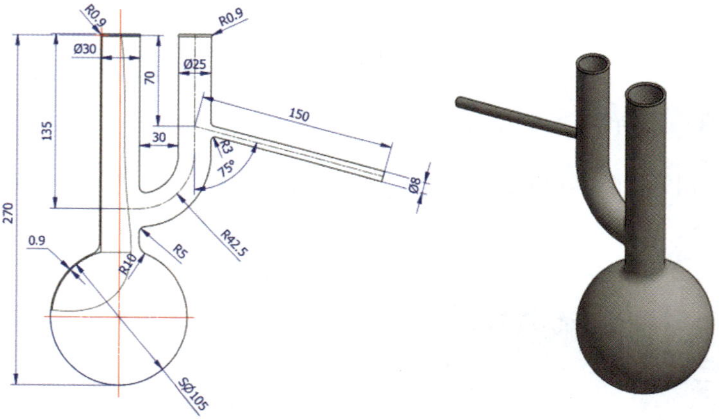

图 3-7-13　拓展案例 1

表 3-7-1　拓展案例 1 建模参考步骤

（1）旋转主体	（2）创建 L 型扫掠特征	（3）创建圆柱扫掠特征
	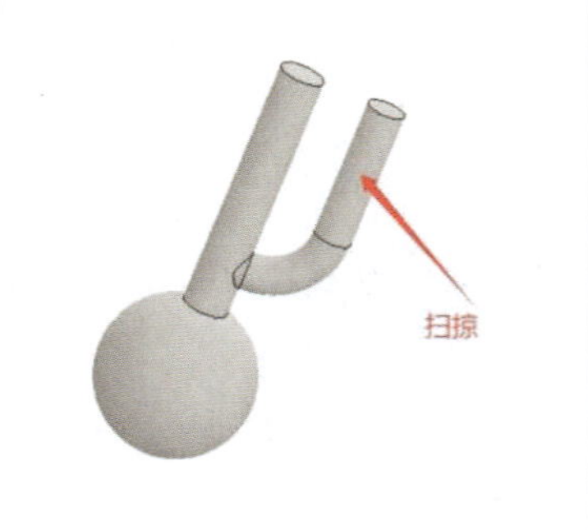	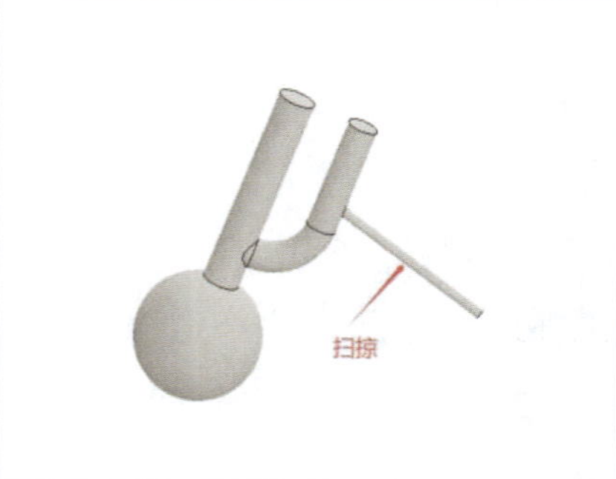

表 3-7-1　（续）

（4）创建壳特征	（5）创建圆角特征	（6）效果图
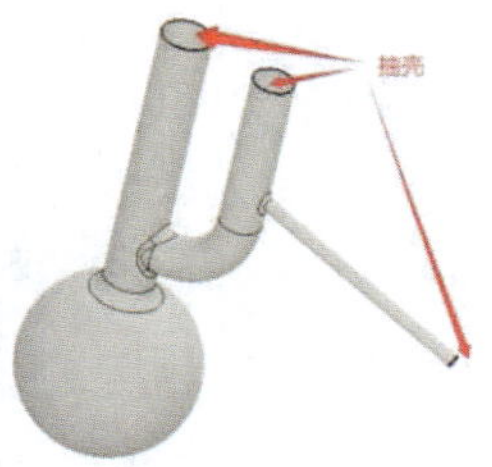	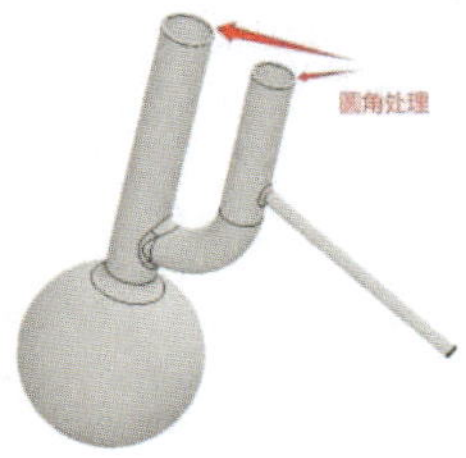	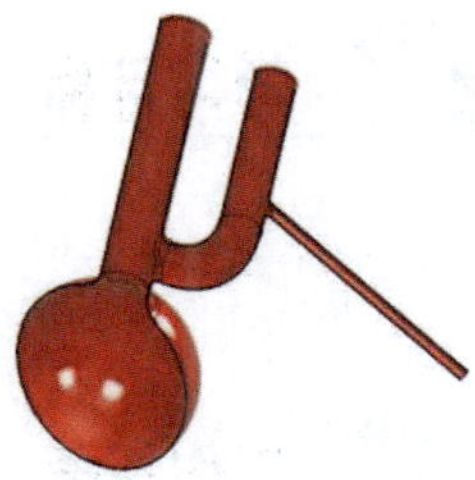

【**拓展案例 2**】按图纸尺寸要求，完成如图 3-7-14 所示的零件三维建模，建模思路可参考表 3-7-2 中的步骤。

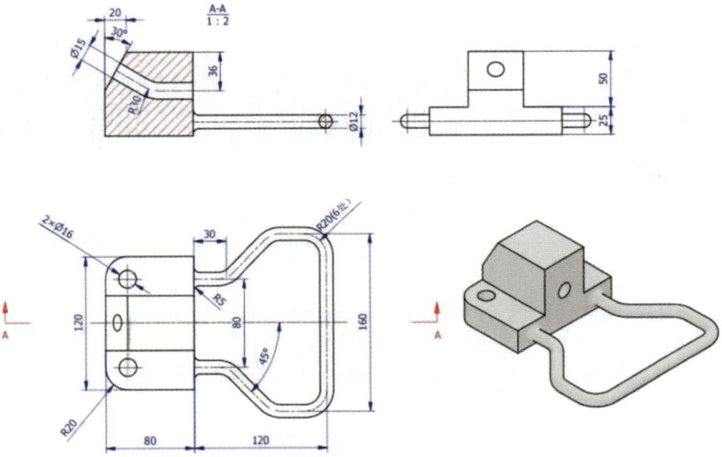

图 3-7-14　拓展案例 2

表 3-7-2　拓展案例 2 建模参考步骤

（1）创建底板特征	（2）创建凸台特征	（3）创建扫掠特征
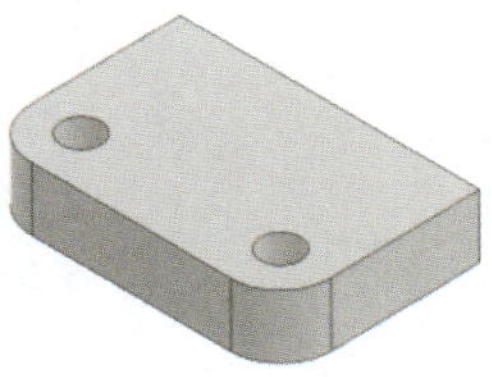	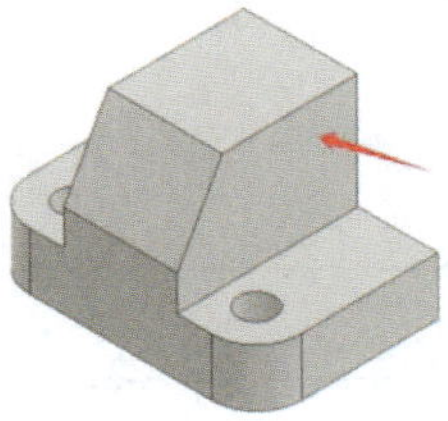	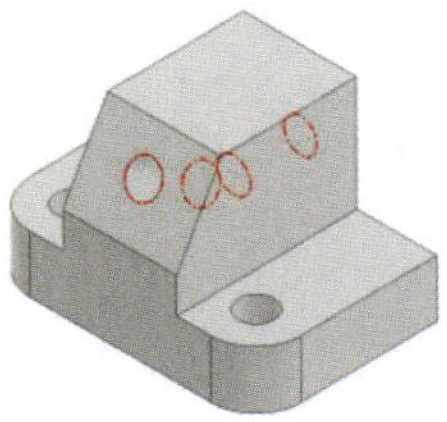
（4）创建扫掠特征	（5）创建圆角特征	（6）效果图
		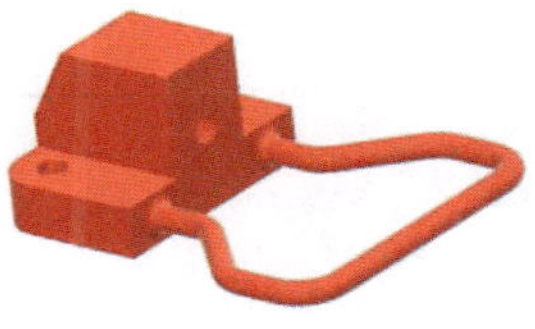

任务 8　螺杆建模

学习目标

（1）掌握螺旋扫掠特征的应用方法。
（2）掌握梯形螺纹的创建方法。

螺杆建模

工作任务

根据图纸尺寸要求，完成如图 3-8-1 所示螺杆零件的三维实体建模。

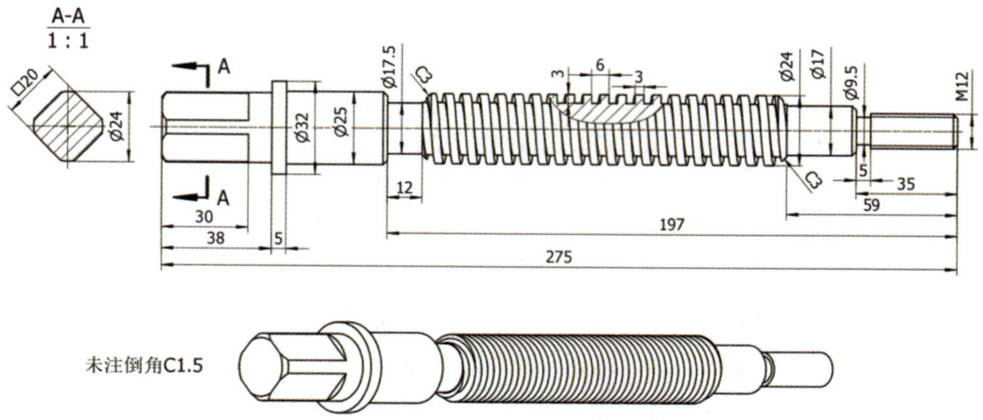

图 3-8-1　螺杆图纸

任务重点与实施

1. 螺杆左端主体建模

Step 01 点击【开始创建二维草图 】，选 *XY* 基准平面作为草绘平面，用直线命令【 】绘制如图 3-8-2 所示的草图轮廓。

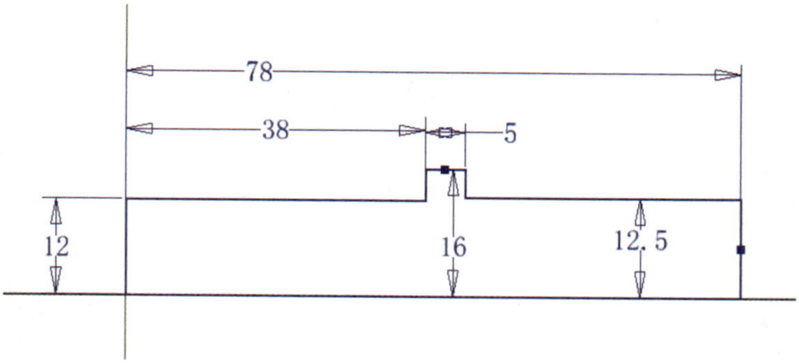

图 3-8-2　创建草图轮廓

Step 02 单击【旋转命令】，选择上一步画好的草图（区域①）作为旋转轮廓，选择线②为旋转轴，设置旋转参数（360°），单击【确定】按钮，如图 3-8-3 所示。这步所完成的建模可作为螺杆主体第一部分。

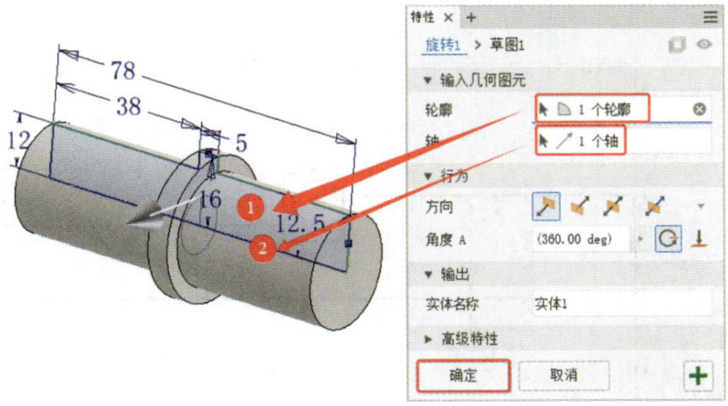

图 3-8-3　创建螺杆左端旋转特征

2．螺杆中段（ϕ24 mm 圆柱）特征建模

Step 01 点击【开始创建二维草图】，选 *XY* 基准平面作为草绘平面，用直线命令【】绘制如图 3-8-4 所示的草图轮廓。

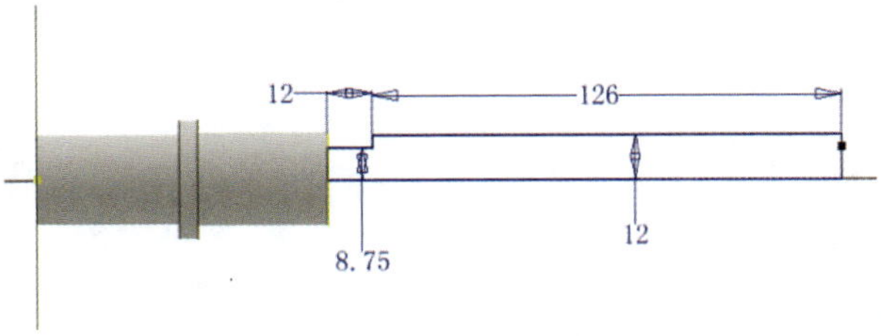

图 3-8-4　创建草图轮廓

Step 02 单击【旋转命令】，选择上一步画好的草图（图 3-8-5 区域②）作为旋转轮廓，选择图 3-8-5 区域①为旋转轴，设置旋转参数（旋转角度为 360°，输出布尔运算选择【求并】），单击【确定】按钮，如图 3-8-5 所示。这步所完成的建模可作为螺杆主体中段部分。

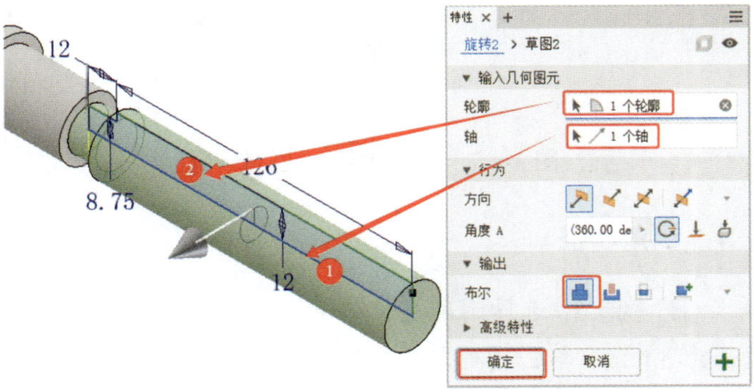

图 3-8-5　创建螺杆中段旋转特征

3．螺杆右端特征建模

Step 01 点击【开始创建二维草图 】，选 *XY* 基准平面作为草绘平面，用直线命令【 】绘制如图 3-8-6 所示的草图轮廓。

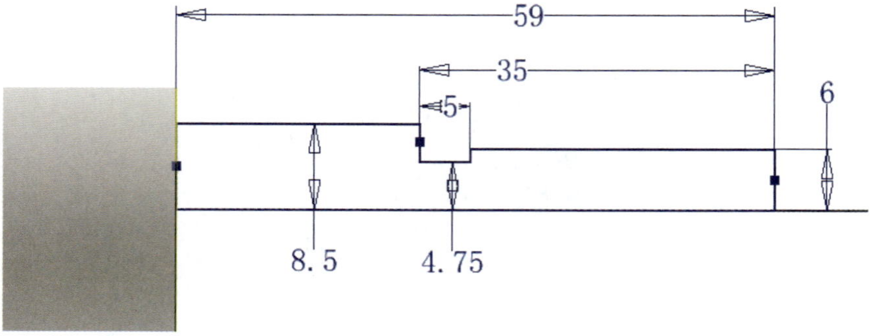

图 3-8-6　创建草图轮廓

Step 02 单击【旋转命令 】，选择上一步画好的草图（图 3-8-7 区域①）作为旋转轮廓，选择图 3-8-7 区域②为旋转轴，设置旋转参数（旋转角度为 360°，输出布尔运算选择【求并】），单击【确定】按钮，如图 3-8-7 所示。这步所完成的建模可作为螺杆主体右段部分。

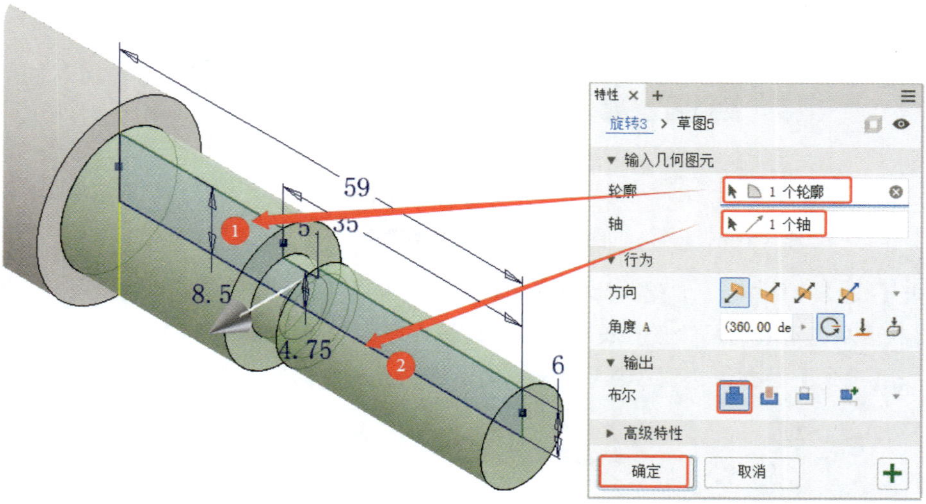

图 3-8-7　创建螺杆右端旋转特征

4．创建 C3 和 C1.5 倒角特征

Step 01 单击【倒角命令 倒角】，选择倒角边长相等的方式，选择要倒角的两条边（边①和边②），设置倒角边长为 3 mm，单击【确定】按钮，如图 3-8-8 所示。

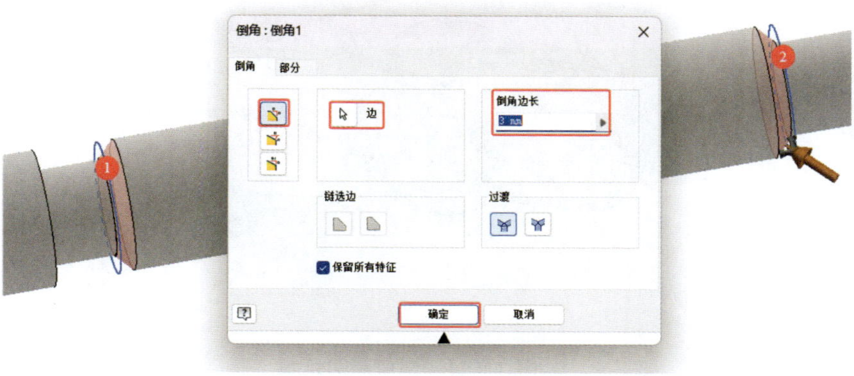

图 3-8-8　倒角 C3

Step 02 单击【倒角命令 倒角】，选择倒角边长相等的方式，选择要倒角的四条边（边①、②、③、④），设置倒角边长为 1.5 mm，单击【确定】按钮，如图 3-8-9 所示。

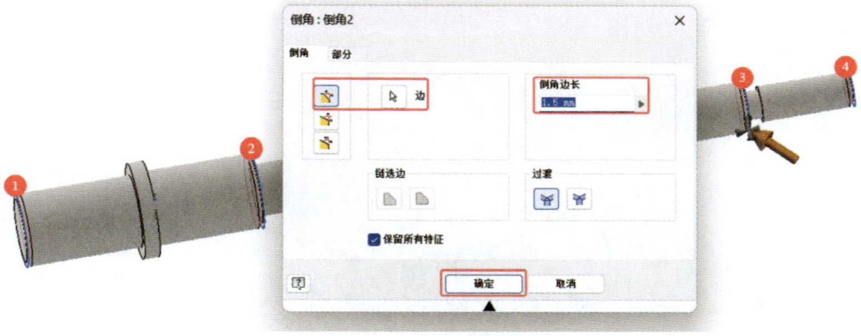

图 3-8-9　倒角 C1.5

5. 创建螺杆左端 20 mm×20 mm 方形柱

Step 01 点击【开始创建二维草图 】，选螺杆左端 ϕ24 mm 圆柱左端面作为草绘平面，用圆命令【 】和矩形命令【 】绘制如图 3-8-10 所示的草图轮廓。

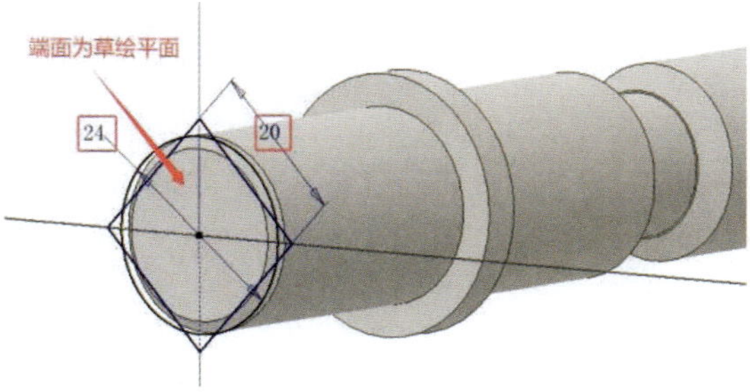

图 3-8-10　创建草图轮廓

Step 02 单击【拉伸命令 】，选择左端①、②、③、④四个区域轮廓为拉伸轮廓，设置拉伸参数（拉伸距离为 30 mm，输出布尔运算中选择【求差】，锥度为 0），单击【确定】按钮，如图 3-8-11 所示。

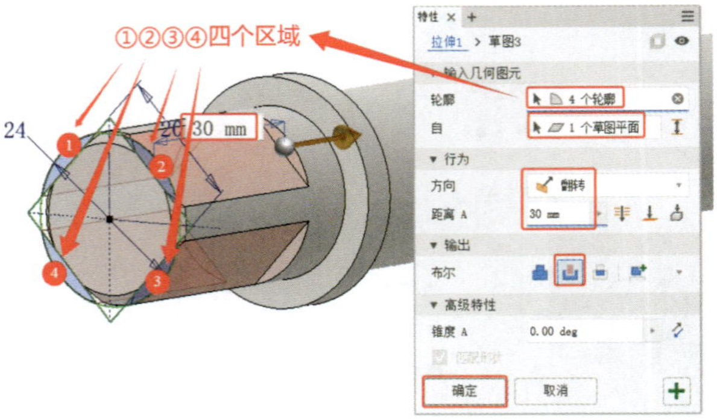

图 3-8-11　创建草图轮廓

6. 创建螺杆右端 M12 螺纹特征

Step 01 单击【螺纹命令 螺纹】，选择 ϕ12 mm 圆柱表面为要创建螺纹的面，设置螺纹参数（类型：GB Metric profile，尺寸为 12 mm，规格为 M12，类为 6g，方向为 R）。

Step 02 单击【确定】按钮，如图 3-8-12 所示。

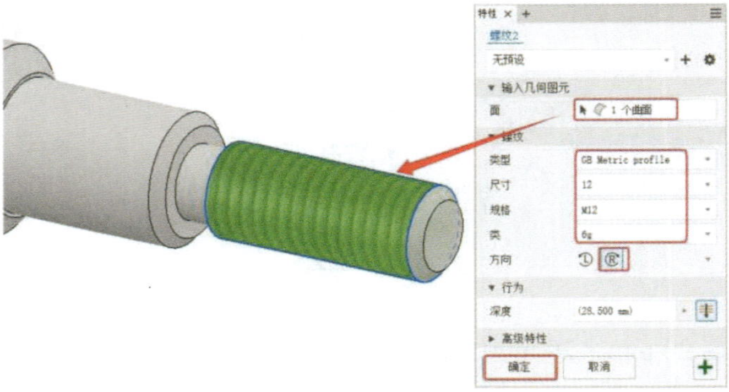

图 3-8-12　创建 M12 螺纹特征

7. 创建螺纹特征

Step 01 点击【开始创建二维草图 】，选择 *XY* 平面作为草绘平面，用直线命令【 】和矩形命令【 】绘制如图 3-8-13 所示的草图轮廓。这步绘制的草图轮廓可作为后面螺旋扫掠的截面。

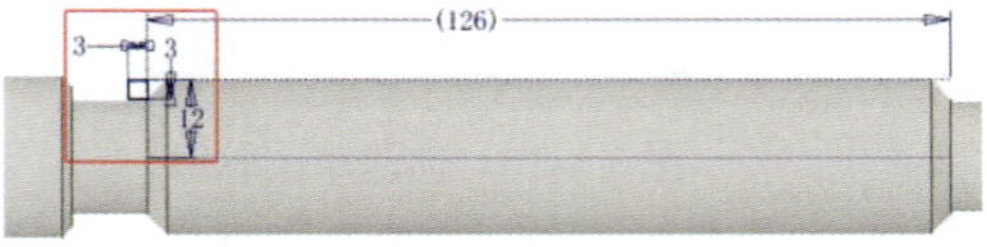

图 3-8-13　创建螺旋扫掠草图轮廓

Step 02 点击【螺旋扫掠命令 螺旋扫掠】，选择 3 mm × 3 mm 构成的长方形作为扫掠截面（图 3-8-14 的截面①），选择中心轴线（图 3-8-14 的轴线②）作为螺旋旋转轴，设置螺旋扫掠参数（方向：螺距和高度，螺距为 6 mm，高度为 129 mm，锥度为 0，方向为 R，输出布尔运算中选择【求差】），然后单击【确定】按钮，如图 3-8-14 所示，整个零件建模效果如图 3-8-15 所示。

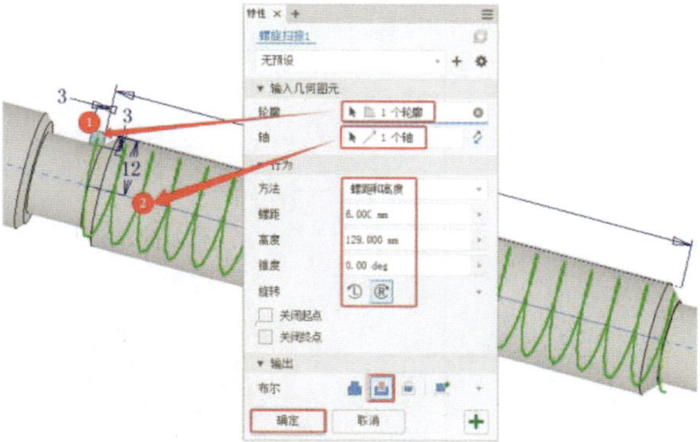

图 3-8-14　创建螺旋扫掠特征

图 3-8-15　零件建模效果图

拓展案例

【拓展案例 1】按图纸尺寸要求，完成如图 3-8-16 所示的零件三维建模，建模思路可参考表 3-8-1 中的步骤。

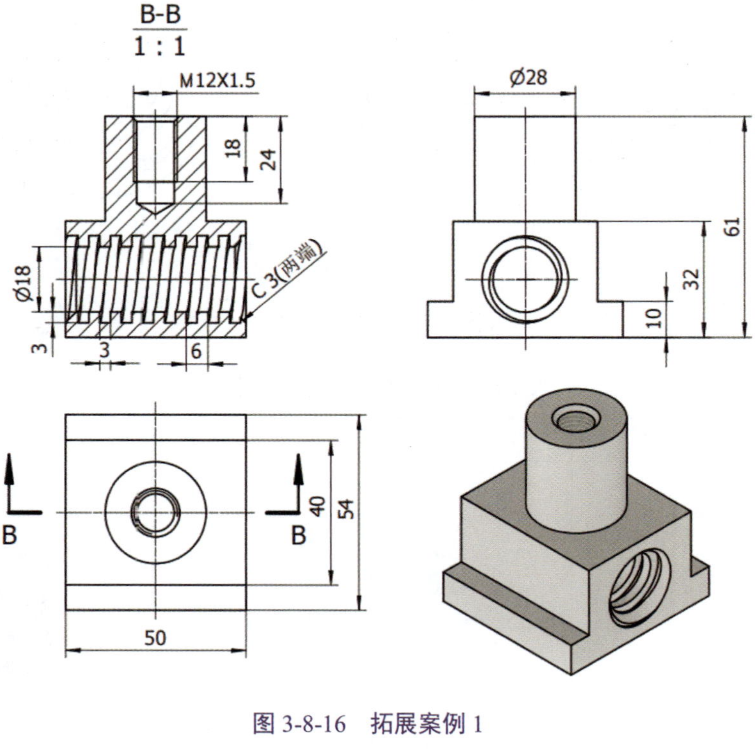

图 3-8-16　拓展案例 1

表 3-8-1　拓展案例 1 建模参考步骤

（1）拉伸 T 型底座	（2）拉伸 ϕ30 mm 凸台	（3）创建螺旋扫掠特征
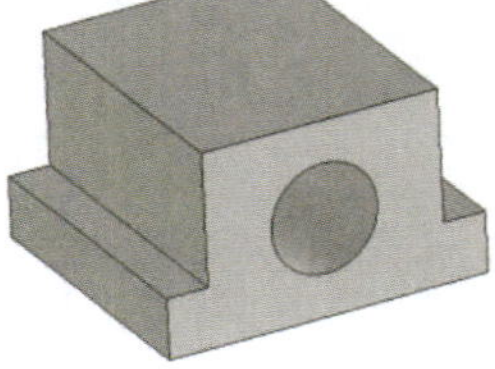	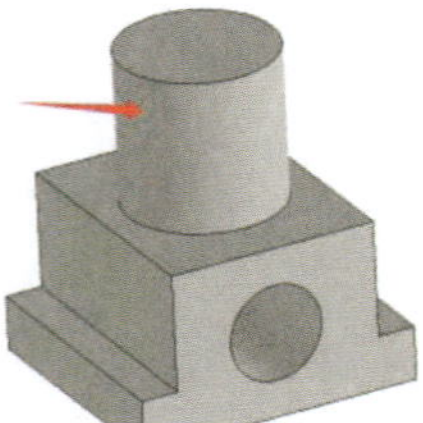	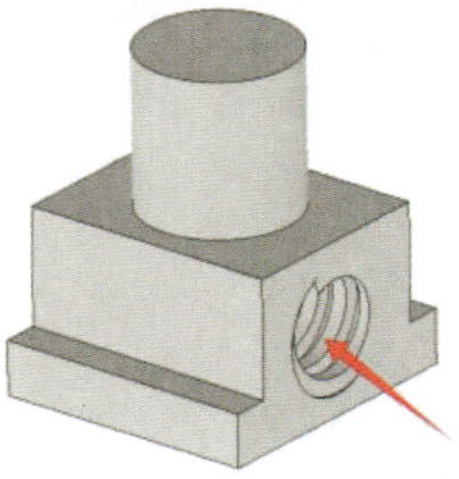
（4）创建 M12 螺纹特征	（5）创建倒角特征	（6）效果图
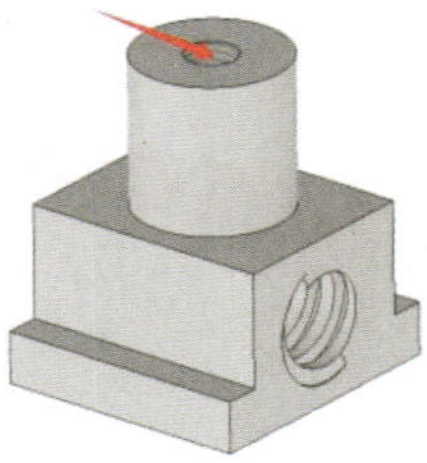	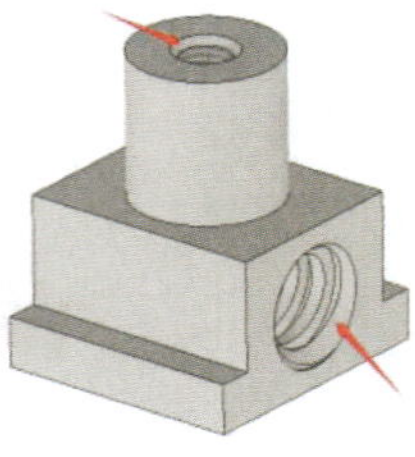	

【拓展案例 2】按图纸尺寸要求，完成如图 3-8-17 所示的零件三维建模，建模思路可参考表 3-8-2 中的步骤。

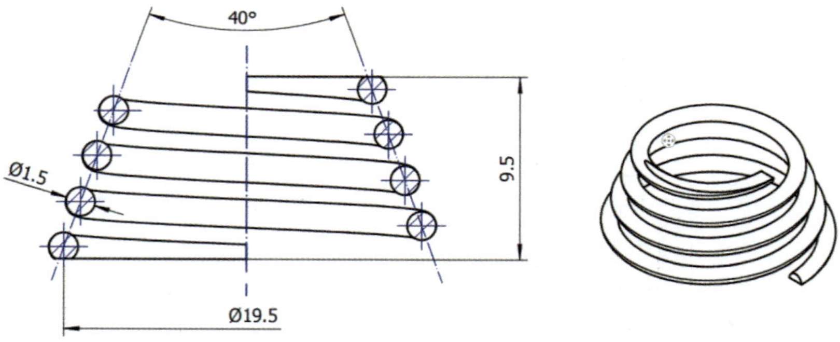

图 3-8-17　拓展案例 2

表 3-8-2　拓展案例 2 建模参考步骤

（1）创建螺旋扫掠草图	（2）创建螺旋扫掠特征	（3）创建拉伸去材料特征
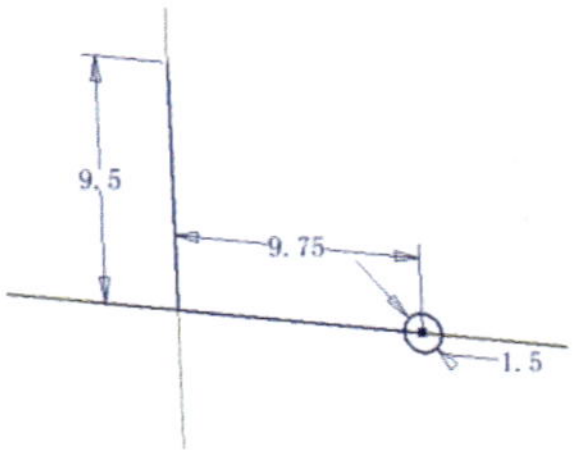		

任务 9　印章建模

学习目标

（1）掌握凸雕特征的应用方法。
（2）掌握文本制作的方法。

印章建模

工作任务

根据图纸尺寸要求，完成如图 3-9-1 所示印章零件的三维实体建模。

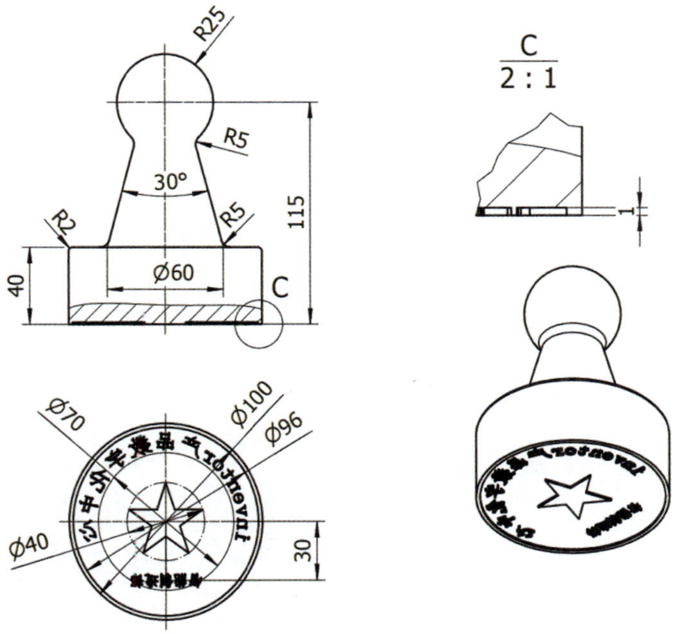

（inventor产品数字化中心）7号仿宋体
（智能制造部）5号仿宋体

图 3-9-1　印章图纸

任务重点与实施

1．印章底部建模

Step 01 点击【开始创建二维草图 】，选 *XZ* 基准平面作为草绘平面，用圆命令【 】绘制如图 3-9-2 所示 ϕ100 mm 的草图轮廓。这步所完成草图可作为下一步拉伸特征的草图轮廓。

Step 02 单击【拉伸命令 】，选择上一步画好的 ϕ100 mm 的圆草图截面为轮廓，设置拉伸参数（高度为 40 mm），单击【确定】按钮，如图 3-9-3 所示。

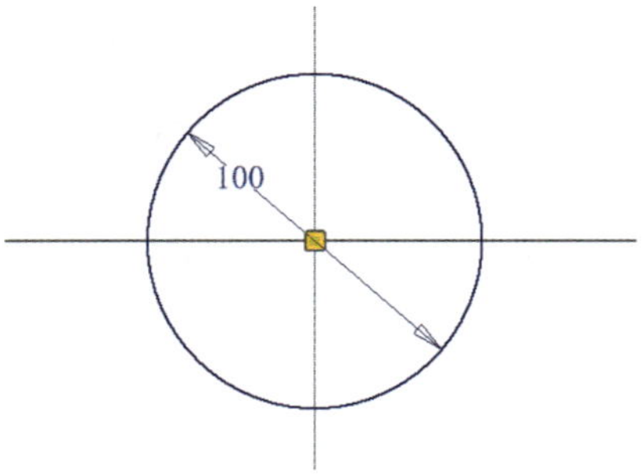

图 3-9-2　创建草图轮廓

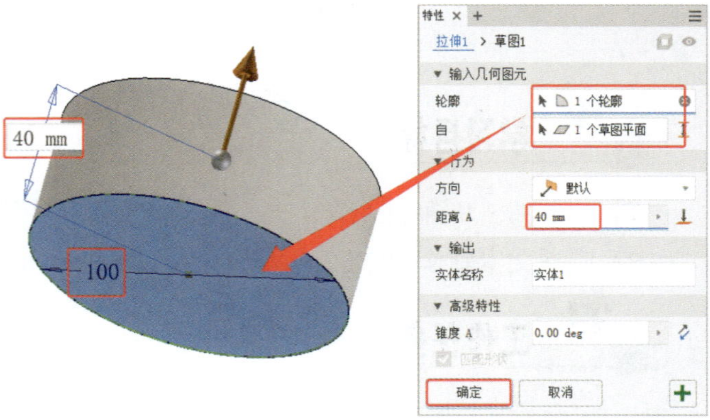

图 3-9-3　创建印章底部拉伸特征

2．印章手柄特征建模

Step 01 点击【开始创建二维草图 】，选 *YZ* 基准平面作为草绘平面，用直线命令【 】和圆弧命令【 】绘制如图 3-9-4 所示的草图轮廓。这步所完成的草图可作为下一步旋转特征的草图轮廓。

Step 02 单击【旋转命令 】，选择上一步画好的草图（图 3-9-5 区域①）作为旋转轮廓，选择图 3-9-5 区域②为旋转轴，设置旋转参数（旋转角度为 360°，输出布尔运算选择【求并】），单击【确定】按钮，如图 3-9-5 所示。

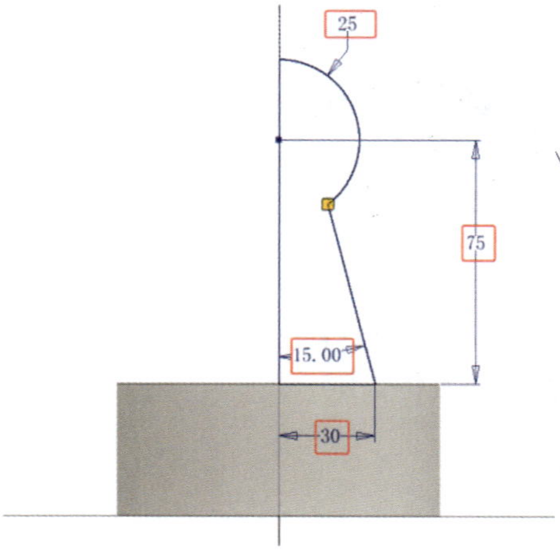

图 3-9-4　创建草图轮廓

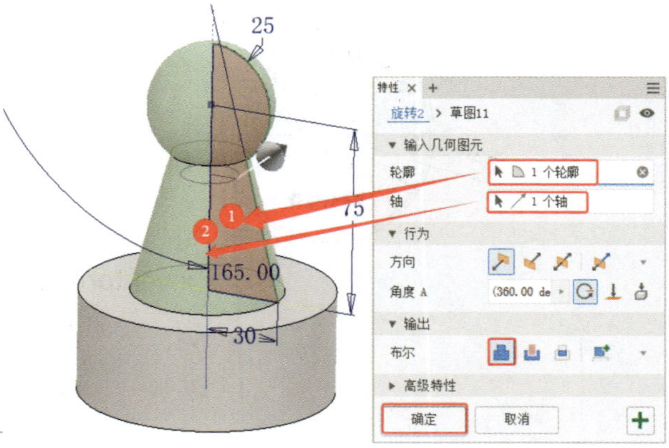

图 3-9-5　创建印章手柄旋转特征

3．创建 R5 mm 圆角特征

Step 01 单击圆角命令【 】，选择边的方式，选择要倒圆角的两条边（边①和边②），设置圆角半径为 *R*5 mm。

Step 02 单击【确定】按钮，如图 3-9-6 所示。

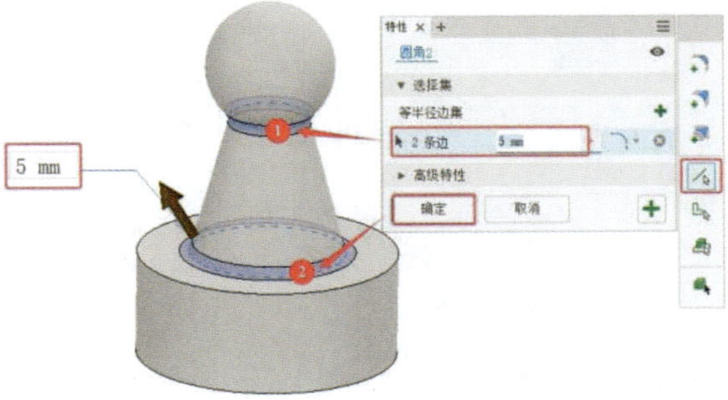

图 3-9-6　创建 *R*5 mm 圆角特征

4．创建 R2 mm 圆角特征

Step 01 单击圆角命令【】，选择边的方式，选择要倒圆角的边（边①），设置圆角半径为 *R*2 mm。

Step 02 单击【确定】按钮，如图 3-9-7 所示。

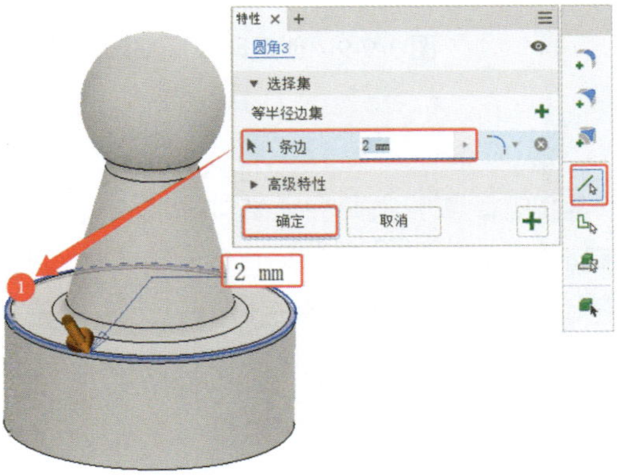

图 3-9-7　创建 *R*2 mm 圆角特征

5．印章底部凹槽建模

Step 01 点击【开始创建二维草图 】，选择印章底部面作为草绘平面，用圆命令【】绘制如图 3-9-8 所示 ϕ96 mm 的草图轮廓。这步所完成的草图可作为下一步底部拉伸凹槽特征的草图轮廓。

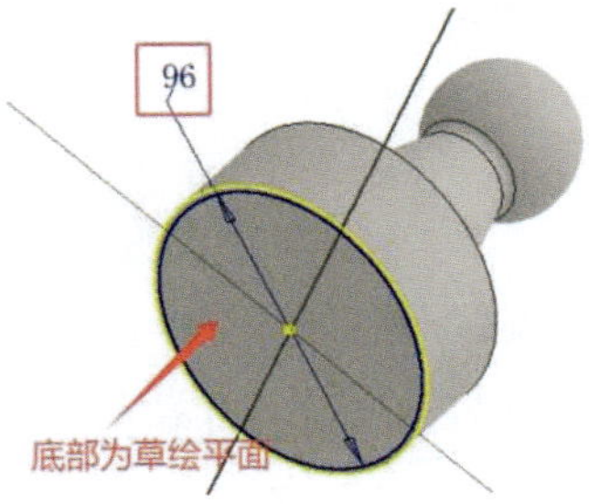

图 3-9-8　创建 ϕ96 mm 草图轮廓

Step 02 单击【拉伸命令】，选择上一步画好的 ϕ96 mm 的圆草图截面为轮廓，设置拉伸参数（高度为 1 mm，输出布尔运算选择【求差】），单击【确定】按钮，如图 3-9-9 所示。

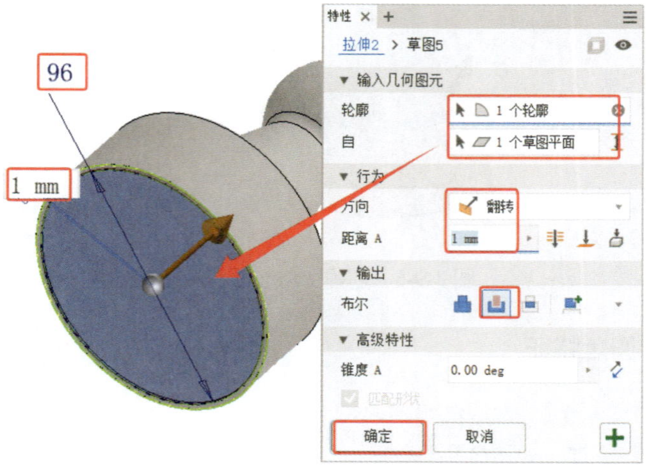

图 3-9-9　创建印章底部凹槽特征

6．印章底部凸雕

Step 01 点击【开始创建二维草图】，选择印章底部凹槽面作为草绘平面，用圆命令【】和文本命令【几何图元文本】绘制如图 3-9-10 所示的几何图元文本（Inventor 产品数字化中心）草图轮廓，几何文本参数中文本方向逆时针，文本位置为向外和居中对齐，起始角度为 0，偏移距离为 2 mm，拉伸幅度为 120%，字体为仿宋 7 mm。这步所完成的草图可作为下一凸雕特征文本草图轮廓。

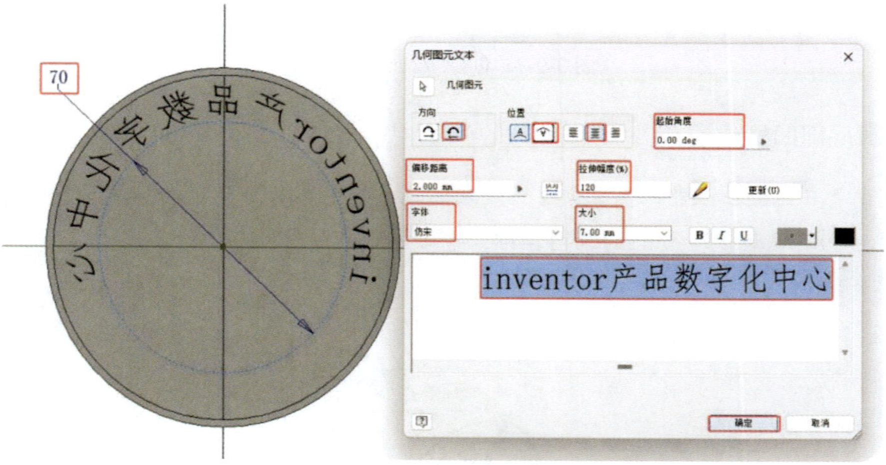

图 3-9-10　创建（Inventor 产品数字化中心）文本草图轮廓

Step 02 单击【凸雕命令 凸雕】，选择上一步画好的几何图元文本为凸雕界面轮廓，设置凸雕参数（凸雕深度为 1 mm，从面凸雕），单击【确定】按钮，如图 3-9-11 所示。

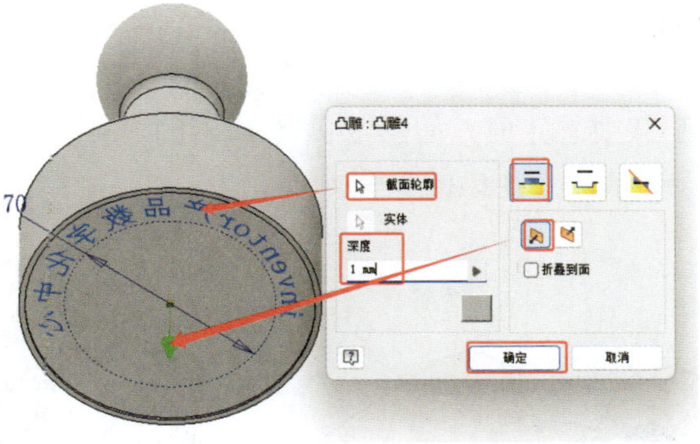

图 3-9-11　创建印章底部凸雕特征

7. 印章底部凸雕（智能制造部、五角星）

Step 01 点击【开始创建二维草图】，选择印章底部凹槽面作为草绘平面，用圆命令【】、直线命令【】和文本命令【A 文本】绘制如图 3-9-12 所示的文本（智能制造部）和五角星草图轮廓，文本参数中文本位置为居中对齐，字体为仿宋 5 mm。这步所完成的草图可作为下一凸雕特征文本草图轮廓。

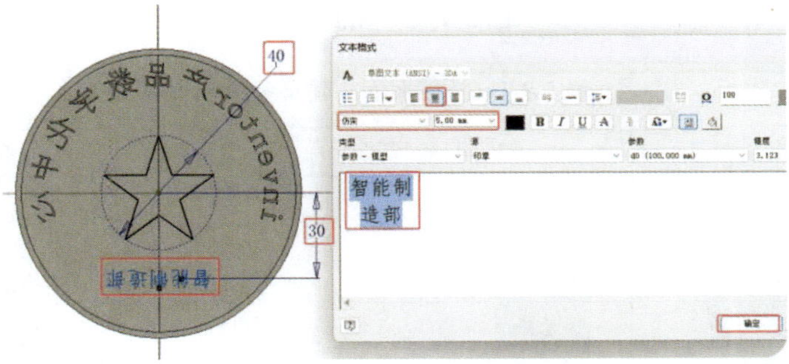

图 3-9-12　创建（智能制造部）文本和五角星草图轮廓

Step 02 单击【凸雕命令 凸雕】，选择上一步画好的文本和五角星草图为凸雕界面轮廓，设置凸雕参数（凸雕深度为 1 mm，从面凸雕），单击【确定】按钮，如图 3-9-13 所示，整个产品效果如图 3-9-14 所示。

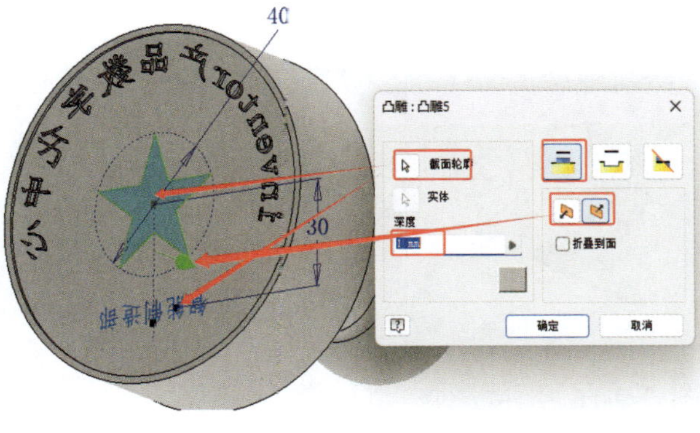

图 3-9-13　创建印章底部五角星和（智能制造）凸雕特征

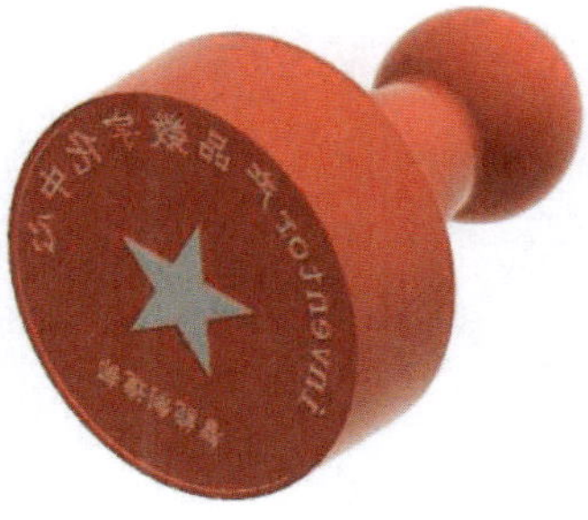

图 3-9-14　印章效果图

拓展案例

【拓展案例 1】按形状要求完成，如图 3-9-15 所示的零件三维建模，只要求形状，具体尺寸自己定，建模思路可参考表 3-9-1 中的步骤。

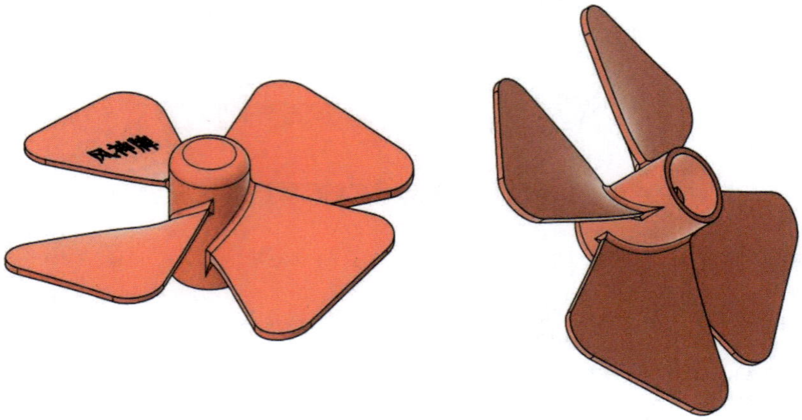

图 3-9-15　拓展案例 1

表 3-9-1　拓展案例 1 建模参考步骤

（1）拉伸圆柱体	（2）凸雕风扇叶片	（3）拉伸叶片求交
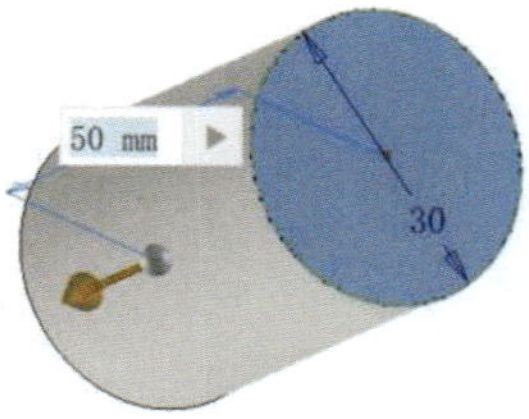	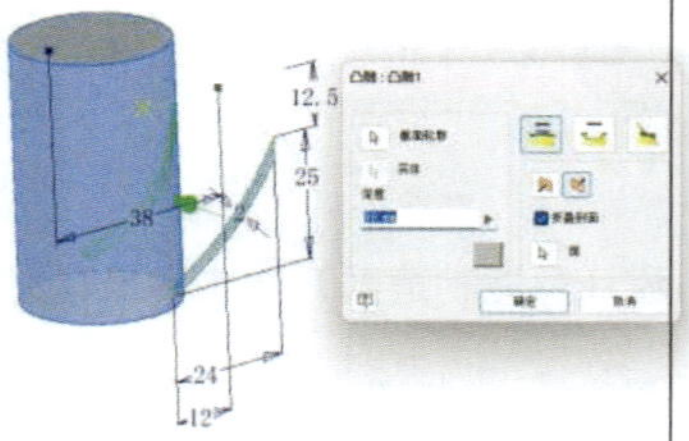	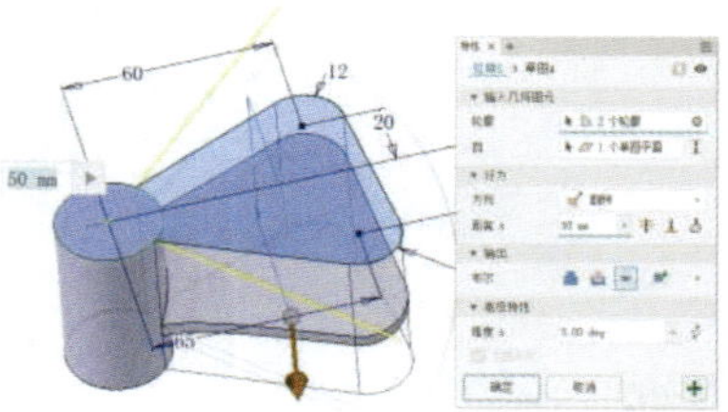
（4）阵列 4 个特征	（5）创建凸雕特征	（6）拉伸及圆角处理
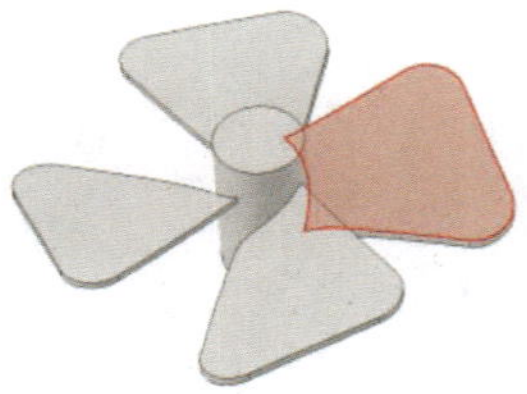	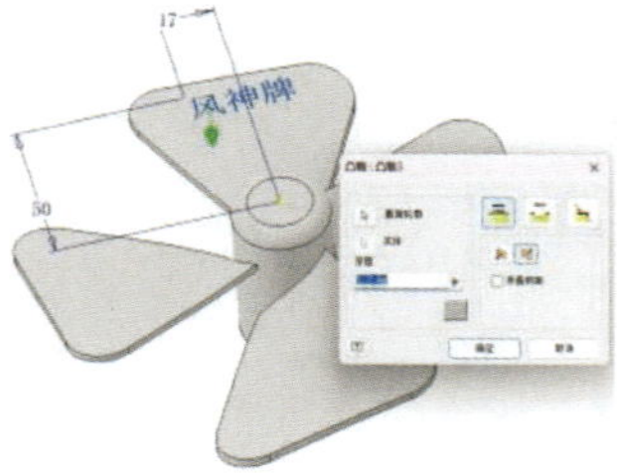	

【拓展案例 2】按形状要求完成如图 3-9-16 所示零件三维建模，只要求形状，具体尺寸自己定，建模思路可参考表 3-9-2 中的步骤。

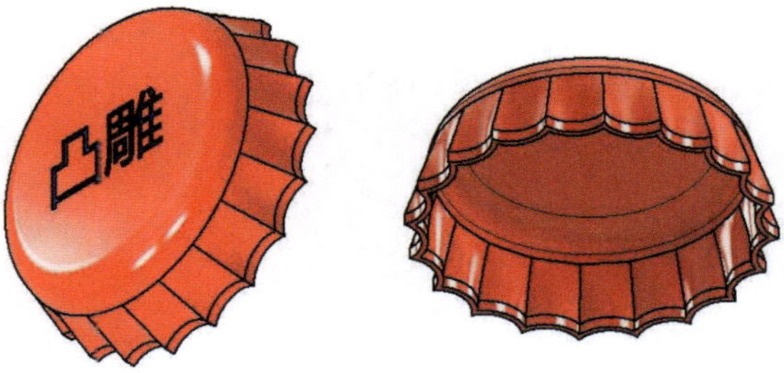

图 3-9-16　拓展案例 2

表 3-9-2　拓展案例 2 建模参考步骤

（1）创建锯齿拉伸特征	（2）创建放样特征	（3）创建放样特征
		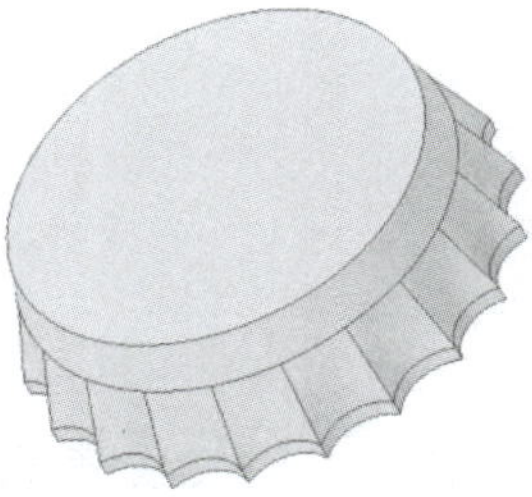
（4）创建壳特征	（5）创建凸雕特征	（6）产品效果图

任务 10　爱心建模

学习目标

（1）掌握面片曲面特征的应用方法。
（2）熟悉缝合曲面功能的应用方法。
（3）掌握扫掠曲面特征的应用方法。

爱心建模

工作任务

根据零件图纸尺寸要求，完成如图 3-10-1 所示爱心产品三维数字建模。

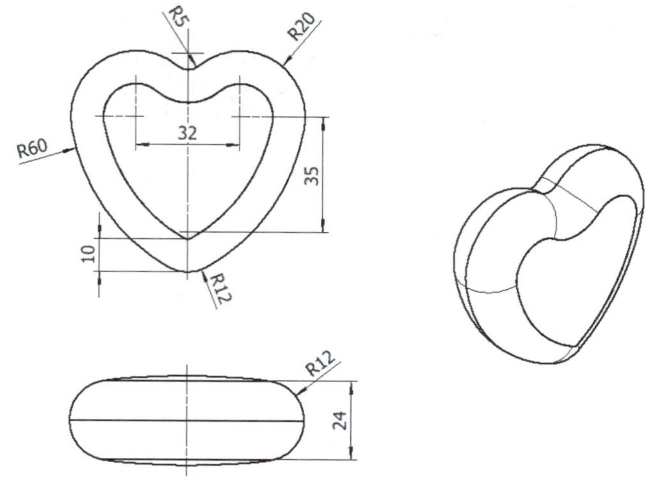

图 3-10-1　爱心图纸

任务重点与实施

1. 扫掠曲面

Step 01 点击【开始创建二维草图】，选 *XY* 基准平面作为草绘平面，用圆弧命令【】、直线命令【】、圆角命令【圆角】和镜像命令【镜像】绘制如图 3-10-2 的所示爱心草图轮廓。这步所完成的草图可作为扫掠曲面的轨迹线 1。

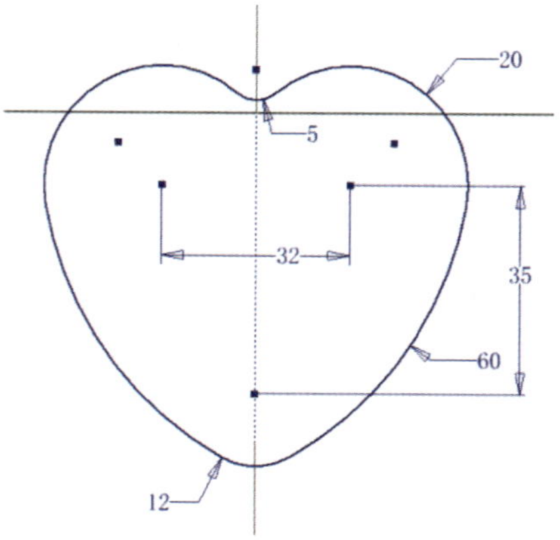

图 3-10-2　创建爱心草图轮廓

Step 02 单击【基准平面命令】，创建方式选择从平面偏移，选择 *XY* 基准平面作为偏移面，设置偏移距离为 12 mm，方向朝上，单击【确定】按钮，如图 3-10-3 所示。

Step 03 点击【开始创建二维草图 】，选择上一步创建的工作平面 1 作为草绘工作平面，用投影几何图元命令【 】和偏移命令【偏移】绘制爱心草图轮廓，偏移距离为 10 mm，如图 3-10-4 所示。这步所完成的草图可作为扫掠曲面的轨迹线 2。

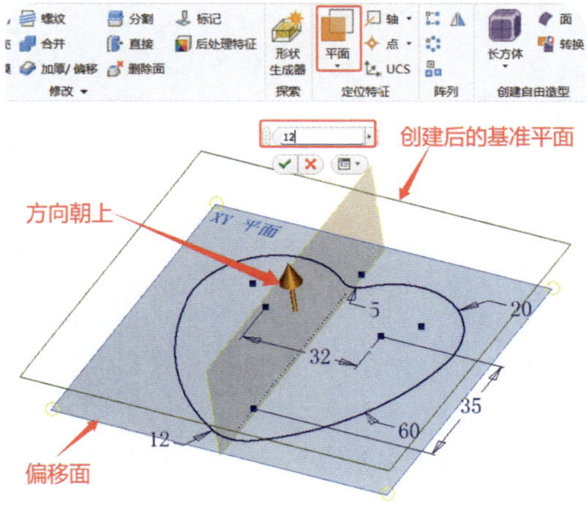

图 3-10-3　创建基准平面特征

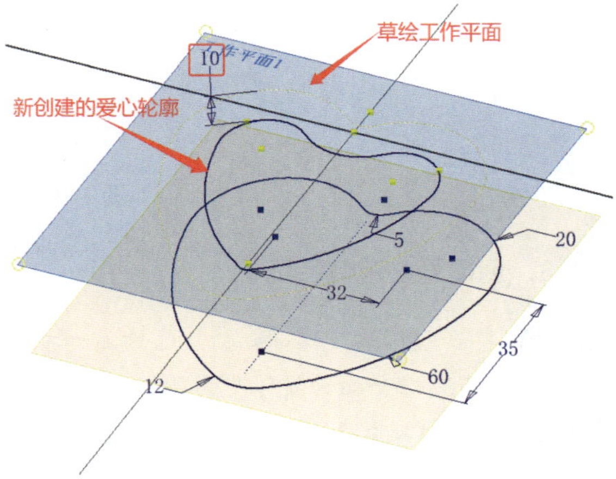

图 3-10-4　创建草图轮廓

Step 04 点击【开始创建二维草图 】，选择 *YZ* 基准平面作为草绘工作平面，用投影几何图元命令【 】和圆弧命令【 】绘制 *R*12 mm 圆弧，如图 3-10-5 所示。这步所完成的草图可作为扫掠曲面的截面，建议把 *XY* 基准平面和新建的工作平面 1 进行隐藏【可见性】。

Step 03 单击【扫掠命令 扫掠】，开启曲面模式【 】，选择 *R*12 mm 圆弧为扫掠截面轮廓（轮廓①），选择底部爱心轮廓为扫掠路径（轮廓②），选择上面爱心轮廓为扫描引导线（轮廓③），然后单击【确定】按钮，如图 3-10-6 所示。

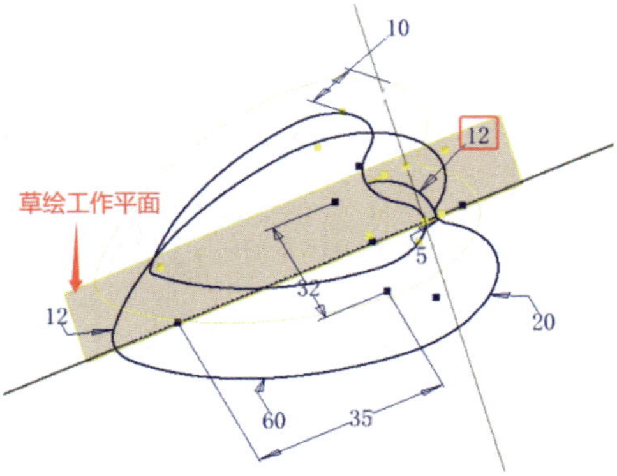

图 3-10-5　创建 *R*12 mm 圆弧草图

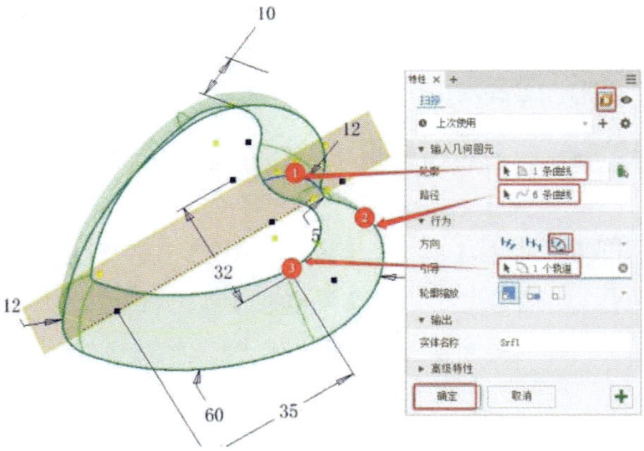

图 3-10-6　创建扫掠曲面

2. 用面片封闭爱心上表面

Step 01 单击面片命令【面片】，选择上表面爱心草图线为边界回路（边链①），条件为相切，校值为 0.5。

Step 02 单击【确定】按钮，如图 3-10-7 所示。

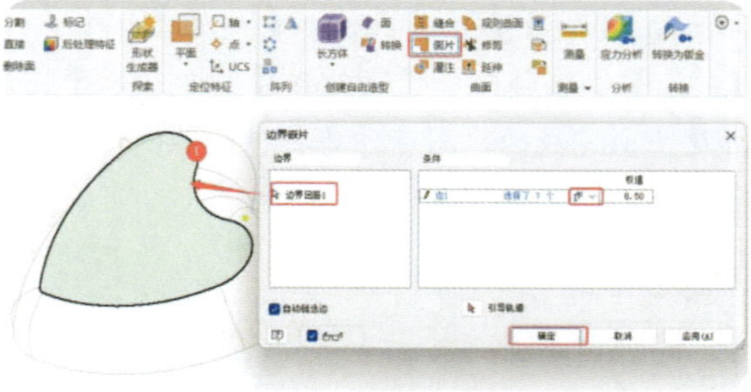

图 3-10-7　创建面片特征

3．创建爱心镜像特征

Step 01 单击镜像命令【 】，选择上一步创建好的爱心特征为镜像的特征（半边爱心），选择 *XY* 基准平面为镜像平面。

Step 02 单击【确定】按钮，如图 3-10-8 所示。这里需要提前把 *XY* 基准平面显示出来【可见性】。

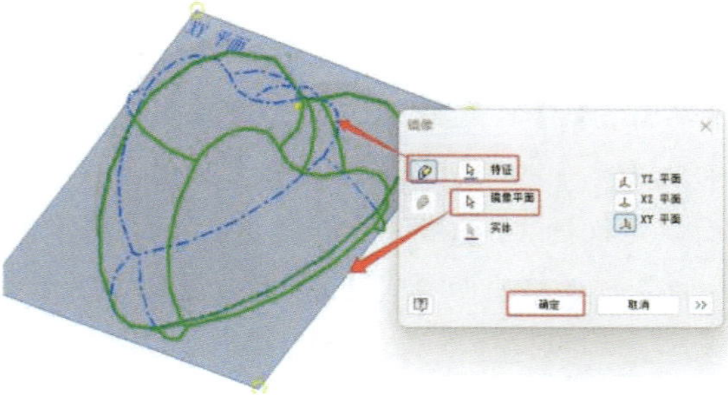

图 3-10-8　创建爱心镜像特征

4．缝合爱心

Step 01 单击曲面缝合命令【 缝合】，选择前面创建好的所有曲面进行缝合（共 4 个），单击【应用】按钮。

Step 02 单击【确定】按钮，如图 3-10-9 所示。整个零件效果如图 3-10-10 所示。这里需要提前把 *XY* 基准平面隐藏起来【可见性】。

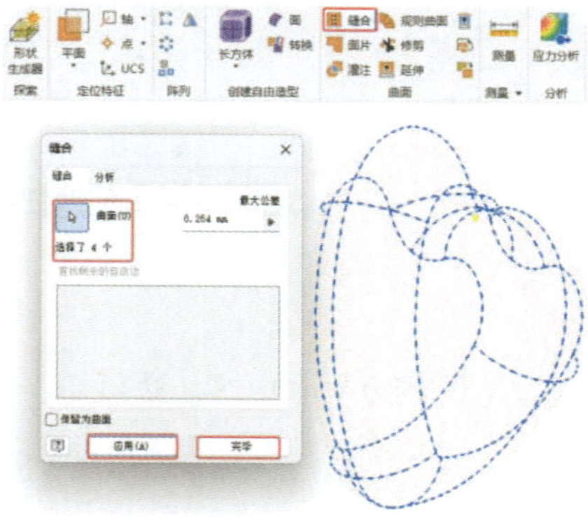

图 3-10-9　曲面缝合

图 3-10-10　爱心效果图

拓展案例

【拓展案例 1】按图纸要求完成，如图 3-10-11 所示的零件三维建模，建模思路可参考表 3-10-1 中的步骤。

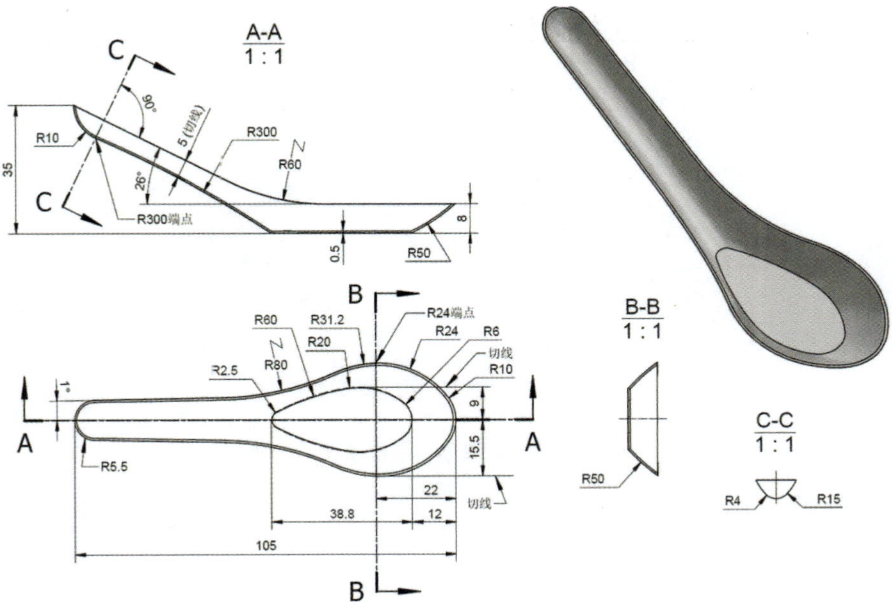

图 3-10-11　拓展案例 1

表 3-10-1　拓展案例 1 建模参考步骤

（1）构建草图轮廓	（2）创建半边曲面	（3）镜像曲面
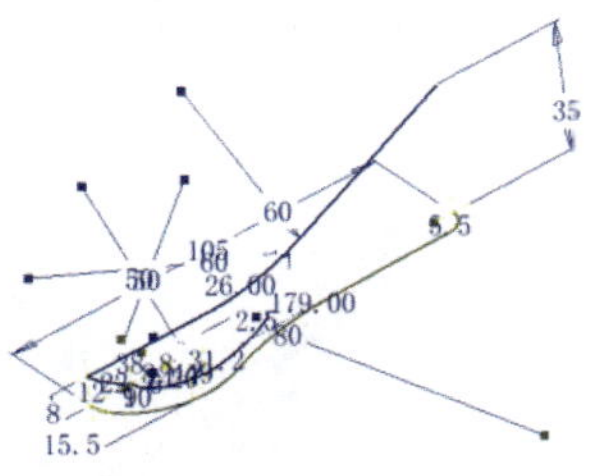	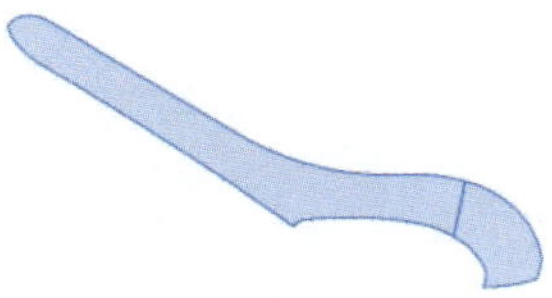	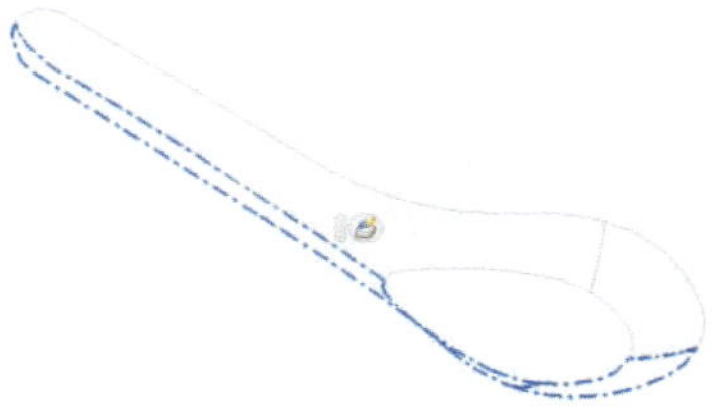
（4）缝合曲面	（5）曲面加厚	（6）效果图
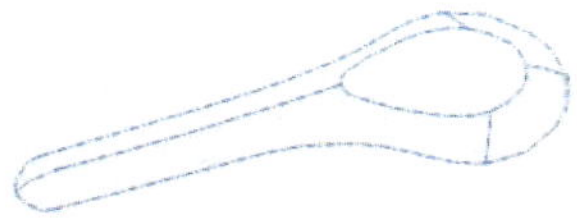		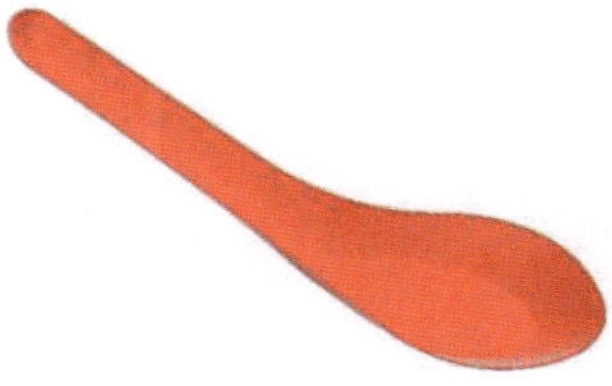

【拓展案例 2】按图纸要求完成如图 3-10-12 所示零件三维建模，建模思路可参考表 3-10-2 中的步骤。

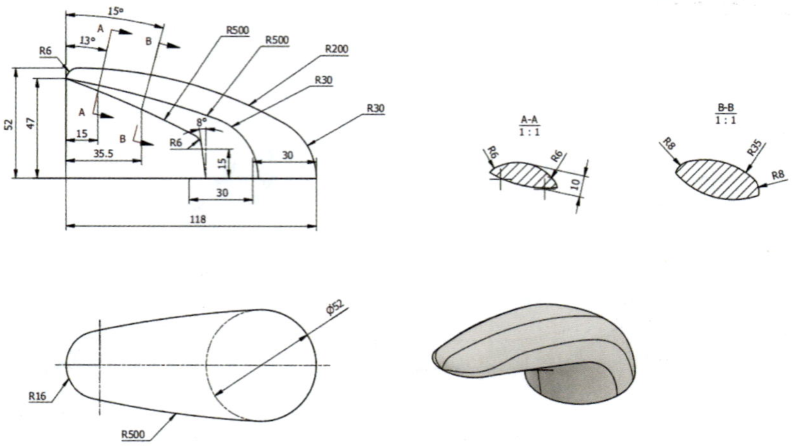

图 3-10-12　拓展案例 2

表 3-10-2　拓展案例 2 建模参考步骤

（1）创建基本曲线	（2）创建三维曲线	（3）创建拉伸曲面
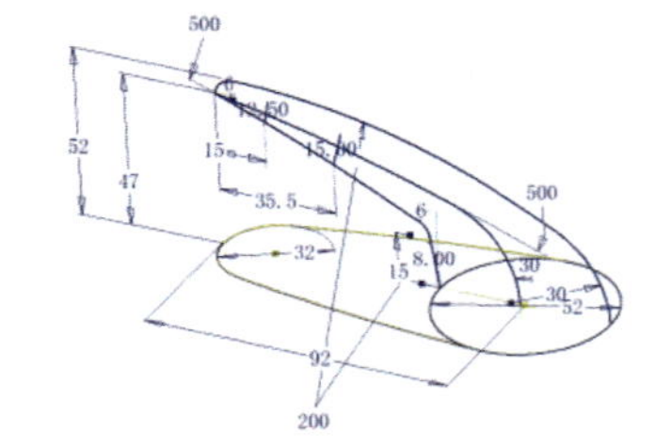	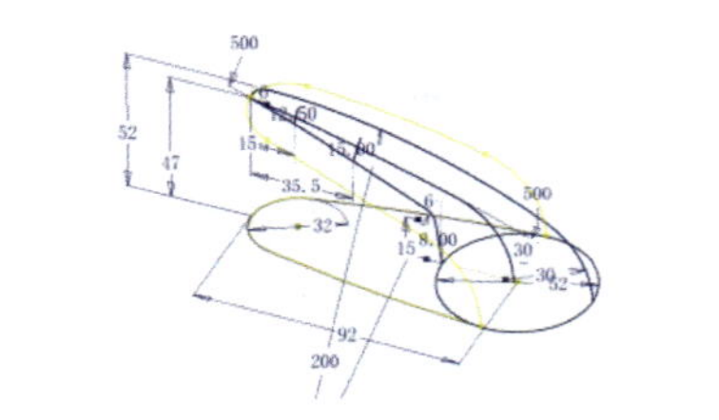	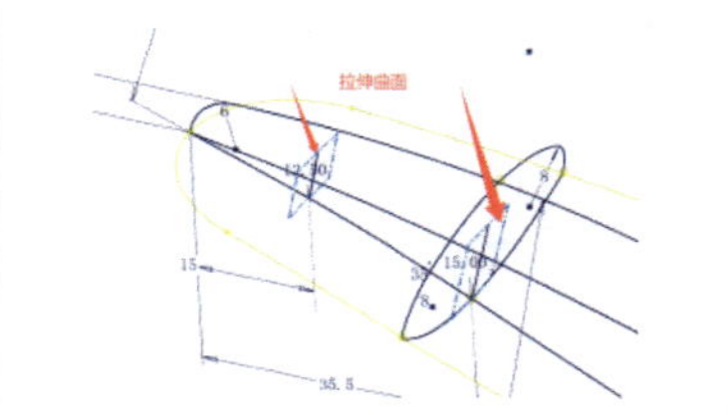
（4）创建截面草图	（5）创建放样特征	（6）产品效果图
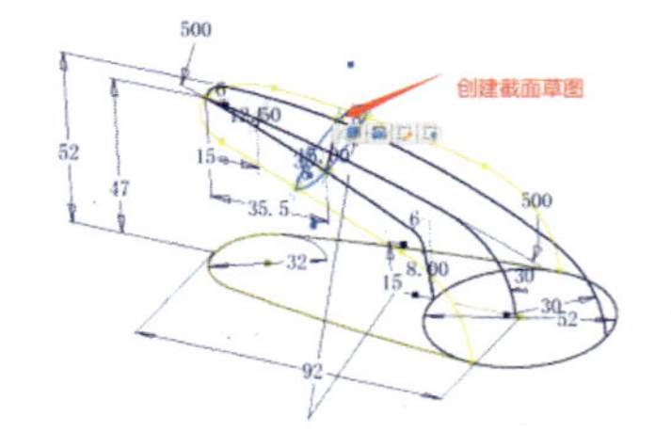	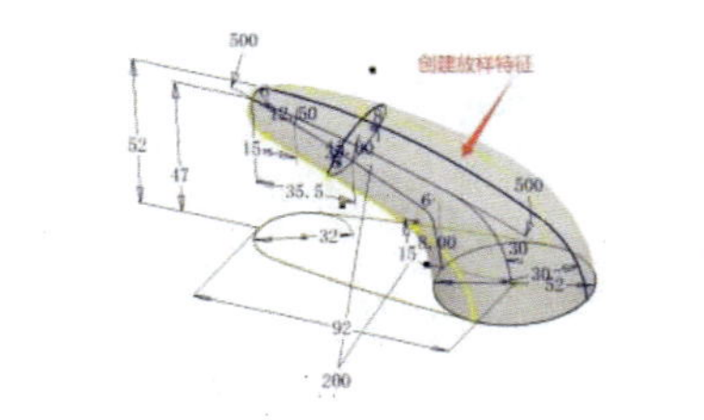	

项目 4　部件装配及视图表达

项目概述

部件装配是将多个零件按设计逻辑组合为完整产品的过程，而视图表达则是通过爆炸图、装配动画等形式清晰传递装配结构与设计意图的关键环节。本项目将以典型机械装配体为例，系统讲解零件定位、约束关系、干涉检查及装配动画生成的完整流程。

素质目标

（1）通过学习部件装配，提升学生对各个零件作用的了解。

（2）通过组合部件，培养学生逻辑设计能力。

任务 1　滑轮装配及视图表达

TASK 学习目标

（1）掌握装配体文件的创建方法。

（2）熟悉采用配合命令、调用标准件库完成模型的装配方法。

（3）掌握创建视图表达及完成图片输出的方法。

滑轮视图表达　　滑轮装配

TASK 工作任务

依据滑轮装配图 4-1-1，调用本书附带零件模型，完成如图 4-1-2 所示模型装配和图 4-1-3 所示表达视图。

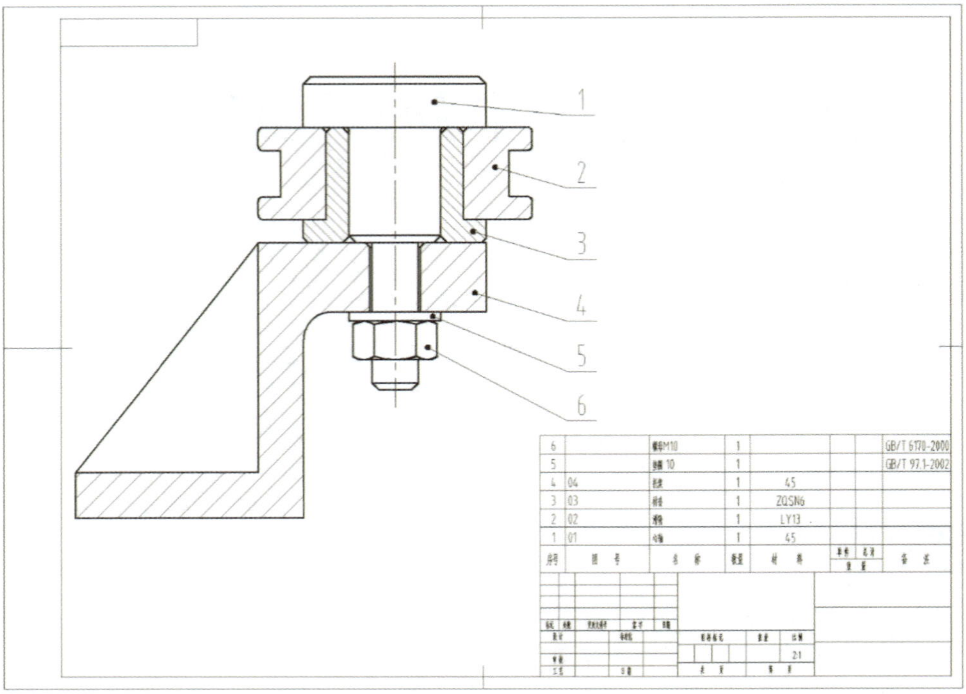

图 4-1-1　滑轮装配图

图 4-1-2　滑轮装配

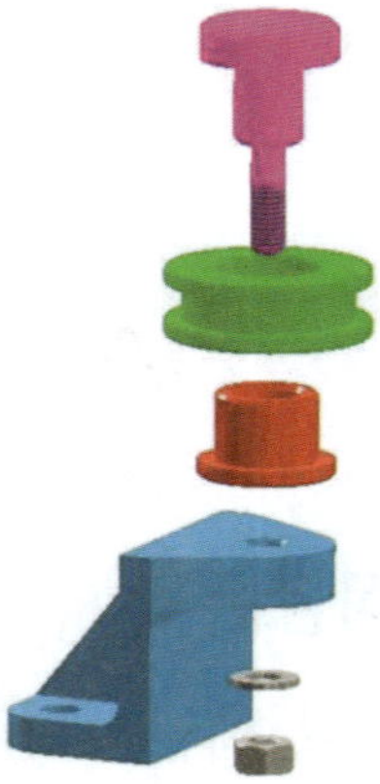

图 4-1-3　滑轮表达视图

任务重点与实施

1．新建装配文件并添加 04-托架零件

Step 01 如图 4-1-4 所示，点击【新建命令】，选择【Standard.iam】，单击【创建】，系统自动进入装配环境。新建文件时单位应符合机械制图国家标准规定，选择 mm 为单位。

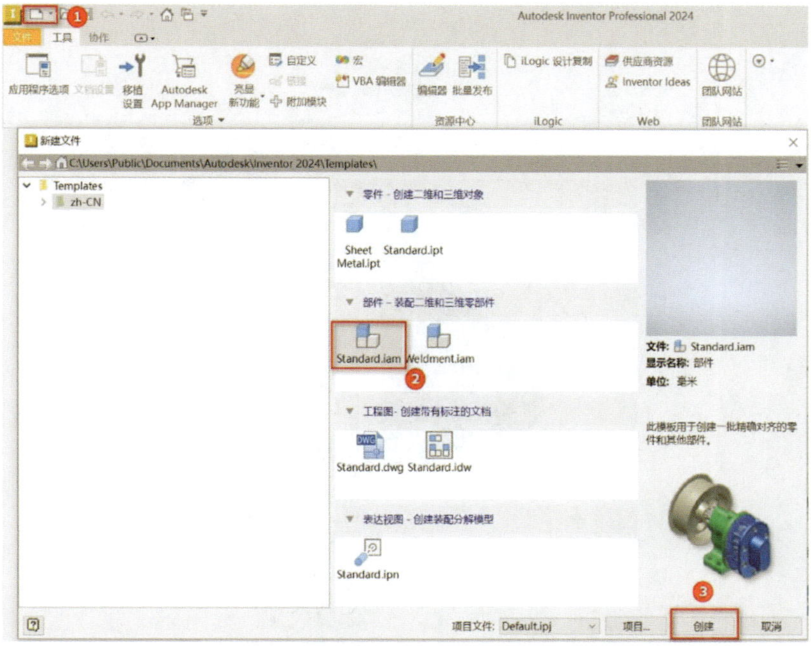

图 4-1-4　新建装配文件

Step 02 在【装配】选项卡【零部件▼】区域中单击【放置】按钮，系统弹出“装入零部件”对话框；在路径 D:\项目 4、部件装配及视图表达\任务 1、滑轮装配及视图表达下选取零件模型文件 04-托架.ipt，再单击【打开(O)】按钮；按键盘上的【Esc】键，将模型放置在装配环境中，如图 4-1-5 所示。

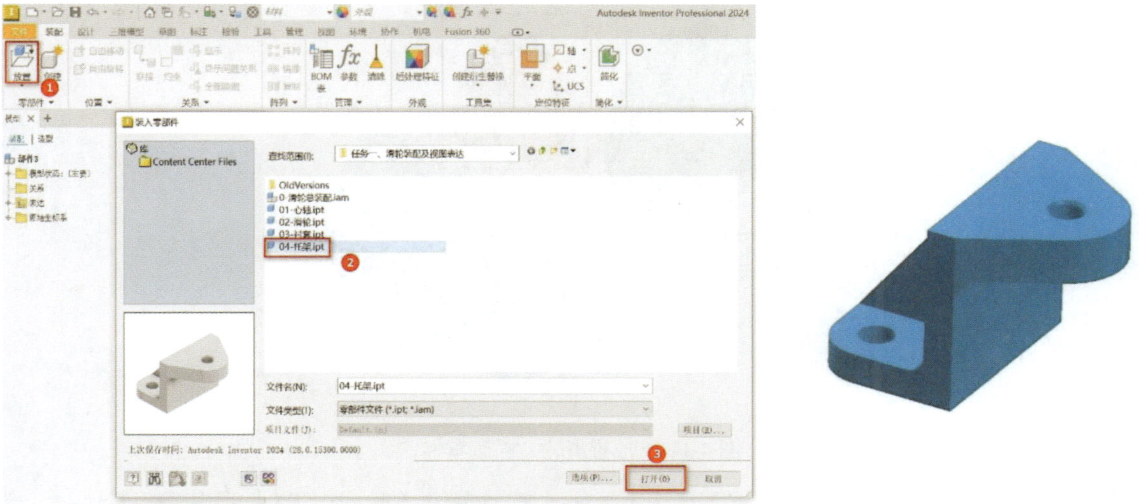

图 4-1-5　放置托架

Step 03 选中零件模型，单击鼠标右键，在弹出的命令栏中选择【固定(G)】选项，设置成固定约束后该模型在环境无法进行移动，如图 4-1-6 所示。在创建装配体文件时，为模拟装配过程，通常将支架、底座、地板、箱体等零件作为第一个放入的模型并采用固定约束，避免后续零件装入时产生相对移动。

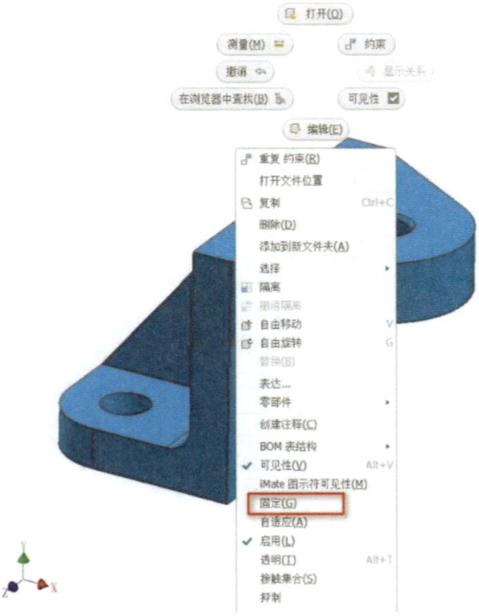

图 4-1-6　固定约束

2．添加 02-滑轮、03-衬套零件并定位

Step 01 在【装配】选项卡【零部件▼】区域中单击【放置】按钮，系统弹出“装入零部件”对话框；在路径 D:\项目 4、部件装配及视图表达\任务 1、滑轮装配及视图表达下选取零件模型文件 02-滑轮.ipt、03-衬套.ipt，再单击【打开(O)】按钮；在图形区合适的位置处单击，即可把零件放置到当前位置，如图 4-1-7 所示，放置完成后按【Esc】键。

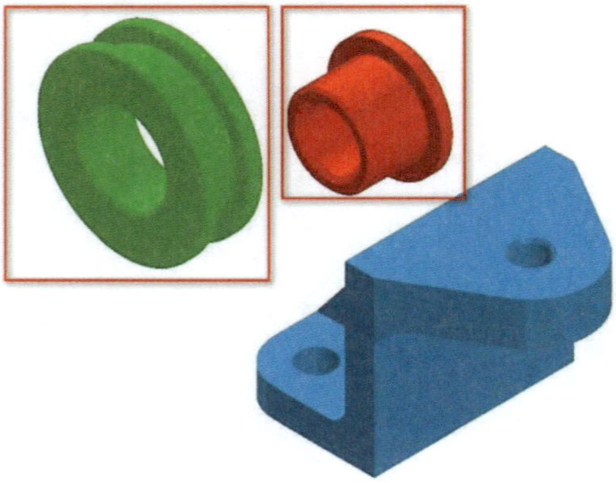

图 4-1-7　放置滑轮、衬套零件

Step 02 在【装配】选项卡【位置▼】区域中单击【自由移动】按钮和【自由旋转】按钮，将零件 02-滑轮和 03-衬套通过移动和旋转的方式调整到合适位置，如图 4-1-8 所示。

> **▶ 专家指点**
>
> 在装配零件时，可以先通过旋转和移动的方式将零件摆放至合适的位置，方便后期添加约束时选择几何要素。

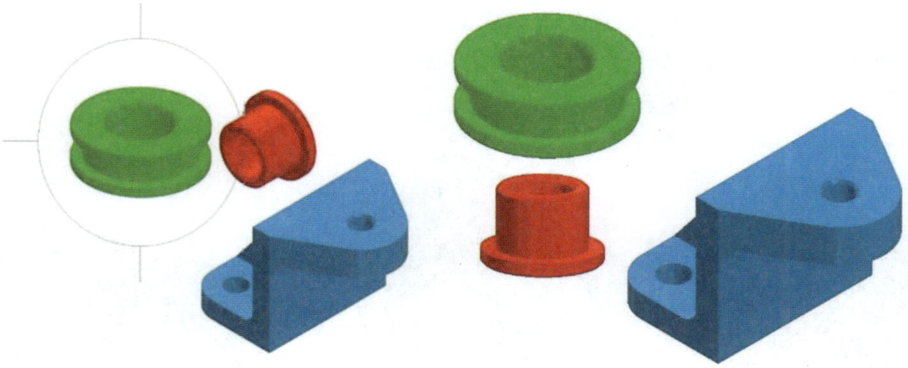

图 4-1-8　调整装配方位

Step 03 在【装配】选项卡【关系▾】区域中单击【约束】按钮，系统弹出“放置约束”对话框。在“放置约束”对话框“部件”选项卡中的类型区域中选中“配合”约束【】，分别选取图 4-1-9 所示的两个轴线作为约束对象，在“放置约束”对话框中单击【应用】按钮，完成第一个装配约束。装配效果如图 4-1-10 所示。

图 4-1-9　添加同轴配合约束

图 4-1-10　装配效果（1）

▶ 专家指点

在图 4-1-9 中，选取零件的圆或圆柱面，系统可以自动识别选中其中心轴线。

“配合”约束【】用于平面、直线或者点之间的平行、重合类位置约束。

- **对于两个平面：**选定两个零件上的平面（特征上的平面、工作面、坐标面）。两面朝向可以相反【】；也可以相同【】，朝向相同也称为“表面齐平”。通过【偏移量: 0.000 mm】可以设置重合（零间距），也可以有间隙。
- **对于平面和线：**选定一个零件上的平面和另一个零件上的直线（棱边、未退化的草图直线、工作轴、坐标轴）。将线约束为面的平行线，也可以有距离。
- **对于平面和点：**选定一个零件上的平面和另一个零件上的点（工作点）。将点约束为在面上，也可以有距离。
- **对于线和线：**选定两个零件上的线（棱边、未退化的草图直线、工作轴、坐标轴）。将两线约束为平行，也可以有距离。
- **对于点和点：**选定两个零件上的点（工作点）。将两点约束为重合，也可以有距离。

Step 04 在“放置约束”对话框“部件”选项卡中的类型区域中选中“配合”约束【】，分别选取图 4-1-11 所示的两个面作为约束对象，在“放置约束”对话框中单击【应用】按钮，完成第二个装配约束。装配效果如图 4-1-12 所示。

图 4-1-11　添加面配合约束

图 4-1-12　装配效果（2）

Step 05 在“放置约束”对话框“部件”选项卡中的类型区域中选中“配合”约束【】，分别选取图 4-1-13 所示的两个轴线作为约束对象，在“放置约束”对话框中单击【应用】按钮，完成第三个装配约束。装配效果如图 4-1-14 所示。

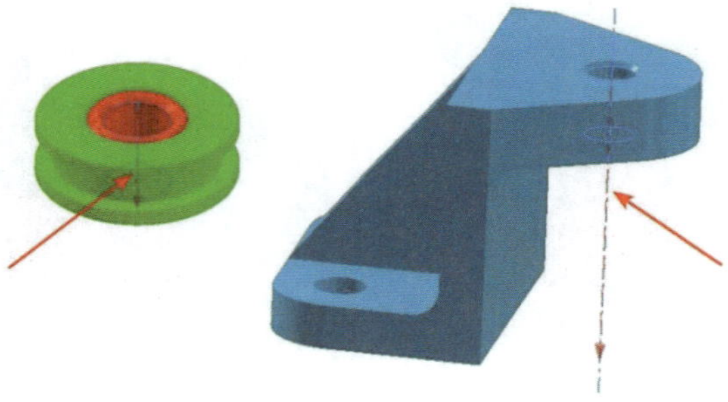

图 4-1-13　添加同轴配合约束

图 4-1-14　装配效果（3）

Step 06 在“放置约束”对话框“部件”选项卡中的类型区域中选中“配合”约束【】，分别选取图 4-1-15 所示的两个面作为约束对象，在“放置约束”对话框中单击【应用】按钮，完成第四个装配约束。装配效果如图 4-1-16 所示。

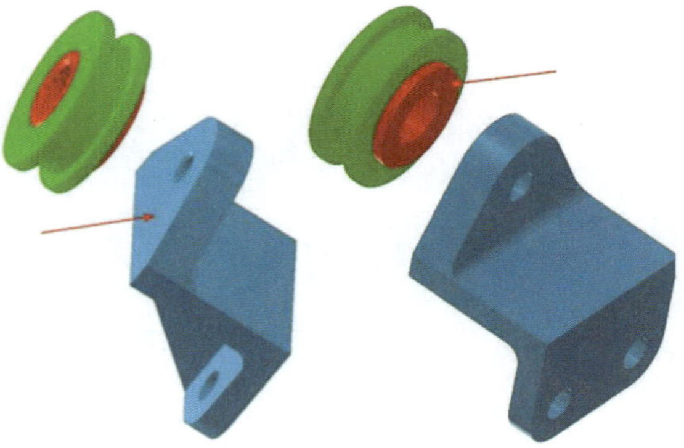

图 4-1-15　添加面配合约束

图 4-1-16　装配效果（4）

3．添加 01-心轴零件并定位

Step 01 在【装配】选项卡【零部件▾】区域中单击【放置】按钮，系统弹出“装入零部件”对话框；在路径 D:\项目 4、部件装配及视图表达\任务 1、滑轮装配及视图表达下选取零件模型文件 01-心轴.ipt，再单击【打开(O)】按钮；在图形区合适的位置处单击，即可把零件放置到当前位置，如图 4-1-17 所示，放置完成后按【Esc】键。

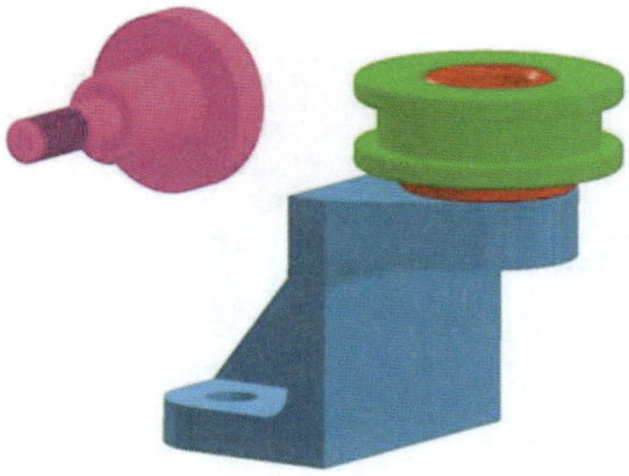

图 4-1-17　放置心轴零件

Step 02 在【装配】选项卡【关系▾】区域中单击【约束】按钮，系统弹出“放置约束”对话框。在“放置约束”对话框“部件”选项卡中的类型区域中选中“配合”约束【】，分别选取图 4-1-18 所示的两个轴线作为约束对象，在“放置约束”对话框中单击【应用】按钮，完成第一个装配约束。装配效果如图 4-1-19 所示。

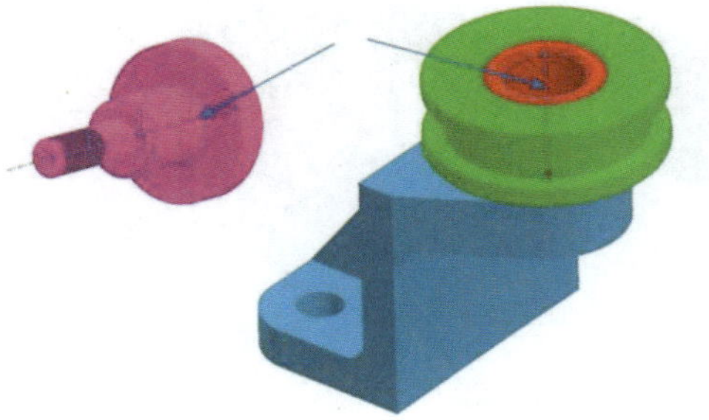

图 4-1-18　添加同轴配合约束

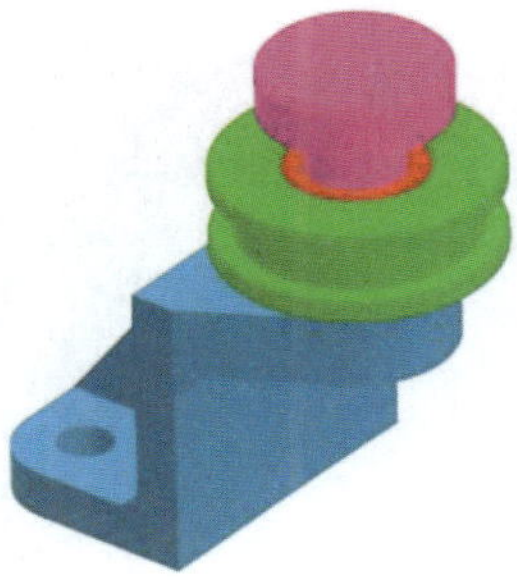

图 4-1-19　装配效果（1）

Step 03 在“放置约束”对话框“部件”选项卡中的类型区域中选中“配合”约束【】，分别选取图 4-1-20 所示的两个面作为约束对象，在“放置约束”对话框中单击【应用】按钮，完成第二个装配约束。装配效果如图 4-1-21 所示。

图 4-1-20　添加面配合约束

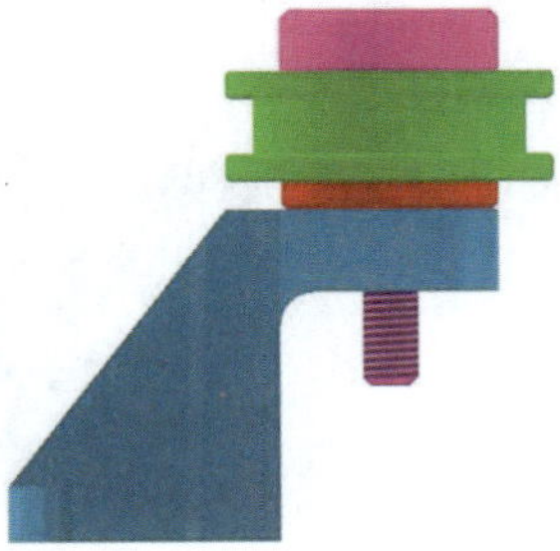

图 4-1-21　装配效果（2）

4. 添加标准件并定位

Step 01 在【装配】选项卡【零部件▼】区域中单击【从资源中心放置】按钮，系统弹出“从资源中心放置”对话框。按图 4-1-22 所示在对话框中依次选择“紧固件”“平垫圈”“标准号”，找到装配图所需标准件，单击【确定】按钮。捕捉如图 4-1-23 所示底部圆单击选择，即可把零件放置到当前位置，放置完成后按【Esc】键。即完成平垫圈的调用和装配。从“资源中心”装入的零件可以自动识别型号大小和自动添加约束。

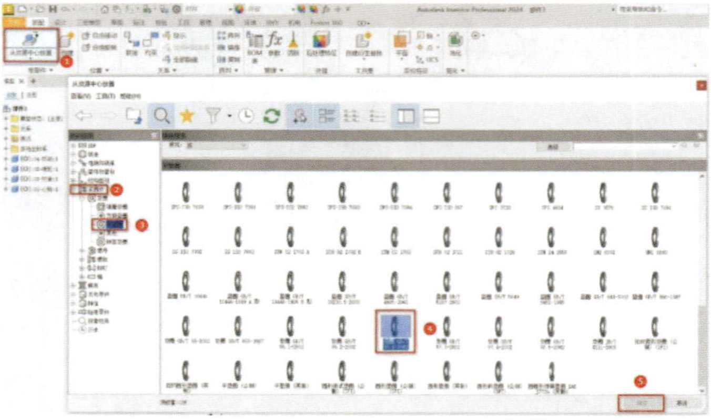

图 4-1-22 标准件选择

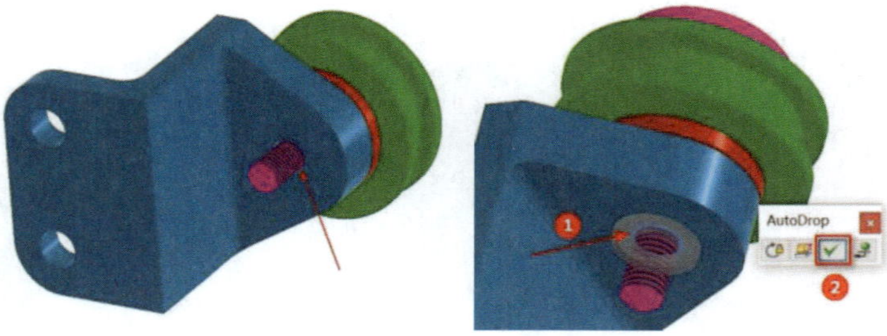

图 4-1-23 添加装配标准件

Step 02 在【装配】选项卡【零部件▼】区域中单击【从资源中心放置】按钮，系统弹出“从资源中心放置”对话框。在对话框中依次选择“紧固件”“螺母”“标准号”，找到装配图所需螺母 M10 GB/T 6170-2000，单击【确定】按钮。捕捉如图 4-1-24 所示平垫圈底部圆单击选择，即可把零件放置到当前位置，放置完成后按【Esc】键，即完成螺母的调用和装配。至此，滑轮组件全部装配完成，效果如图 4-1-25 所示。

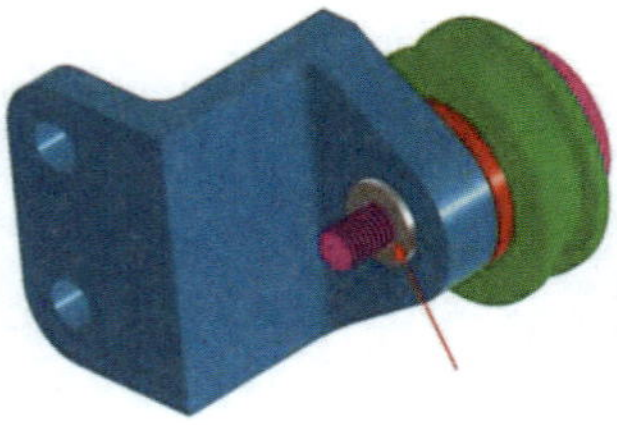

图 4-1-24 选择约束对象

图 4-1-25 装配效果

Step 03 单击保存【 】按钮，系统弹出“另存为”对话框，在“保存在”栏浏览至存放路径 D:\项目 4、部件装配及视图表达\任务 1、滑轮装配及视图表达文件夹，将“文件名”命名为“0-滑轮总装配.iam”，单击“保存”按钮，如图 4-1-26 所示。

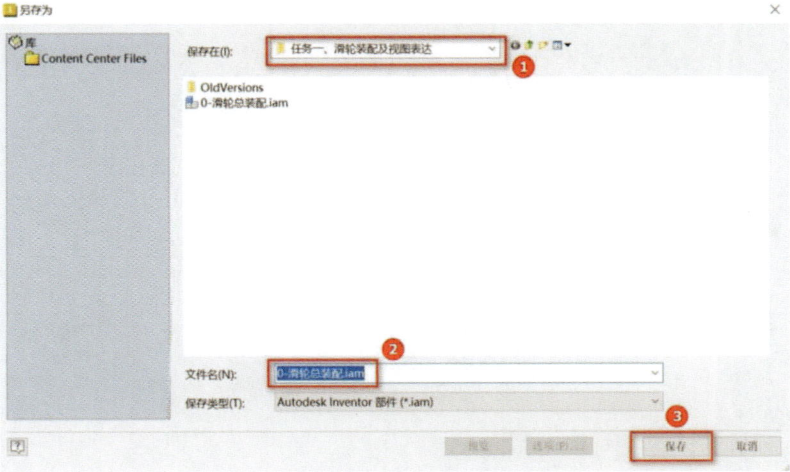

图 4-1-26　保存界面

5．创建表达视图文件

Step 01 如图 4-1-27 所示，点击【新建命令 】，选择【 】，单击【 创建 】，系统弹出“插入”对话框。

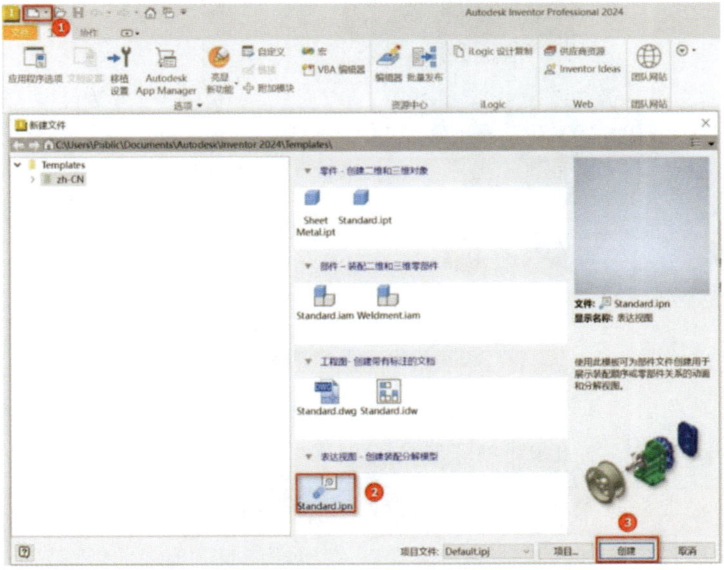

图 4-1-27　新建表达视图

Step 02 如图 4-1-28 所示，在“查找范围”浏览至滑轮装配体文件存放路径 D:\项目 4、部件装配及视图表达\任务 1、滑轮装配及视图表达文件夹，选中装配体文件 0-滑轮总装配.iam，单击“打开”，系统自动进入表达视图环境。

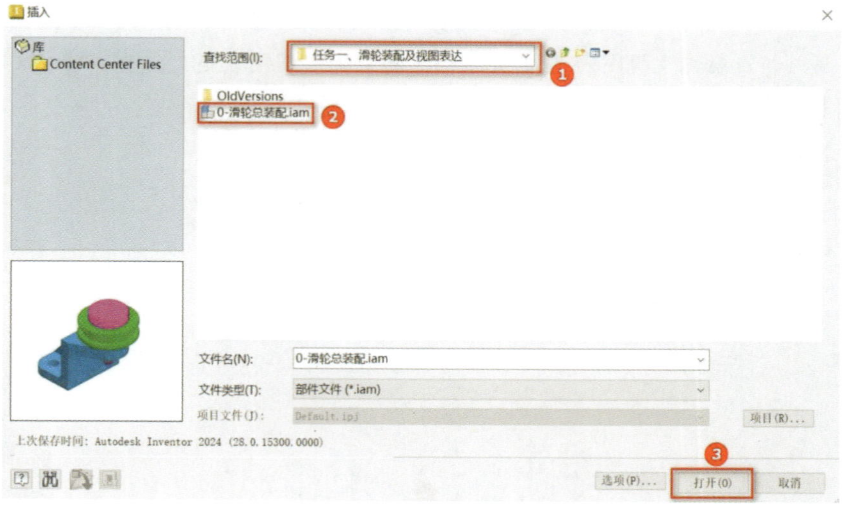

图 4-1-28　选择装配体

6．调整零件位置

Step 01 在【表达视图】选项卡【零部件】区域中单击【 】按钮，如图 4-1-29 所示①处系统弹出“调整位置”工具栏；选中零件 01-心轴，如图 4-1-29②处所示弹出调整位置坐标系。

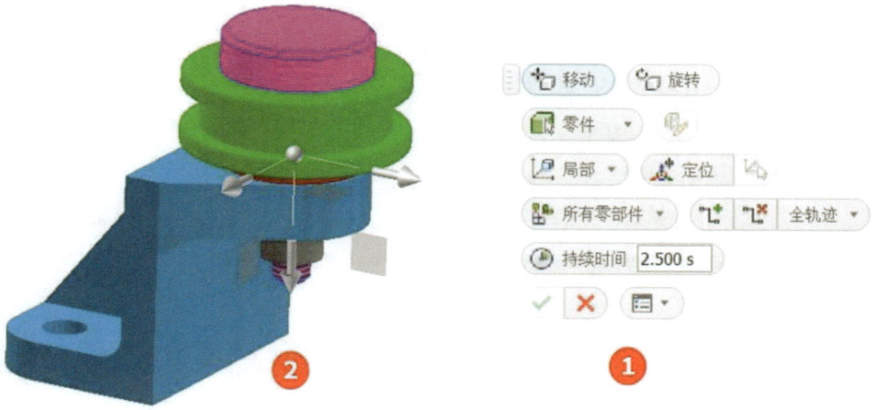

图 4-1-29　选择调整零件

Step 02 将光标放置在坐标系箭头上，使箭头处于高亮状态，长按鼠标左键移动鼠标，将零件进行拖动至合适位置，单击④处确认即完成 01-心轴零件的位置调整，如图 4-1-30 所示。

> ▶ 专家指点
> 在“调整位置坐标系”中，选中“箭头”移动鼠标可以使零件沿箭头方向移动；选中②处可以使零件在该平面内移动，同时还可以通过③处输入具体数值，实现零件的精准移动。

Step 03 按步骤 1 和步骤 2 的操作方式，依次选中移动 02-滑轮、03-衬套、平垫圈、螺母至合适位置，效果如图 4-1-31 所示。

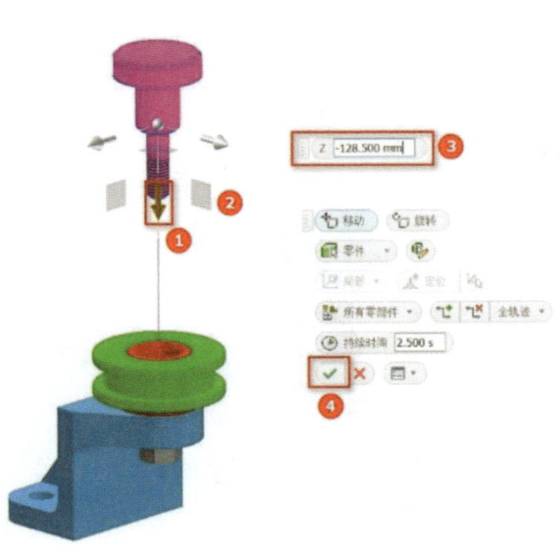

图 4-1-30　调整心轴位置

图 4-1-31　调整零件位置

▶ 专家指点

在调整零件位置时，需要注意先后顺序，一般与零件的装配顺序相反，例如，在装配时，先装配 03-衬套，再装配 02-滑轮，后装配 01-心轴。在制作表达视图时应先调整 01-心轴，后调整 02-滑轮，最后调整 03-衬套。

在调整零件位置时，会产生轨迹线，可以通过图 4-1-32 所示设置表达视图是否需要带轨迹线。如图 4-1-33 所示，为选择【无轨迹】选项后的效果。

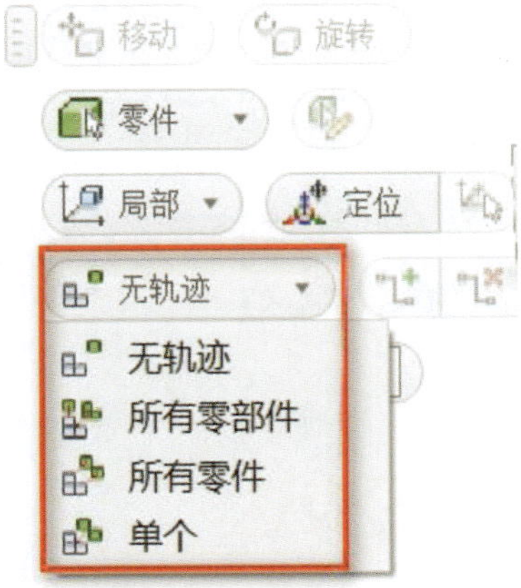

图 4-1-32　选择是否创建轨迹线

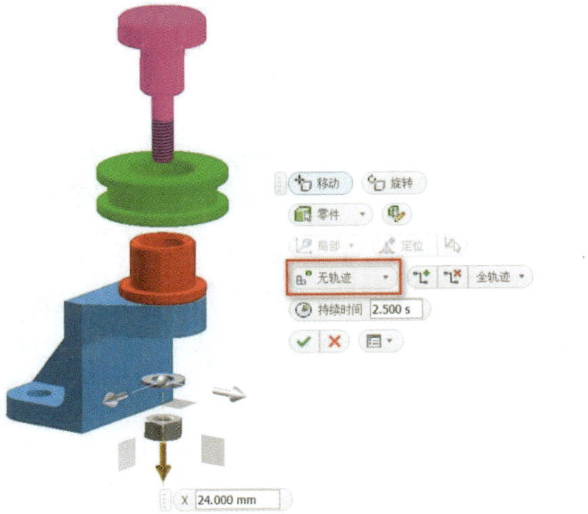

图 4-1-33　设置无轨迹线的效果

7．输出图像并保存视图表达文件

Step 01 在【表达视图】选项卡【发布】区域中单击【光栅】按钮，系统弹出“发布为光栅图像”对话框，如图 4-1-34 所示①处选择当前要输出图片的的视图；②处设置输出图片分辨率大小；③处设置图片输出存放在电脑上位置；④处设置输出图片的格式。

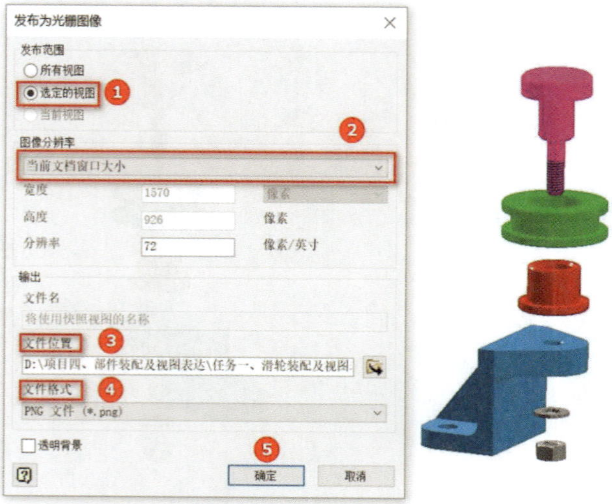

图 4-1-34　表达视图图像输出

Step 02 设置完成后，单击⑤处确定按钮，软件自动完成图像文件的输出，如图 4-1-35 所示。（提示：在图片输出存放位置处显示已有图片文件存在）

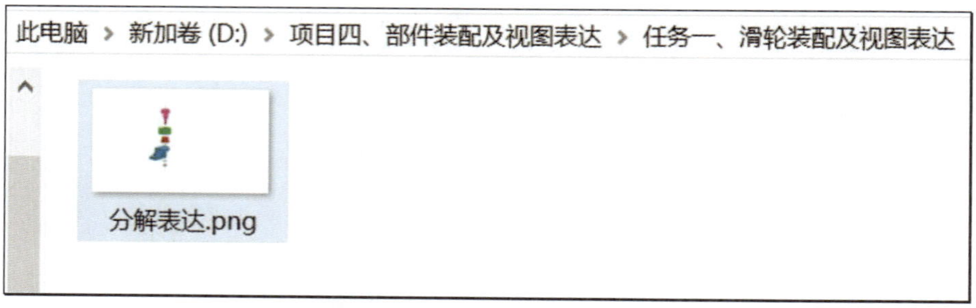

图 4-1-35　输出图像示例

Step 03 单击保存【 】按钮，系统弹出“另存为”对话框，在“保存在”栏浏览至存放路径 D:\项目 4、部件装配及视图表达\任务 1、滑轮装配及视图表达文件夹，将“文件名”命名为“0-滑轮表达视图.ipn”，单击“保存”。

任务 2　台虎钳装配及视图表达

学习目标

（1）了解装配约束中各种类型几何要素的选择。

（2）掌握采用相切、角度和镜像命令完成模型的装配方法。

（3）熟悉依据装配简图创建视图表达、创建视图快照，以及完成拆、装视频的生成。

台虎钳表达视图

台虎钳装配

工作任务

依据图 4-2-1 台虎钳装配简图，调用本书附带零件模型，完成如图 4-2-2 所示的台虎钳装配体、图 4-2-3 所示台虎钳视图表达。

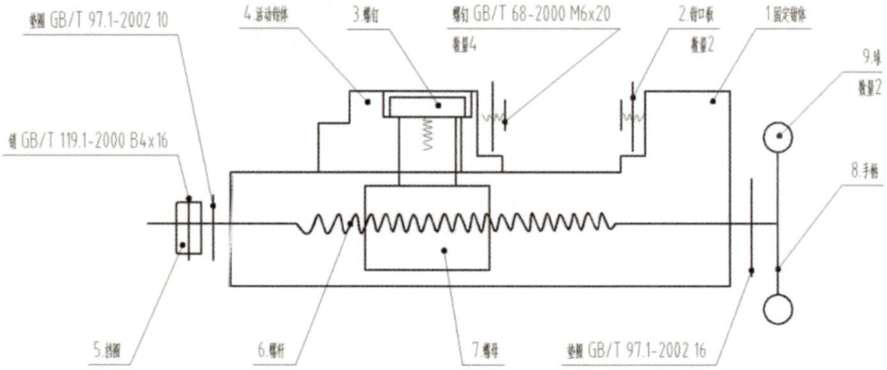

图 4-2-1　台虎钳装配简图

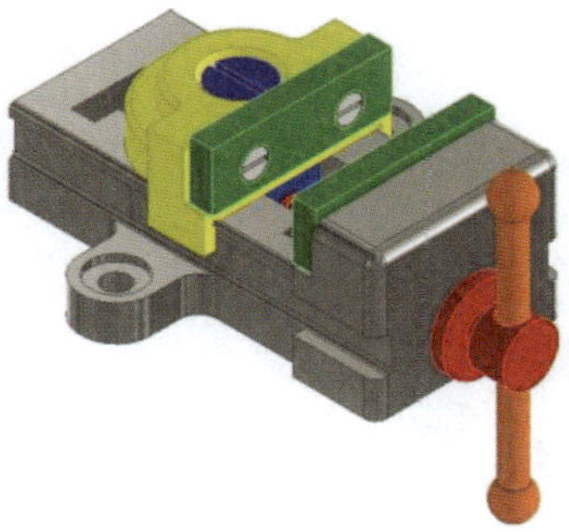

图 4-2-2　台虎钳装配体

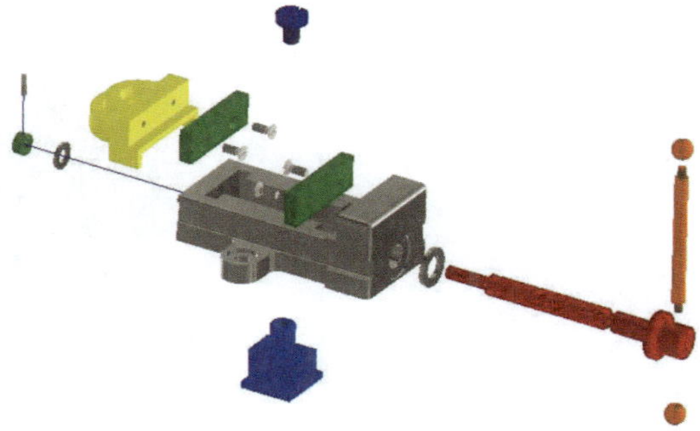

图 4-2-3　台虎钳视图表达

任务重点与实施

1．新建装配文件并添加固定钳体零件

Step 01 点击【新建命令 】，选择【Standard.iam】，单击【创建】，系统自动进入装配环境。

Step 02 在【装配】选项卡【零部件▼】区域中单击【放置】按钮，系统弹出“装入零部件”对话框；在路径 D:\项目 4、部件装配及视图表达\任务 2、台虎钳装配及视图表达文件夹下选取零件模型文件“固定钳体.ipt”，再单击【打开(O)】按钮；将模型放置在装配环境中，按【Esc】键退出，如图 4-2-4 所示。

Step 03 选中零件模型，单击鼠标右键，在弹出的命令栏中选择【固定(G)】选项，设置成固定约束后该模型在环境无法进行移动。

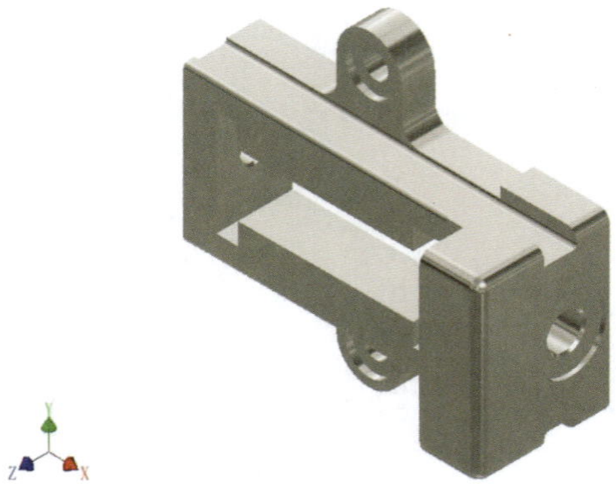

图 4-2-4　放置固定钳体

2．添加螺母零件并定位

Step 01 在【装配】选项卡【零部件▼】区域中单击【放置】按钮，系统弹出“装入零部件”对话框；选取零件模型文件“螺母.ipt”。在图形区合适的位置处单击放置，放置完成后按【Esc】键退出。在【装配】选项卡【位置▼】区域中单击【自由移动】按钮和【自由旋转】按钮，将零件通过移动和旋转的方式调整到近似装配方位，如图 4-2-5 所示。

图 4-2-5　放置螺母零件

Step 02 在【装配】选项卡【关系▼】区域中单击【约束】按钮，系统弹出“放置约束”对话框。在“放置约束”对话框“部件”选项卡中的类型区域中选中“配合”约束【】，分别选取图 4-2-6 所示的两个轴线作为约束对象，在“放置约束”对话框中单击【应用】按钮，完成第一个装配约束。零件重合效果如图 4-2-7 所示。

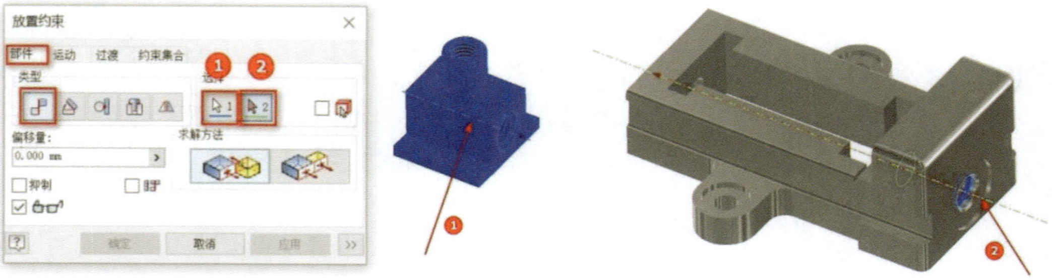

图 4-2-6　添加同轴配合约束

图 4-2-7　零件重合效果

▶ 专家指点

在图 4-2-7 中，配合约束完成后，观察到两个零件堆叠在一起，此时可以选中螺母零件，按住鼠标左键不放同时移动鼠标，可以将螺母零件拖动错位，方便后期添加其他约束选择结构要素。如图 4-2-8 所示为螺母零件拖动后的效果。

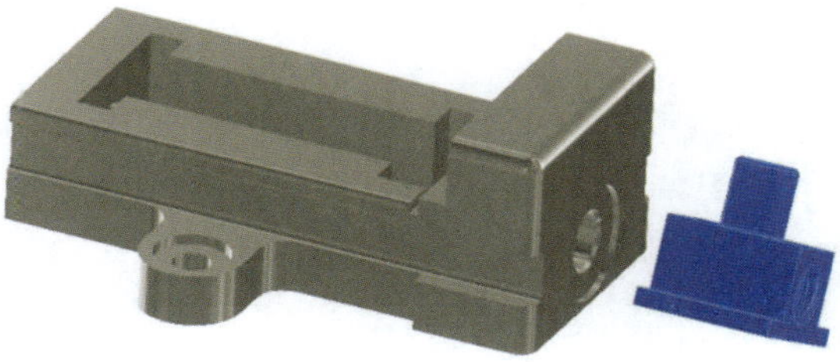

图 4-2-8　螺母零件拖动后的效果

在添加同轴配合约束时，会出现装配方向不对的情况。此时可以点击“求解方法”中同向按钮【】、反向按钮【】进行切换方向，如图 4-2-9 所示两种装配情况。

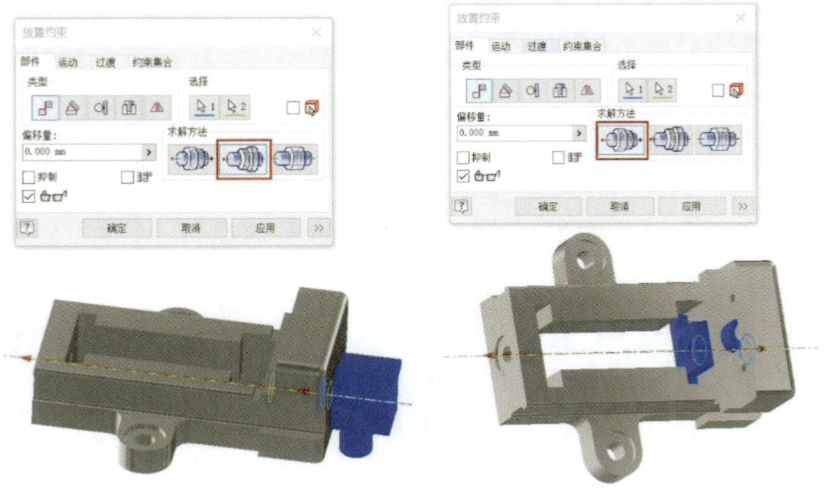

（a）　　（b）

图 4-2-9　两种装配情况

Step 03 在“放置约束”对话框“部件”选项卡中的类型区域中选中“配合”约束【】，分别选取图 4-2-10 所示的两个平面作为约束对象，在“放置约束”对话框中单击【应用】按钮，完成第二个装配约束，效果如图 4-2-11 所示。此时拖动螺母可以沿钳体水平方向自由移动。

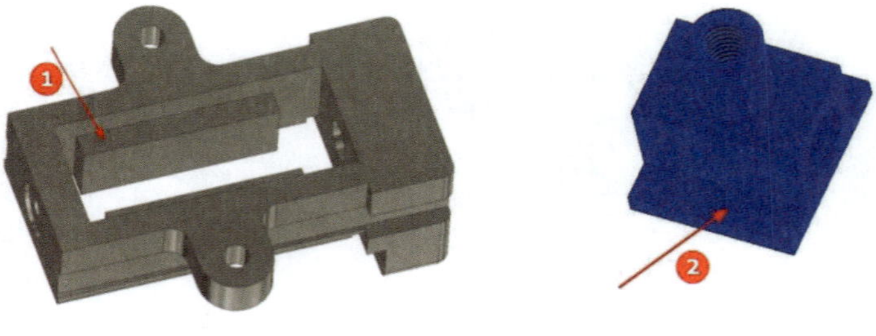

图 4-2-10　添加面配合约束

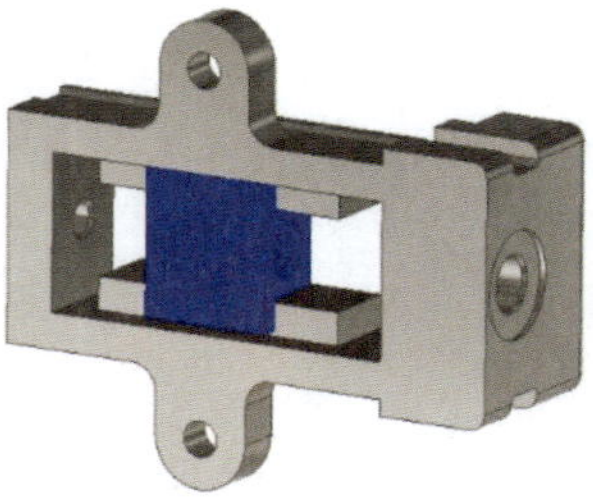

图 4-2-11　装配效果

3．添加垫圈 16 并定位

Step 01 在【装配】选项卡【零部件▼】区域中单击【从资源中心放置】按钮，系统弹出“从资源中心放置”对话框。

Step 02 在图 4-2-12 所示在对话框中依次选择“紧固件”“平垫圈”“标准号”，找到装配图所需标准件，单击【确定】按钮。

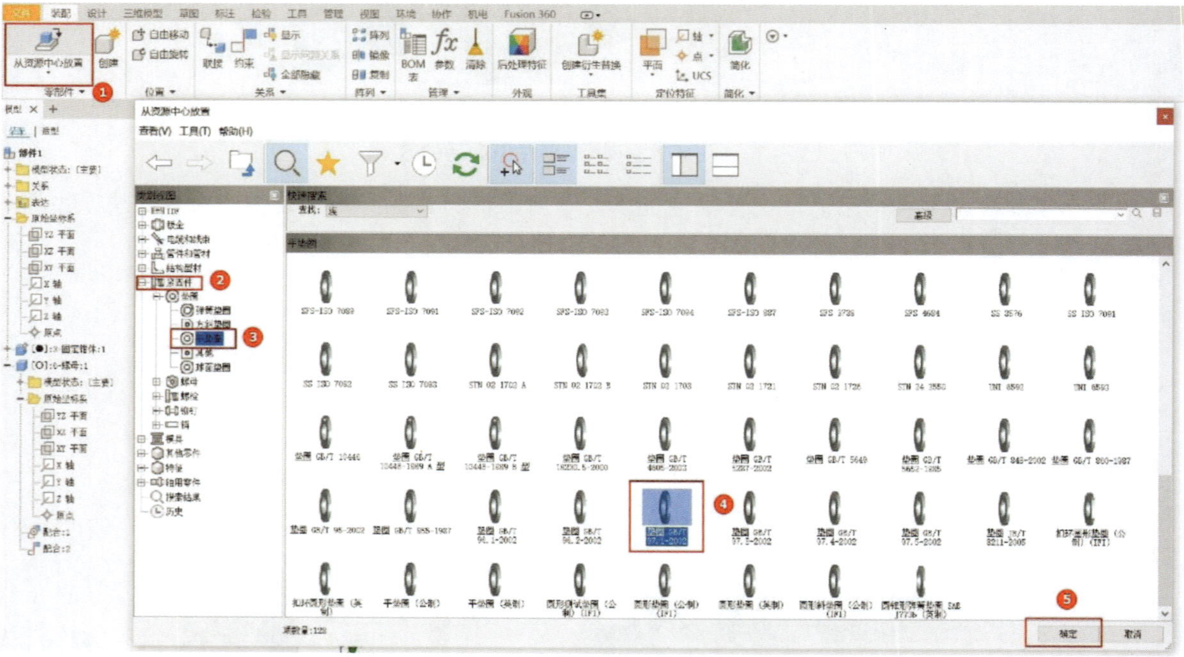

图 4-2-12　放置标准件对话框

Step 03 捕捉如图 4-2-13 所示底部圆单击选择，即可把零件放置到当前位置，放置完成后按【Esc】键，即完成平垫圈的调用和装配，如图 4-2-14 所示。

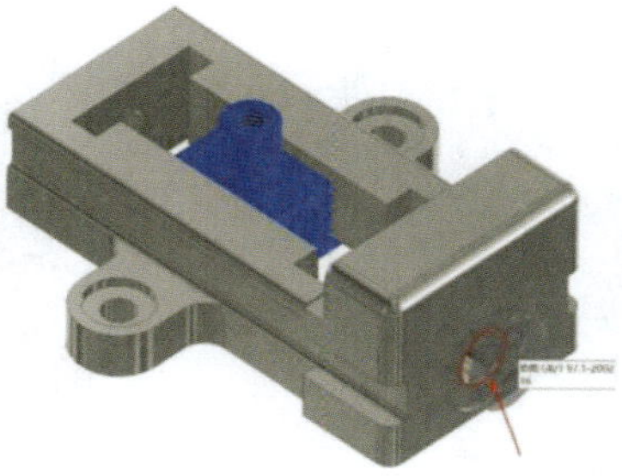

图 4-2-13　选择约束对象

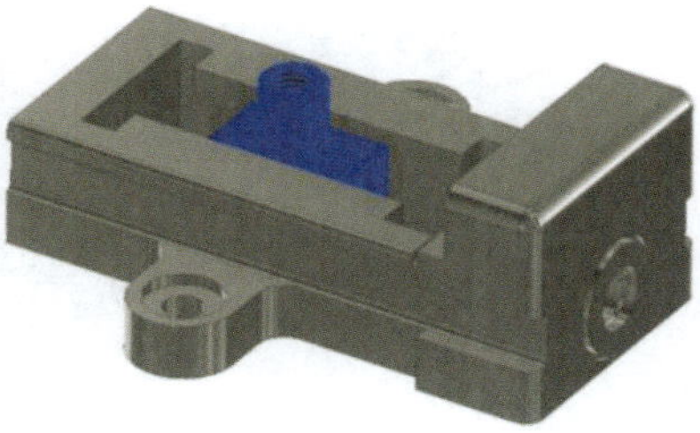

图 4-2-14　装配效果

4．添加螺杆并定位

Step 01 在【装配】选项卡【零部件▼】区域中单击【放置】按钮，系统弹出“装入零部件”对话框；选取零件模型文件“螺杆.ipt”；在图形区合适的位置处单击放置，放置完成后按【Esc】键退出，如图 4-2-15 所示。

图 4-2-15　放置螺杆零件

Step 02 在【装配】选项卡【关系▼】区域中单击【约束】按钮，系统弹出“放置约束”对话框。在“放置约束”对话框“部件”选项卡中的类型区域中选中“配合”约束【】，分别选取图 4-2-16 所示的两个轴线作为约束对象，在“放置约束”对话框中单击【应用】按钮，完成第一个装配约束。

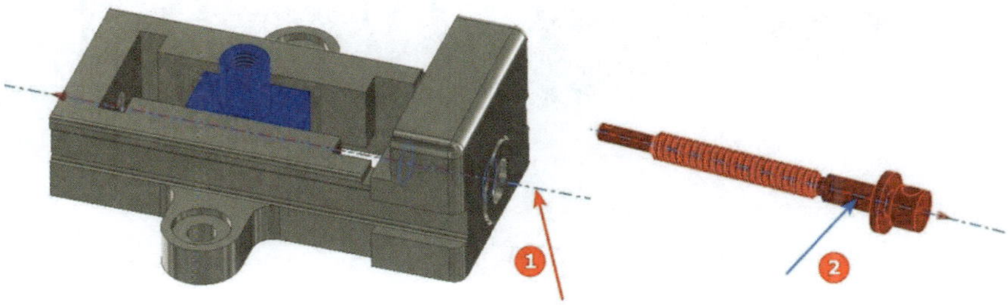

图 4-2-16　添加同轴配合约束

Step 03 在“放置约束”对话框“部件”选项卡中的类型区域中选中“配合”约束【】，分别选取图 4-2-17 所示的两个面作为约束对象，在“放置约束”对话框中单击【应用】按钮，完成第二个装配约束。

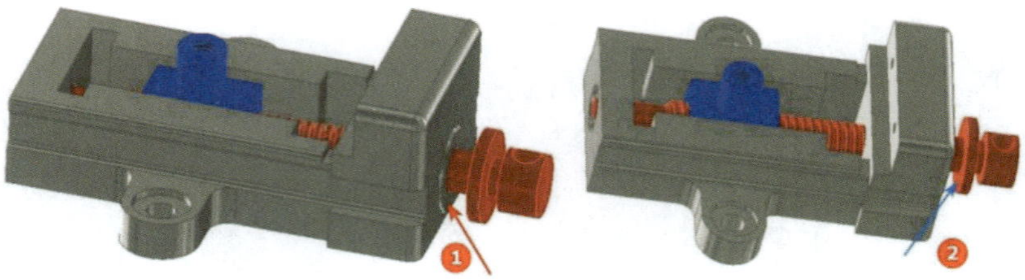

图 4-2-17　添加面配合约束

Step 04 在“放置约束”对话框“部件”选项卡中的类型区域中选中“相切”约束【】，分别选取图 4-2-18 所示的两个传动螺纹侧面作为约束对象，在“放置约束”对话框中单击【应用】按钮，完成第三个装配约束。添加相切约束效果如图 4-2-19 所示。

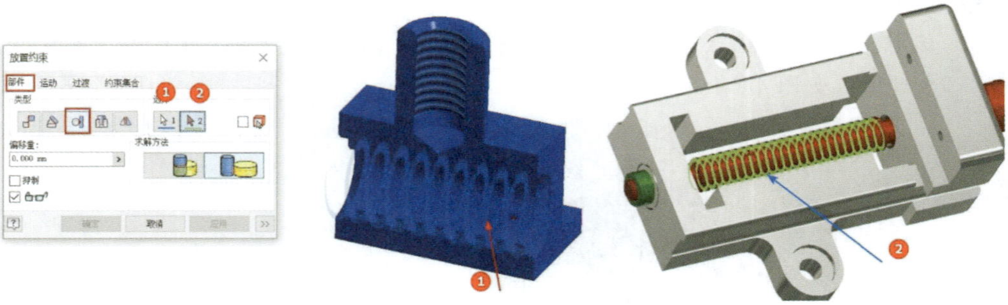

图 4-2-18　添加相切约束效果

▶ 专家指点

在图 4-2-19 中，添加相切约束后，螺母内螺纹和螺杆外螺纹能够正确旋合在一起，此时拖动螺母能够观察到螺杆在做旋转运动。相切约束【】用于定位面、平面、圆柱面、球面、圆锥面和规则的样条曲线，使它们相切，其中包含外相切【】和内相切【】。

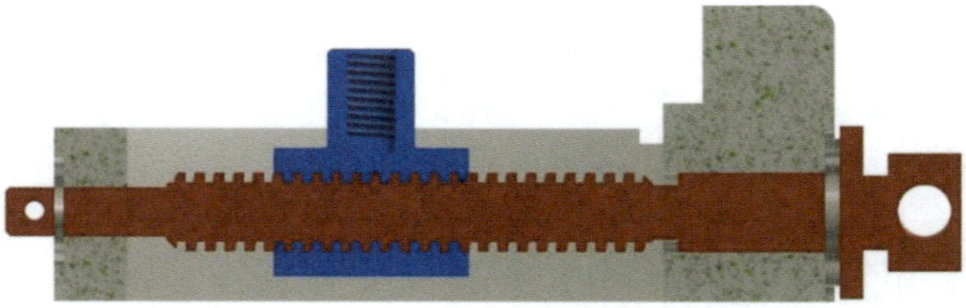

图 4-2-19　装配效果

5. 添加垫圈 10 和挡圈并定位

Step 01 重复上述第 4 步操作，完成垫圈 10 的装入与定位，如图 4-2-20 所示。

Step 02 在【装配】选项卡【零部件】区域中单击【放置】按钮，系统弹出“装入零部件”对话框；选取零件模型文件“挡圈.ipt”，再单击【打开(O)】按钮；在图形区合适的位置处单击放置，放置完成后按【Esc】键退出。

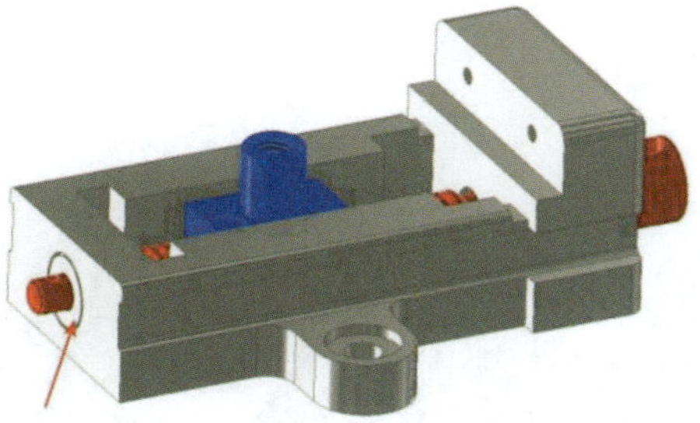

图 4-2-20　装配标准件垫圈 10

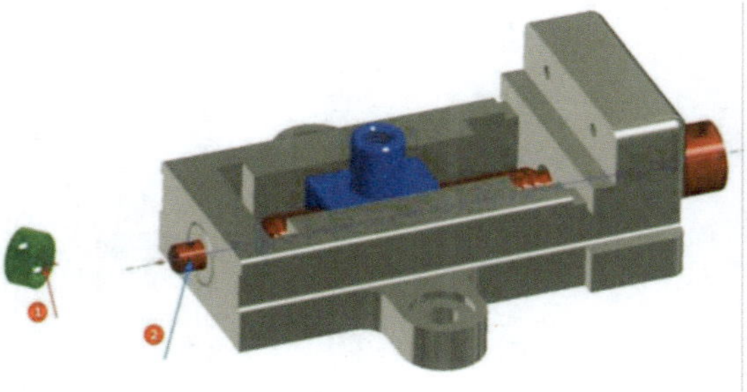

图 4-2-21　添加同轴配合约束

Step 03 在【装配】选项卡【关系▼】区域中单击【约束】按钮，系统弹出“放置约束”对话框。在“放置约束”对话框“部件”选项卡中的类型区域中选中“配合”约束【 】，分别选取图 4-2-21 所示的两个轴线作为约束对象，在“放置约束”对话框中单击【应用】按钮，完成第一个装配约束。装配效果如图 4-2-22 所示。

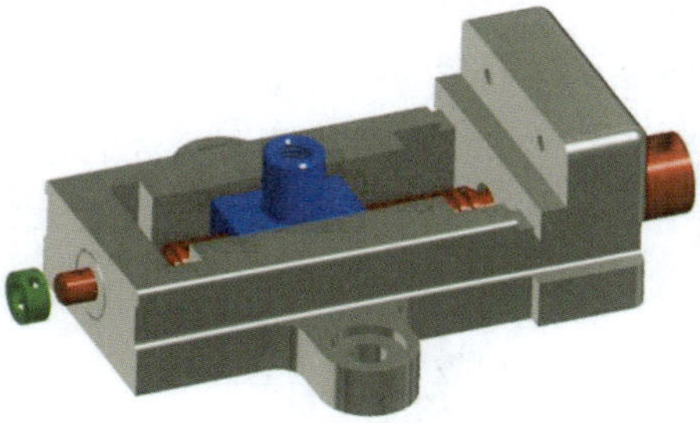

图 4-2-22　装配效果（1）

Step 04 在“放置约束”对话框“部件”选项卡中的类型区域中选中“配合”约束【 】，分别选取图 4-2-23 所示的两个轴线作为约束对象，在“放置约束”对话框中单击【应用】按钮，完成第二个装配约束。装配效果如图 4-2-24 所示。

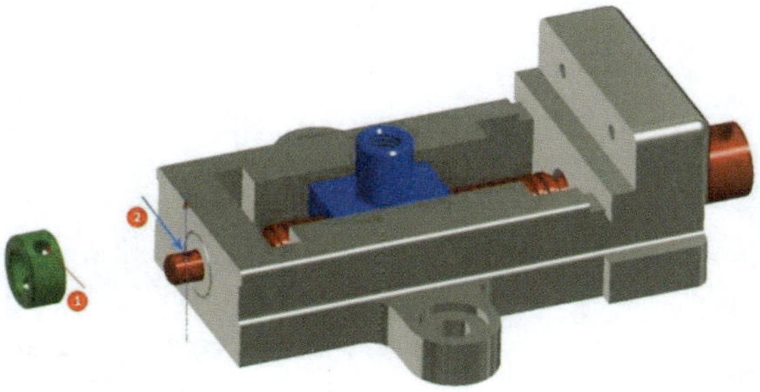

图 4-2-23　添加同轴配合约束

图 4-2-24　装配效果（2）

6. 添加销并定位

Step 01 在【装配】选项卡【零部件▼】区域中单击【从资源中心放置】按钮，系统弹出“从资源中心放置”对话框。按“标准号”找到装配图所需标准件。系统弹出如图 4-2-25 所示销尺寸型号选择对话框，按图示选择尺寸，单击【确定】按钮，在图形区合适的位置处单击，即可把销放置到当前位置，即完成销的调用。

（a）　　　　（b）

图 4-2-25　销规格参数选择

Step 02 在【装配】选项卡【关系▼】区域中单击【约束】按钮，系统弹出“放置约束”对话框。在“放置约束”对话框“部件”选项卡中的类型区域中选中“配合”约束【 】，分别选取图 4-2-26 所示的两个轴线作为约束对象，在“放置约束”对话框中单击【应用】按钮，完成第一个装配约束。装配效果如图 4-2-27 所示。

图 4-2-26　添加同轴配合约束

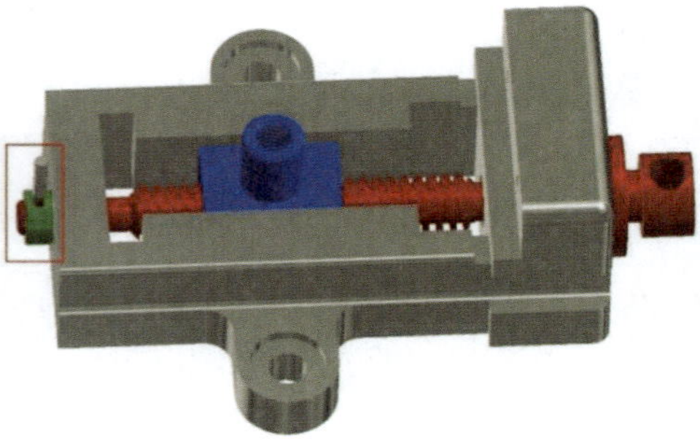

图 4-2-27　装配效果

Step 03 在“放置约束”对话框“部件”选项卡中的类型区域中选中“配合”约束【 】，分别选取图 4-2-28 所示的销、挡圈上两个基准平面作为约束对象，在“放置约束”对话框中设置“偏移量”为−8 mm，单击【应用】按钮，完成第二个装配约束。

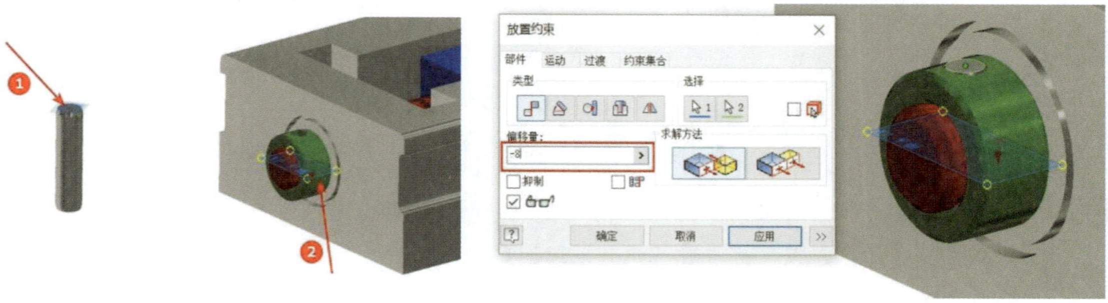

图 4-2-28　添加面配合约束

7．添加活动钳体并定位

Step 01 在【装配】选项卡【零部件▼】区域中单击【放置】按钮，系统弹出“装入零部件”对话框；在路径 D:\项目 4、部件装配及视图表达\任务 2、台虎钳装配及视图表达文件夹下选取零件模型文件“活动钳体.ipt”，再单击【打开(O)】按钮；在图形区合适的位置处单击放置，放置完成后按【Esc】键退出。放置活动钳体如图 4-2-29 所示。

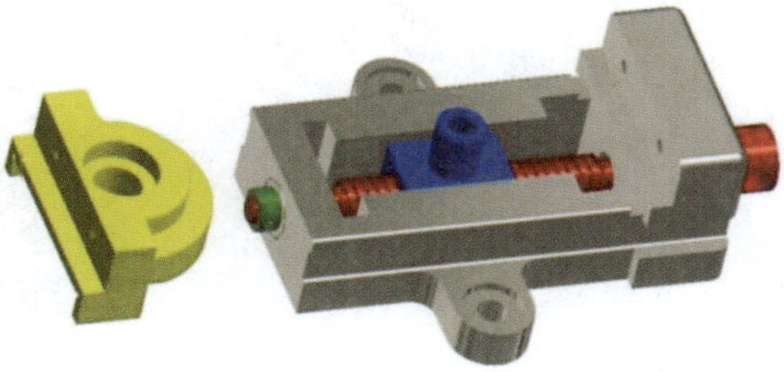

图 4-2-29　放置活动钳体

Step 02 在【装配】选项卡【关系▼】区域中单击【约束】按钮，选中“配合”约束【】，分别选取图 4-2-30 所示的两个轴线作为约束对象，在“放置约束”对话框中单击【应用】按钮，完成第一个装配约束，效果如图 4-2-31 所示。由图可知安装方位不对，采用【自由旋转】命令旋转。此时的旋转动作，只是视觉上旋转，之前添加的两轴线配合约束并不会失效。

图 4-2-30　添加同轴配合约束

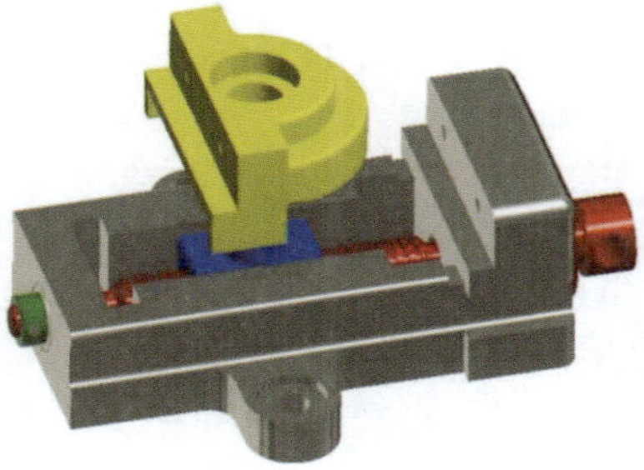

图 4-2-31　装配效果（1）

Step 03 在“放置约束”对话框“部件”选项卡中的类型区域中选中“配合”约束【】，分别选取图 4-2-32 所示两个平面作为约束对象，单击【应用】按钮，完成第二个装配约束。装配效果如图 4-2-33 所示。

图 4-2-32　添加面配合约束

图 4-2-33　装配效果（2）

Step 04 在“放置约束”对话框“部件”选项卡中的类型区域中选中“角度”约束【】，按图 4-2-34 所示对应序号分别选取两个平面和一处矢量方向作为约束对象，单击【应用】按钮，完成第三个装配约束。装配效果如图 4-2-35 所示。

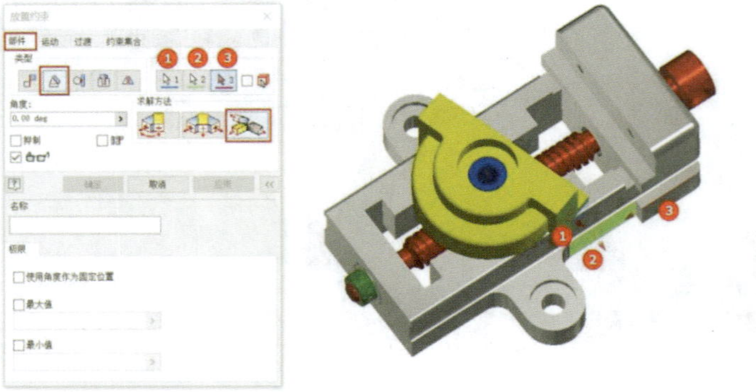

图 4-2-34 添加角度约束

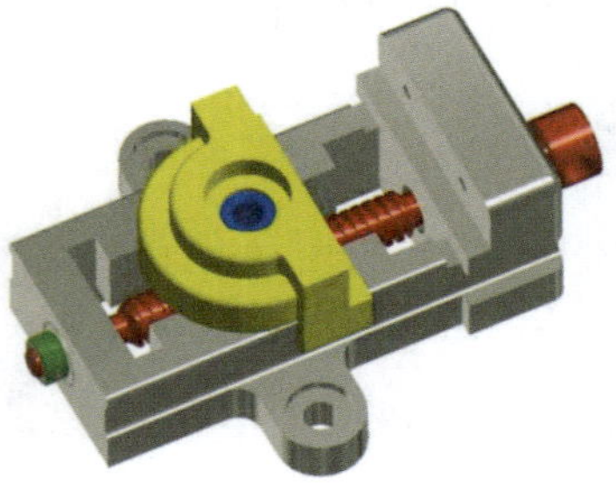

图 4-2-35 装配效果（3）

▶ 专家指点

角度约束【】用于面与面、线与面或者线与线之间的夹角约束设置，角度的正负情况遵循右手法则，大拇指方向为矢量方向。包含以下三种选择情况。

- **定向角度【】**：只需做两次选择约束对象，不可以设置极限位置。
- **未定向角度【】**：只需做两次选择约束对象，可以设置极限位置。
- **明显参考矢量【】**：需做三次选择，前两次选择约束对象，第三次选择可以自由指定矢量方向。

8. 添加螺钉并定位

Step 01 在【装配】选项卡【零部件▼】区域中单击【放置】按钮，系统弹出“装入零部件”对话框；在路径 D:\项目 4、部件装配及视图表达\任务 2、台虎钳装配及视图表达文件夹下选取零件模型文件“螺钉.ipt”，再单击【打开(O)】按钮；在图形区合适的位置处单击放置，放置完成后按【Esc】键退出。

Step 02 在【装配】选项卡【关系▼】区域中单击【约束】按钮，系统弹出“放置约束”对话框。在“放置约束”对话框“部件”选项卡中的类型区域中选中“配合”约束【】，分别选取图 4-2-36 所示的两个轴线作为约束对象，在“放置约束”对话框中单击【应用】按钮，完成第一个装配约束。

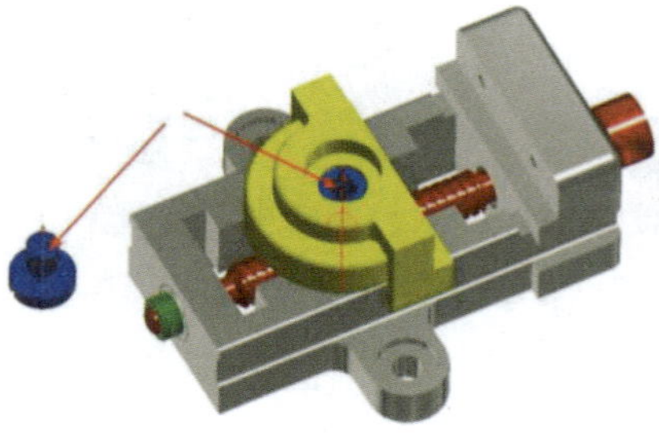

图 4-2-36　添加同轴配合约束

Step 03 在“放置约束”对话框“部件”选项卡中的类型区域中选中“配合”约束【】，分别选取图 4-2-37 所示的两个平面作为约束对象，在“放置约束”对话框中单击【应用】按钮，完成第二个装配约束。

图 4-2-37　添加面配合约束

9. 添加钳口板并定位

Step 01 在【装配】选项卡【零部件▼】区域中单击【放置】按钮，系统弹出“装入零部件”对话框；在路径 D:\项目 4、部件装配及视图表达\任务 2、台虎钳装配及视图表达文件夹下选取零件模型文件“钳口板.ipt”，再单击【打开(O)】按钮；在图形区合适的位置处单击放置，因钳口板装配数量为两块，可重复单击两次放置，放置完成后按【Esc】键退出。如图 4-2-38 所示。

Step 02 在【装配】选项卡【关系▼】区域中单击【约束】按钮，系统弹出“放置约束”对话框。在“放置约束”对话框“部件”选项卡中的类型区域中选中“配合”约束【】，分别选取图 4-2-39 所示的两个平面作为约束对象，在“放置约束”对话框中单击【应用】按钮，完成第一个装配约束。

图 4-2-38　放置钳口板

图 4-2-39　添加面配合约束

Step 03 在【装配】选项卡【关系▼】区域中单击【约束】按钮，系统弹出“放置约束”对话框。在“放置约束”对话框“部件”选项卡中的类型区域中选中“配合”约束【】，分别选取图 4-2-40 所示两处的两轴线作为约束对象，在“放置约束”对话框中单击【应用】按钮，完成第二、三个装配约束。

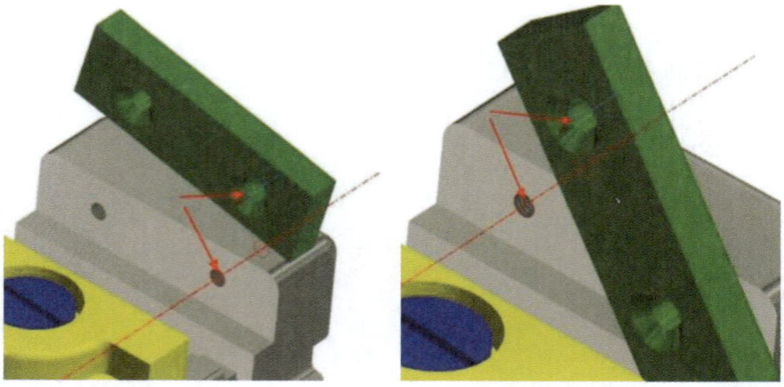

图 4-2-40　添加同轴配合约束

重复步骤 2、3，完成另一块钳口板的装配。

Step 04 在【装配】选项卡【零部件▼】区域中单击【从资源中心放置】按钮，系统弹出“从资源中心放置”对话框。按图 4-2-41 所示在对话框中依次选择“紧固件”“螺栓”“开槽沉头”“标准号”，找到装配图所需标准件，单击【确定】按钮。在图形区捕捉螺钉安装孔，系统会根据孔大小自动匹配螺钉规格，如图 4-2-42 所示。合适的位置处单击，即可把销放置到当前位置，即完成销的调用。

图 4-2-41　放置标准件螺钉

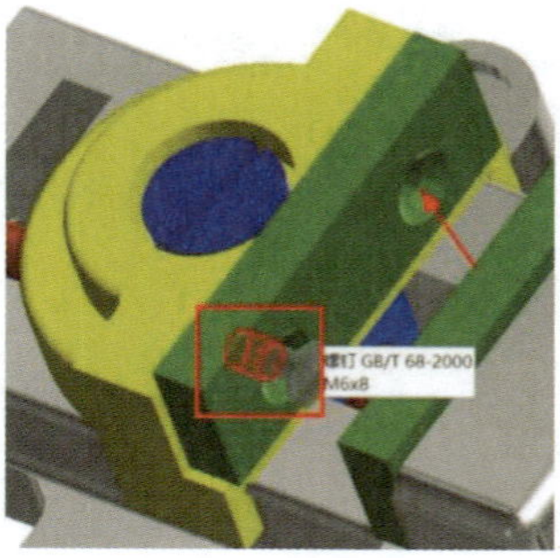

图 4-2-42　选择约束对象

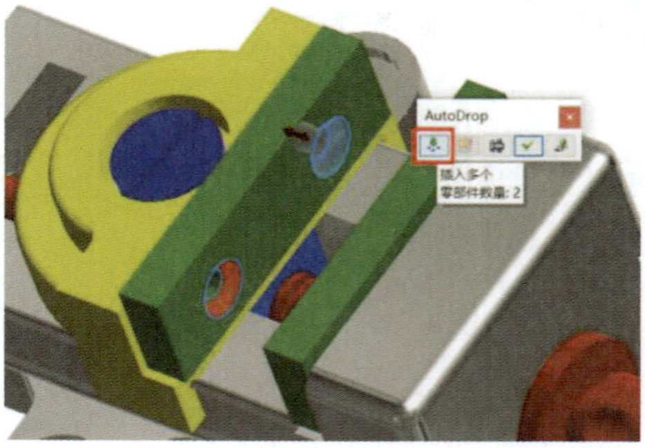

图 4-2-43　同时添加多个螺钉

▶ 专家指点

调用插入螺钉时，按图 4-2-43 所示选择“多个”，由同一草图或阵列方式产生的孔可同时装配多个螺钉，如图 4-2-44 所示效果。

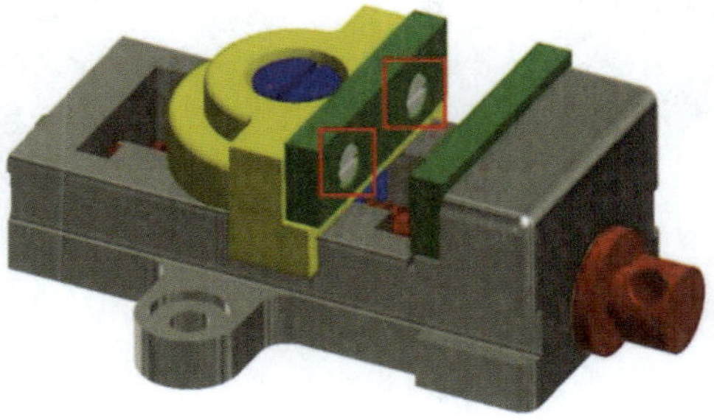

图 4-2-44　装配效果

在图 4-2-44 中，螺钉为 M8，但长度不符合要求，可在模型树选中螺钉，单击鼠标右键弹出命令选择对话框，选择“更改尺寸”，选择正确的螺钉长度，勾选“全部替换”可以将装配好的螺钉长度一次进行更换。如图 4-2-45 所示。

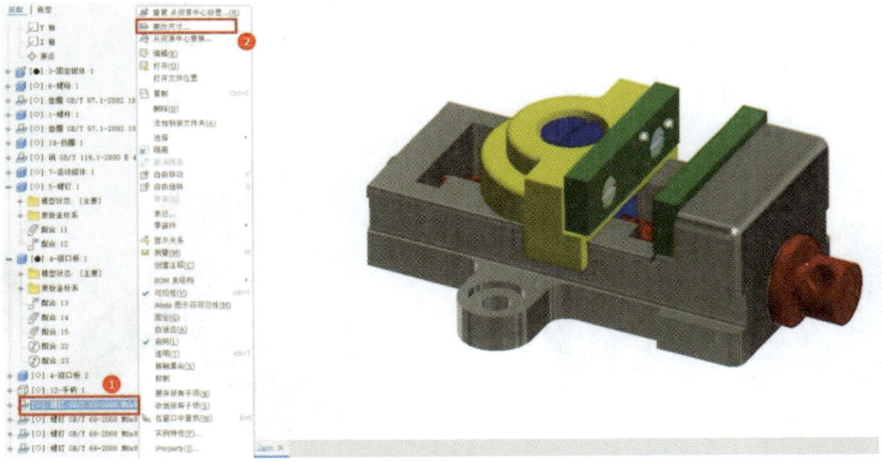

图 4-2-45　更改螺钉尺寸

10. 添加手柄并定位

Step 01 在【装配】选项卡【零部件▾】区域中单击【放置】按钮，系统弹出“装入零部件”对话框；在路径 D:\项目 4、部件装配及视图表达\任务 2、台虎钳装配及视图表达文件夹下选取零件模型文件“手柄.ipt”，再单击【打开(O)】按钮；在图形区合适的位置处单击放置，放置完成后按【Esc】键退出，如图 4-2-46 所示。

Step 02 在【装配】选项卡【关系▾】区域中单击【约束】按钮，系统弹出“放置约束”对话框。在“放置约束”对话框“部件”选项卡中的类型区域中选中“配合”约束【】，分别选取图 4-2-47 所示的两轴线作为约束对象，在“放置约束”对话框中单击【应用】按钮，完成第一个装配约束。

图 4-2-46 放置手柄

图 4-2-47 添加同轴配合约束

11．添加球并定位

Step 01 在【装配】选项卡【零部件】区域中单击【放置】按钮，系统弹出“装入零部件”对话框；在路径 D:\项目 4、部件装配及视图表达\任务 2、台虎钳装配及视图表达文件夹下选取零件模型文件“球.ipt”，再单击【打开(O)】按钮；在图形区合适的位置处单击放置，放置完成后按键盘上的【Esc】退出。如图 4-2-48 所示。

Step 02 在【装配】选项卡【关系】区域中单击【约束】按钮，系统弹出“放置约束”对话框。在“放置约束”对话框“部件”选项卡中的类型区域中选中“配合”约束【】，分别选取图 4-2-49 所示的两轴线作为约束对象，在“放置约束”对话框中单击【应用】按钮，完成第一个装配约束。

图 4-2-48 放置球零件

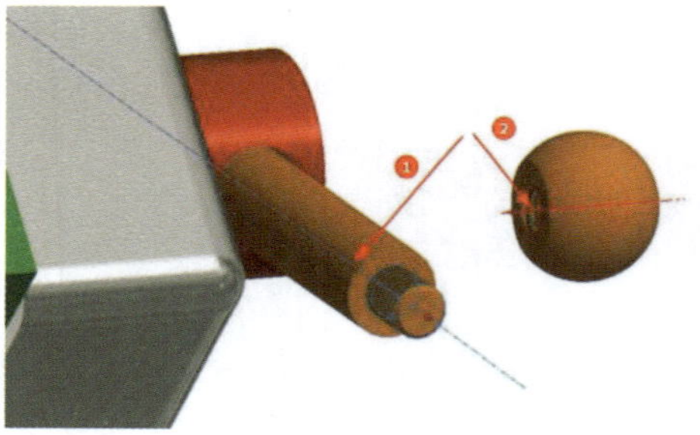

图 4-2-49 添加同轴配合约束

Step 03 在【装配】选项卡【关系】区域中单击【约束】按钮，系统弹出“放置约束”对话框。在“放置约束”对话框“部件”选项卡中的类型区域中选中“配合”约束【】，分别选取图 4-2-50 所示的两平面作为约束对象，在“放置约束”对话框中单击【应用】按钮，完成第二个装配约束。

图 4-2-50 添加面配合约束

Step 04 在【装配】选项卡【阵列】区域中单击【镜像】按钮，系统弹出“镜像零部件：状态”对话框。按图 4-2-51 所示序号顺序依次选择要镜像的零件、镜像平面，完成后单击“下一步”，系统弹出“镜像零部件：文件名”对话框，可以对镜像产生的零件重新命名。

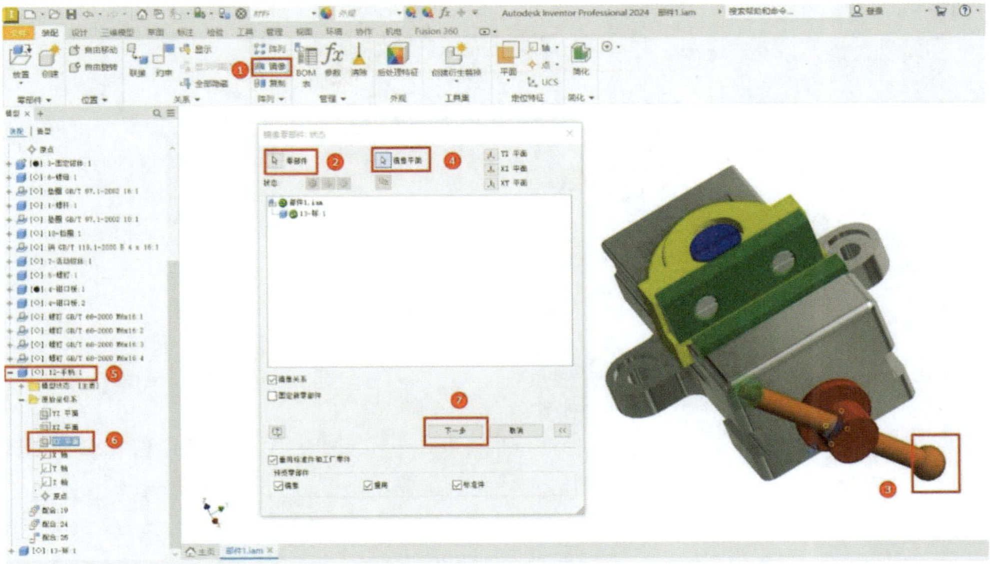

图 4-2-51　镜像装配零件

▶ 专家指点

镜像产生的零件没有约束关系，按步骤 2、3 的操作方式重新添加约束关系。装配完成效果图如图 4-2-52 所示。至此台虎钳装配全部完成。

图 4-2-52　装配完成效果图

12. 保存装配文件

Step 单击保存【】按钮，在“保存在”栏浏览至存放路径 D:\项目 4、部件装配及视图表达\任务 2、台虎钳装配及视图表达文件夹，将“文件名”命名为“台虎钳总装配”。

13. 创建表达视图文件

Step 01 点击【新建命令】，选择【】，单击【创建】，系统弹出“插入”对话框。

Step 02 如图 4-2-53 所示，在“查找范围”浏览至滑轮装配体文件存放路径 D:\项目 4、部件装配及视图表达\任务 2、台虎钳装配及视图表达文件夹，选中装配体文件“台虎钳总装配”，单击“打开”，系统自动进入表达视图环境。

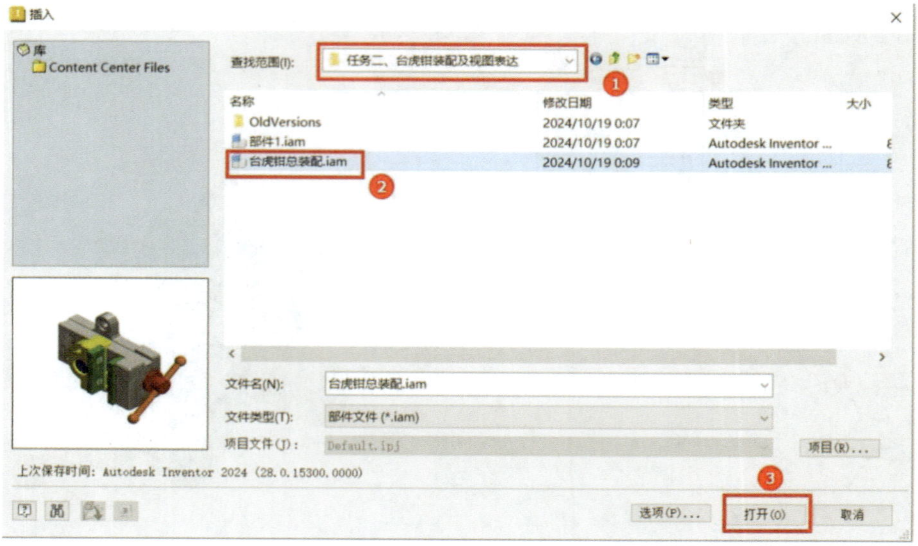

图 4-2-53　选择装配体

14．装配调整

在创建视图表达时，软件提供的移动和旋转方向都与系统坐标系一致，如图 4-2-54 所示“钳口板”的位置调整坐标系与系统坐标一致，在该种情况下产生分解视图才能保证水平或者竖直状态；如图 4-2-55 所示“球”的位置调整坐标系与系统坐标不一致，此时移动“球”从装配体中分离出来无法控制其规整方向。因此需在装配环境下，将零件坐标系装配调整与系统坐标系一致。

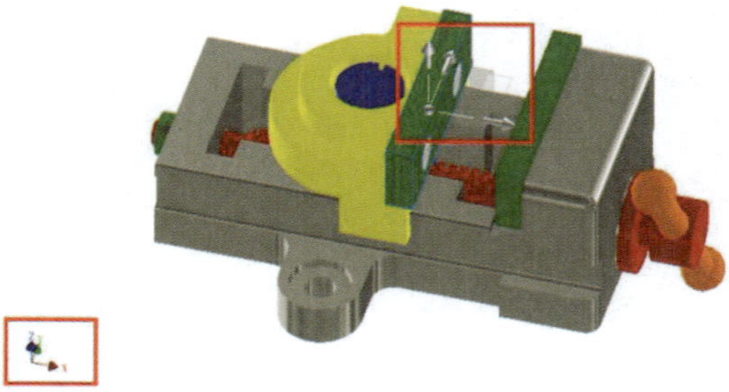

图 4-2-54　钳口板装配坐标

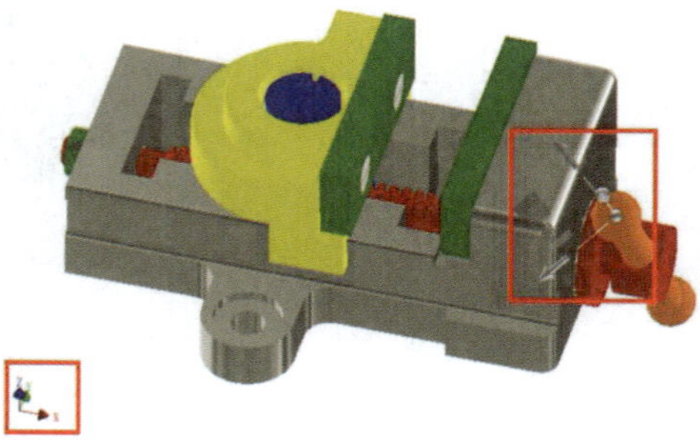

图 4-2-55　球装配坐标

Step 01 调整螺杆。在【装配】选项卡【关系▼】区域中单击【约束】按钮，系统弹出“放置约束”对话框。

Step 02 在“放置约束”对话框“部件”选项卡中的类型区域中选中“配合”约束【】，分别选取图 4-2-56 所示的两基准平面作为约束对象，在“放置约束”对话框中单击【应用】按钮，完成装配约束。

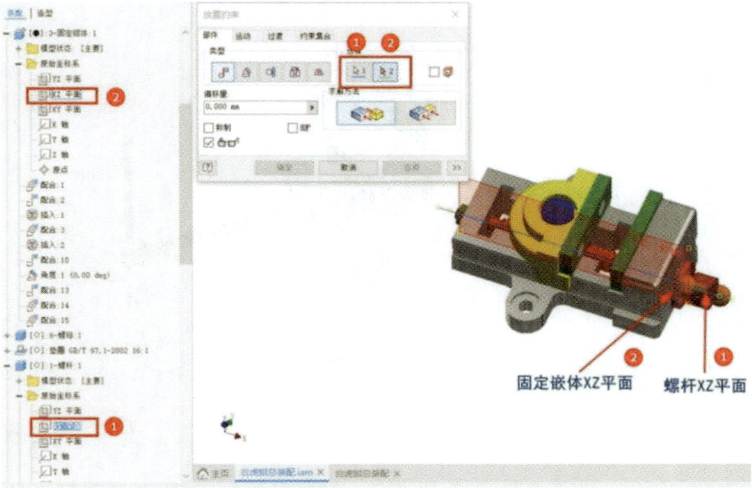

图 4-2-56　调整螺杆装配坐标

调整效果如图 4-2-57 所示，螺杆的调整位置坐标系与系统坐标系一致。

图 4-2-57　调整效果

同理，按步骤 1 的方式检查并调整其他零件。

15．调整零件位置

Step 01 在【表达视图】选项卡【零部件】区域中单击【 】按钮，选择要调整的零件，如图 4-2-58 所示操作步骤，将零件“螺钉”沿竖直方向调整至图示位置。

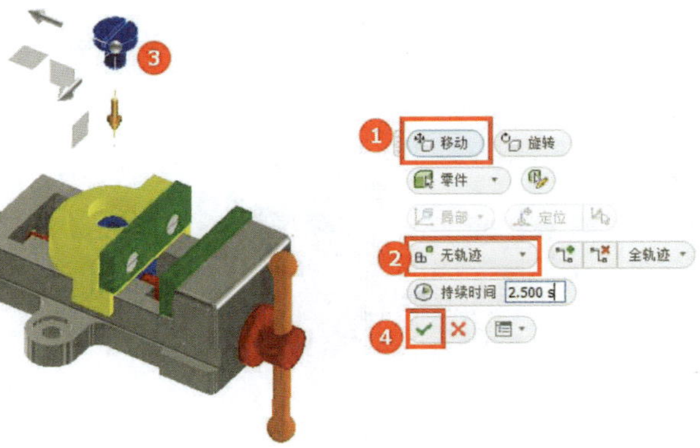

图 4-2-58　调整螺钉位置

Step 02 同理，按步骤 1 的方式调整其他零件的位置，得到如图 4-2-59 台虎钳视图表达。

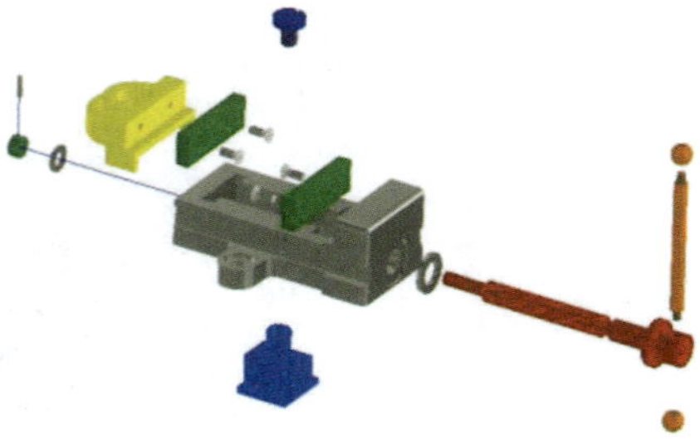

图 4-2-59　台虎钳视图表达

16．创建不同状态的快照视图

Step 01 如图 4-2-60 所示，将视频播放条拖回至“0”点处，模型回归至装配状态，在【表达视图】选项卡【专题研习】区域中单击【】按钮，界面右侧【快照视图 ×】窗口生成一个“快照视图”，如图 4-2-61 所示。

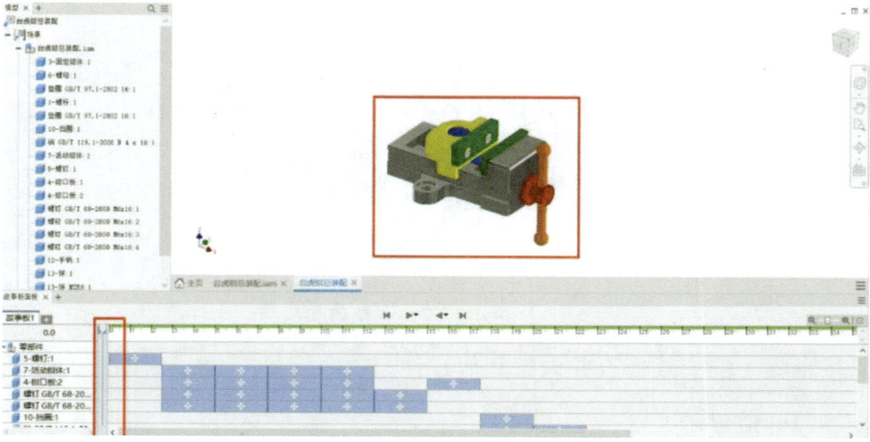

图 4-2-60　调整进度条至初始位置

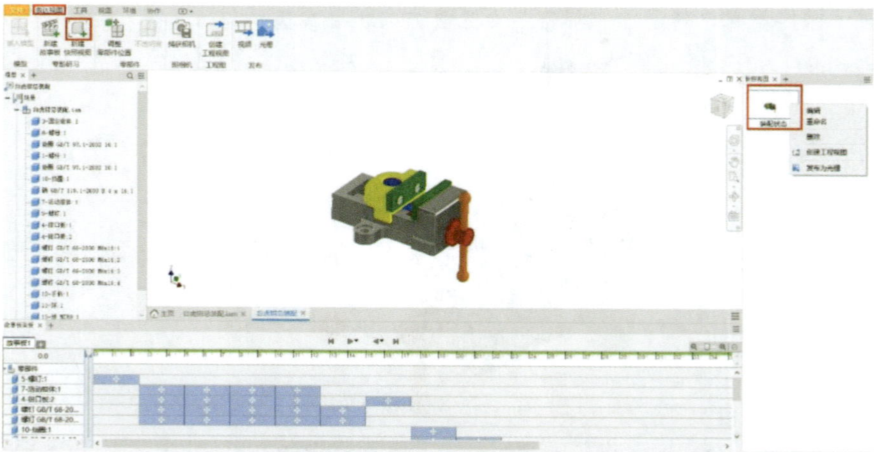

图 4-2-61　创建装配状态快照视图

Step 02 如图 4-2-62 所示，将视频播放条拖至“终点”处，模型呈分解状态，在【表达视图】选项卡【专题研习】区域中单击【 】按钮，界面右侧【快照视图 ×】窗口生成第二个分解状态的“快照视图”，如图 4-2-63 所示。

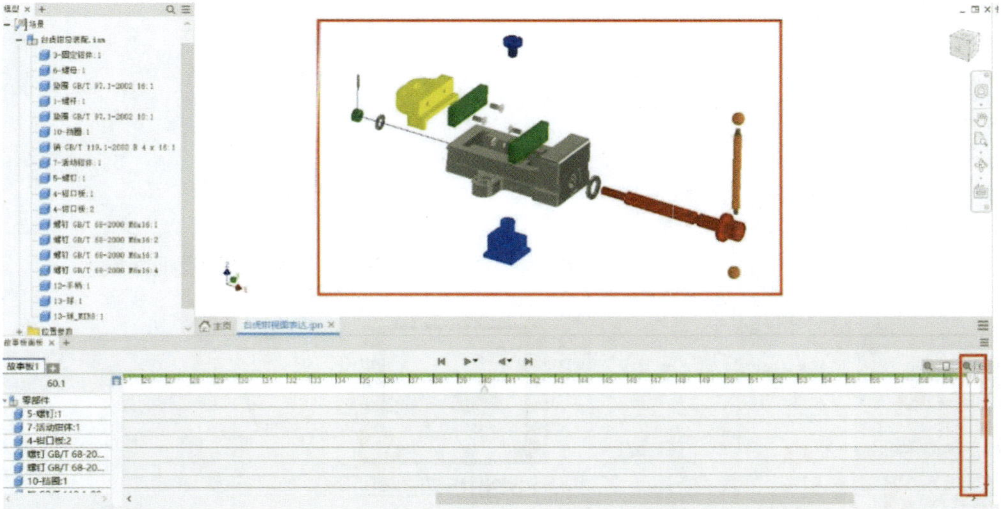

图 4-2-62　调整进度条至终点位置

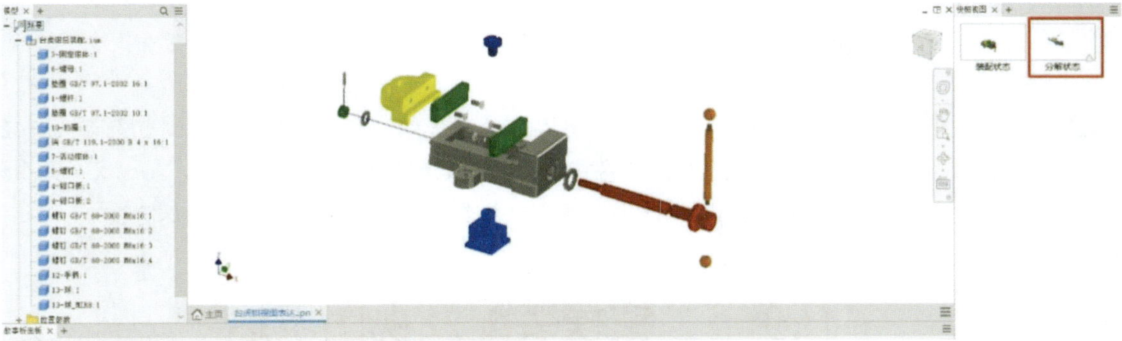

图 4-2-63　创建分解状态快照视图

> ▶ 专家指点
>
> 激活不同状态的快照视图，可以通过【创建工程视图】按钮输出到工程图环境，以便后期绘制不同型式的工程图。

17．输出拆、装动画

Step 01 在【表达视图】选项卡【发布】区域中单击【 】按钮，系统弹出如图 4-2-64 所示“发布为视频”对话框。①处选择当前要输出视频的故事板；②处设置输出视频分辨率大小；③处设置输出视频文件命名；④处设置视频输出存放在电脑上位置；⑤处设置视频的格式；

⑥处设置视频的播放顺序，不勾选时输出的视频为表达视图的拆卸，勾选时输出的视频为表达视图的装配。

Step 02 设置完成后单击【确定】按钮，软件自动完成视频文件的输出，如图 4-2-65 所示，在视频输出存放位置已有视频文件存在。

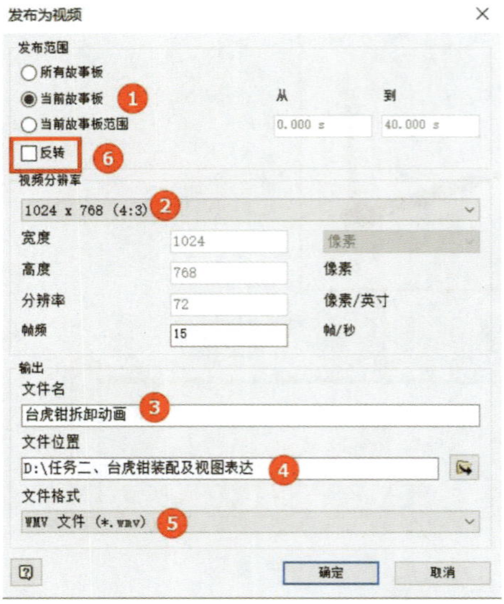

图 4-2-64 “发布为视频”对话框

图 4-2-65 完成视频文件的输出

18．保存视图表达文件

Step 单击保存【】按钮，系统弹出“另存为”对话框，在“保存在”栏浏览至存放路径 D:\项目 4、部件装配及视图表达\任务 2、台虎钳装配及视图表达文件夹，将“文件名”命名为“台虎钳视图表达.ipn”，单击“保存”按钮，完成视图表达文件的保存。

任务 3 钻模装配及视图表达

学习目标

（1）掌握采用插入命令完成模型装配的方法。
（2）熟悉依据装配图创建视图表达的方法。

钻模视图表达　　钻模装配

工作任务

依据图 4-3-1 钻模装配图，调用本书附带零件模型，完成如图 4-3-2 所示钻模装配体、图 4-3-3 所示钻模视图表达。

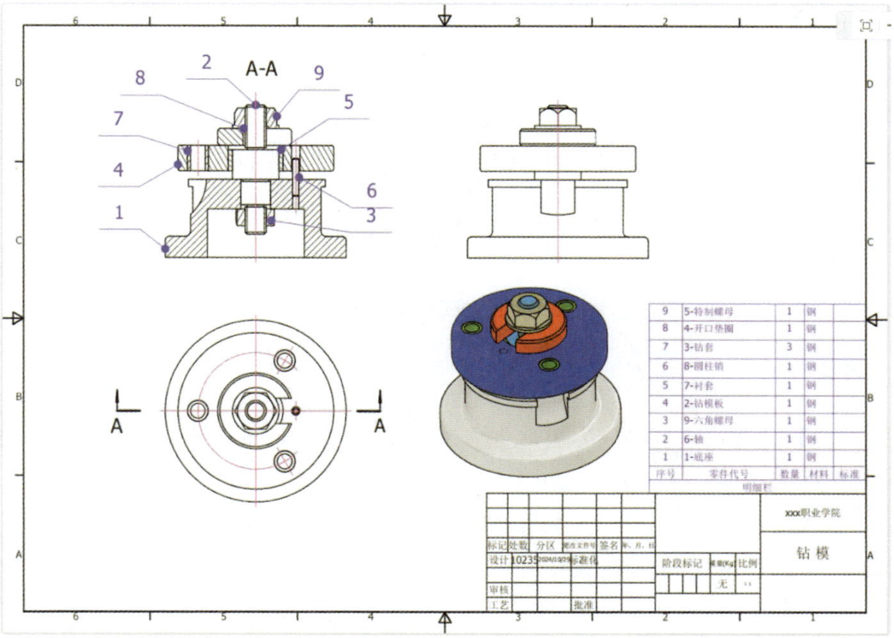

图 4-3-1　钻模装配图

图 4-3-2　钻模装配体

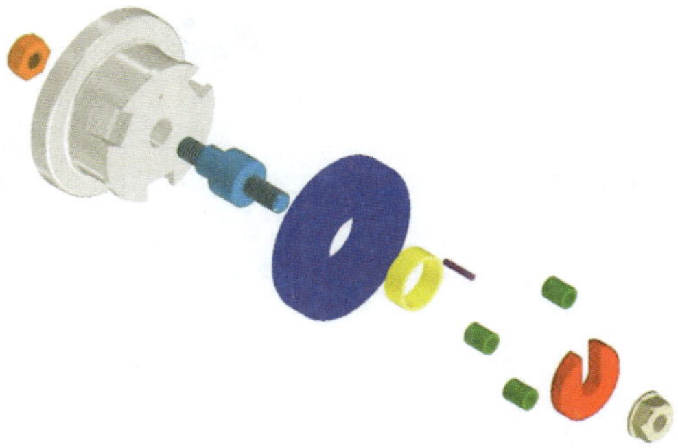

图 4-3-3　钻模视图表达

任务重点与实施

1. 新建装配文件并添加底座零件

Step 01 点击【新建命令】，选择【Standard.iam】，单击【创建】，系统自动进入装配环境。

Step 02 在【装配】选项卡【零部件】区域中单击【放置】按钮，系统弹出“装入零部件”对话框；在路径 D:\项目 4、部件装配及视图表达\任务 4、钻模装配及视图表达文件夹下选取零件模型文件“底座.ipt”，再单击【打开(O)】按钮；将模型放置在装配环境中，按键盘上的【Esc】键退出，如图 4-3-4 所示。

Step 03 选中零件模型，鼠标单击右键，在弹出的命令栏中选择【固定(G)】选项，设置成固定约束后该模型在环境无法进行移动。

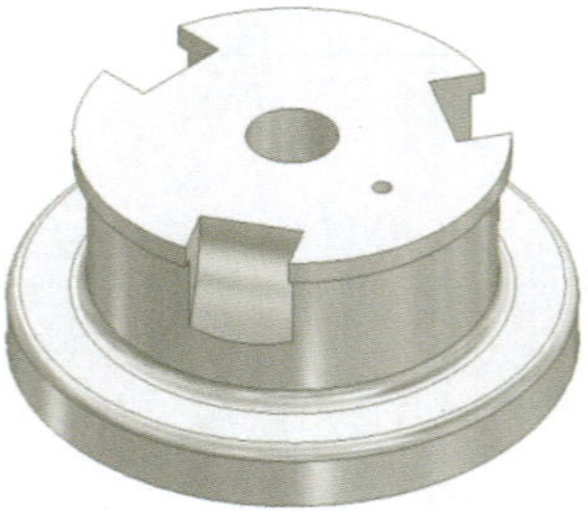

图 4-3-4　放置底座零件

2. 添加轴零件并定位

Step 01 在【装配】选项卡【零部件▼】区域中单击【放置】按钮，系统弹出“装入零部件”对话框；在路径 D:\项目 4、部件装配及视图表达\任务 4、钻模装配及视图表达文件夹下选取零件模型文件“轴.ipt”，再单击【打开(O)】按钮；将模型放置在装配环境中，按键盘上的【Esc】键退出。在【装配】选项卡【位置▼】区域中单击【自由移动】按钮和【自由旋转】按钮，将零件通过移动和旋转的方式调整到近似装配方位，如图 4-3-5 所示。

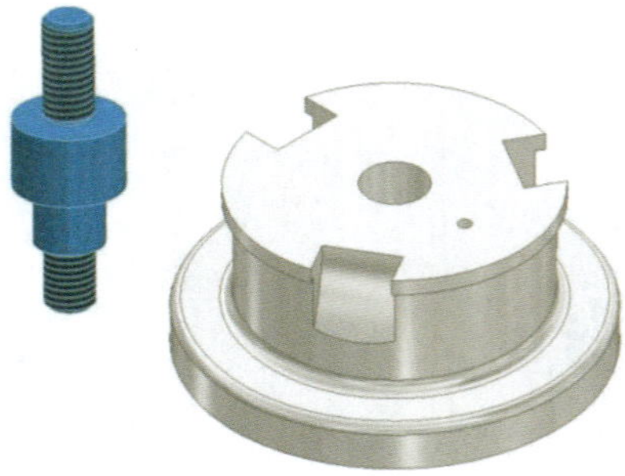

图 4-3-5　放置轴零件

Step 02 在【装配】选项卡【关系▼】区域中单击【约束】按钮，系统弹出“放置约束”对话框。在“放置约束”对话框“部件”选项卡中的类型区域中选中“插入”约束【 】，选取图 4-3-6 所示轴上圆，此时如图 4-3-7 所示轴此处的圆和轴的轴线同时被选中用于作为参与约束的对象；同理，在底座上选取如图 4-3-8 所示圆用作参与约束的对象。在“放置约束”对话框中单击【应用】按钮，完成装配约束。效果如图 4-3-9 所示。

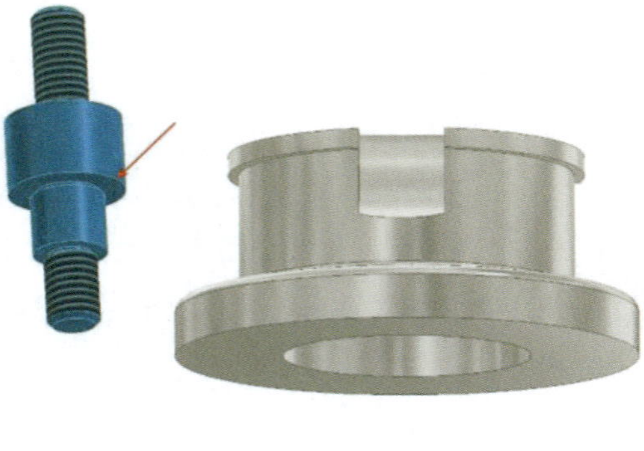

图 4-3-6　选择第一个约束对象

图 4-3-7　选择效果

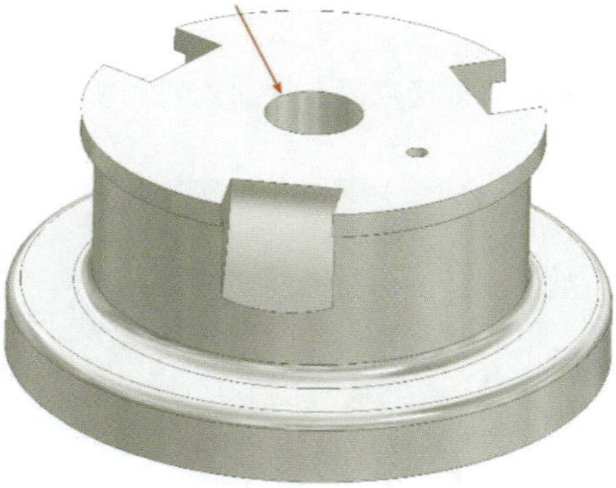

图 4-3-8 选择第二个约束对象

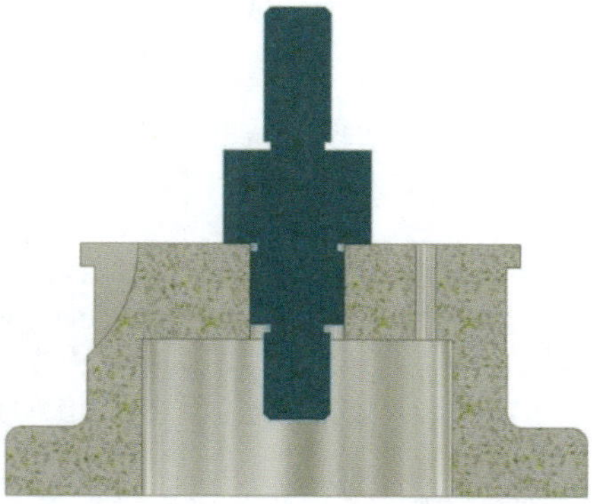

图 4-3-9 装配效果

▶ 专家指点

插入约束【 】按钮，操作界面如图 4-3-10（a）所示。插入约束是平面之间的面对面配合约束和两个模型的轴线之间的配合约束组合，绕轴旋转不被限制。在图 4-3-10（b）中，②处和③处圆所在的平面产生面对面的配合约束；同时①处和④处的轴线产生同轴的配合约束。约束后轴只能绕中心轴线转动。插入约束通常用于在孔中放置螺栓杆部，杆部与孔对齐，螺栓头部与平面配合。

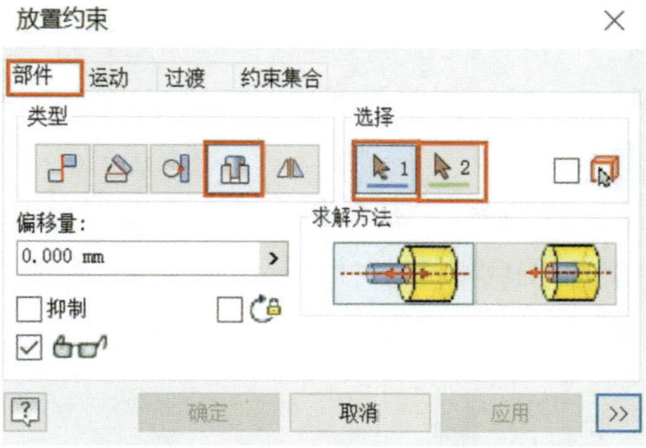

（a）

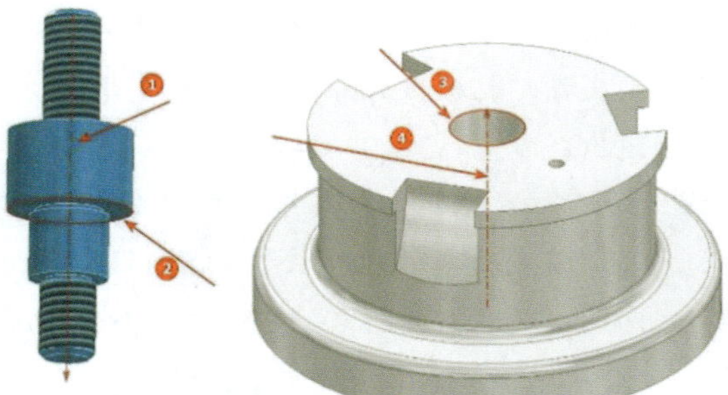

（b）

图 4-3-10 选择步骤

插入约束相当于用两个模型上所选定的圆或者弧形边的位置约束，即所在圆心同心、圆或弧的平面贴合；两轴线的方向是否一致，是可以通过反向【 】按钮或同向【 】按钮控制。

3．添加六角螺母并定位

Step 01 在【装配】选项卡【零部件▾】区域中单击【放置】按钮，系统弹出“装入零部件”对话框；在路径 D:\项目 4、部件装配及视图表达\任务 4、钻模装配及视图表达文件夹下选取零件模型文件“六角螺母.ipt”，再单击【打开(O)】按钮；将模型放置在装配环境中，按【Esc】键退出。

Step 02 在【装配】选项卡【关系▼】区域中单击【约束】按钮，系统弹出“放置约束”对话框。在“放置约束”对话框“部件”选项卡中的类型区域中选中“插入”约束【】，选取图 4-3-11 所示的孔上圆，在“放置约束”对话框中单击【应用】按钮，完成装配约束。装配效果如图 4-3-12。

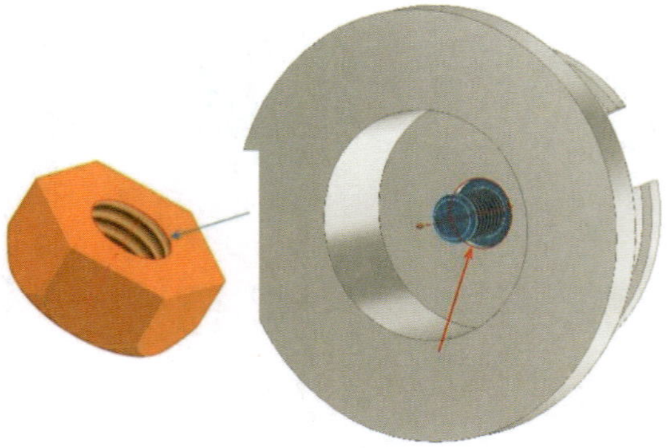

图 4-3-11　添加插入约束

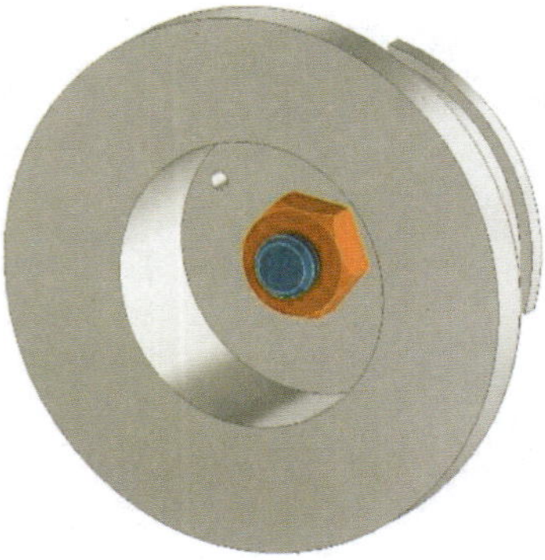

图 4-3-12　装配效果（1）

4．添加钻模板并定位

Step 01 在【装配】选项卡【零部件▼】区域中单击【放置】按钮，系统弹出“装入零部件”对话框；在路径 D:\项目 4、部件装配及视图表达\任务 4、钻模装配及视图表达文件夹下选取零件模型文件“钻模板.ipt”，再单击【打开(O)】按钮；将模型放置在装配环境中，按【Esc】键退出。

Step 02 在【装配】选项卡【关系▼】区域中单击【约束】按钮，系统弹出“放置约束”对话框。在“放置约束”对话框“部件”选项卡中的类型区域中选中“插入”约束【】，选取两圆，在“放置约束”对话框中单击【应用】按钮，完成装配约束，如图 4-3-13 所示。

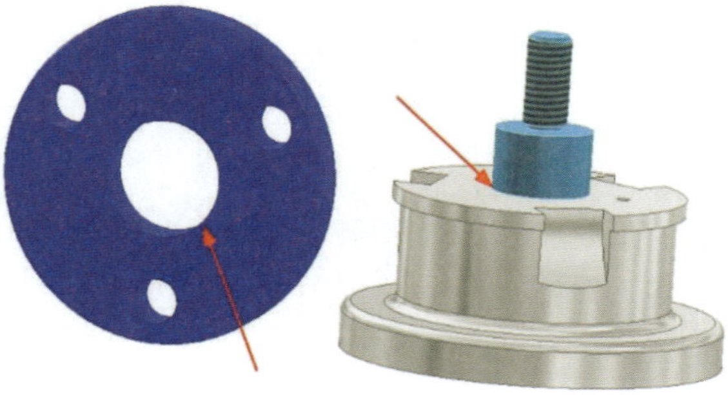

图 4-3-13　完成装配约束

Step 03 为在下一步中能够准确的装入销，此处钻模板和底座上的销孔添加一个同轴配合约束，使两销孔同轴对齐。在【装配】选项卡【关系▼】区域中单击【约束】按钮，系统弹出“放置约束”对话框。在“放置约束”对话框“部件”选项卡中的类型区域中选中“配合”约束【】，分别选取图 4-3-14 所示的两轴线作为约束对象，在“放置约束”对话框中单击【应用】按钮，完成第二个装配约束。装配效果如图 4-3-15 所示。

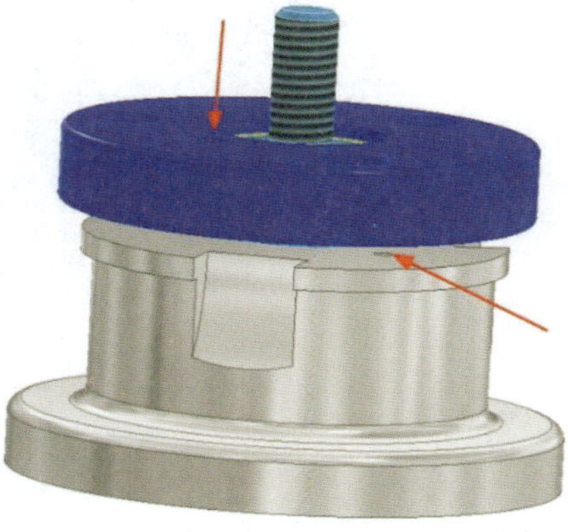

图 4-3-14　添加同轴配合约束

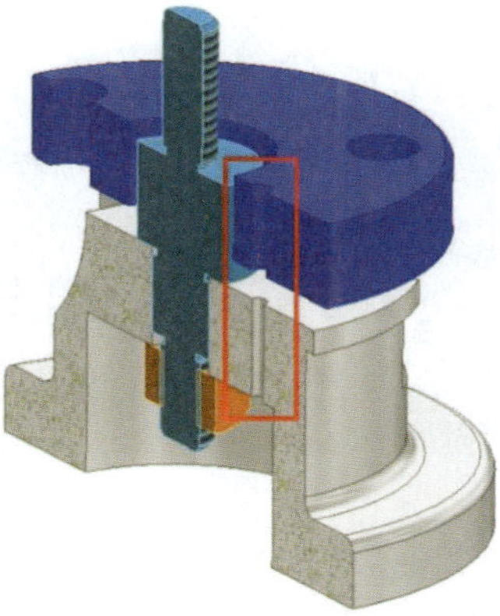

图 4-3-15　装配效果（2）

5．添加圆柱销并定位

Step 01 在【装配】选项卡【零部件▾】区域中单击【放置】按钮，系统弹出“装入零部件”对话框；在路径 D:\项目 4、部件装配及视图表达\任务 4、钻模装配及视图表达文件夹下选取零件模型文件“圆柱销.ipt”，再单击【打开(O)】按钮；将模型放置在装配环境中，按【Esc】键退出。

Step 02 在【装配】选项卡【关系▾】区域中单击【约束】按钮，系统弹出“放置约束”对话框。在“放置约束”对话框“部件”选项卡中的类型区域中选中“配合”约束【】，分别选取图 4-3-16 所示圆柱销轴线和销孔轴线作为约束对象，在“放置约束”对话框中单击【应用】按钮，完成第一个装配约束。装配效果如图 4-3-17 所示。

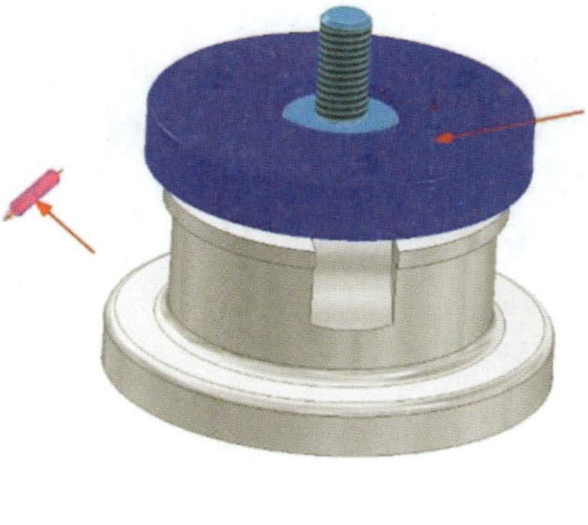

图 4-3-16　添加同轴配合约束

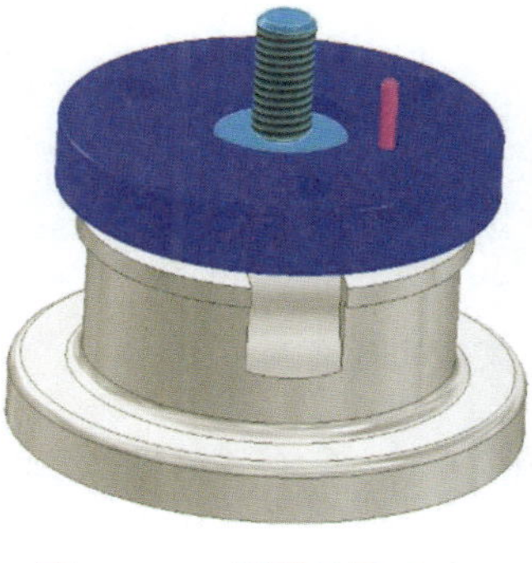

图 4-3-17　装配效果（1）

Step 03 在【装配】选项卡【关系▾】区域中单击【约束】按钮，系统弹出“放置约束”对话框。在“放置约束”对话框“部件”选项卡中的类型区域中选中“配合”约束【】，分别选取图 4-3-18 所示圆柱销上表面和钻模板上表面作为约束对象，设置“偏移量”为 - 6 mm。在“放置约束”对话框中单击【应用】按钮，完成第二个装配约束。装配效果如图 4-3-19 所示。

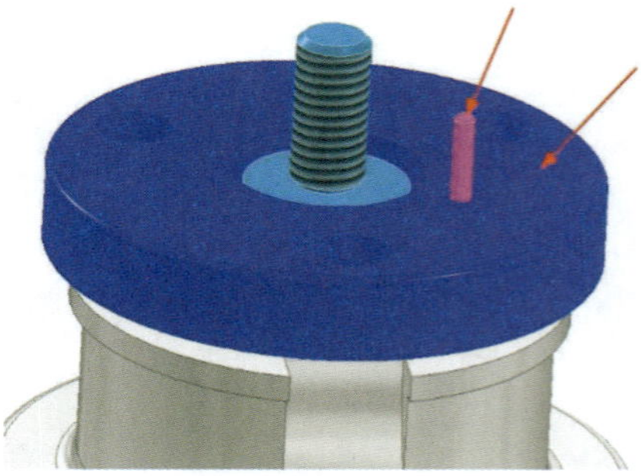

图 4-3-18　添加面配合约束

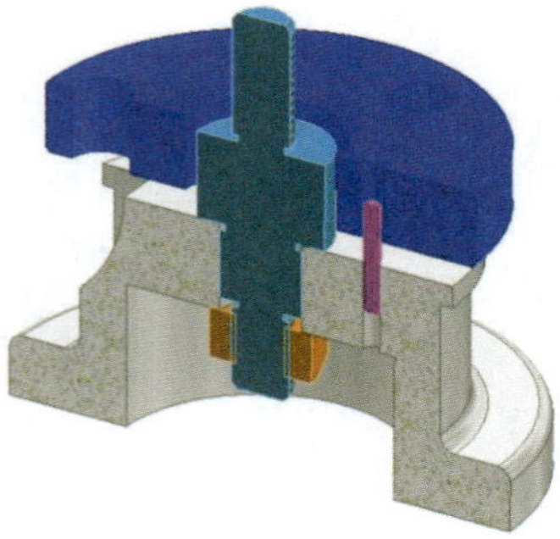

图 4-3-19　装配效果（2）

▶ 专家指点

为确定装配偏移量，在【工具】选项卡【测量】区域中单击【测量】按钮，系统弹出“测量”对话框。选择钻模板上表面和底座内腔上表面即可得出这两平行平面的距离为 30 mm，依据图纸圆柱销长 18 mm，为使圆柱销装配时装入深度一致设置偏移量为-6 mm，其中负号只代表装配的方向，如图 4-3-20 所示。

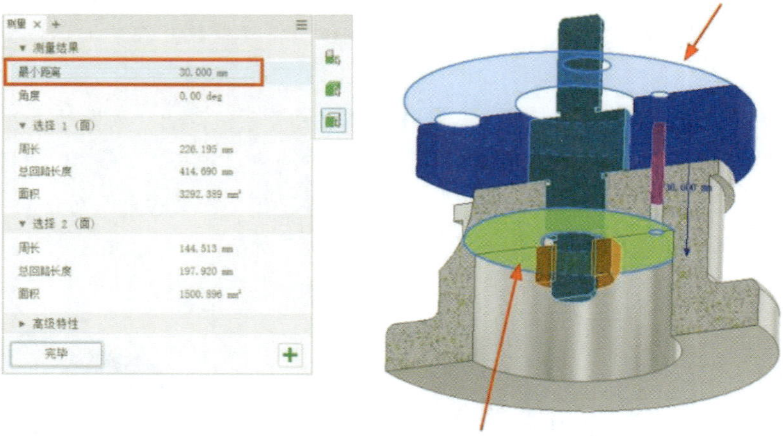

图 4-3-20　测量距离

6．添加衬套并定位

Step 01 在【装配】选项卡【零部件】区域中单击【放置】按钮，系统弹出“装入零部件”对话框；在路径 D:\项目 4、部件装配及视图表达\任务 4、钻模装配及视图表达文件夹下选取零件模型文件“衬套.ipt”，再单击【打开(O)】按钮；将模型放置在装配环境中，按键盘上的【Esc】键退出。

Step 02 在【装配】选项卡【关系】区域中单击【约束】按钮，系统弹出“放置约束”对话框。在“放置约束”对话框“部件”选项卡中的类型区域中选中“插入”约束【】，选取两圆，如图 4-3-21 所示。在“放置约束”对话框中单击【应用】按钮，完成装配约束。全剖视图效果如图 4-3-22 所示。

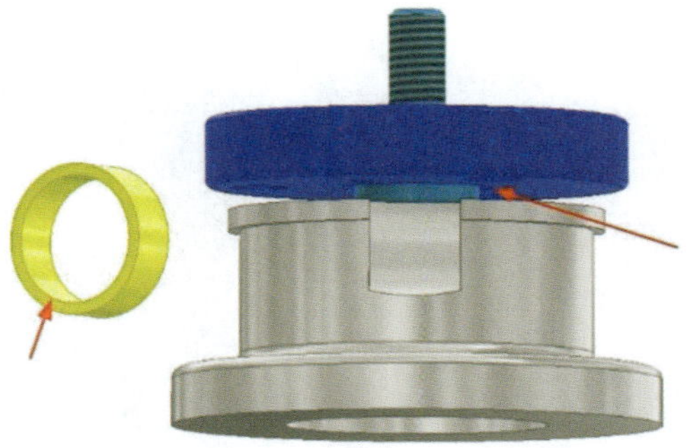

图 4-3-21　选取两圆

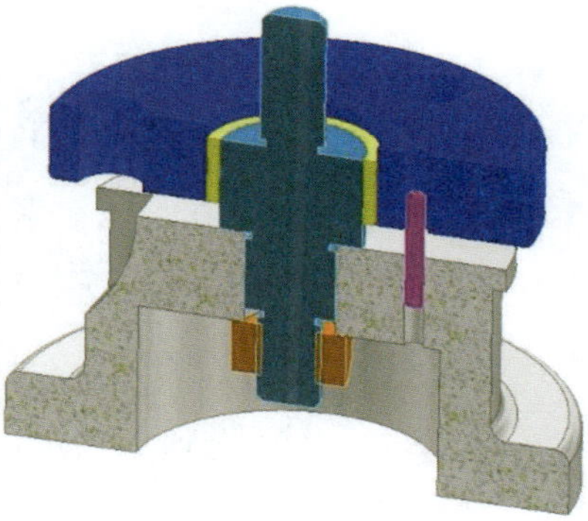

图 4-3-22　全剖视图效果

7. 添加钻套并定位

Step 01 在【装配】选项卡【零部件▾】区域中单击【放置】按钮，系统弹出“装入零部件”对话框；在路径 D:\项目 4、部件装配及视图表达\任务 4、钻模装配及视图表达文件夹下选取零件模型文件“钻套.ipt”，再单击【打开(O)】按钮；将模型放置在装配环境中，按【Esc】键退出。

> ▶ 专家指点
>
> 在放置零件时，如果零件需重复装配多个，可以在放置时鼠标多次点击，则会放置多个同一零件。如在放置一个零件后退出了“放置”操作，如图 4-3-23 所示，可以鼠标选中零件后单击右键选择“复制”，再鼠标右键在弹出命令栏中选择“粘贴”（也可选中零件实施【Ctrl+C】、【Ctrl+V】键操作）即完成多个零件的放置。
>
> 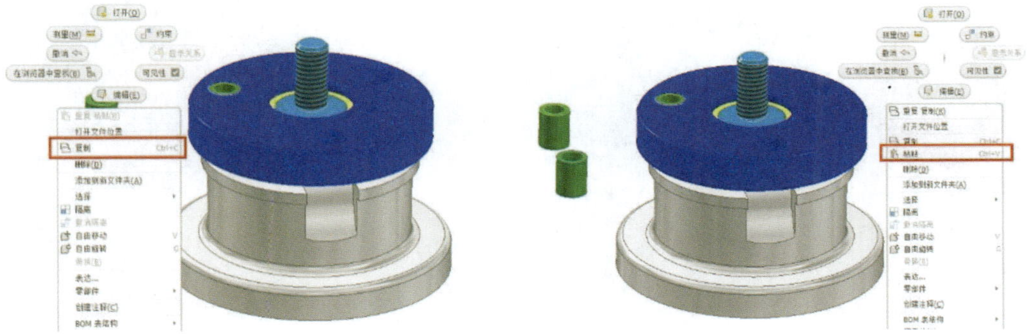
>
> 图 4-3-23　放置重复零件

Step 02 在【装配】选项卡【关系▾】区域中单击【约束】按钮，系统弹出“放置约束”对话框。在“放置约束”对话框“部件”选项卡中的类型区域中选中“插入”约束【】，选取两圆，如图 4-3-24 所示。在“放置约束”对话框中单击【应用】按钮，完成装配约束。装配效果如图 4-3-25 所示。

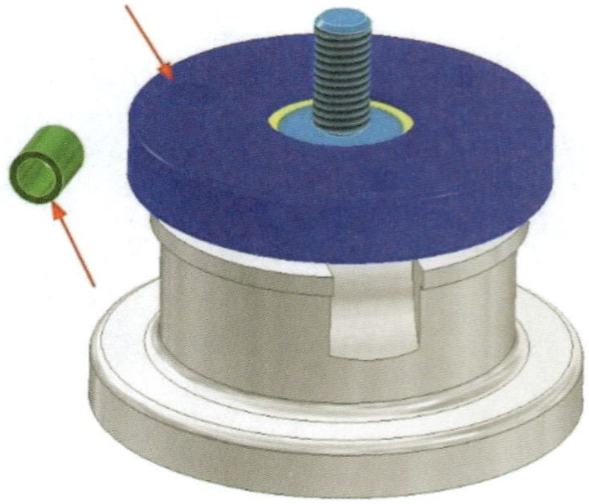

图 4-3-24　添加插入约束

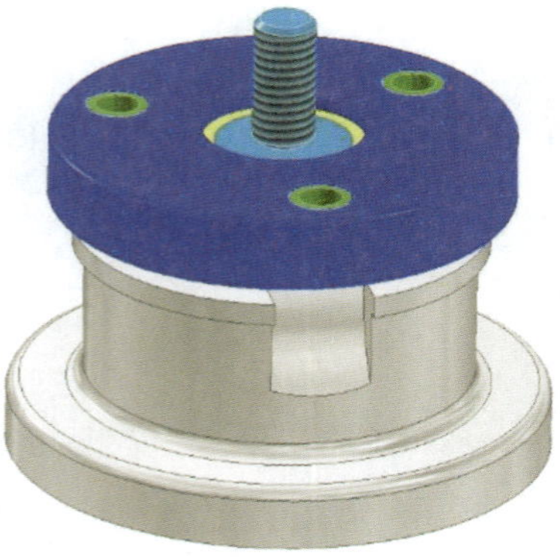

图 4-3-25　装配效果

8．添加开口垫圈并定位

Step 01 在【装配】选项卡【零部件▾】区域中单击【放置】按钮，系统弹出“装入零部件”对话框；在路径 D:\项目 4、部件装配及视图表达\任务 4、钻模装配及视图表达文件夹下选取零件模型文件“钻套.ipt”，再单击【打开(O)】按钮；将模型放置在装配环境中，按键盘上的【Esc】键退出。

Step 02 在【装配】选项卡【关系▾】区域中单击【约束】按钮，系统弹出“放置约束”对话框。在“放置约束”对话框“部件”选项卡中的类型区域中选中“插入”约束【】，选取两圆，如图 4-3-26 所示。在“放置约束”对话框中单击【应用】按钮，完成装配约束。装配效果如图 4-3-27 所示。

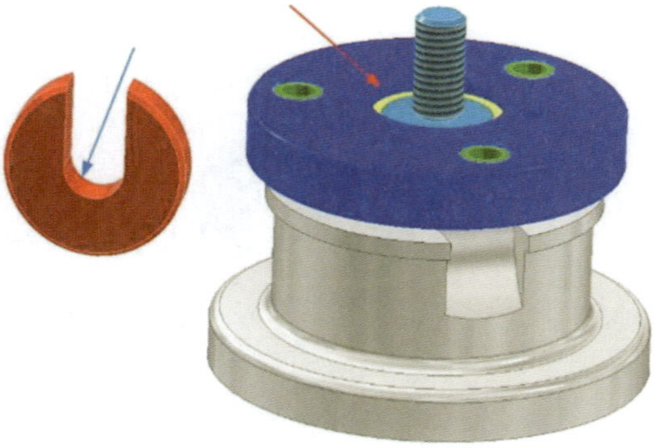

图 4-3-26　添加插入约束

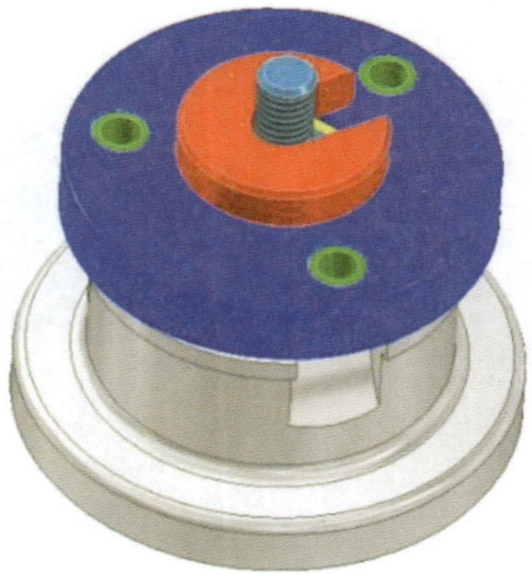

图 4-3-27　装配效果（1）

Step 03 为使装配符合装配图的要求，将开口垫圈的开口约束在销孔方向，并且开口以销孔为中心对称。与在【装配】选项卡【关系▾】区域中单击【约束】按钮，系统弹出“放置约束”对话框。在“放置约束”对话框“部件”选项卡中的类型区域中选中“配合”约束【】，分别选取图 4-3-28 所示的两个基准平面作为约束对象，在“放置约束”对话框中单击【应用】按钮，完成装配约束。装配效果如图 4-3-29 所示。

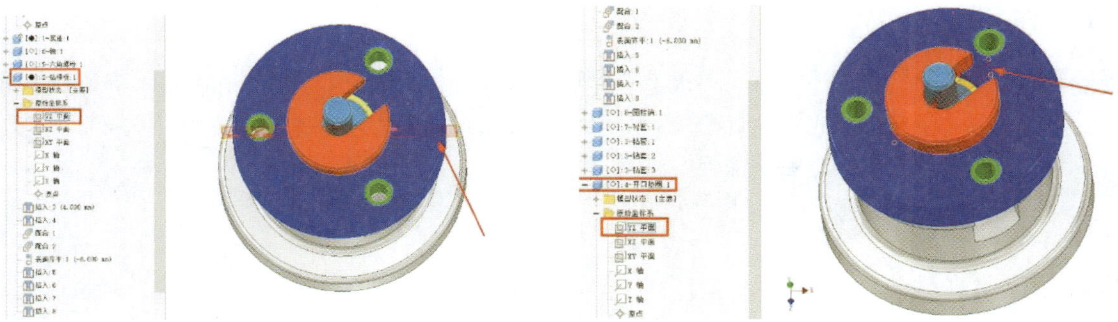

图 4-3-28　采用基准面添加配合约束

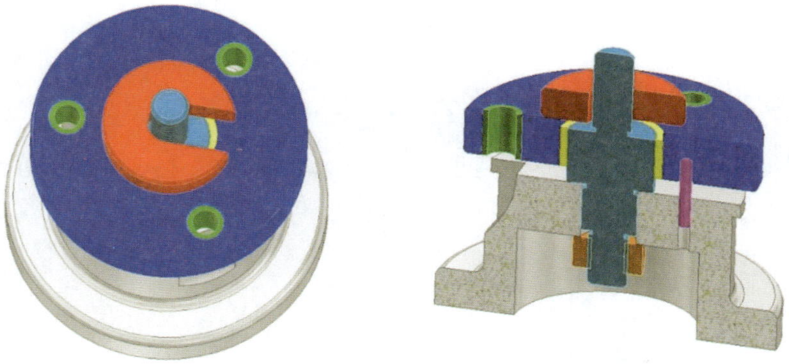

图 4-3-29　装配效果（2）

9．添加特制螺母并定位

Step 01 在【装配】选项卡【零部件▼】区域中单击【放置】按钮，系统弹出“装入零部件”对话框；在路径 D:\项目 4、部件装配及视图表达\任务 4、钻模装配及视图表达文件夹下选取零件模型文件“特制螺母.ipt”，再单击【打开(O)】按钮；将模型放置在装配环境中，按键盘上的【Esc】键退出。

Step 02 在【装配】选项卡【关系▼】区域中单击【约束】按钮，系统弹出“放置约束”对话框。在“放置约束”对话框“部件”选项卡中的类型区域中选中“插入”约束【 】，选取两圆，如图 4-3-30 所示。在“放置约束”对话框中单击【应用】按钮，完成装配约束。装配效果如图 4-3-31 所示。

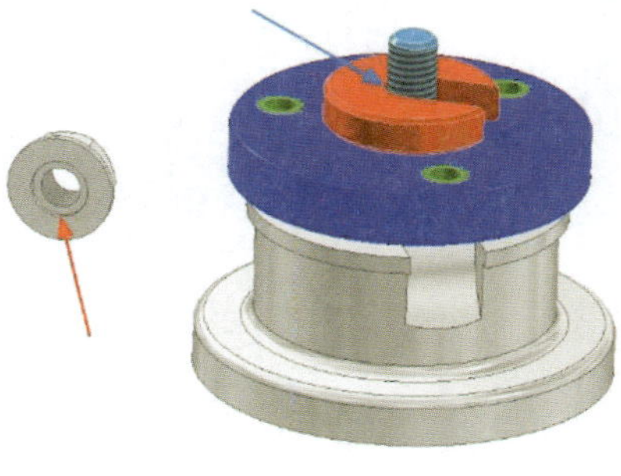

图 4-3-30　添加插入约束

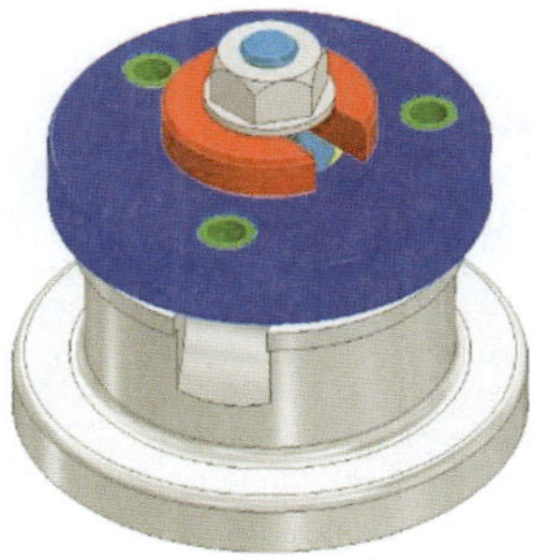

图 4-3-31　装配效果

10. 保存装配文件

Step 单击保存【】按钮，系统弹出“另存为”对话框，在“保存在”栏浏览至存放路径 D:\ 项目 4、部件装配及视图表达\任务 4、钻模装配及视图表达文件夹下，将“文件名”命名为“钻模总装配”，单击“保存”。

11. 创建表达视图文件

Step 01 点击【新建命令】，选择【】，单击【创建】，系统弹出“插入”对话框。

Step 02 如图 4-3-32 所示，在“查找范围”浏览至钻模装配体文件存放路径 D:\项目 4、部件装配及视图表达\任务 4、钻模装配及视图表达文件夹，选中装配体文件“钻模总装配”，单击“打开”，系统自动进入表达视图环境。

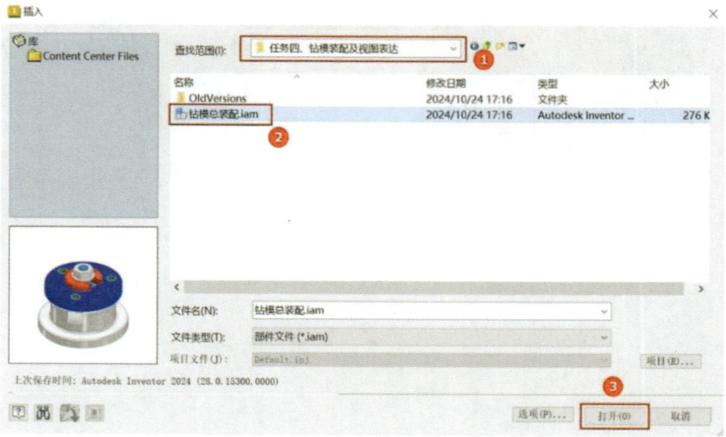

图 4-3-32　选择装配体

12. 调整零件位置

Step 01 在【表达视图】选项卡【零部件】区域中单击【】按钮，选择要调整的零件，如图 4-3-33 所示的操作步骤，将零件“特制螺母”沿 *Y* 方向调整至图示位置。

图 4-3-33　调整特制螺母位置

Step 02 同理，按步骤 1 的方法调整其他零件，得到钻模装配体零件视图表达，表达视图效果如图 4-3-34 所示。

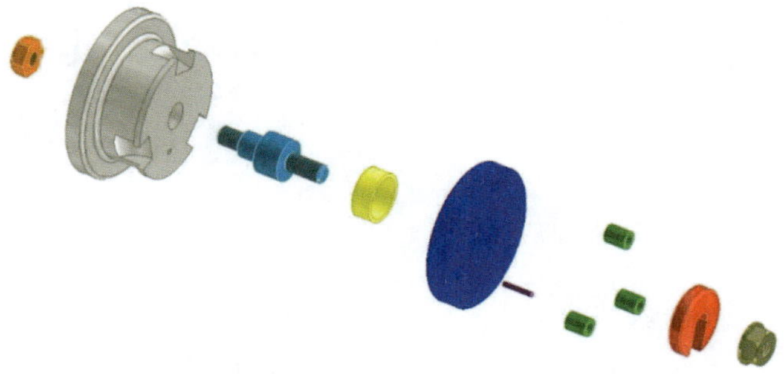

图 4-3-34　表达视图效果

13．保存视图表达文件

Step 单击保存【 】按钮，系统弹出“另存为”对话框，浏览至存放路径 D:\ 项目 4、部件装配及视图表达\任务 4、钻模装配及视图表达文件夹，将“文件名”命名为“钻模视图表达.ipn”，单击“保存”。

项目5 工 程 图

项目概述

工程图是连接设计与制造的桥梁。通过规范的二维图纸传递零件的几何形状、尺寸公差、工艺要求等关键信息。本项目将以典型机械零件与装配体为例，系统讲解工程图的环境配置、视图创建、标注规范及图纸输出全流程。

素质目标

（1）通过学习二维图纸作图，使学生理解规范作图的重要性。

（2）通过学习做出零件图，培养学生结构化思维，学会如何将复杂信息有序组织。

任务1 固定钳身工程图

学习目标

（1）了解工程图模板的创建方法。

（2）熟悉基础视图的创建方法。

（3）掌握投影视图的创建方法。

（4）掌握标注样式的创建方法。

（5）能根据图纸尺寸要求进行标注。

工作任务

根据已给的固定钳身三维模型，完成如图 5-1-1 所示固定钳身零件的工程图。

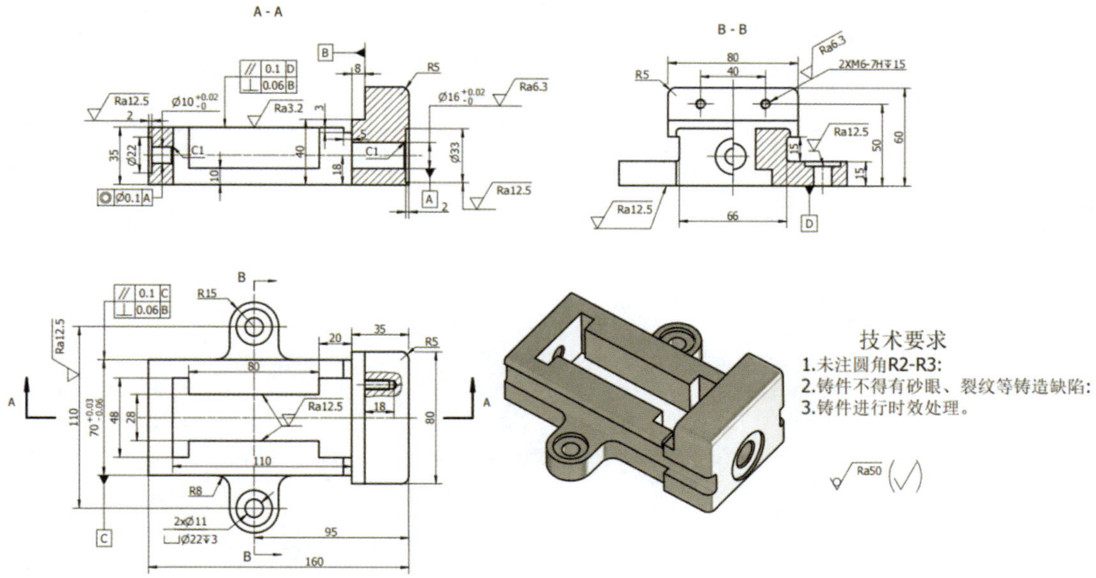

图 5-1-1　固定钳身图纸

任务重点与实施

1. 创建工程图模板

（1）设置样式库模式

创建工程图模板（1）

Step 01 启动 Inventor 软件，点击软件界面的左上角【文件】，在文件下拉菜单中单击【管理】，在管理菜单中选择【项目】，在项目对话框中找到【使用样式库-只读】选项，把【使用样式库-只读】改成【使用样式库-读-写】。

Step 02 单击【保存】和【应用】，点选【完毕】按钮，退出软件，如图 5-1-2 所示。

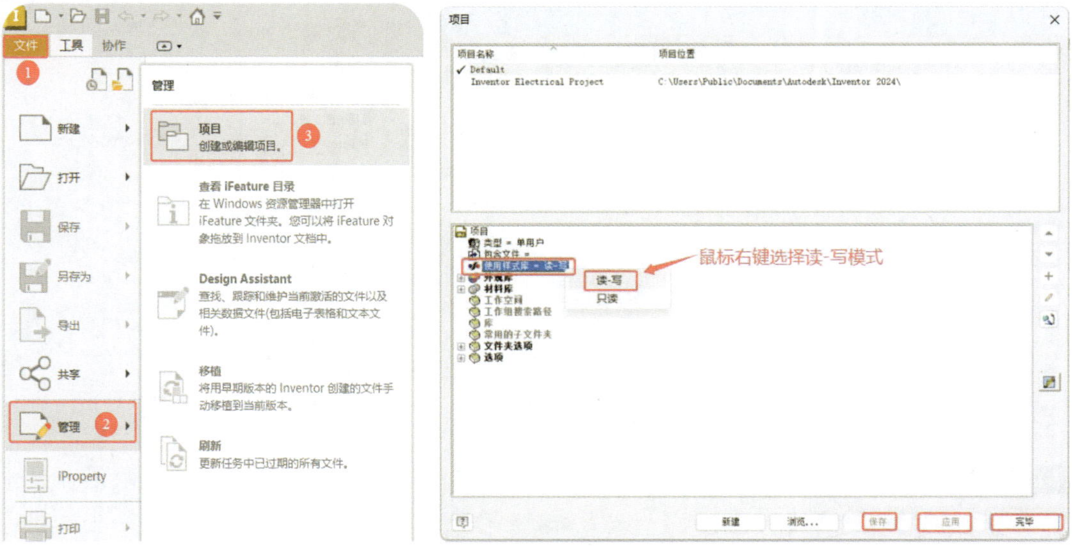

图 5-1-2　设置样式库读写模式

> **▶ 专家指点**
>
> Inventor 自带的样式库只有只读模式，如果需要编辑原有的内容，或者是创建自己的标准件库，都需要有一个可读写的库，以便储存这些内容。

（2）创建图纸模板

Step 01 新建工程图。单击新建【 】，选择 Standard.dwg【 】或者 Standard.idw【 】，单击【创建】，如图 5-1-3 所示。

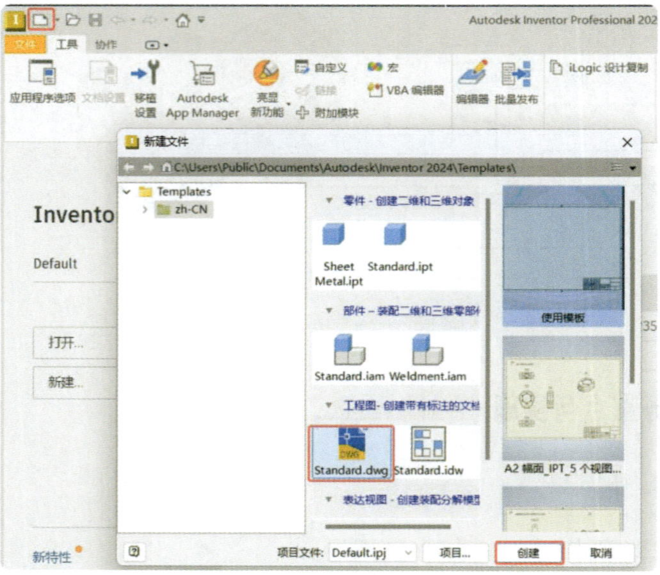

图 5-1-3　新建工程图

Step 02 更改图幅大小。进入工程图创建界面，用鼠标右键单击【图纸】，选择【编辑图纸】，在图幅大小中选择要创建的图幅大小和方向（以 A3 横向为例，选择图幅大小为 A3，方向为横向），单击【确定】按钮，如图 5-1-4 所示。

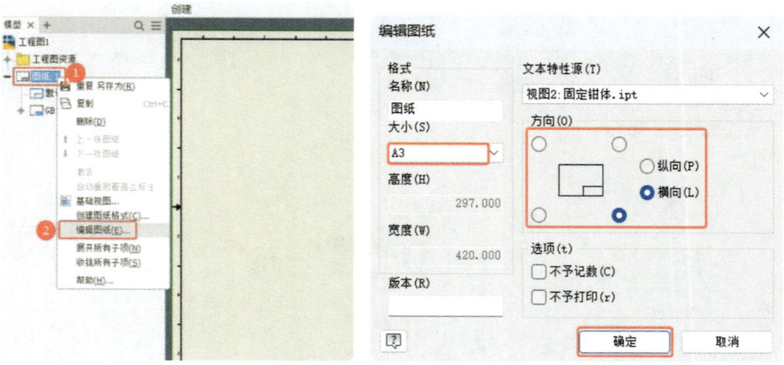

图 5-1-4　更改图幅大小

Step 03 修改标题栏。在工程图界面左边的模型树菜单栏中，用鼠标右键单击刚才新建的图纸【GB1】，选择【编辑定义】，进入标题栏修改界面，单击【确定】按钮，如图 5-1-5 所示。根据自己所需修改标题栏内容，这里以修改材料、单位、零件代号、名称、重量为例。

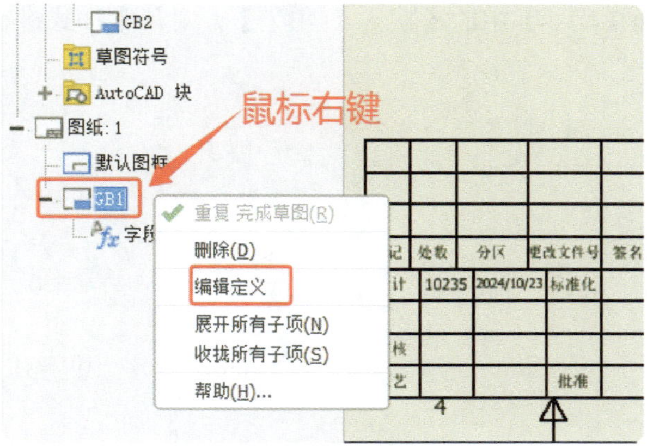

图 5-1-5　修改标题栏 1

① **材料**：类型为【标准 iProperty】，源为【主模型或附著模型>工程图 1】，特性为【材料】，然后单击【添加参数】，设置合适的文本大小（以 5 mm 为例），单击【确定】按钮。

② **重量**：类型为【物理特性-模型】，源为【主模型或附著模型>工程图 1】，特性为【质量】，然后单击【添加参数】，设置合适的文本大小（以 2.5 mm 为例），单击【确定】按钮。

③ **零件代号**：类型为【标准 iProperty】，源为【<当前工程图>Standard. dvg】，特性为【零件代号】，然后单击【添加参数】，设置合适的文本大小（以 5 mm 为例），单击【确定】按钮。

④ **单位**：类型为【标准 iProperty】，源为【<当前工程图>Standard. dvg】，特性为【单位】，然后单击【添加参数】，把【单位】文本删掉，直接改成自己的单位（以×××职业学院为例），设置合适的文本大小（以 5 mm 为例），单击【确定】按钮，更改效果如图 5-1-6 所示，全部更改完单击完成草图【】。在更改过程中要用文本命令【A 文本】、直线命令【】和重合约束命令【】。

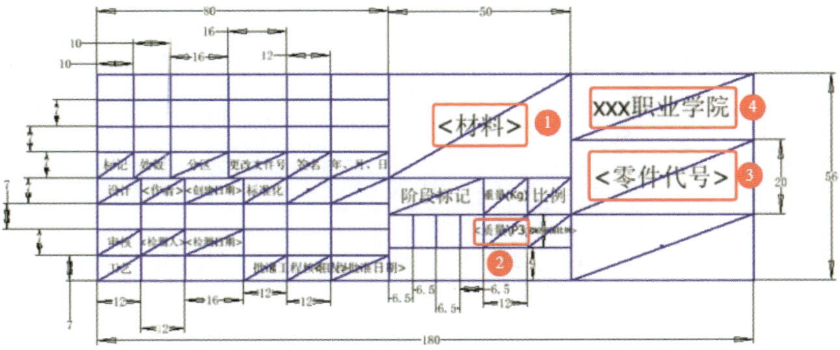

图 5-1-6　修改标题栏 2

Step 04 更改常用标注样式。单击菜单栏中的【管理】，单击【样式编辑器】，在左边的菜单栏中更改以下项目的设置。格式包括尺寸外观、图层、线型、文本样式、表格式及与标注对象相关的其他任何格式。样式和标准信息包含在所有文档均参考的样式库中。

创建工程图模板（2）

① **尺寸更改**：选择【尺寸】中的【默认（GB）】，对尺寸样式进行设置，如图 5-1-7 至图 5-1-14 所示。

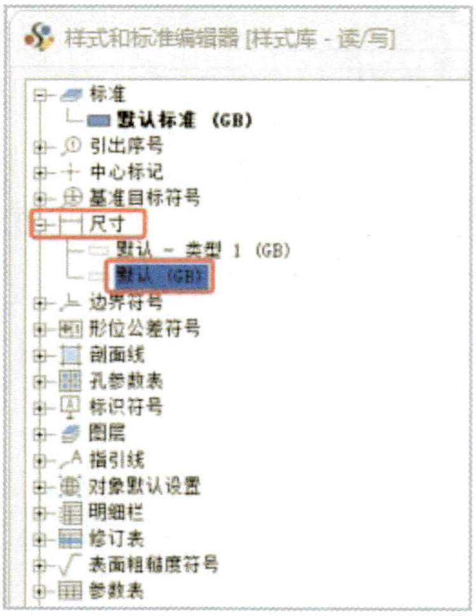

图 5-1-7　尺寸样式修改 1

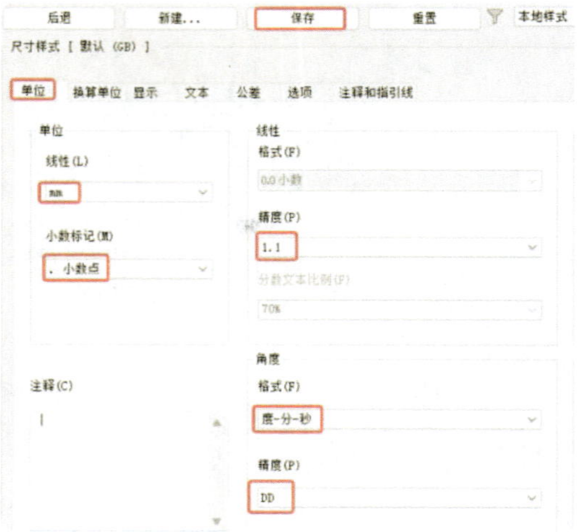

图 5-1-8　修改单位参数

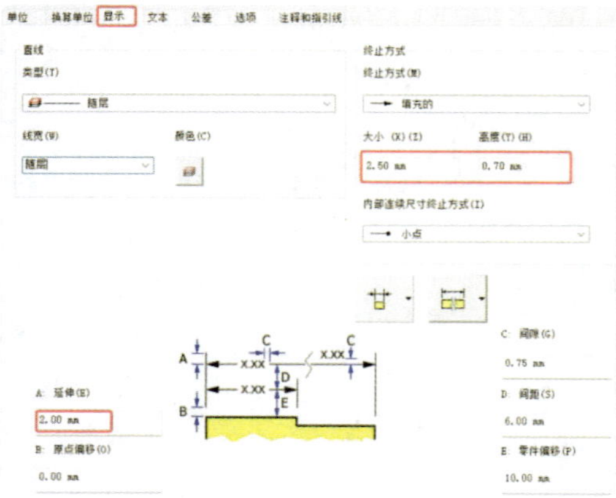

图 5-1-9　修改显示参数

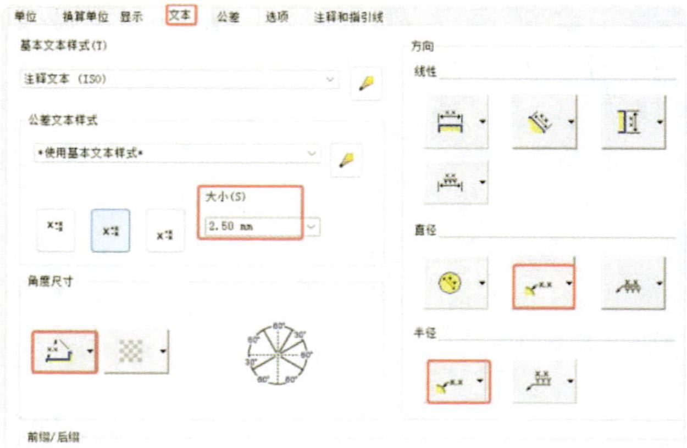

图 5-1-10　修改文本参数

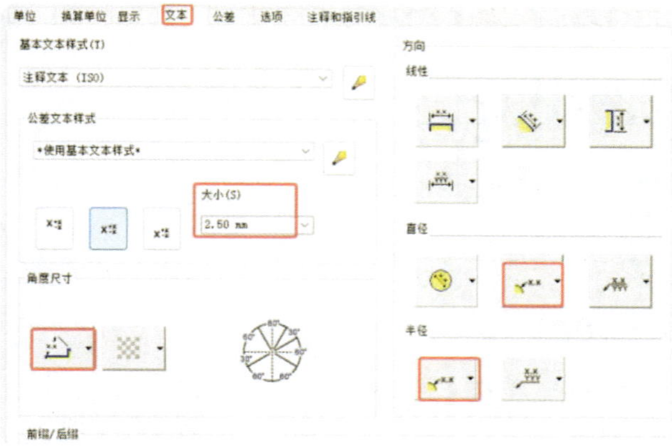

图 5-1-11　修改文本参数

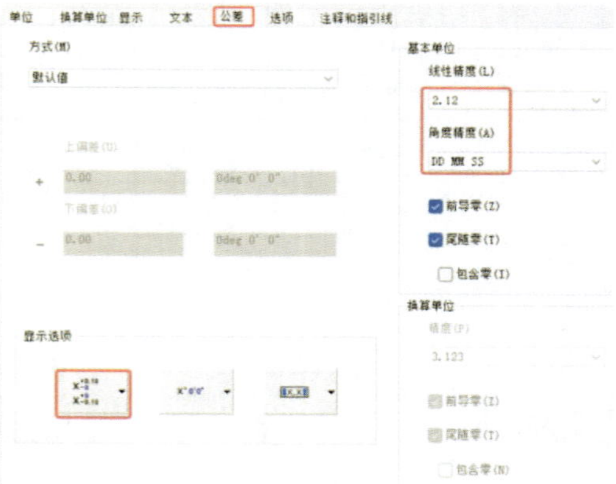

图 5-1-12　修改公差参数

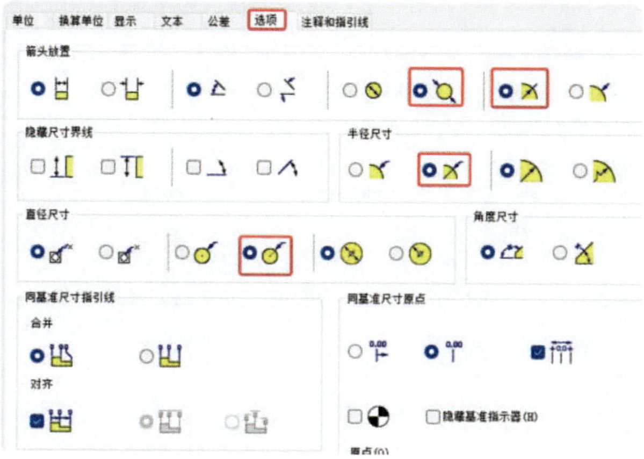

图 5-1-13　修改选项参数

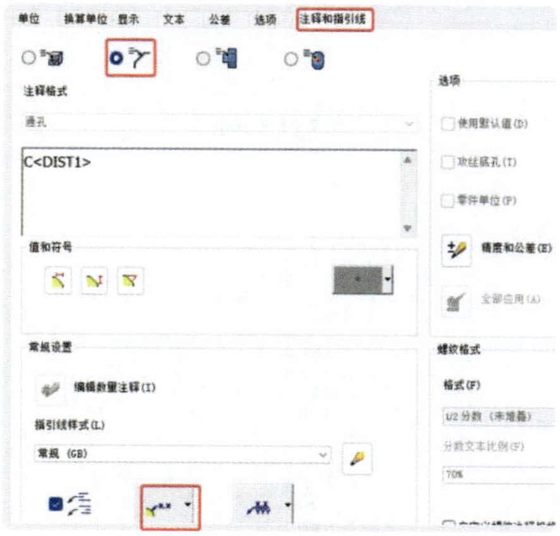

图 5-1-14　修改注释和指引线参数

② **尺寸图层更改**：选择【图层】中的【尺寸】，对尺寸图层进行设置，如图 5-1-15 所示。

图 5-1-15　尺寸图层设置。

③ **指引线更改**：选择【指引线】中的【常规】和【基准】进行设置，如图 5-1-16 所示。

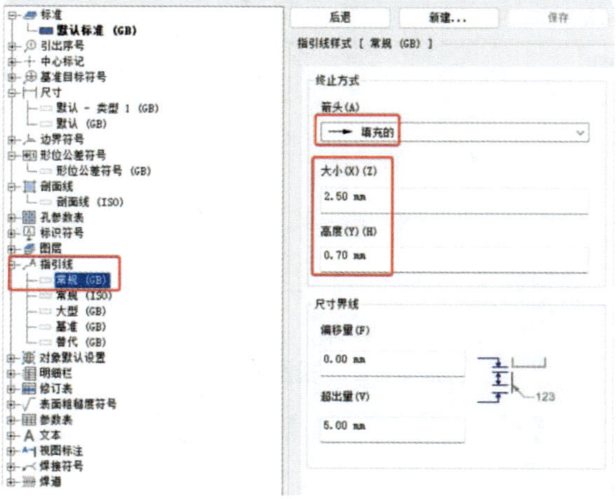

图 5-1-16　指引线设置

④ **文本更改**：选择【文本】中的【标签文本】和【注释文本】，对文本进行设置，如图 5-1-17 所示。

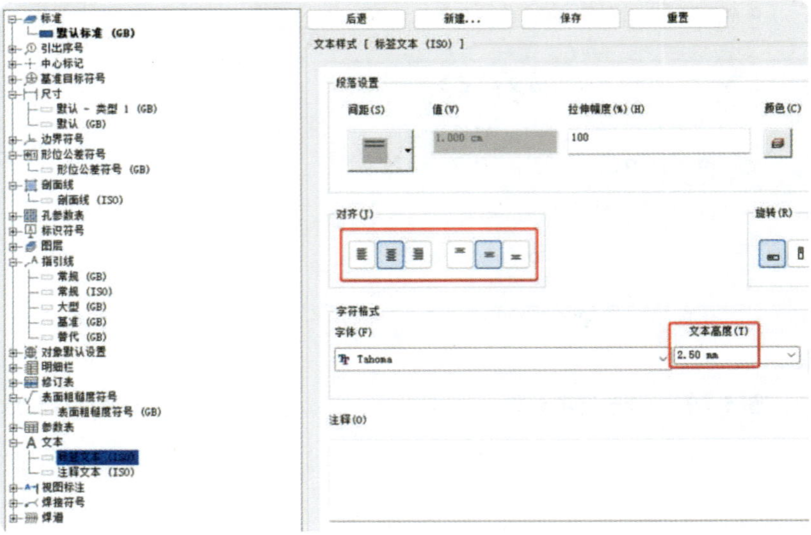

图 5-1-17　文本设置

⑤ **视图标注更改**：选择【视图标注】中的【视图标注】，对视图标注进行设置，如图 5-1-18 所示。

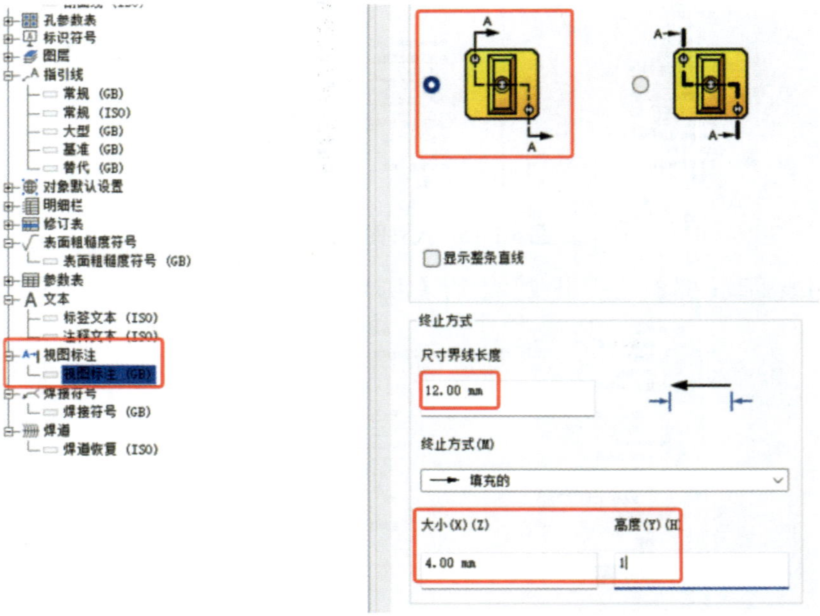

图 5-1-18　视图标注设置

⑥ **标识符号更改**：选择【标识符号】中的【基准标识符号】，对基准标识符号进行设置，如图 5-1-19 所示。

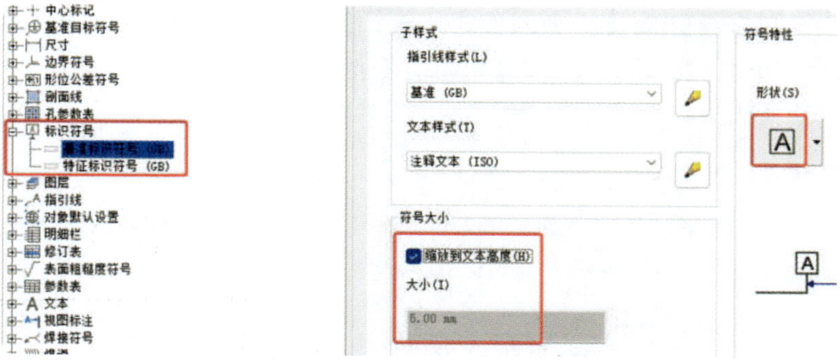

图 5-1-19　基准标识符号设置

Step 05 保存图纸样式。单击【文件】菜单，选择【另存为】中的【保存副本为模板】，输入文件名（输入 A3 模板为例），单击“保存”按钮，完成保存图纸样式，如图 5-1-20 所示。

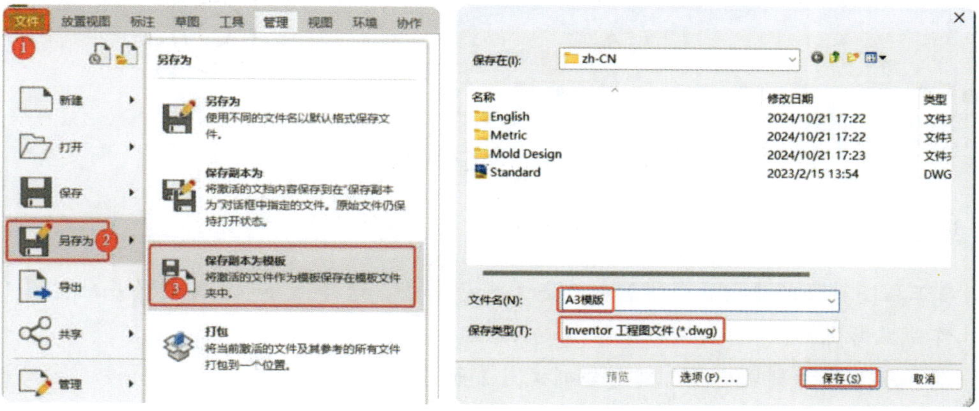

图 5-1-20　保存图纸样式

2．创建固定钳身基础视图

创建固定钳身基础视图

Step 01 在工程图的界面单击【鼠标右键】或者单击【放置视图】菜单栏中的【基础视图】，如图 5-1-21 所示。

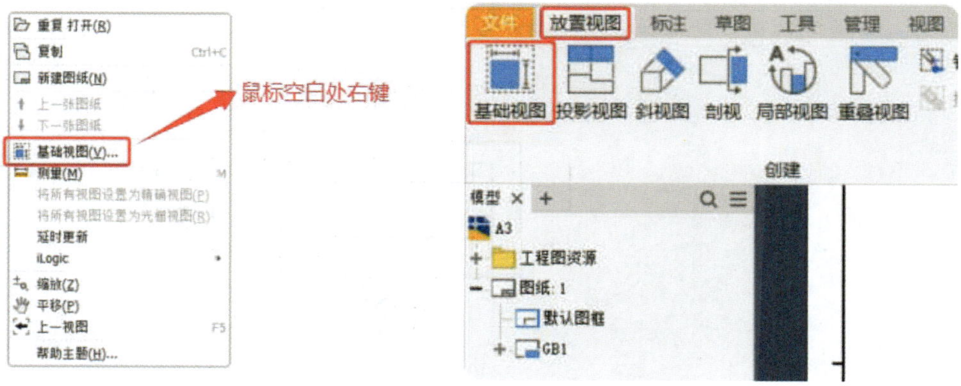

图 5-1-21　创建基础视图（1）

Step 02 单击【打开现有模型】，找到固定钳身三维模型，再在样式中打开【显示隐藏线】，在比例中选择 1∶2，单击【确定】按钮，如图 5-1-22 所示。

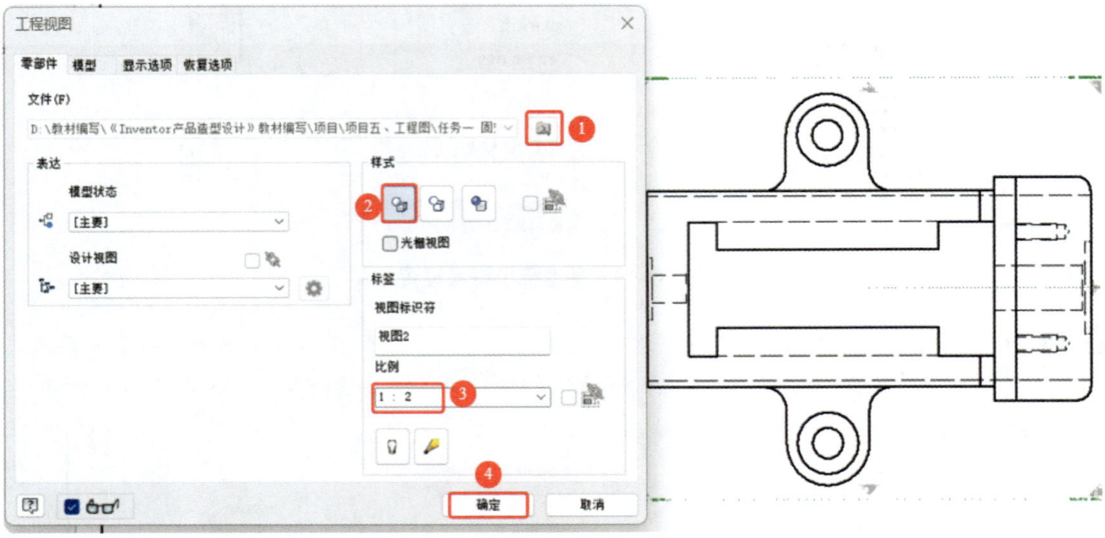

图 5-1-22　创建基础视图（2）

3．创建固定钳身投影视图 2（全剖视图）

Step 01 在工程图界面的【放置视图】中单击【剖视】，选择上一步创建好的基础视图（视图 1）作为投影视图。

Step 02 选择 A-A 作为剖切路径，创建全剖视图 2 如图 5-1-23 所示。

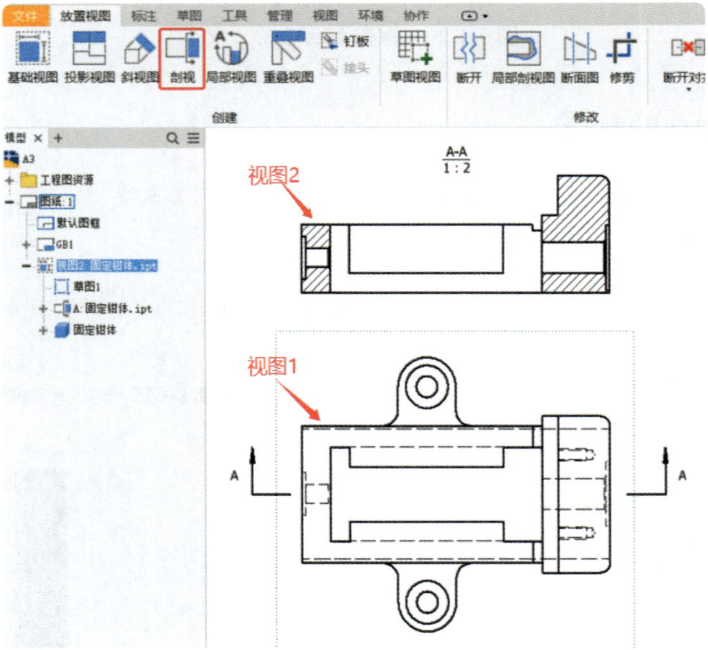

图 5-1-23　创建全剖视图 2

4．创建固定钳身投影视图 3

Step 01 创建基本投影视图 3。在工程图的界面单击【投影视图 】，选择视图 2 作为投影视图，创建投影视图 3 如图 5-1-24 所示。

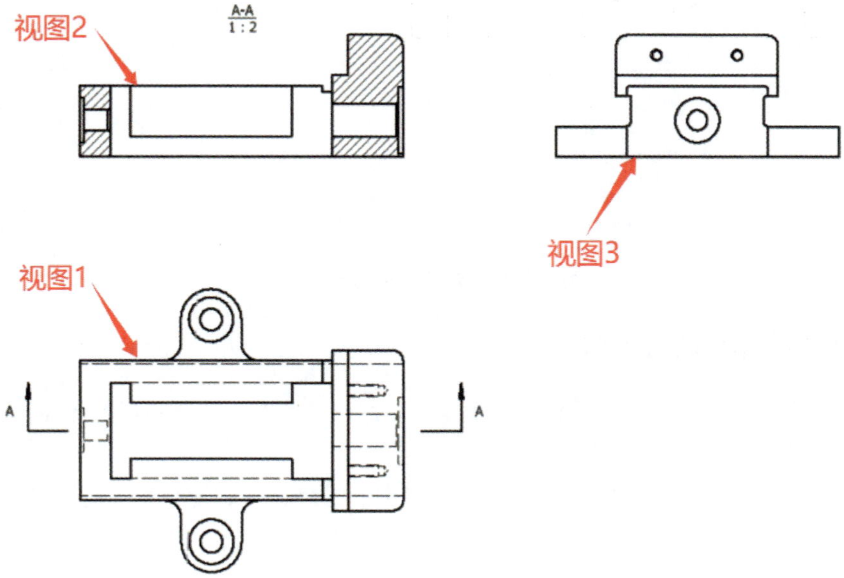

图 5-1-24　创建投影视图 3

Step 02 创建视图 3 的局部视图。在工程图的界面单击【局部剖视图 】，选择视图 3 作剖视草图，选择视图 1 上圆心为剖切深度点，创建局部剖视图草图如图 5-1-25 所示。

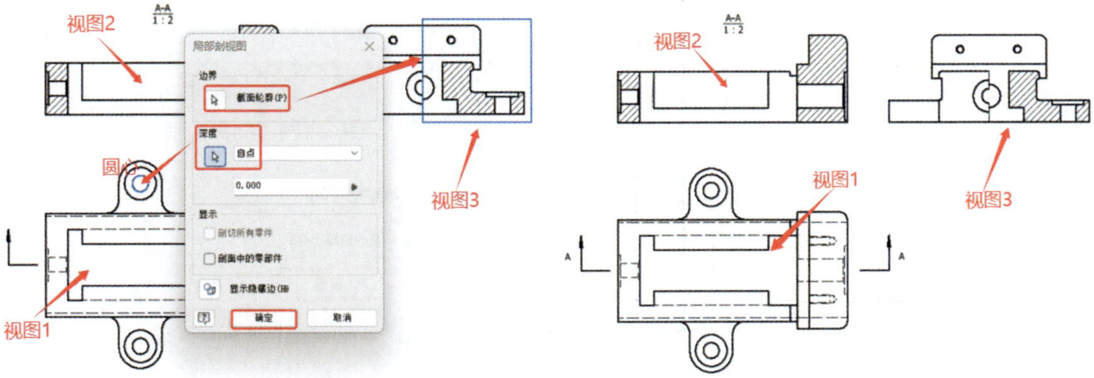

图 5-1-25　创建局部剖视草图

Step 03 对视图 3 进行编辑。在【视图 3】中，对视图中多余的线进行隐藏【可见性】，鼠标右键对准需要隐藏的线，在弹出的下拉菜单中选择【可见性】，如图 5-1-26 所示。

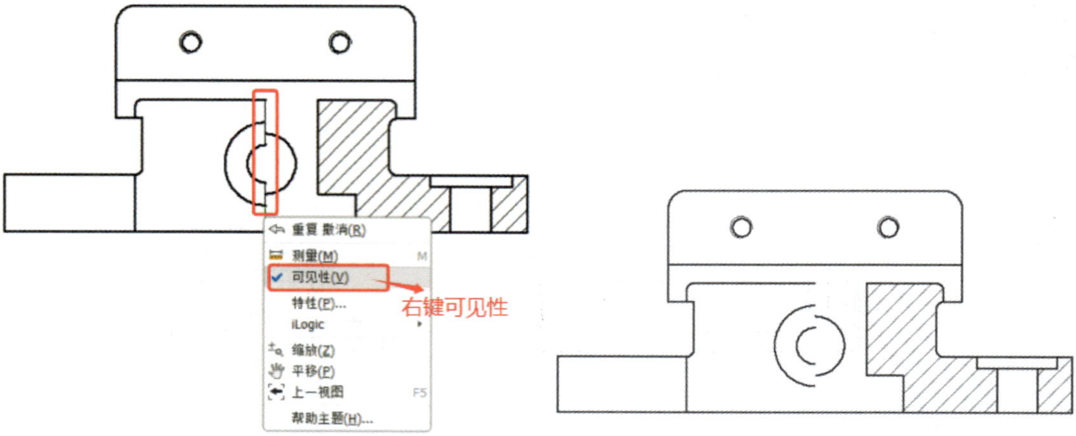

图 5-1-26　对多余的线进行隐藏

5．创建视图 1 中的局部剖视图

Step 01 在工程图界面的【放置视图】中单击【局部剖视图】，选择视图 1 作剖视草图轮廓（用样条曲线绘制）。

Step 02 选择视图 1 上孔顶点作为剖切深度点，单击【确定】按钮，创建视图 1 局部剖视图如图 5-1-27 所示。

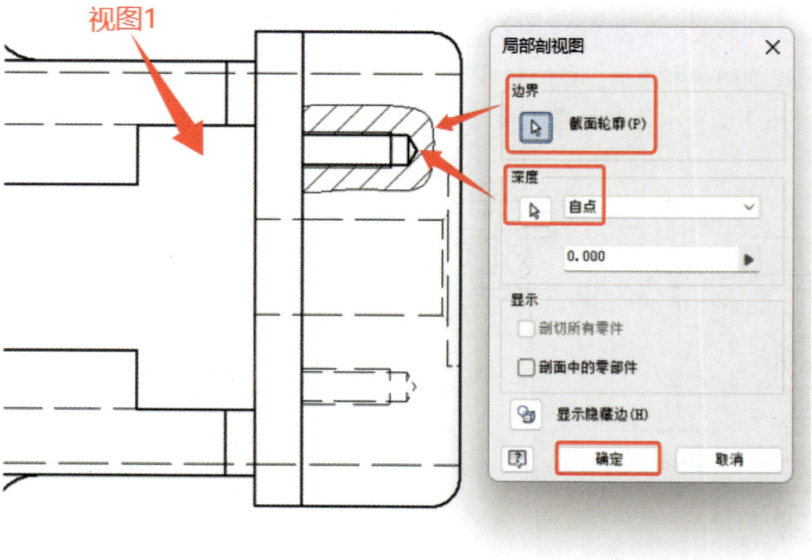

图 5-1-27　创建视图 1 局部剖视图

6．创建轴测图视图 4、中心线

Step 01 单击【基础视图】，选择固定钳身三维模型文件，选择比例为 1：2，样式为着色，放置方式为自定义，单击【确定】按钮，创建轴测视图 4 如图 5-1-28 所示。

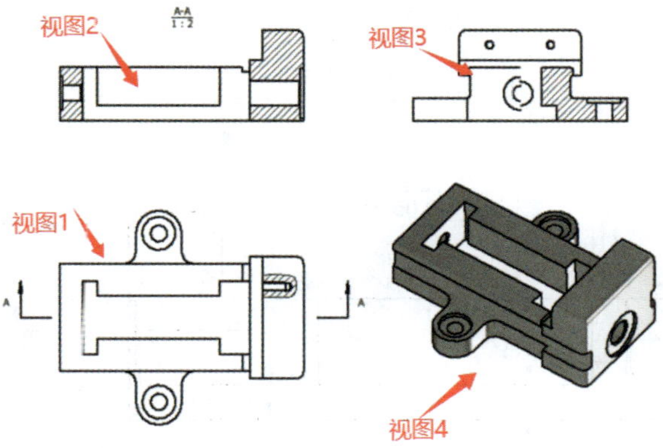

图 5-1-28　创建轴测视图 4

Step 02 在【标注】菜单栏中用【中心线】、【对分中心线】和【中心标注】功能标注视图中所需的对称线和圆心中心，如图 5-1-29 所示。

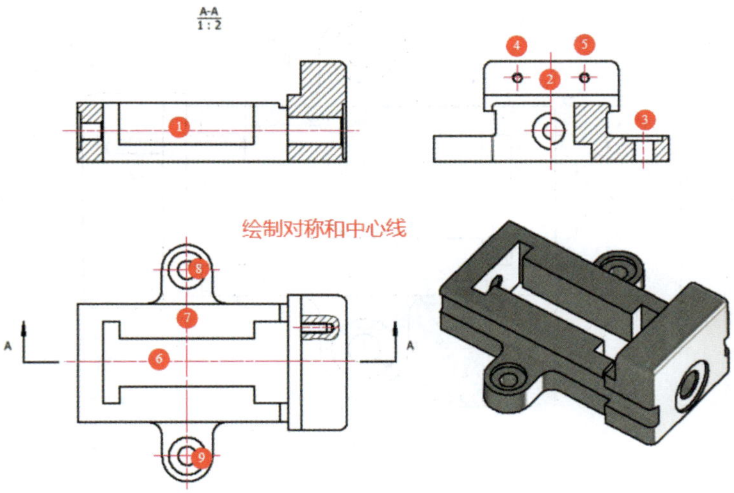

图 5-1-29　创建对称和中心线

7. 对视图 2、视图 1 和视图 3 进行尺寸标注

尺寸标注（1）　　尺寸标注（2）

Step 01 在【标注】菜单栏中用【通用尺寸】、【倒角 倒角】、【形位公差】、【基准】、【表面粗糙度】等功能标注视图 2 中所需的尺寸，如图 5-1-30 所示。

Step 02 在【标注】菜单栏中用【通用尺寸】、【形位公差】、【基准】、【表面粗糙度】等功能标注视图 1 中所需的尺寸，如图 5-1-31 所示。

Step 03 在【标注】菜单栏中用【通用尺寸】、【形位公差】、【基准】等功能标注视图 3 中所需的尺寸，如图 5-1-32 所示。

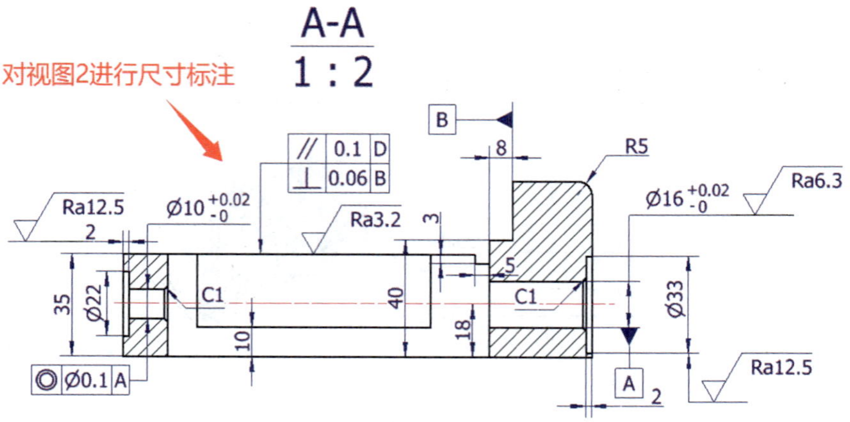

图 5-1-30　视图 2 尺寸标注

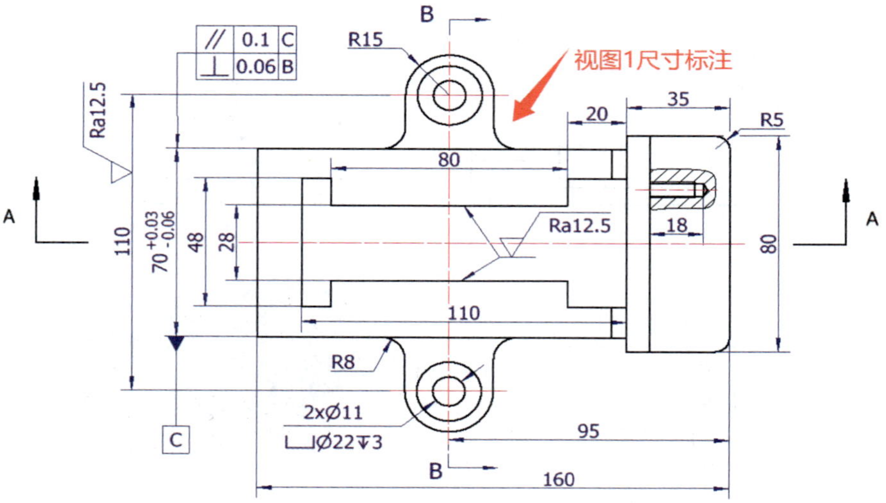

图 5-1-31　视图 1 尺寸标注

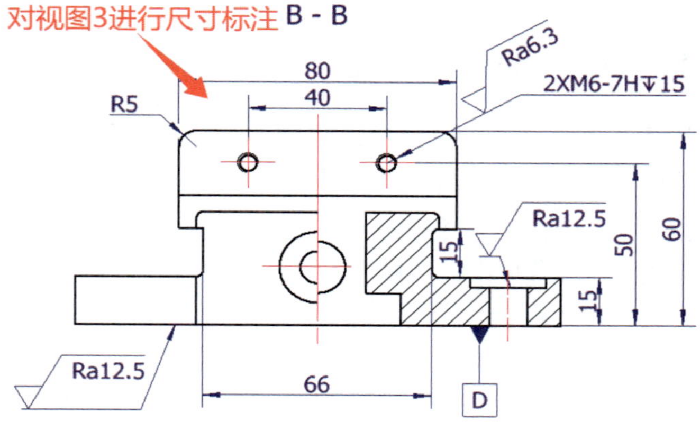

图 5-1-32　视图 3 尺寸标注

8．创建图纸技术要求

创建图纸技术要求

Step 在【标注】菜单栏中用【文本 A】、【表面粗糙度 √】等功能创建图纸技术要求，如图 5-1-33 所示，整张图纸效果如图 5-1-34 所示。

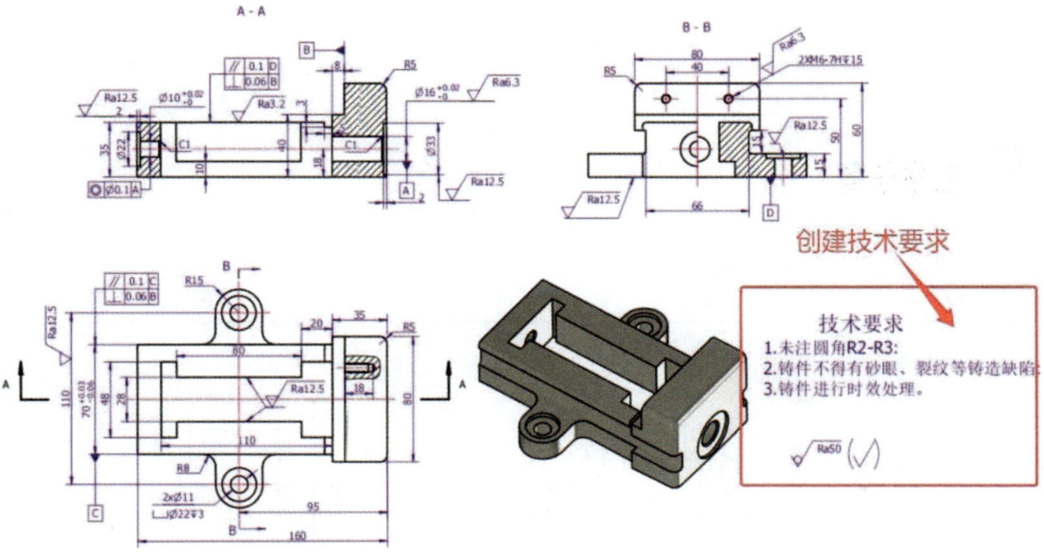

图 5-1-33 创建技术要求

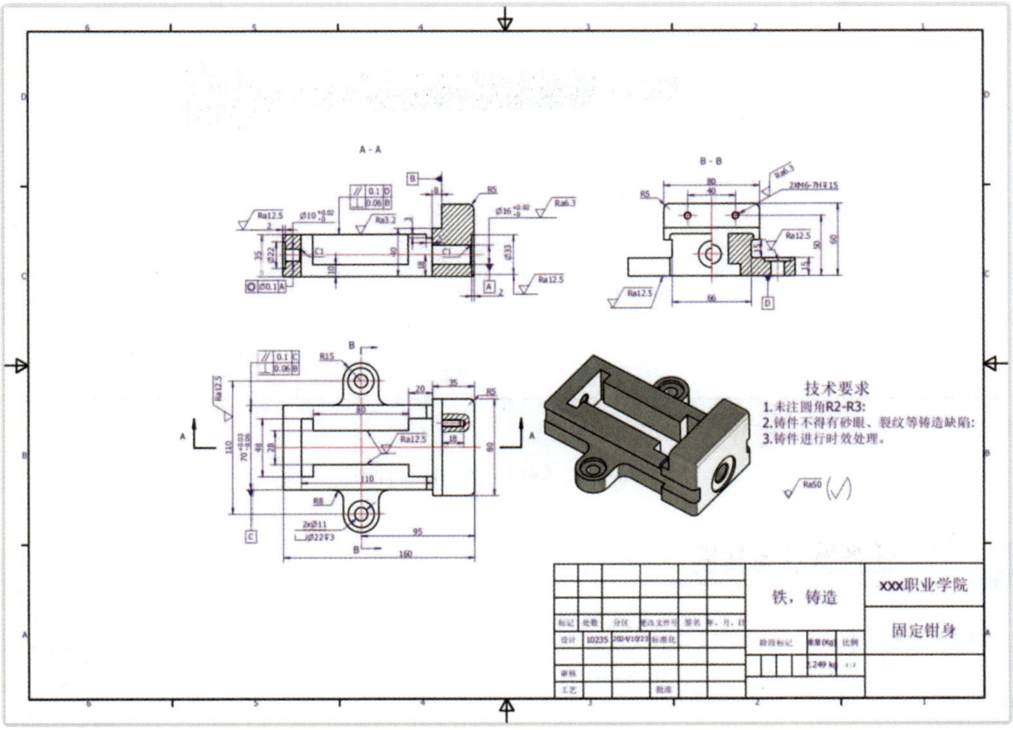

图 5-1-34 整张图纸效果

任务 2　螺杆工程图

学习目标

（1）了解断开视图的创建方法。
（2）掌握局部视图的创建方法。
（3）熟悉轴类零件视图的表达方法。

工作任务

根据已给螺杆三维模型，完成如图 5-2-1 所示螺杆零件的工程图。

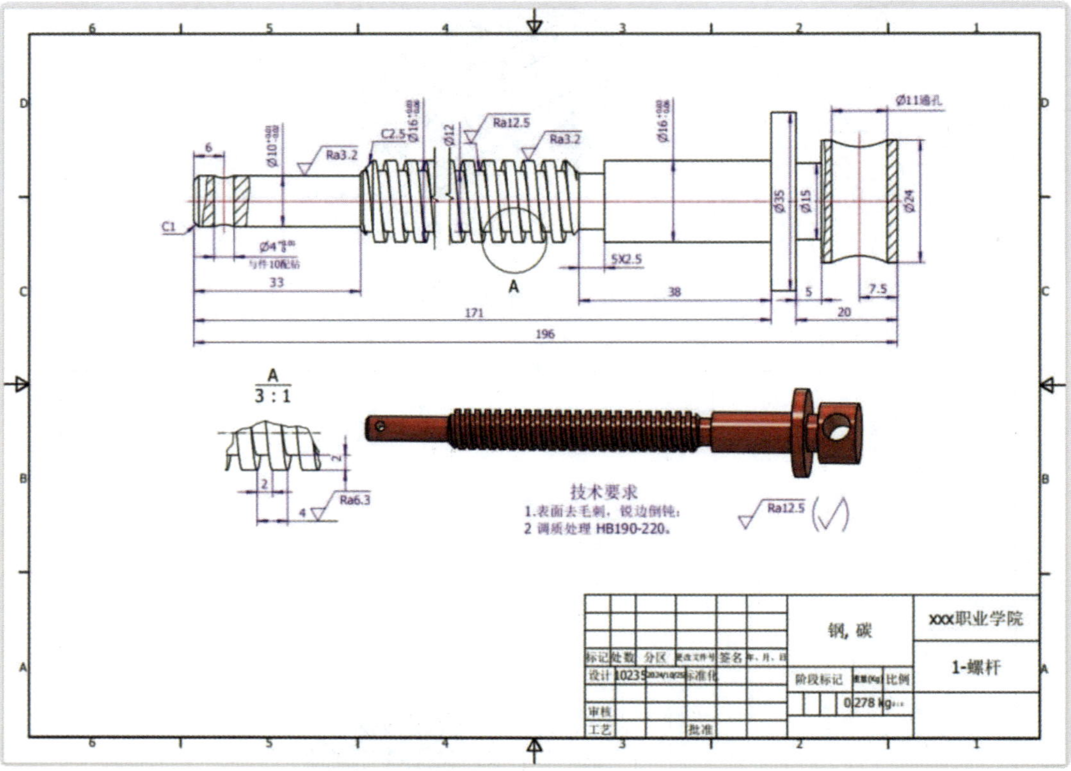

图 5-2-1　螺杆零件的工程图

任务重点与实施

1. 新建工程图

Step 01 打开螺杆三维零件模型。单击【文件】菜单，选择【打开】，找到螺杆三维模型存储的路径，单击“打开”按钮，如图 5-2-2 所示。

螺杆工程图（1）

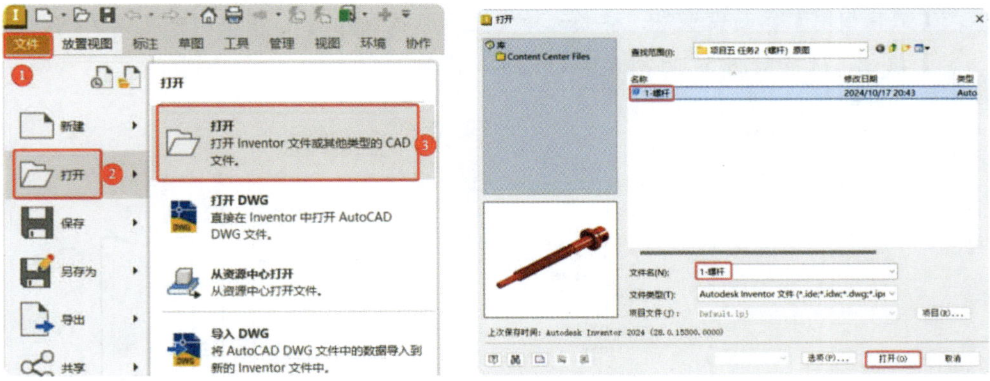

图 5-2-2　打开螺杆三维模型

Step 02 调用图纸模版。单击【文件】菜单中的【新建】，选择【工程图】中的【A3 模版】，单击【确定】按钮，如图 5-2-3 所示。

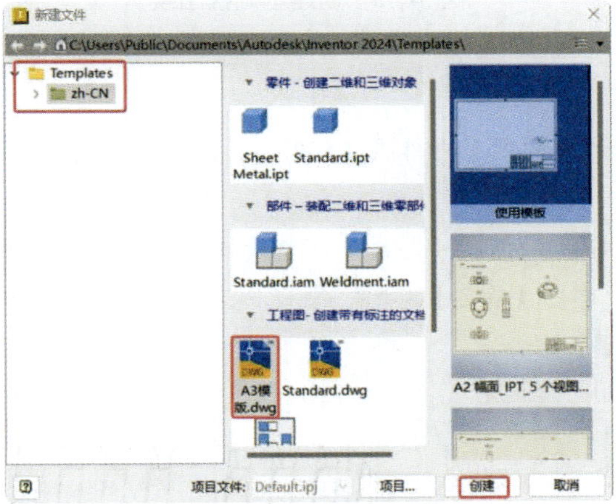

图 5-2-3　调用工程图模版

2. 创建螺杆基础视图

Step 01 在工程图的界面中，单击【鼠标右键】或者单击【放置视图】菜单栏中的【基础视图】，如图 5-2-4 所示。

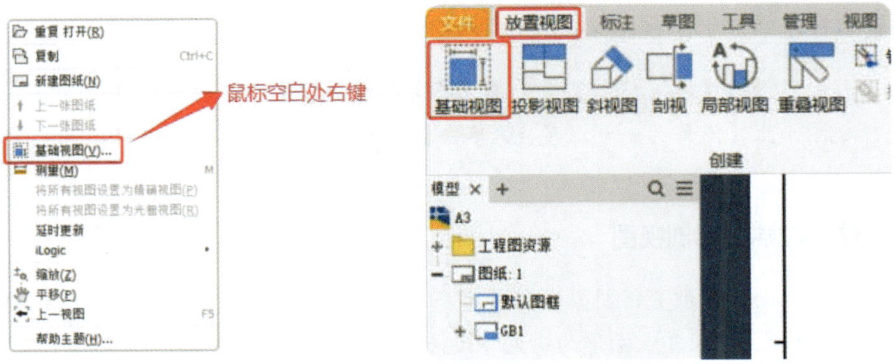

图 5-2-4　创建基础视图

Step 02 在【工程视图】界面设置中，样式选择【显示隐藏线】，在比例中选择 2∶1，单击【确定】按钮，选择如图 5-2-5 所示。

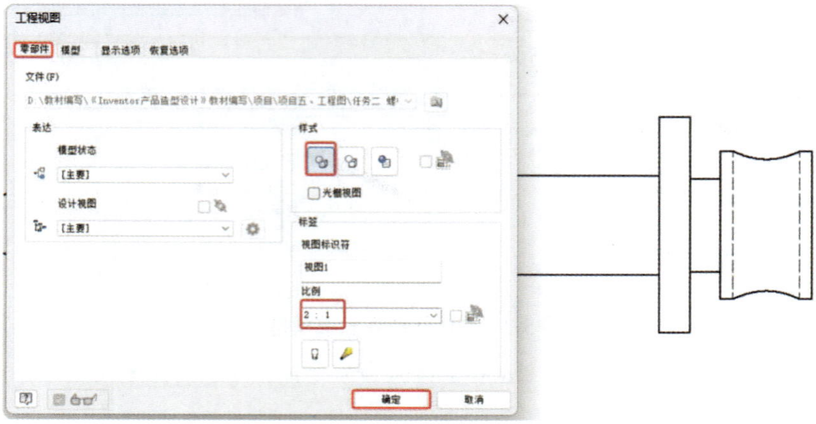

图 5-2-5　创建基础视图续

3．创建螺杆断开视图（断开视图）

Step 01 在工程图界面的【放置视图】中单击【断开】，选择上一步创建好的基础视图（视图 1）作为断开视图。

Step 02 在视图 1 中选择要断开的范围（距离），断开样式选择【构造样式】，方向选择【横向】，设置合理的大小，单击【确定】按钮，创建断开视图如图 5-2-6 所示。

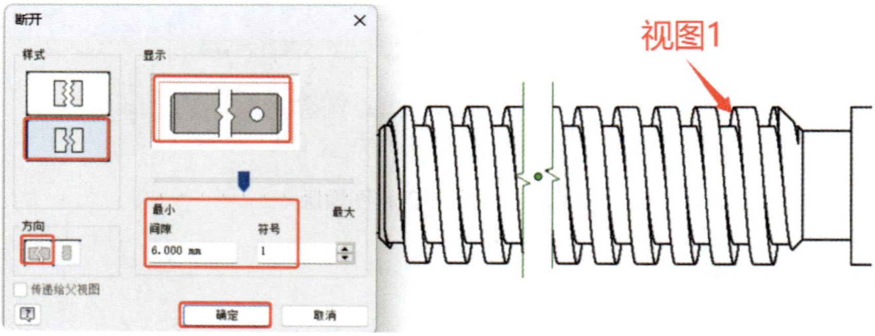

图 5-2-6　创建断开视图

4．创建螺杆左端局部剖视图

Step 01 在工程图界面的【放置视图】中单击【局部剖视图】，选择视图 1 作为剖视草图轮廓。

Step 02 选择视图 1 上①点作为剖切深度点，单击【确定】按钮，创建螺杆左端局部剖视图如图 5-2-7 所示。

5．创建螺杆右端局部剖视图

Step 01 在工程图界面的【放置视图】中单击【局部剖视图】，选择视图 1 作为剖视草图轮廓。

Step 02 选择视图 1 上的深度点①作为剖切深度点，单击【确定】按钮，创建螺杆右端局部剖视图如图 5-2-8 所示。

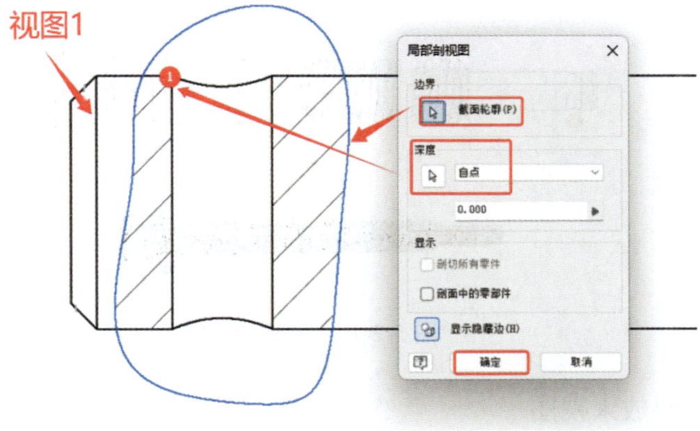

图 5-2-7　创建螺杆左端局部剖视图

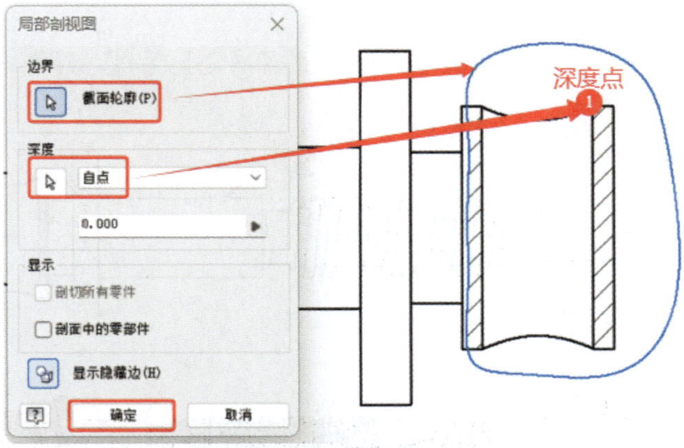

图 5-2-8　创建螺杆右端局部剖视图

6. 创建轴测图（视图 2）、中心线

Step 01 单击【基础视图】，选择螺杆三维模型文件，选择比例为 1∶1，样式为着色，放置方式为自定义，单击【确定】按钮，创建轴测视图 2 如图 5-2-9 所示。

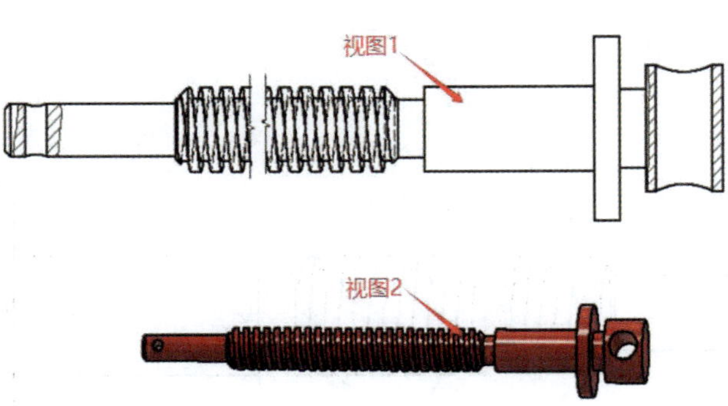

图 5-2-9　创建轴测视图 2

Step 02 在【标注】菜单栏中，用【中心线】、【对分中心线】功能标注视图中所需的对称线和中心线，如图 5-2-10 所示。

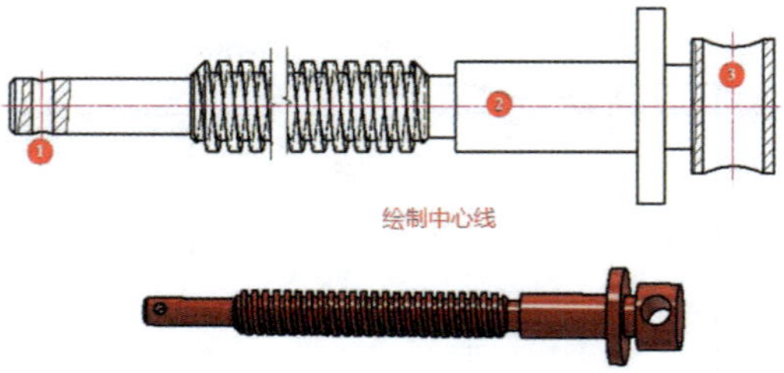

图 5-2-10　创建中心线

7．创建螺杆局部放大视图

Step 01 在工程图界面的【放置视图】中，单击【局部视图】，在视图 1 上选择要局部放大的范围（范围 A）。

Step 02 设置视图标识符号为 A，比例为 3∶1，单击【确定】按钮，创建局部放大视图如图 5-2-11 所示。

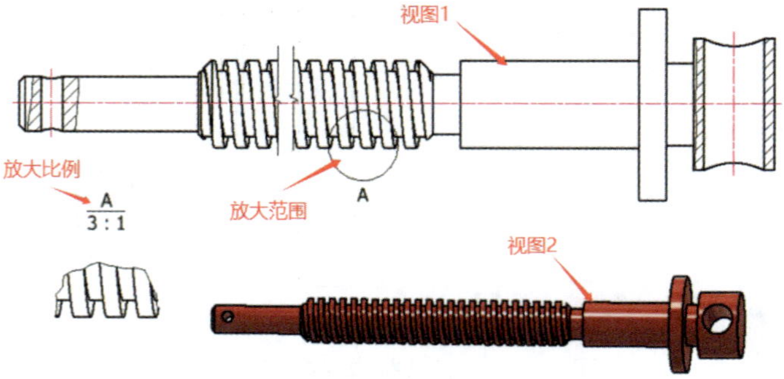

图 5-2-11　创建局部放大视图

8．对视图 1、视图 2 进行尺寸标注

螺杆工程图（2）

Step 01 在【标注】菜单栏中，用【通用尺寸】、【倒角 倒角】、【表面粗糙度】等功能标注视图 1 中所需的尺寸，如图 5-2-12 所示。

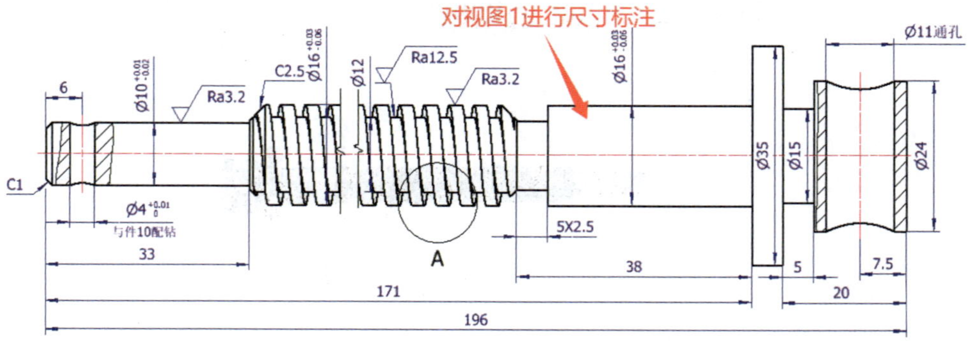

图 5-2-12　视图 1 尺寸标注

Step 02　在【标注】菜单栏中，用【通用尺寸】和【表面粗糙度】等功能标注视图 2 中所需的尺寸，如图 5-2-13 所示。

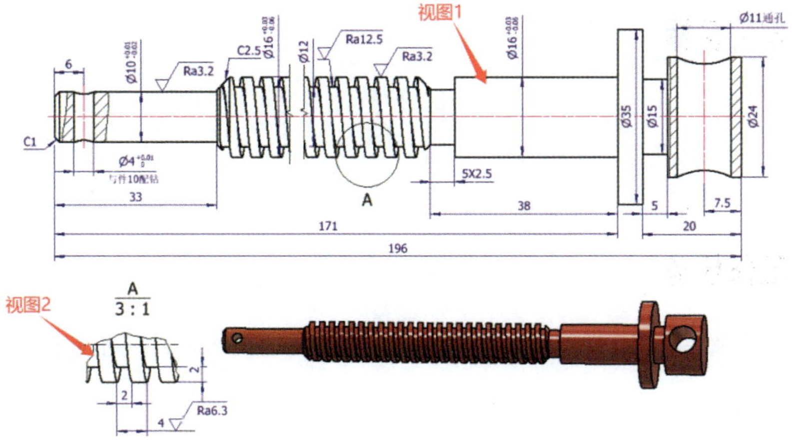

图 5-2-13　视图 2 尺寸标注

9．创建图纸技术要求

Step　在【标注】菜单栏中，用【文本 A】、【表面粗糙度】等功能创建图纸技术要求，如图 5-2-14 所示。

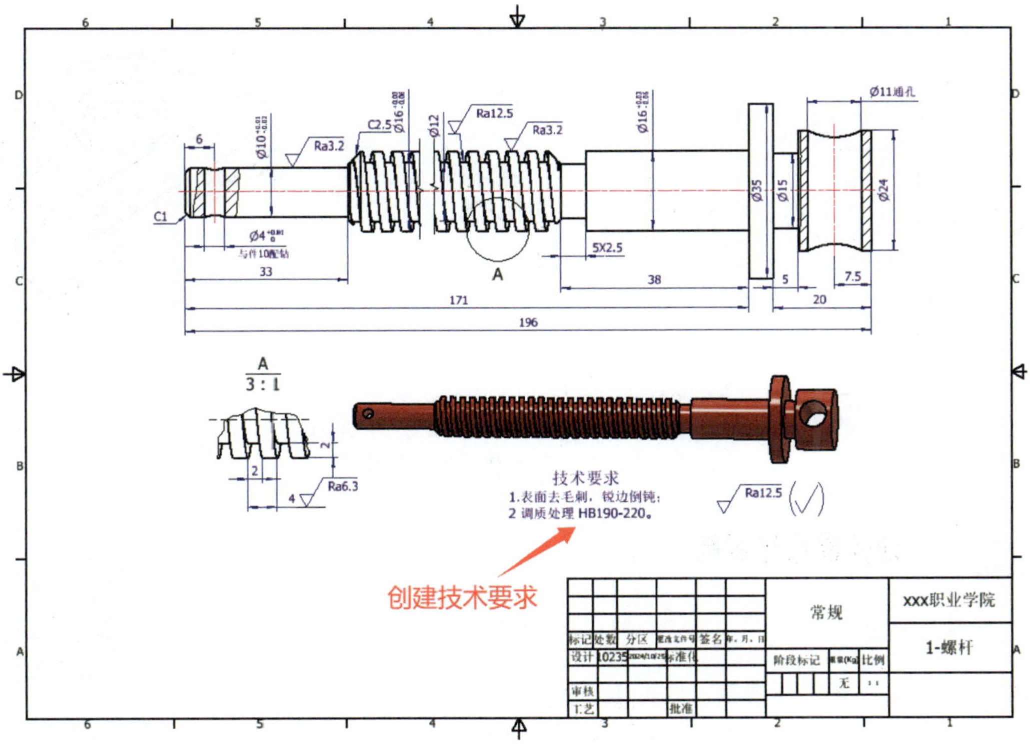

图 5-2-14　创建技术要求

任务 3　活动钳体工程图

学习目标

（1）掌握复杂零件视图的合理表达方法。
（2）熟悉复杂零件的尺寸标注方法。
（3）熟知工程图的综合应用。

工作任务

根据已给活动钳体三维模型，完成如图 5-3-1 所示活动钳体零件的工程图。

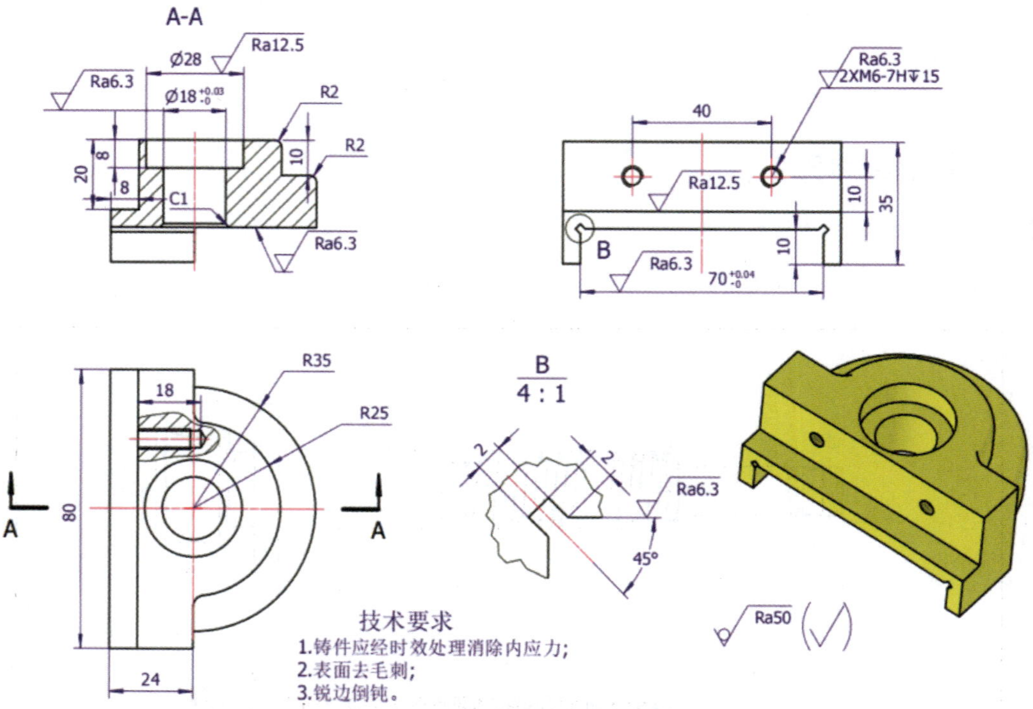

图 5-3-1　活动钳体零件的工程图

任务重点与实施

1．新建工程图

活动钳体工程图(1)

Step 01 打开活动钳体零件模型。单击【文件】菜单，选择【打开】按钮，找到活动钳体三维模型存储的路径，单击【打开】按钮，如图 5-3-2 所示。

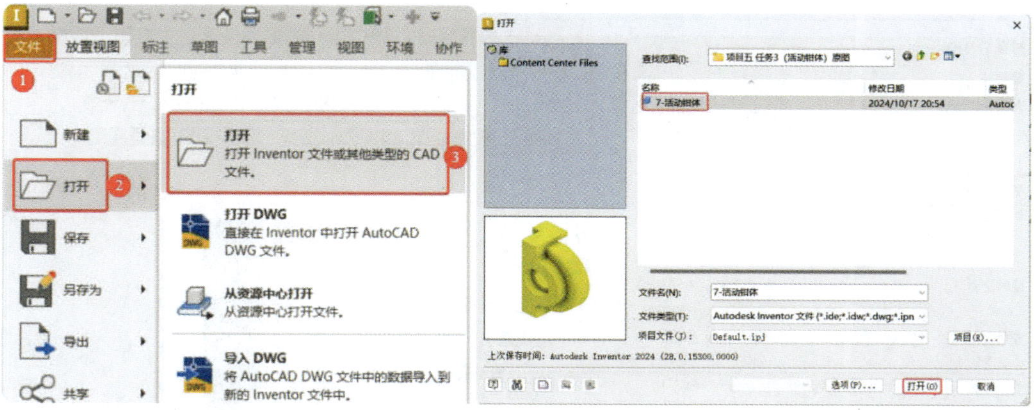

图 5-3-2　打开活动钳体零件模型

Step 02 调用图纸模版。单击【文件】菜单中的【新建】，选择【工程图】中的【A3 模版】，单击【确定】按钮，如图 5-3-3 所示。

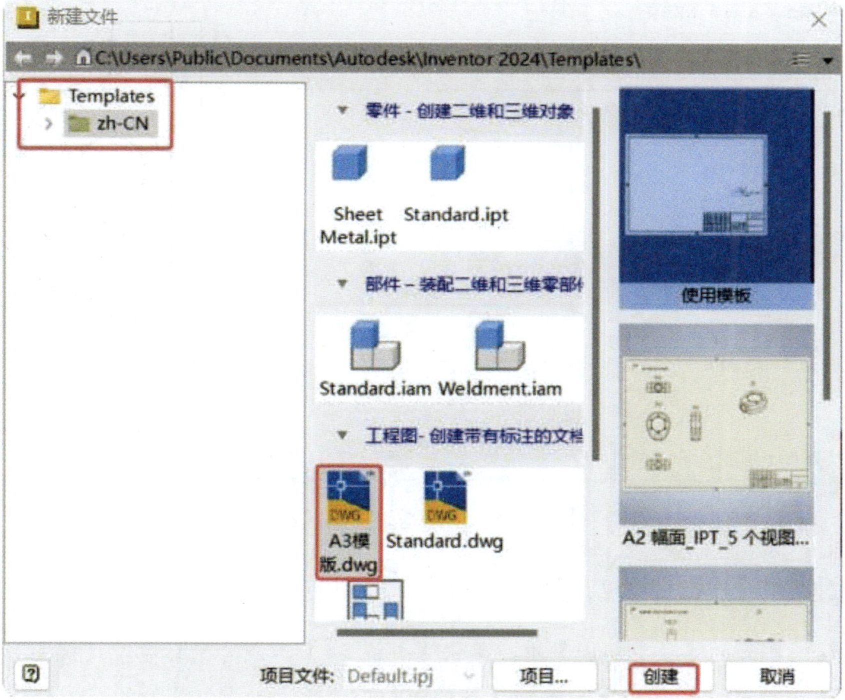

图 5-3-3　调用图纸模版

2. 创建活动钳体基础视图

Step 01 在工程图的界面中，单击【鼠标右键】或者单击【放置视图】菜单栏中的【基础视图】，如图 5-3-4 所示。

Step 02 在【工程视图】界面设置中，样式选择【显示隐藏线】，在比例中选择 1∶1，单击【确定】按钮，选择如图 5-3-5 所示。

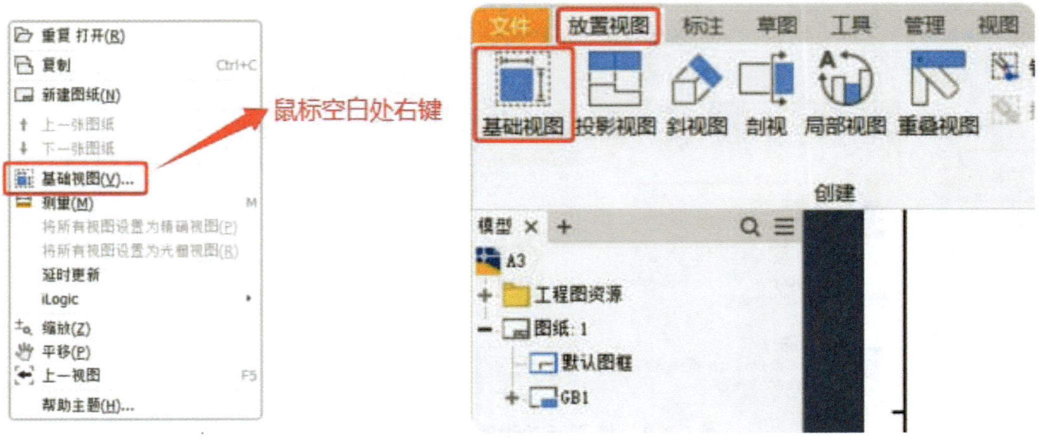

图 5-3-4　创建基础视图（1）

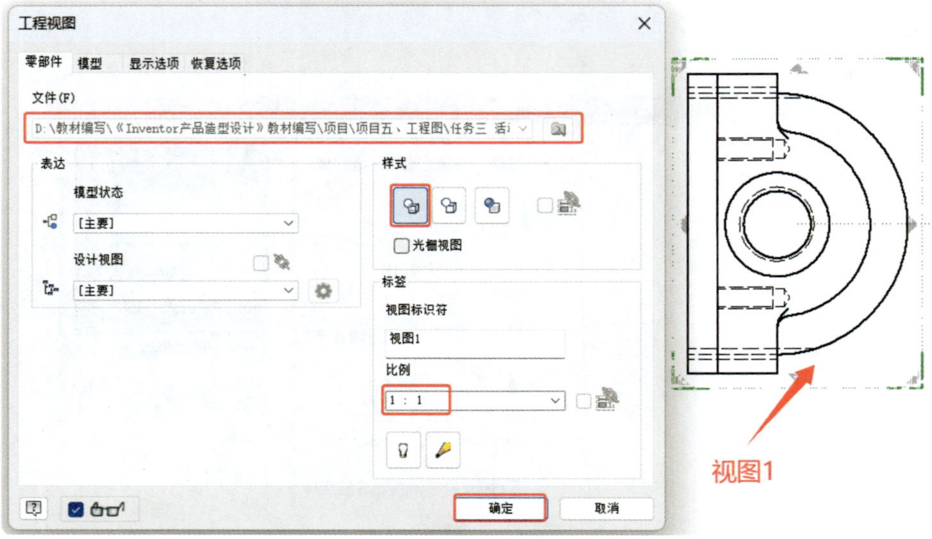

图 5-3-5　创建基础视图（2）

3．创建固定钳身投影视图 2（全剖视图）

Step 01 在工程图界面的【放置视图】中，单击【剖视】，或者鼠标对准【视图 1】单击【鼠标右键】，选择【创建视图】中的【剖视图】，选择上一步创建好的基础视图（视图 1）作为投影视图。

Step 02 选择经过圆心①A-A 作为剖切路径，创建全剖视图 2 如图 5-3-6 所示。

4．创建活动钳体投影视图 3

Step 01 在工程图界面的【放置视图】中，单击【投影视图】，或者鼠标对准【视图 2】单击【鼠标右键】，选择【创建视图】中的【投影视图】。

Step 02 选择视图 2 作为投影视图，创建投影视图 3 如图 5-3-7 所示。

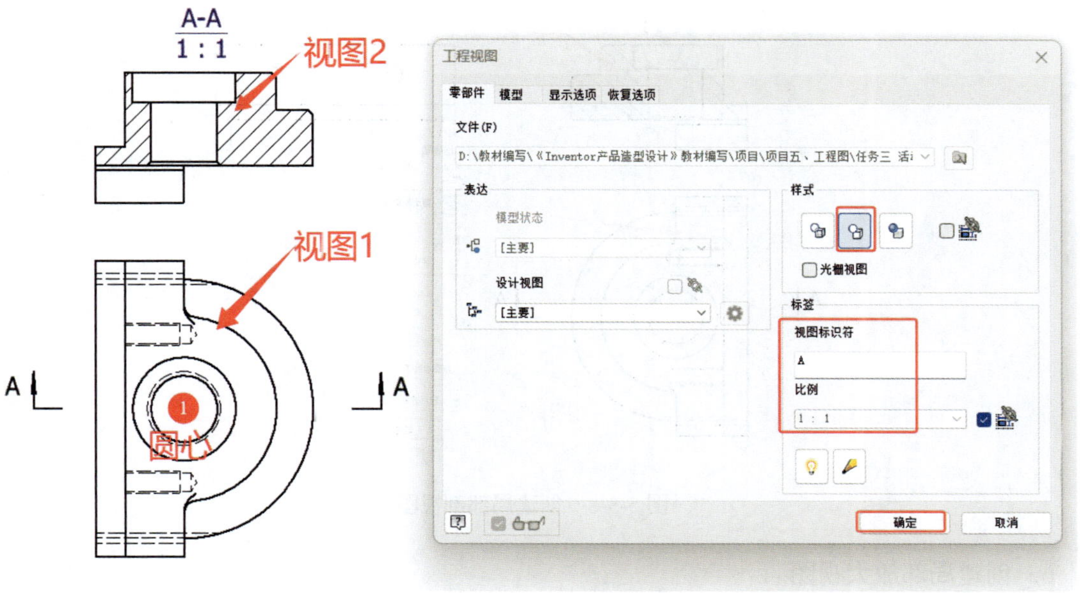

图 5-3-6 创建全剖视图 2

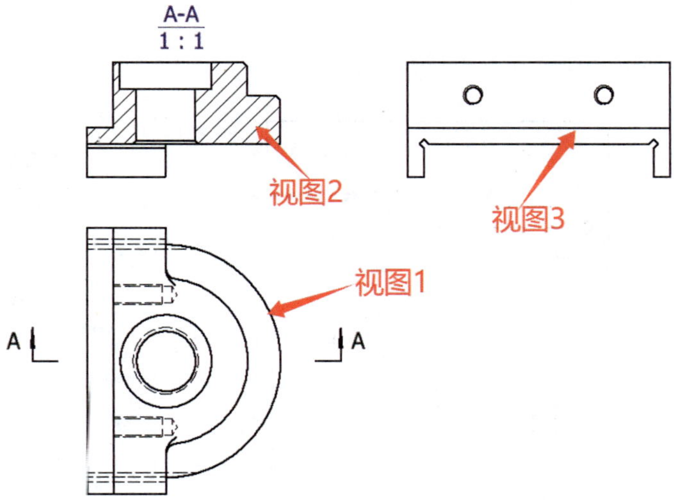

图 5-3-7 创建投影视图 3

5. 创建视图 1 中的局部剖视图

Step 01 在工程图界面的【放置视图】中，单击【局部剖视图】，或者鼠标对准【视图 1】单击【鼠标右键】，选择【创建视图】中的【局部剖视图】。

Step 02 选择视图 1 作为剖视草图轮廓（用样条曲线绘制），选择视图 1 上孔顶点作为剖切深度点，单击【确定】按钮，创建局部剖视图如图 5-3-8 所示。

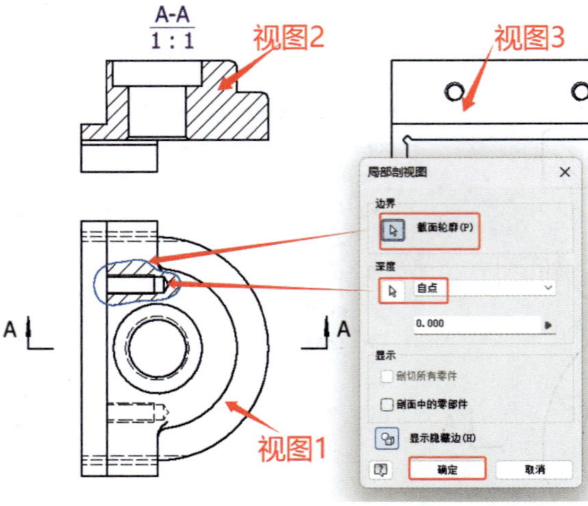

图 5-3-8　创建局部剖视图

6. 创建局部放大视图

Step 01 在工程图界面的【放置视图】中，单击【局部视图】，或者鼠标对准【视图 3】单击【鼠标右键】，选择【创建视图】中的【局部视图】。

Step 02 在视图 3 上选择要局部放大的范围（范围 B），设置视图标识符号为 B，比例为 4∶1，单击【确定】按钮，创建局部视图如图 5-3-9 所示。

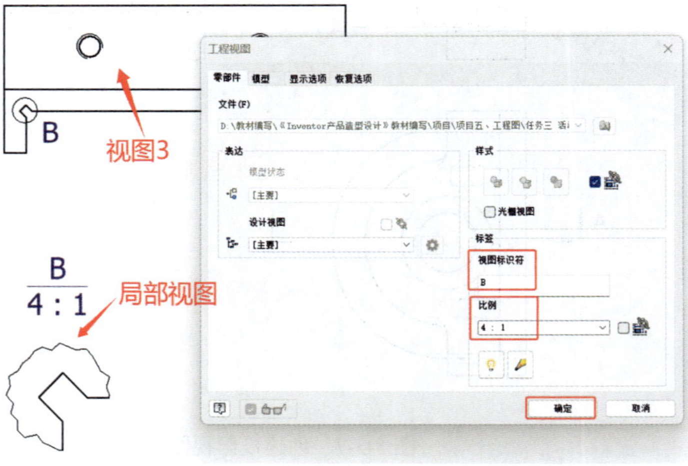

图 5-3-9　创建局部视图

7. 创建活动钳体轴测视图 4 和中心线

Step 01 单击【基础视图】，选择活动钳体三维模型文件，选择比例为 1∶1，样式为着色，放置方式为自定义。

Step 02 单击【确定】按钮，创建轴测视图 4 如图 5-3-10 所示。

Step 03 在【标注】菜单栏中，用【中心线】、【对分中心线】功能标注视图中所需的对称线和圆心中心，创建中心线，如图 5-3-11 所示。

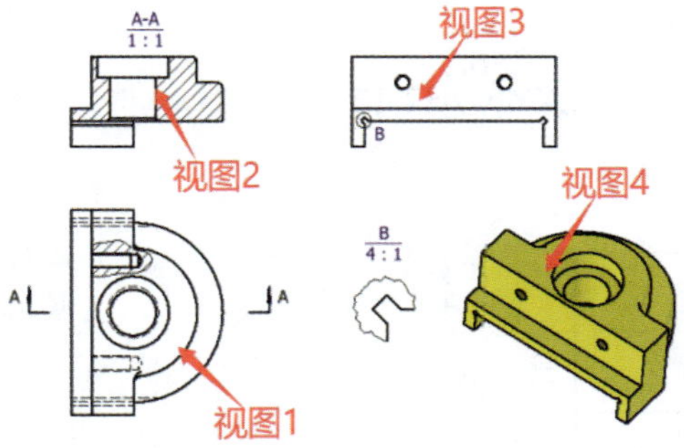

图 5-3-10　创建轴测视图 4

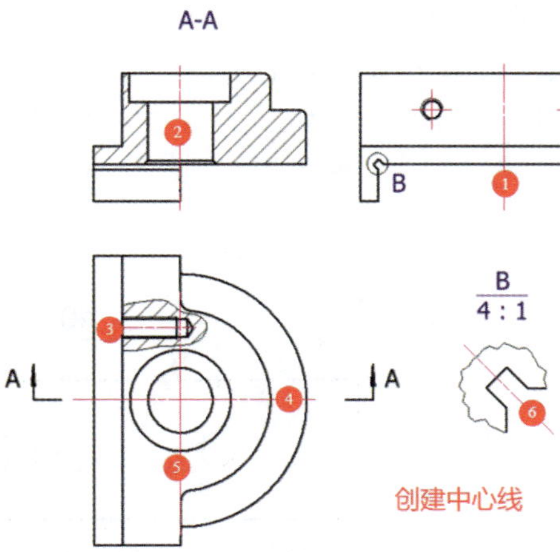

图 5-3-11　创建中心线

8．对视图 2、视图 1 和视图 3 进行尺寸标注

Step 01 在【标注】菜单栏中，用【通用尺寸】、【倒角 倒角】、【表面粗糙度】等功能标注视图 2 中所需的尺寸，如图 5-3-12 所示。

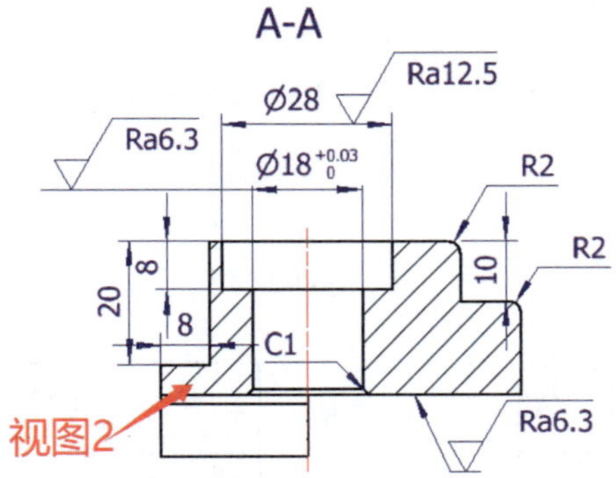

图 5-3-12　视图 2 尺寸标注

Step 02 在【标注】菜单栏中，用【通用尺寸】功能标注视图 1 中所需的尺寸，如图 5-3-13 所示。

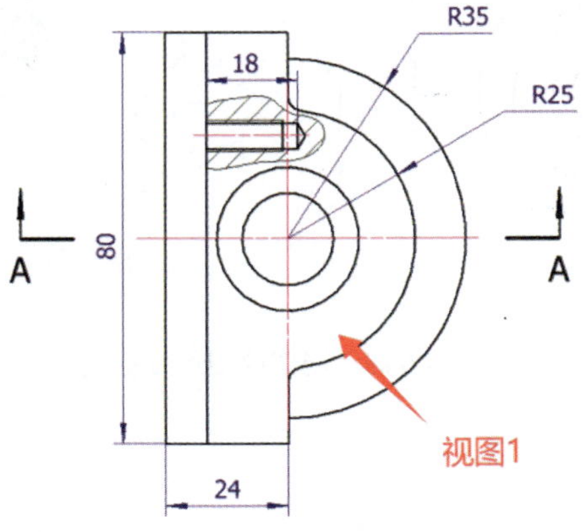

图 5-3-13　视图 1 尺寸标注

Step 03 在【标注】菜单栏中，用【通用尺寸】和【表面粗糙度】等功能标注视图 3 中所需的尺寸，如图 5-3-14 所示。

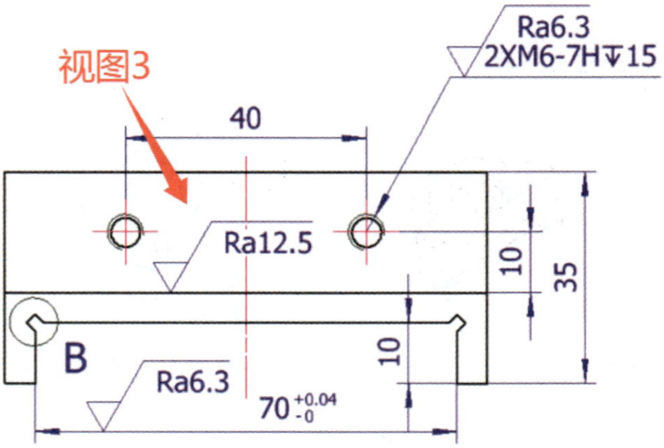

图 5-3-14　视图 3 尺寸标注

9. 对局部视图进行尺寸标注

活动钳体工程图(2)

Step 在【标注】菜单栏中，用【通用尺寸】和【表面粗糙度】等功能标注局部视图中所需的尺寸，如图 5-3-15 所示。

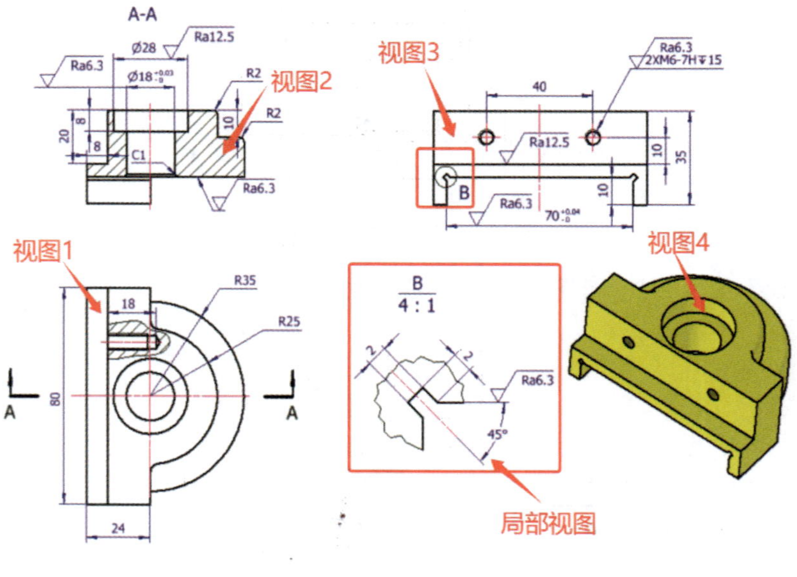

图 5-3-15　局部视图尺寸标注

10. 创建图纸技术要求

Step 在【标注】菜单栏中，用【文本A】、【表面粗糙度】等功能创建图纸技术要求，如图 5-3-16 所示，整个零件工程图效果如图 5-3-17 所示。

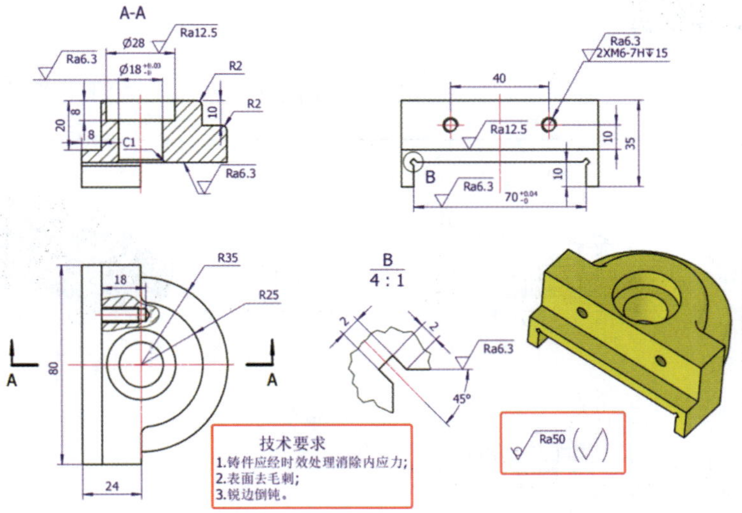

图 5-3-16　创建图纸技术要求

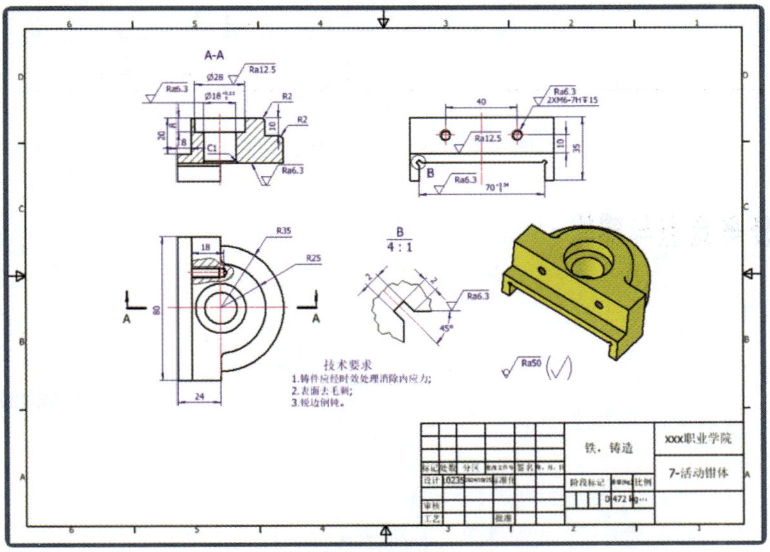

图 5-3-17　整体零件工程图效果

任务 4　台虎钳装配工程图

学习目标

（1）掌握装配工程图视图的表达和常规尺寸标注的方法。

（2）熟悉装配工程图明细栏的创建方法。

（3）掌握装配工程图引出序号的创建方法。

工作任务

根据已给台虎钳三维装配模型，完成如图 5-4-1 所示台虎钳装配工程图。

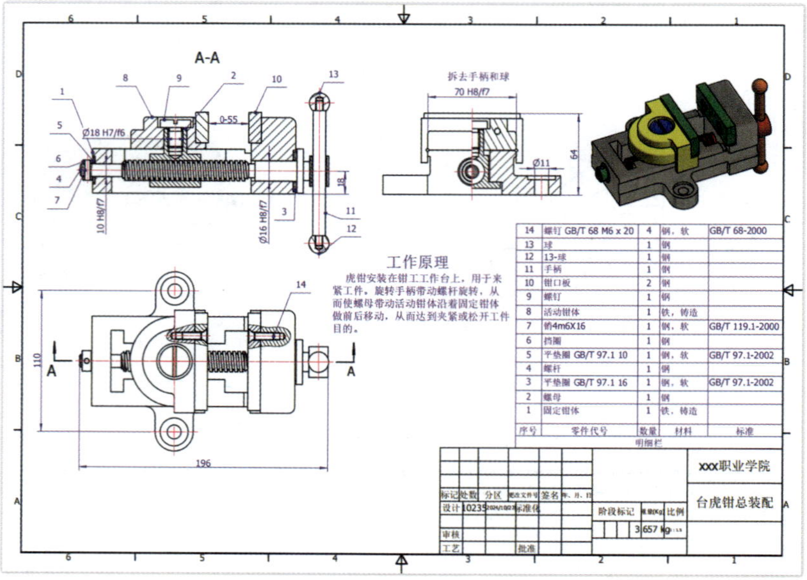

图 5-4-1　台虎钳装配工程图

任务重点与实施

1. 新建工程图

台虎钳装配工程图（1）

Step01 打开台虎钳装配模型。单击【文件】菜单，选择【打开】按钮，找到台虎钳装配三维模型存储的路径（装配模型已给），单击【打开】按钮，如图 5-4-2 所示。

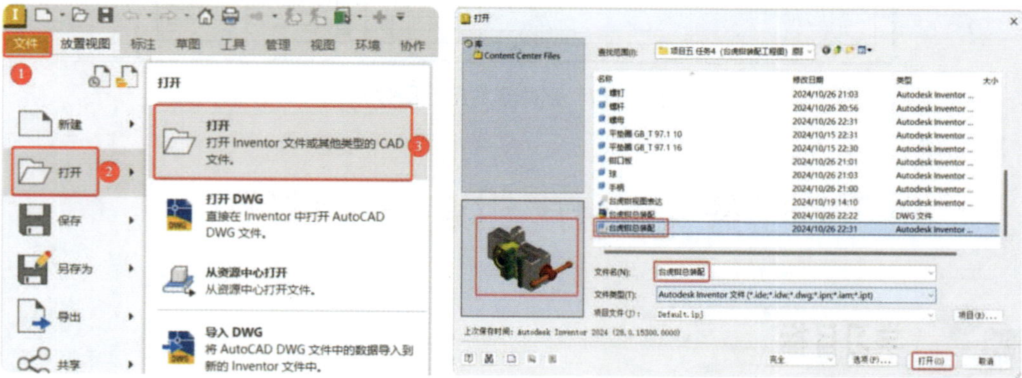

图 5-4-2　打开台虎钳装配三维模型

Step02 调用图纸模版。单击【文件】菜单中的【新建】，选择【工程图】中的【A3 模版】，单击【确定】按钮，如图 5-4-3 所示。

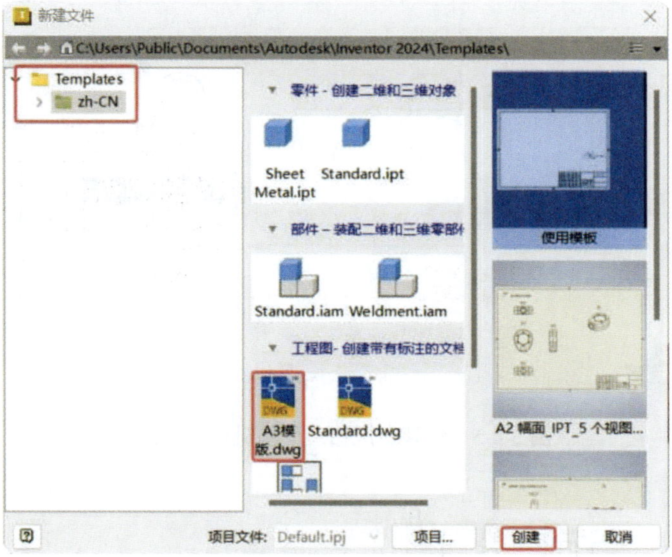

图 5-4-3　调用图纸模版

2. 创建台虎钳装配基础视图

Step 01 在工程图的界面中，单击【鼠标右键】或者单击【放置视图】菜单栏中的【基础视图】，如图 5-4-4 所示。

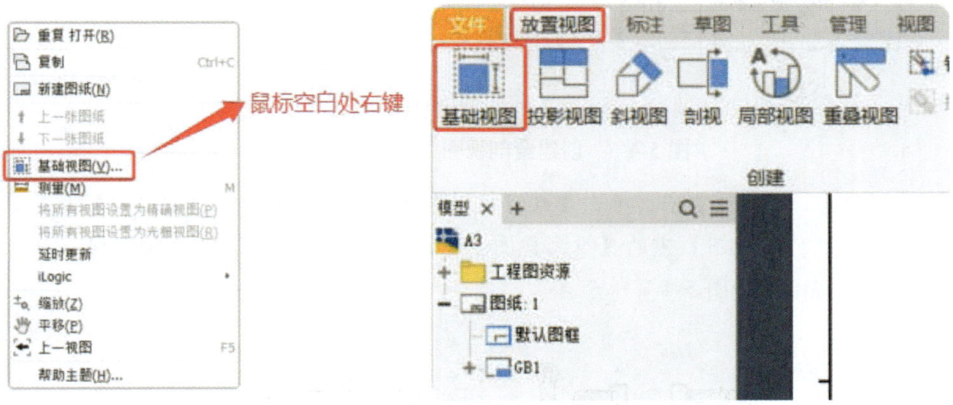

图 5-4-4　创建台虎钳装配基础视图（1）

Step 02 在【工程视图】界面设置中，样式选择【显示隐藏线】，在比例中选择 1∶1.5，单击【确定】按钮，如图 5-4-5 所示。

3. 创建台虎钳投影视图 2（全剖视图）和装配投影视图 3

Step 01 在工程图界面的【放置视图】中单击【剖视】（或者鼠标对准【视图 1】单击【鼠标右键】，选择【创建视图】中的【剖视图】），选择上一步创建好的基础视图（视图 1）作为投影视图，选择经过圆心①A-A 作为剖切路径，创建全剖视图 2 如图 5-4-6 所示。

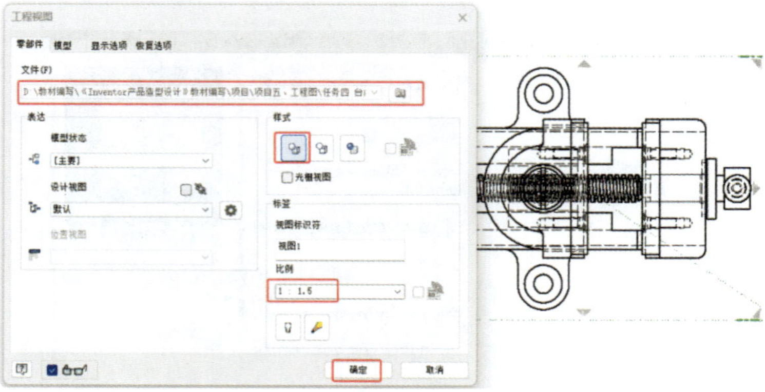

图 5-4-5　创建台虎钳装配基础视图（2）

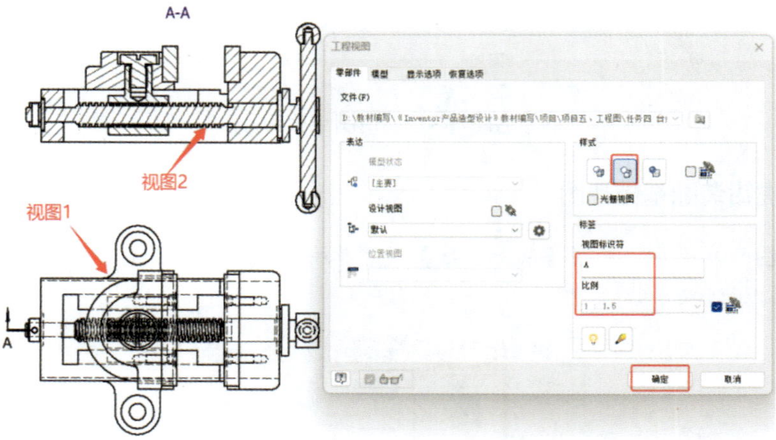

图 5-4-6　创建全剖视图 2

Step 02 在工程图界面的【放置视图】中，单击【投影视图】（或者鼠标对准【视图 2】单击【鼠标右键】，选择【创建视图】中的【投影视图】），然后选择视图 2 作为投影视图，创建台虎钳装配投影视图 3 如图 5-4-7 所示。

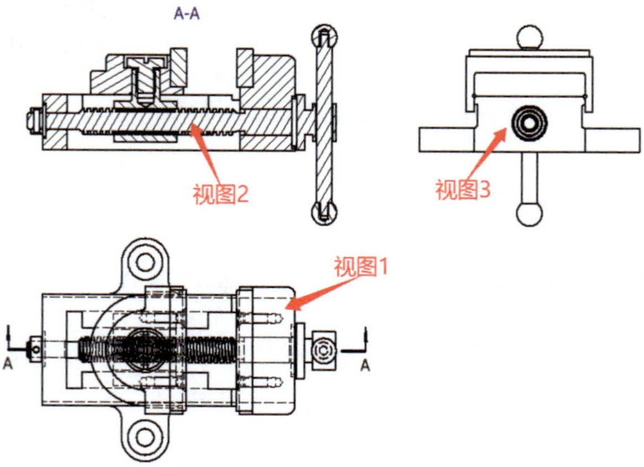

图 5-4-7　创建台虎钳装配投影视图 3

4. 创建视图 1 中的局部剖视图

Step 01 在工程图界面的【放置视图】中，单击【局部剖视图 】（或者鼠标对准【视图 1】单击【鼠标右键】

Step 02 选择【创建视图】中的【局部剖视图】），选择视图 1 作剖视草图轮廓（用样条曲线绘制），选择视图 1 上孔顶点（①和②）作为剖切深度点，单击【确定】按钮，创建视图 1 局部剖视图如图 5-4-8 所示。

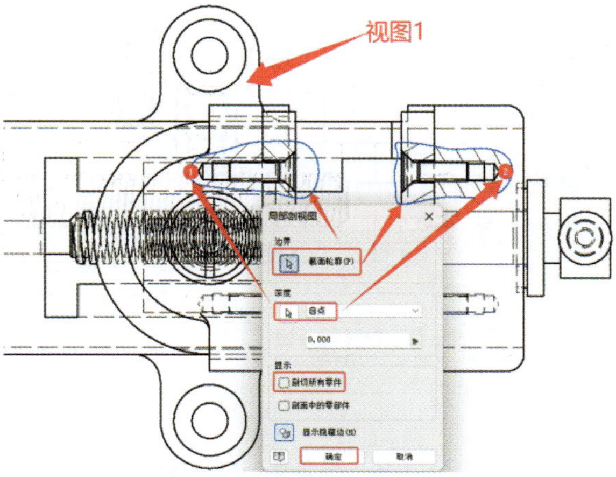

图 5-4-8　创建视图 1 局部剖视图

5. 在视图 2 上设置不参与剖切零件

Step 01 在工程图界面左边的【模型】菜单栏中，找到对应的【螺杆】、【螺钉】、【手柄】三个零件。

Step 02 分别用鼠标对准三个零件，单击鼠标右键，在弹出的菜单栏中选择【剖切参与件】，在剖切参与件的菜单栏中选择【无】，如图 5-4-9 所示。

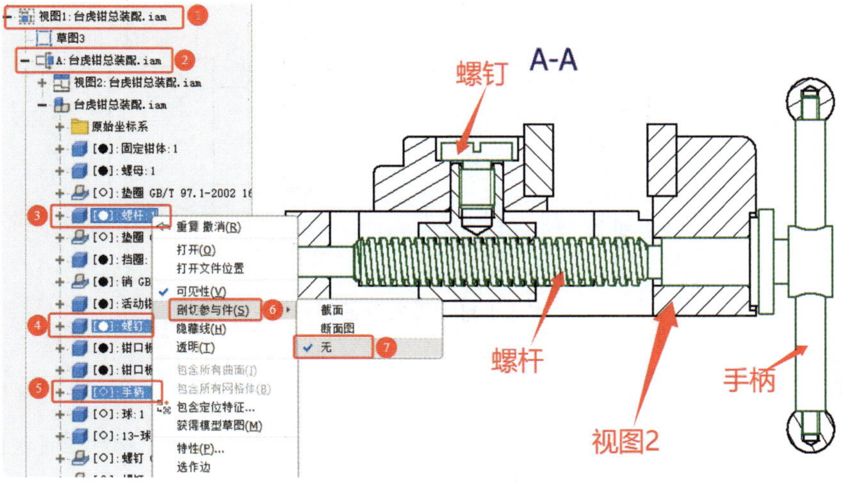

图 5-4-9　设置不参与剖切零件

6．在视图 2 上设置参与剖切零件

Step 01 在工程图界面左边的【模型】菜单栏中，找到对应的【垫圈 1】和【垫圈 2】两个零件。

Step 02 分别用鼠标对准两个零件，单击鼠标右键，在弹出的菜单栏中选择【剖切参与件】，在剖切参与件的菜单栏中选择【截面】，如图 5-4-10 所示。在 Inventor 工程图中，标准件默认状态不参与剖切。

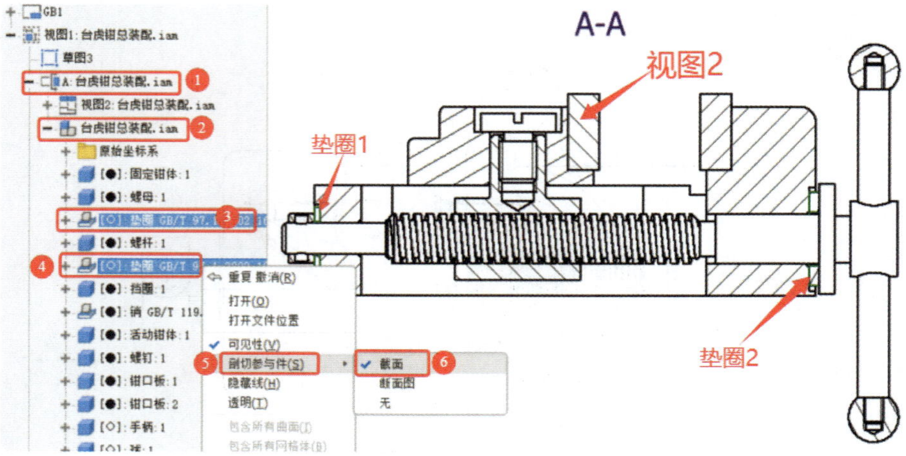

图 5-4-10　设置参与剖切零件

7．在所有视图上设置剖面线参数

Step 01 在工程图界面对应的视图上，双击要更改的零件剖面线，在弹出的【编辑剖面线图案】中更改【图案】、【角度】、【比例】等参数，单击【比例】。

Step 02 所有参数要根据图形实际情况而定，以垫圈为例，【图案】设置为 ANSI31、【角度】设置为 120°、【比例】设置为 0.2，如图 5-4-11 所示。

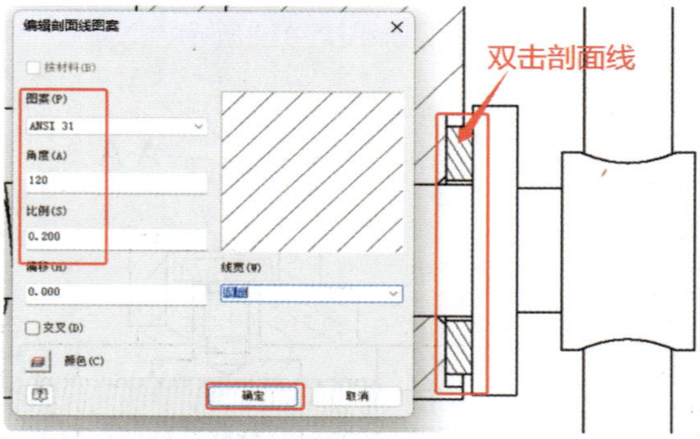

图 5-4-11　设置剖面线参数

8．创建视图 2 中的局部剖视图

Step 01 在工程图界面的【放置视图】中单击【局部剖视图】（或者鼠标对准【视图 2】单击【鼠标右键】，选择【创建视图】中的【局部剖视图】），选择视图 2 作剖视草图轮廓（用样条曲线绘制），选择视图 2 上相对应的中间点或孔作为剖切深度点。

Step 02 单击【确定】按钮，创建视图 2 局部剖视图如图 5-4-12 所示。

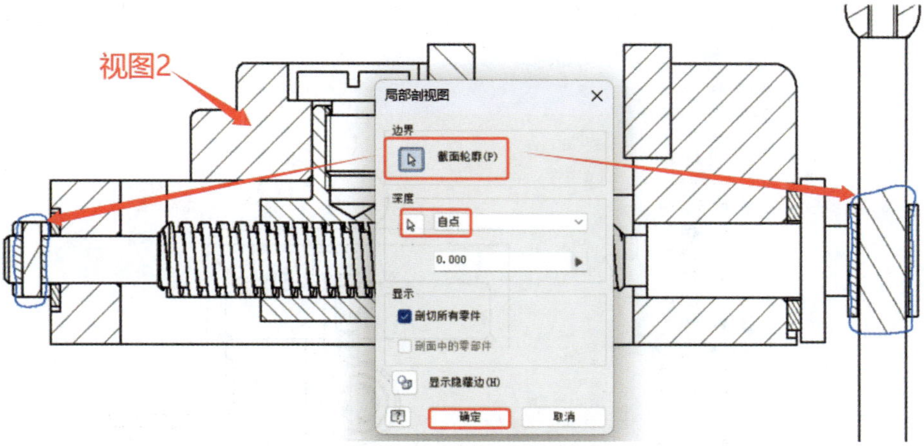

图 5-4-12　创建视图 2 局部剖视图

9．创建视图 3 中的局部剖视图

Step 01 在工程图界面的【放置视图】中，单击【局部剖视图】（或者鼠标对准【视图 3】单击【鼠标右键】，选择【创建视图】中的【局部剖视图】），选择视图 3 作剖视草图轮廓（用矩形线绘制），选择视图 3 上孔作为剖切深度点。

Step 02 单击【确定】按钮，创建视图 3 局部剖视图如图 5-4-13 所示。

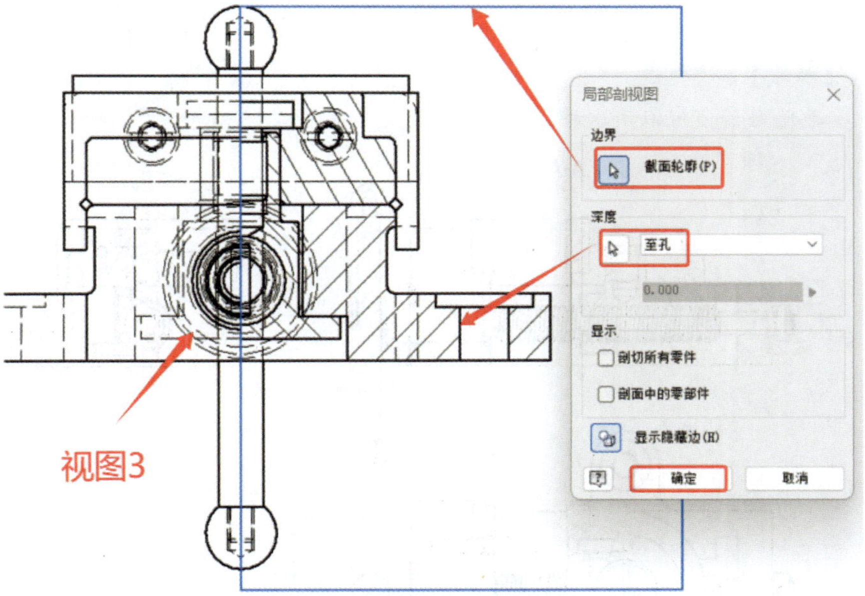

图 5-4-13　创建视图 3 局部剖视图

10．隐藏视图 3 中的零件

Step 01 在工程图界面左边的【模型】菜单栏中，找到对应的【销】、【手柄】、【两个球】共 4 个零件。

Step 02 分别用鼠标对准四个零件，单击鼠标右键，在弹出的菜单栏中不勾选【可见性】，隐藏视图 3 中的零件，如图 5-4-14 所示。

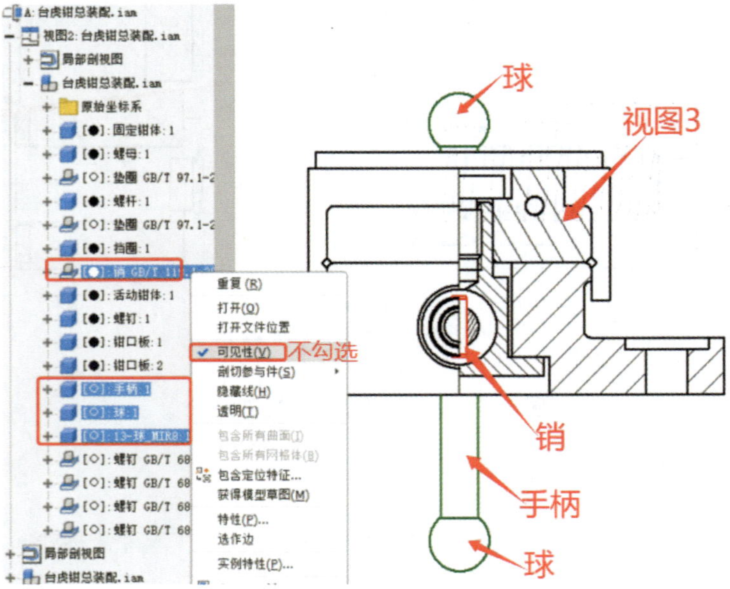

图 5-4-14　隐藏视图 3 中的零件

11．在所有视图上隐藏不需要的线

Step 01 在工程图界面对应的视图上鼠标对准需要隐藏的线，单击鼠标右键，在弹出的右键菜单中选择【隐藏】。

Step 02 其他需要隐藏的线可以用这种办法进行隐藏，如图 5-4-15 所示。

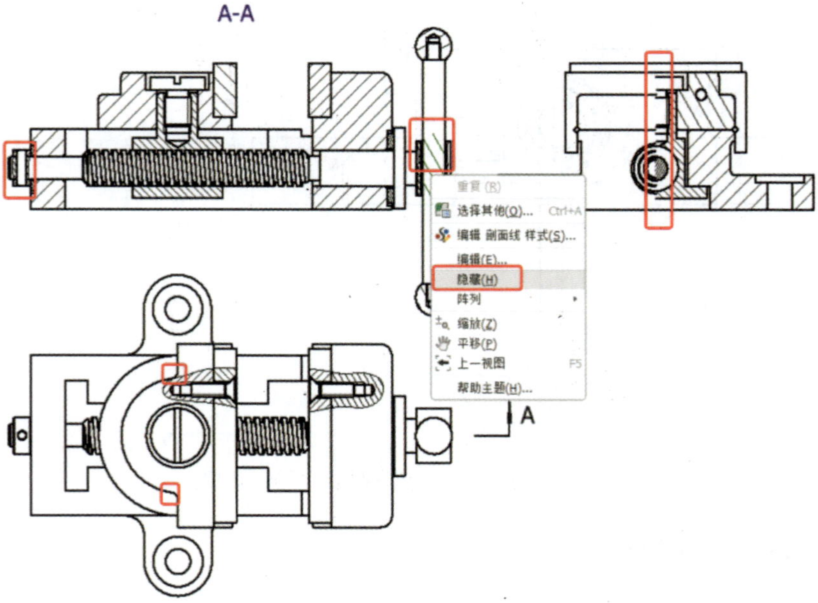

图 5-4-15　隐藏视图中多余的线

12. 创建台虎钳装配轴测视图 4 和视图中心线

Step 01 单击【基础视图】，选择台虎钳装配三维模型文件，选择比例为 1 : 2，样式为着色，放置方式为自定义，单击【确定】按钮，创建轴测视图 4 如图 5-4-16 所示。

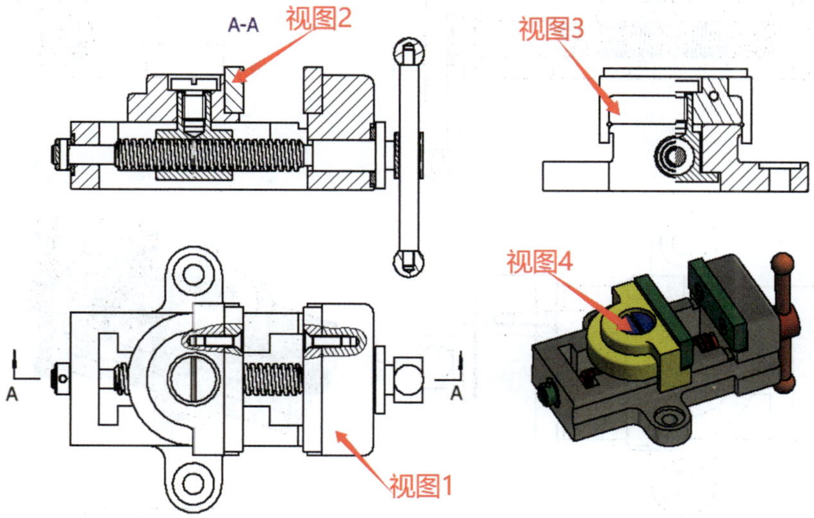

图 5-4-16　创建轴测视图 4

Step 02 在【标注】菜单栏中，用【中心线】、【对分中心线】、【中心标记】功能标注视图中所需的中心线，如图 5-4-17 所示。

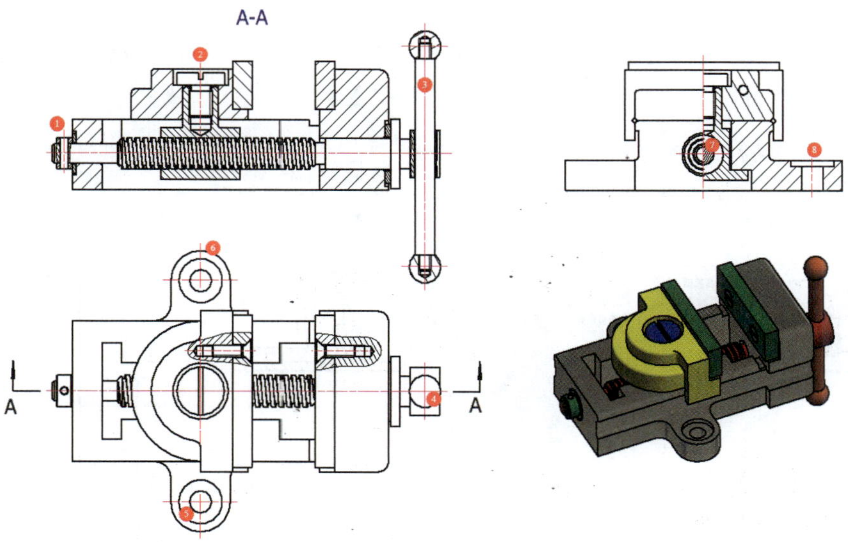

图 5-4-17　创建视图中心线

13. 对视图进行尺寸标注

Step 在【标注】菜单栏中，用【通用尺寸】功能标注视图中所需的尺寸，如图 5-4-18 所示。

台虎钳装配工程图（2）

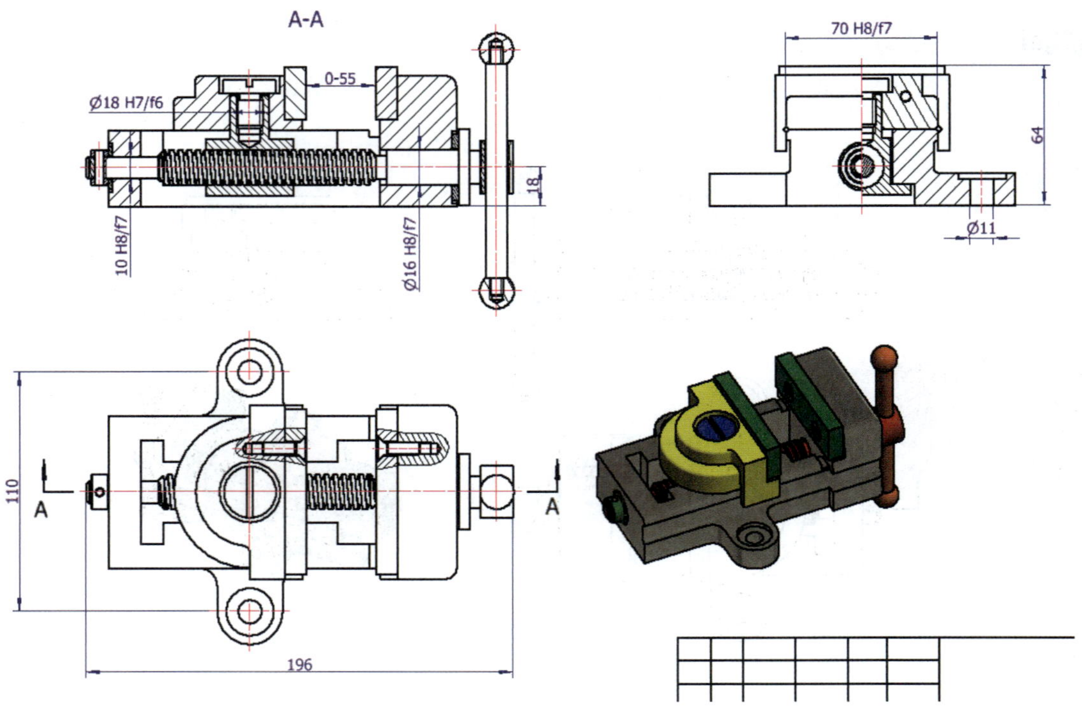

图 5-4-18　视图尺寸标注

14．创建装配图明细栏

Step 01 在【标注】菜单栏中单击【明细栏】，在弹出的明细栏选项卡中选择视图 2 或者打开台虎钳装配图保存的路径，制定放置点，单击【确定】按钮，创建标题栏如图 5-4-19 所示。

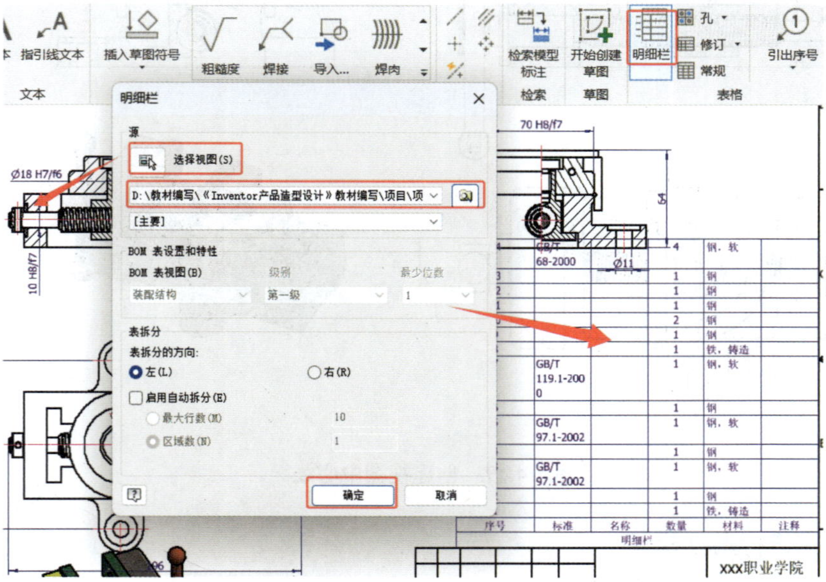

图 5-4-19　创建标题栏

Step 02 在工程图界面双击【明细栏】，在弹出的明细栏显像卡中选择【明细栏列编辑器】，通过【添加】和【删除】设置自己所需列的项目，单击【确定】按钮，如图 5-4-20 所示。根据创建好的明细栏通过鼠标左键拖动的办法进行间距调整，如图 5-4-21 所示。

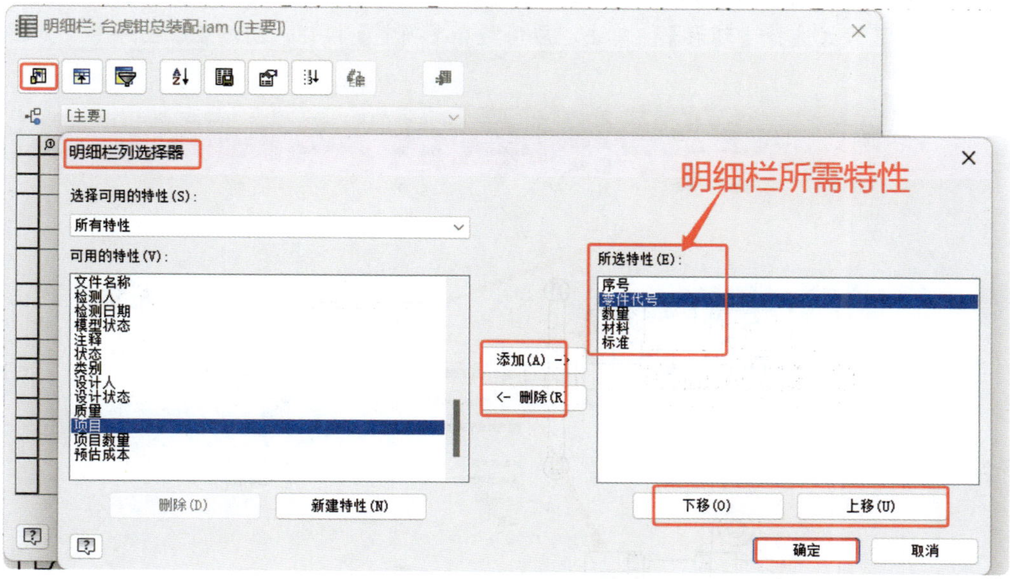

图 5-4-20　编辑明细栏列选项

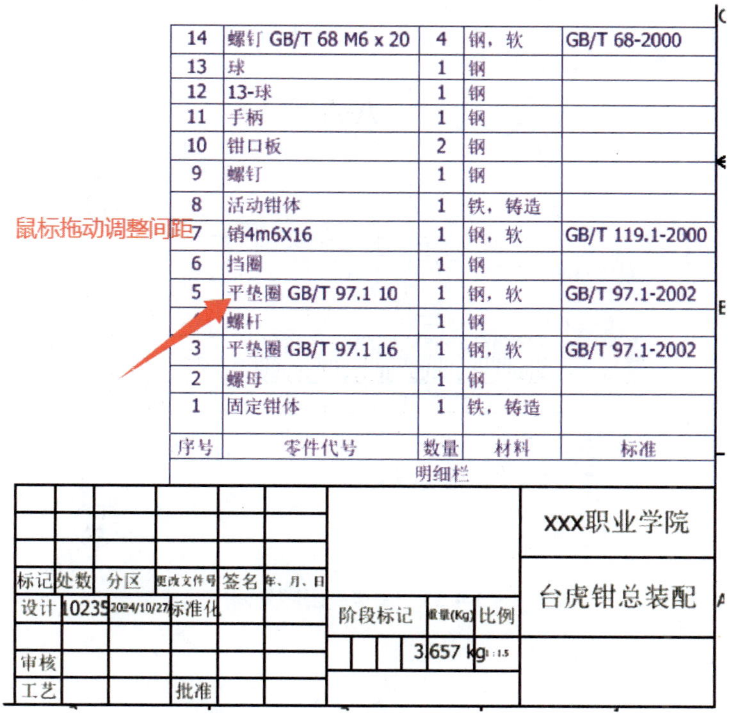

图 5-4-21　调整明细栏间距

15．创建装配图引出序号

Step 01 在【标注】菜单栏中单击【自动引出序号 】，在弹出的自动引出序号的选项卡中，【视图集】选择视图 2 和视图 1 作为自动引出序号的对象，序号位置放置点选择一个空白处即可，放置方式选择【环形】。单击“应用”和【确定】按钮，创建装配图序号，如图 5-4-22 所示。

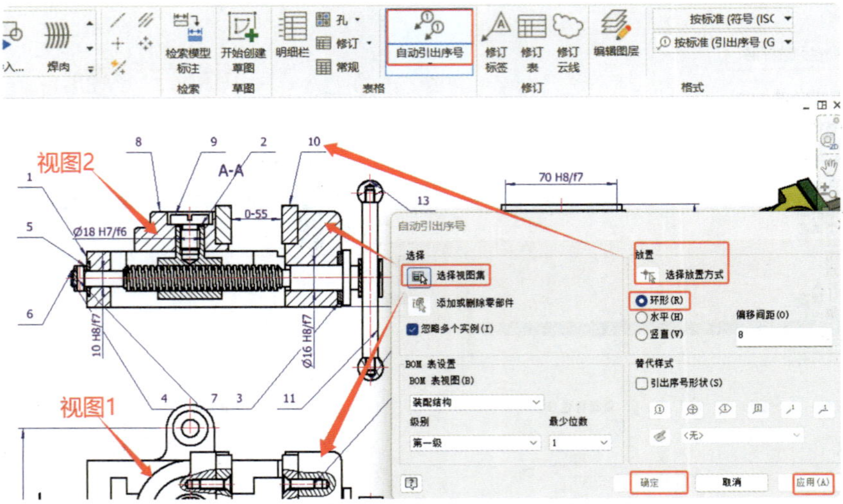

图 5-4-22 创建装配图序号

Step 02 在工程图界面中，根据创建好的序号通过鼠标左键拖动的办法进行间距调整，效果如图 5-4-23 所示。

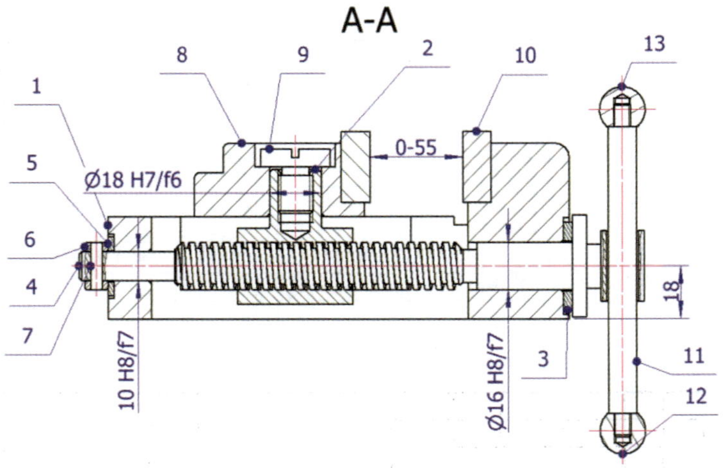

图 5-4-23 调整引出序号间距

16．创建图纸文本

Step 在【标注】菜单栏中，用【文本 A】功能创建图纸文本，如图 5-4-24 所示，整个零件工程图效果如图 5-4-25 所示。

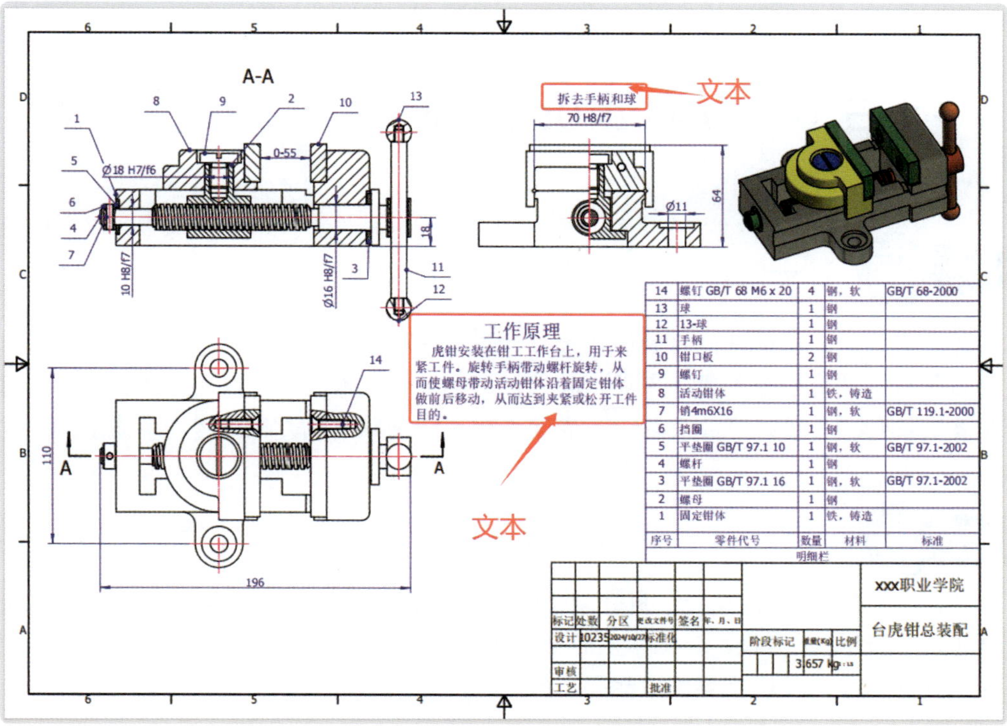

图 5-4-24　创建图纸文本

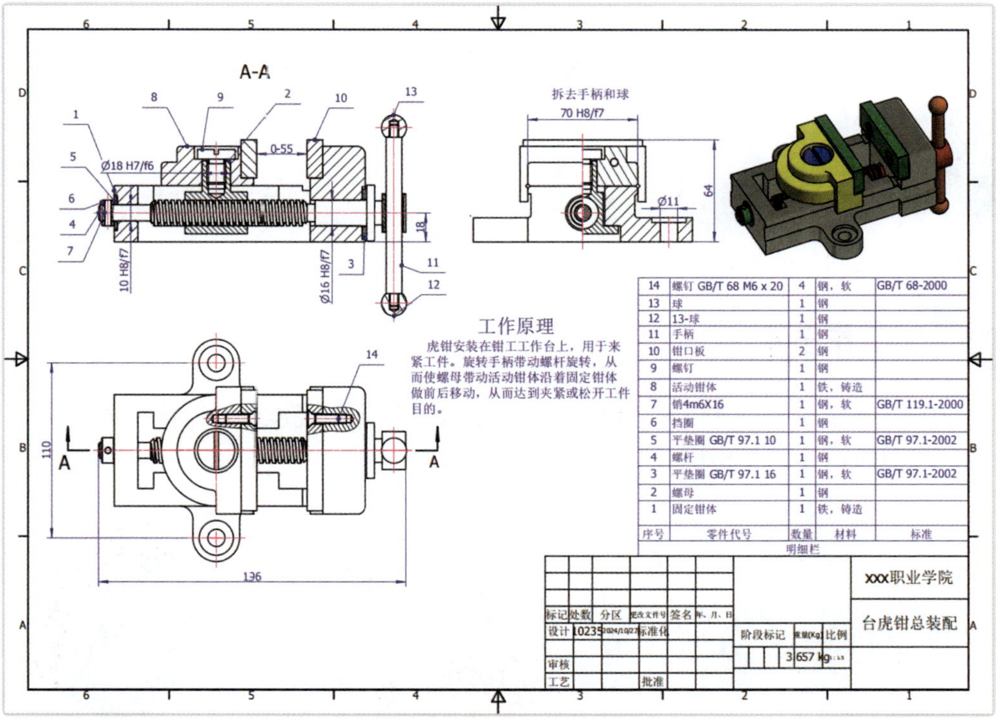

图 5-4-25　整个零件工程图效果

项目 6　Inventor 产品设计综合实践

项目概述

综合实践是产品设计能力的终极检验，要求将草图绘制、零件建模、装配设计、工程图输出等核心技能融会贯通，完成产品设计的整过程。本项目将以典型机械产品为对象，模拟真实设计场景进行产品设计，为实际工程设计或职业能力认证奠定实战基础。

素质目标

（1）通过学习产品设计，提升学生对 Inventor 制作图形的理解和创作能力。

（2）通过综合实践，强化学生的动手能力和实际操作技能，使其能够在实际操作中深入理解理论知识，培养解决实际问题的能力。

任务 1　弹簧辅助综合实践

学习目标

会采用草图与零件的创建、装配相关知识进行综合运用。

工作任务

依据本书项目 6 任务 1 附带的工程图纸，完成弹簧辅助组成零件的设计（图 6-1-1），以及弹簧辅助装配图的设计（图 6-1-2）。

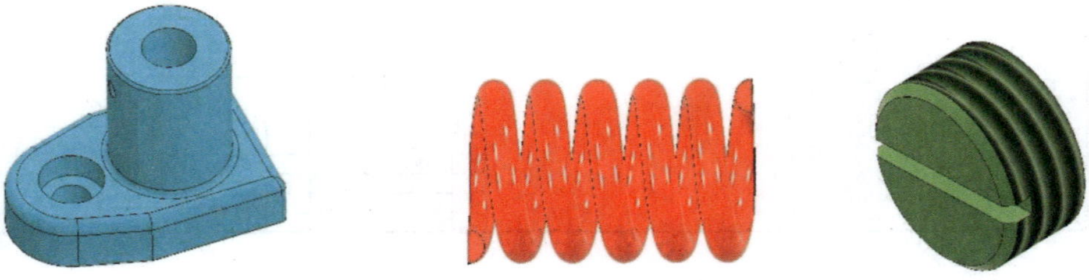

（a）支承座　　（b）弹簧　　（c）调节螺钉

图 6-1-1　弹簧辅助组成零件

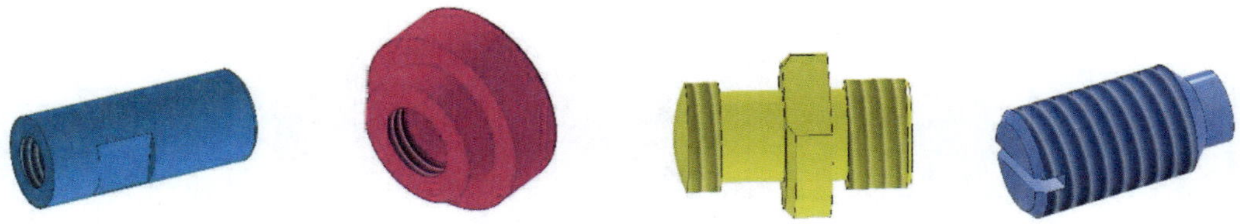

（d）支承柱　（e）支承帽　（f）顶丝　（g）螺钉 M6×12

图 6-1-1　（续）

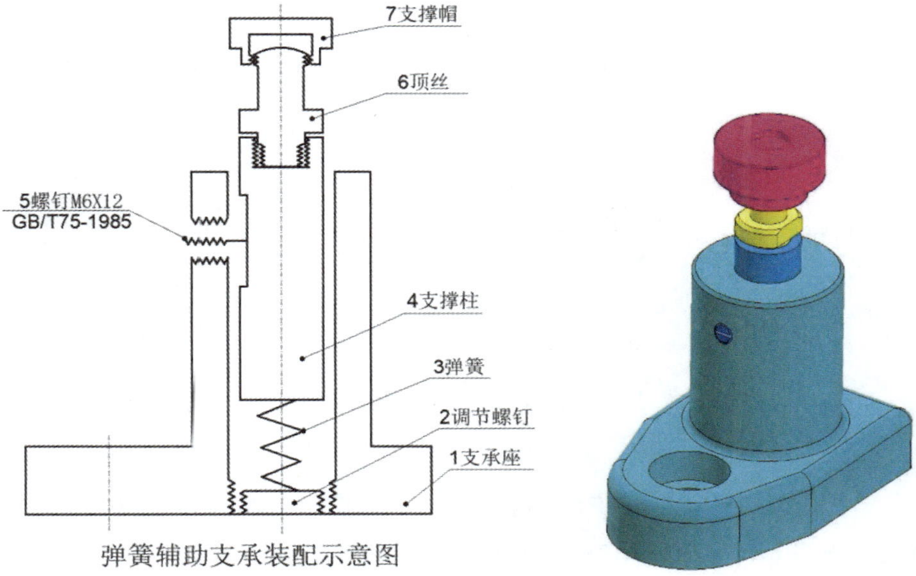

图 6-1-2　弹簧辅助装配图

任务重点与实施

1．零件设计

（1）支承座

支承座

Step 01 新建一个零件文件，并绘制如图 6-1-3 所示的草图，退出草图状态。

Step 02 单击“创建”面板中的【拉伸】按钮，弹出“拉伸”对话框。选择如图 6-1-3 所示的草图为截面轮廓，拉伸高度设置为 18 mm，其余选项按默认设置，单击【确定】按钮，完成“拉伸”对话框的设置，如图 6-1-4 所示。

Step 03 绘制如图 6-1-5 所示的草图，退出草图状态。

Step 04 单击“创建”面板中的【拉伸】按钮，弹出“拉伸”对话框。选择如图 6-1-5 所示的草图为截面轮廓，拉伸高度设置为 47 mm，其余选项按默认设置，单击【确定】按钮，完成“拉伸”对话框的设置，效果如图 6-1-6 所示。

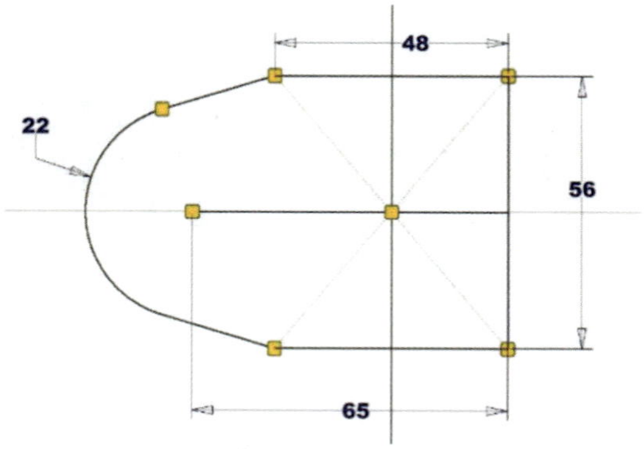

图 6-1-3　拉伸草图（1）

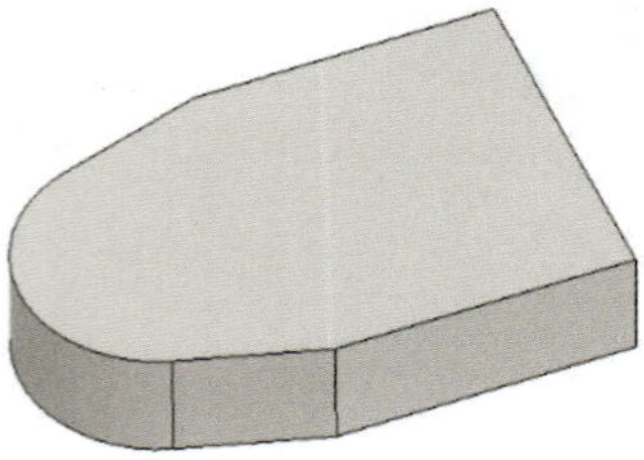

图 6-1-4　拉伸底板

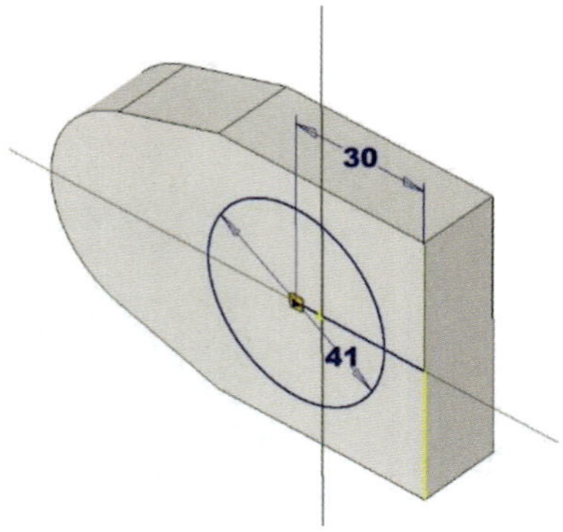

图 6-1-5　拉伸草图（2）

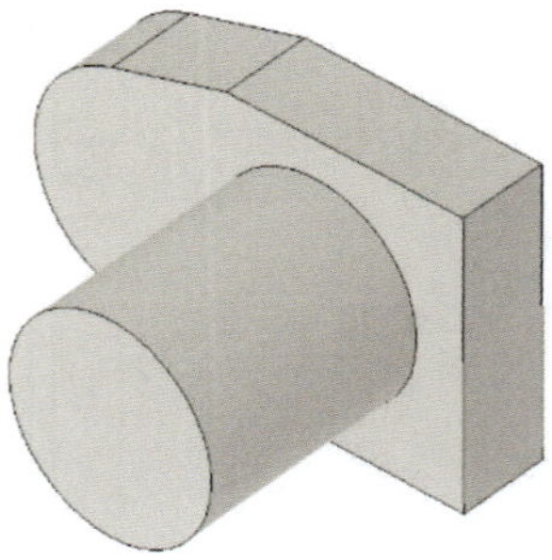

图 6-1-6　圆柱特征

Step05 绘制如图 6-1-7 所示的草图，退出草图状态。

Step06 单击“创建”面板中的【拉伸】按钮，弹出“拉伸”对话框。选择如图 6-1-7 所示的草图为截面轮廓，拉伸高度设置为 9 mm，其余选项按默认设置，单击【确定】按钮，完成“拉伸”对话框的设置，如图 6-1-8 所示。

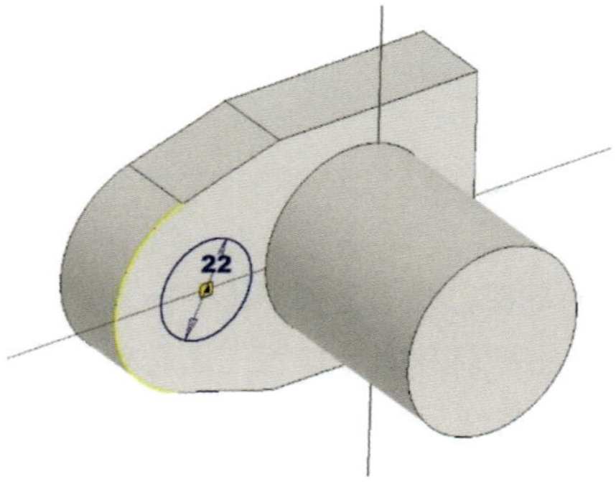

图 6-1-7　拉伸草图（3）

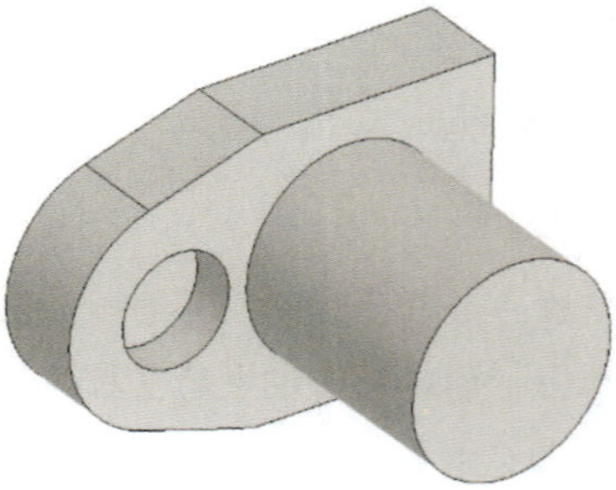

图 6-1-8　圆柱孔（1）

Step07 绘制如图 6-1-9 所示的草图，退出草图状态。

Step08 单击“创建”面板中的【拉伸】按钮，弹出“拉伸”对话框。选择如图 6-1-9 所示的草图为截面轮廓，拉伸高度设置为贯通，其余选项按默认设置，单击【确定】按钮，完成“拉伸”对话框的设置，如图 6-1-10 所示。

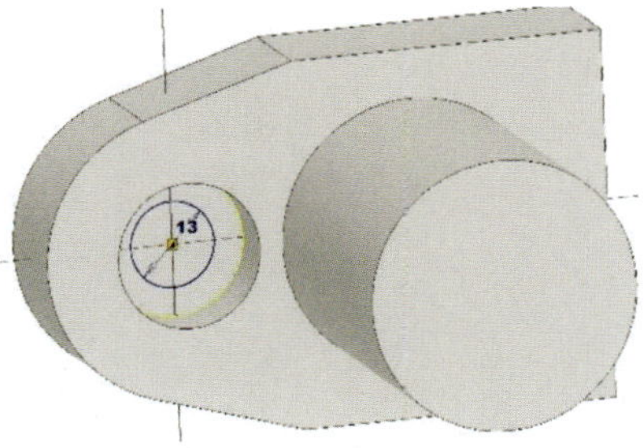

图 6-1-9 拉伸草图（4）

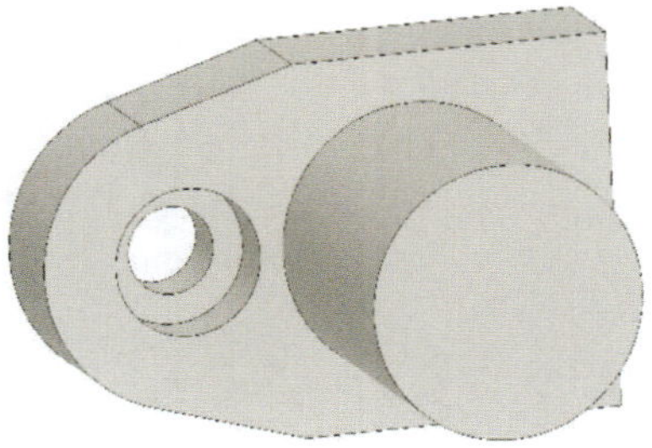

图 6-1-10 圆柱孔（2）

Step 09 绘制如图 6-1-11 所示的草图，退出草图状态。

Step 10 单击“创建”面板中的【拉伸】按钮，弹出“拉伸”对话框。选择如图 6-1-11 所示的草图为截面轮廓，拉伸高度设置为 12 mm，其余选项按默认设置，单击【确定】按钮，完成“拉伸”对话框的设置，效果如图 6-1-12 所示。

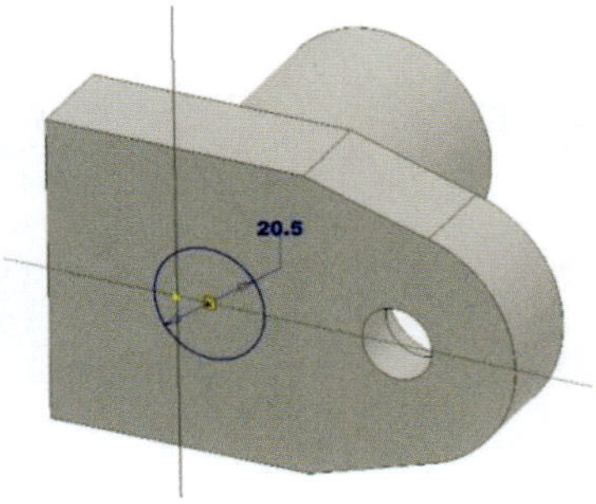

图 6-1-11 拉伸草图（5）

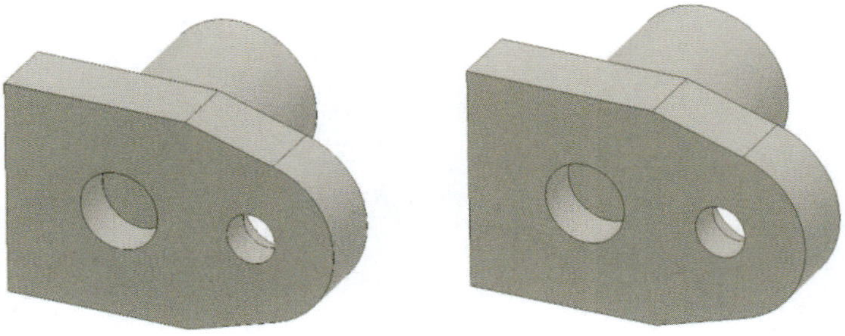

图 6-1-12 圆柱孔（3）

Step 11 绘制如图 6-1-13 所示的草图，退出草图状态。

Step 12 单击“创建”面板中的【拉伸】按钮，弹出“拉伸”对话框。选择如图 6-1-13 所示的草图为截面轮廓，拉伸高度设置为贯通，其余选项按默认设置，单击【确定】按钮，完成“拉伸”对话框的设置，如图 6-1-14 所示。

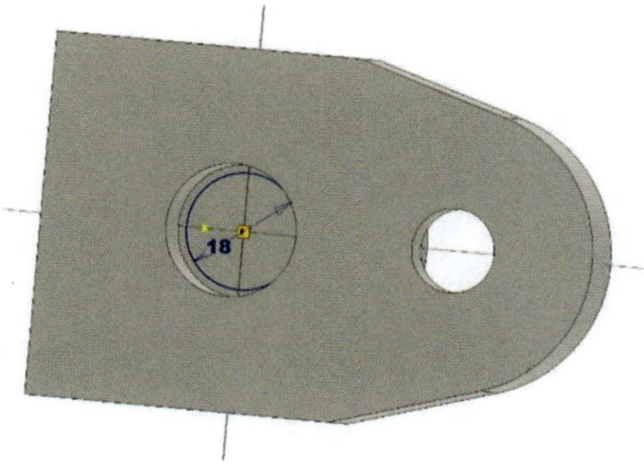

图 6-1-13 拉伸草图（6）

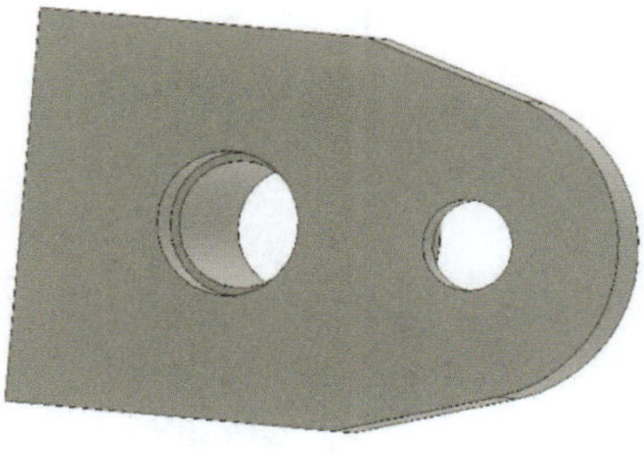

图 6-1-14 拉伸孔特征（1）

Step 13 单击“修改”面板中的【倒角】按钮，弹出“倒角”对话框。选择如图 6-1-15 所示的模型边，设置倒角边长为 1 mm，其余选项按默认设置，单击【确定】按钮，完成“倒角”对话框的设置。倒角特征如图 6-1-16 所示。

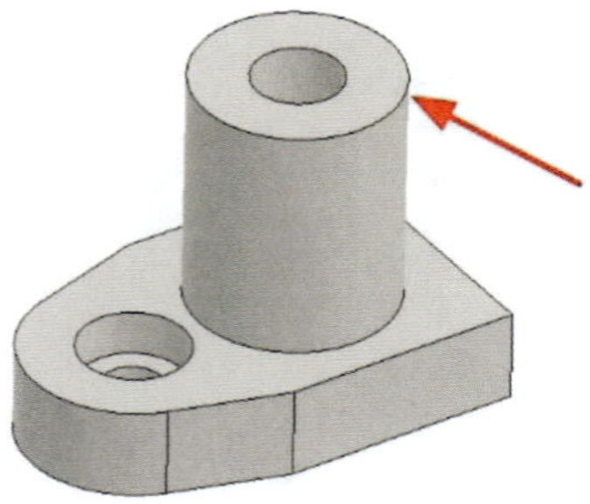

图 6-1-15　选择倒角边

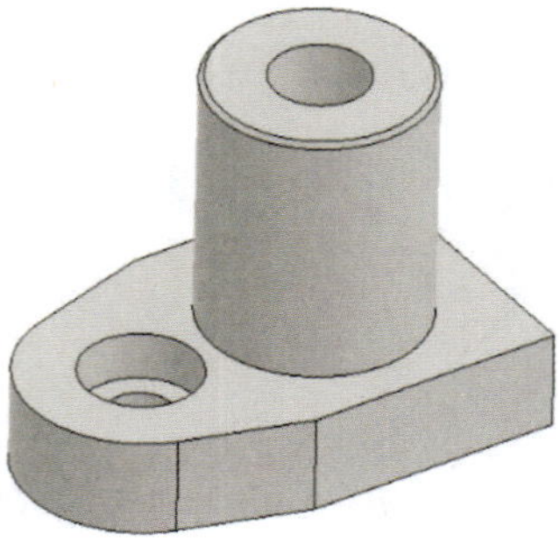

图 6-1-16　倒角特征

Step 14　新建基准平面如图 6-1-17 所示。

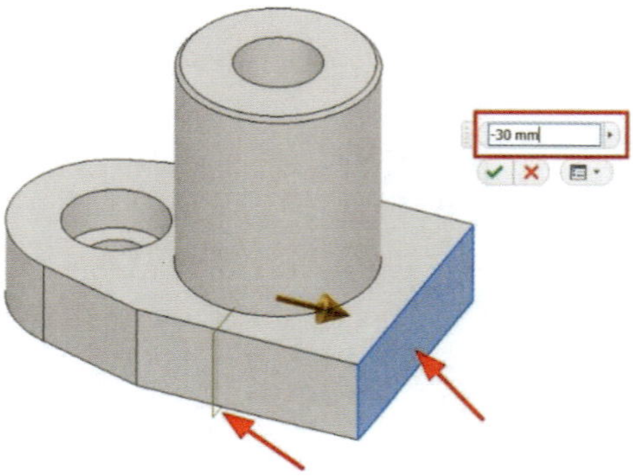

图 6-1-17　新建基准平面

Step 15　在步骤 14 中新建的平面绘制如图 6-1-18 所示的草图，退出草图状态。

Step 16　单击“创建”面板中的【拉伸】按钮，弹出“拉伸”对话框。选择如图 6-1-18 所示的草图为截面轮廓，拉伸高度设置为贯通，其余选项按默认设置，单击【确定】按钮，完成“拉伸”对话框的设置，如图 6-1-19 所示。

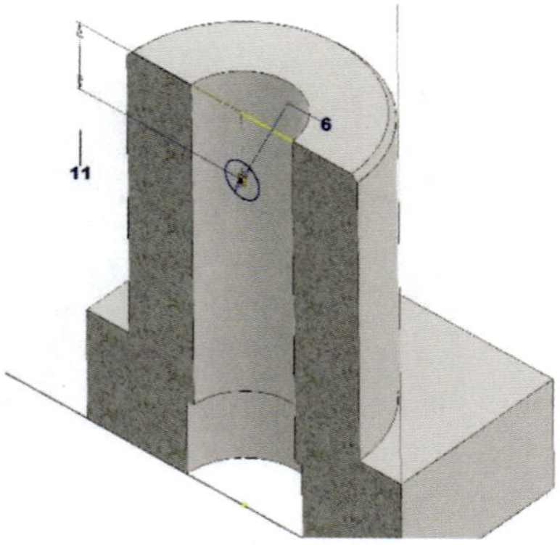

图 6-1-18　绘制草图

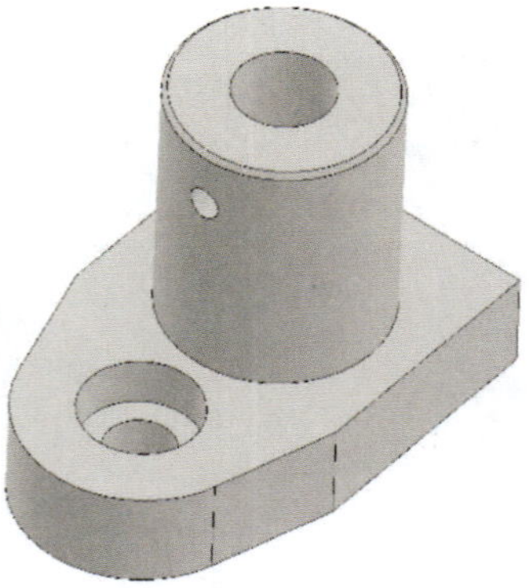

图 6-1-19　拉伸孔特征（2）

Step 17　单击“修改”面板中的【螺纹】按钮，弹出“螺纹特性”对话框。选择图 6-1-19 所创建圆柱表面，单击【确定】按钮，完成螺纹特征的设置，如图 6-1-20 所示。

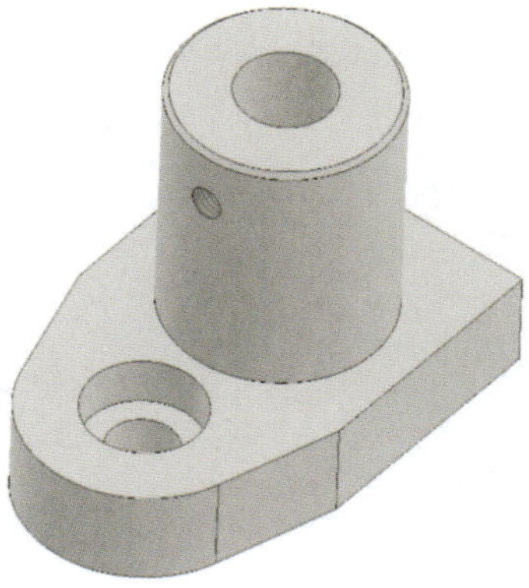

图 6-1-20　螺纹特征（1）

Step18 单击“修改”面板中的【螺纹】按钮，弹出“螺纹特性”对话框。选择图 6-1-21 所示圆柱表面，单击【确定】按钮，完成螺纹特征的设置。效果如图 6-1-22 所示。

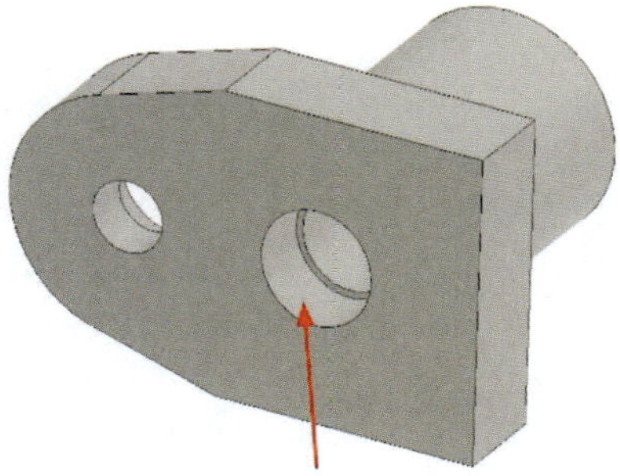

图 6-1-21　选择表面

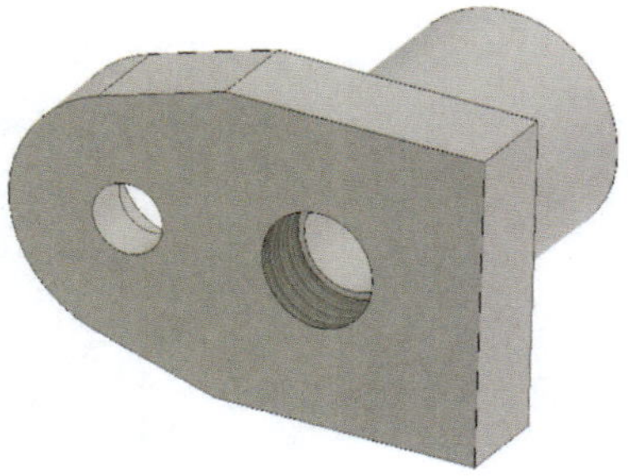

图 6-1-22　螺纹特征（2）

Step19 单击“修改”面板中的【圆角】按钮，弹出“圆角”对话框。选择如图 6-1-23 所示的模型边，设置圆角半径为 4 mm，其余选项按默认设置，单击【确定】按钮，完成“圆角”对话框的设置。圆角特征如图 6-1-24 所示。

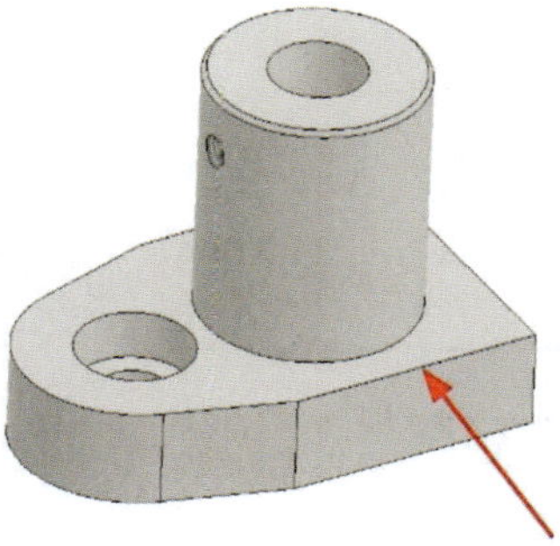

图 6-1-23　选择圆角边（1）

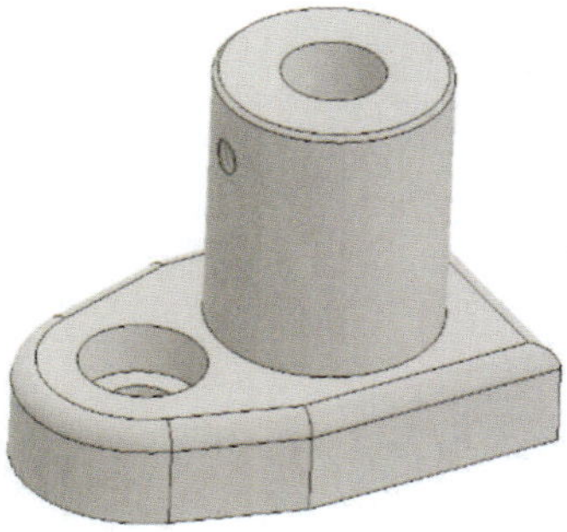

图 6-1-24　圆角特征（1）

Step20 单击“修改”面板中的【圆角】按钮，弹出“圆角”对话框。选择如图 6-1-25 所示的模型边，设置圆角半径为 2 mm，其余选项按默认设置，单击【确定】按钮，完成“圆角”对话框的设置。圆角特征如图 6-1-26 所示。

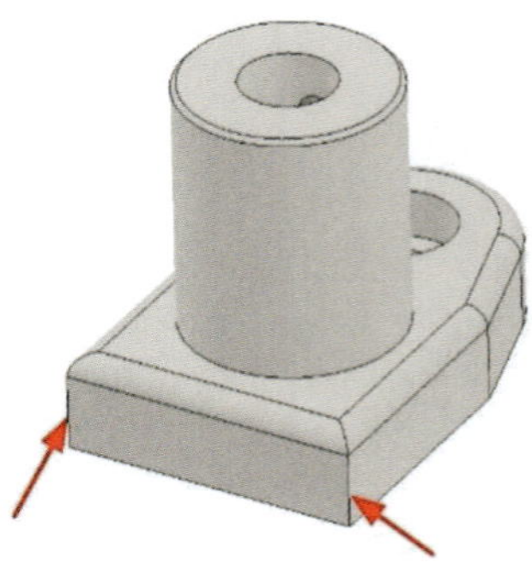

图 6-1-25　选择圆角边（2）

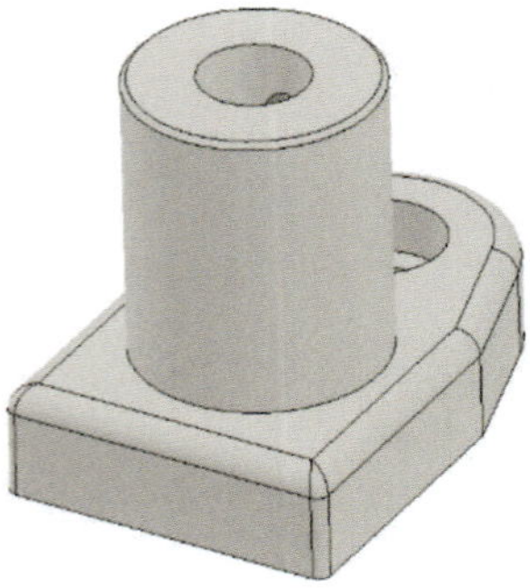

图 6-1-26　圆角特征（2）

Step 21 单击“修改”面板中的【圆角】按钮，弹出“圆角”对话框。选择如图 6-1-27 所示的模型边，设置圆角半径为 2 mm，其余选项按默认设置，单击【确定】按钮，完成“圆角”对话框的设置。圆角特征如图 6-1-28 所示。

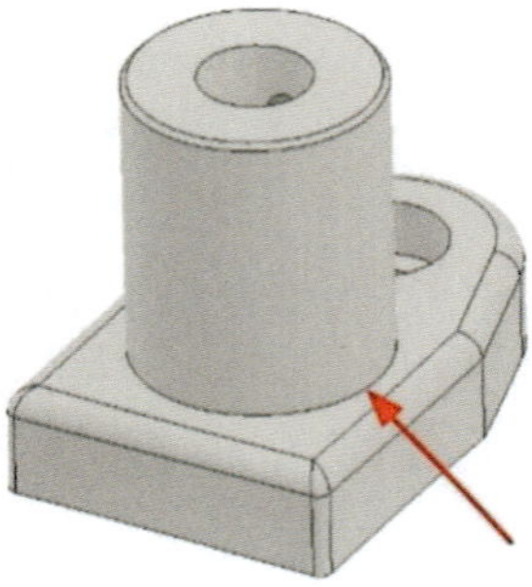

图 6-1-27　选择圆角边（3）

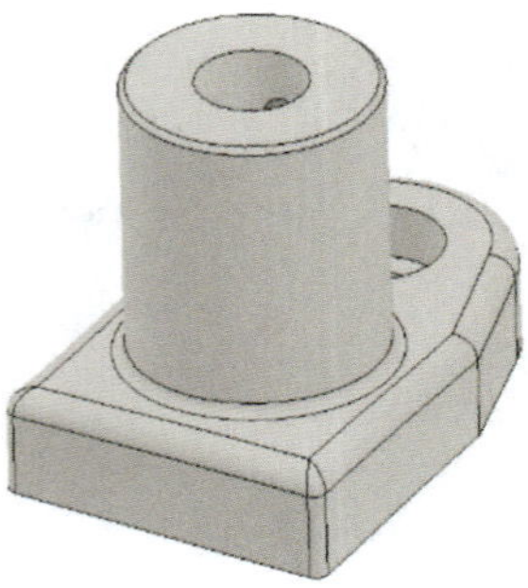

图 6-1-28　圆角特征（3）

（2）弹簧

弹簧

Step 01 新建一个零件文件，并绘制如图 6-1-29 所示的草图，退出草图状态。

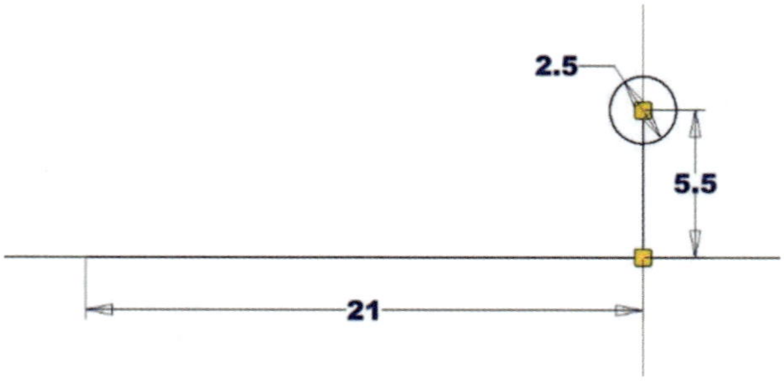

图 6-1-29　绘制草图（1）

Step 02 单击“创建”面板中的【螺旋扫掠】按钮。选择如图 6-1-29 所示的草图为截面轮廓，选择底部线段为旋转轴，其余选项按默认设置，单击【确定】按钮，完成对话框的设置，如图 6-1-30 所示。

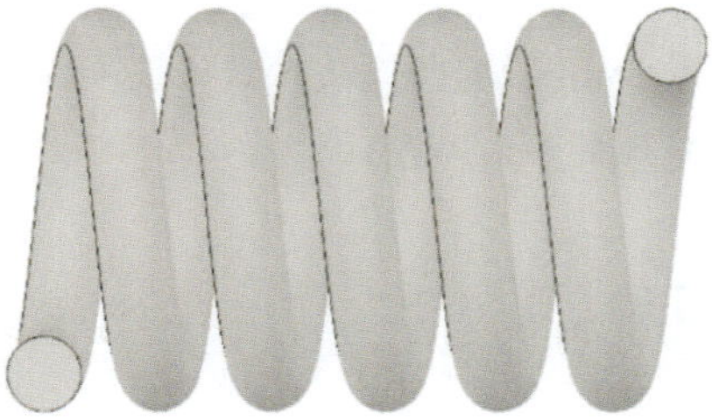

图 6-1-30　螺旋扫掠效果

Step03 绘制如图 6-1-31 所示的草图，退出草图状态。

Step04 单击“创建”面板中的【拉伸】按钮，弹出“拉伸”对话框。选择如图 6-1-31 所示的草图为截面轮廓，拉伸高度设置为双向贯通，其余选项按默认设置，单击【确定】按钮，完成“拉伸”对话框的设置，如图 6-1-32 所示。

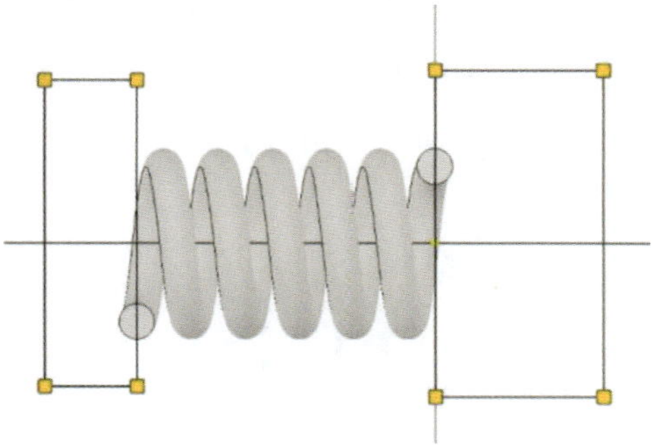

图 6-1-31　绘制草图（2）

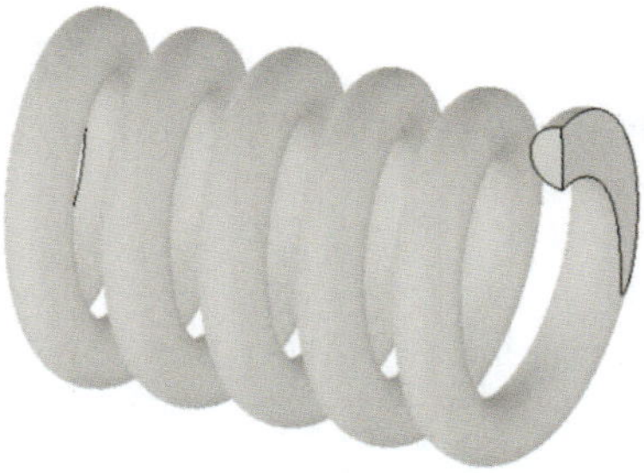

图 6-1-32　拉伸切除

（3）调节螺钉

Step01 新建一个零件文件，并绘制如图 6-1-33 所示的草图，退出草图状态。

Step02 单击“创建”面板中的【旋转】按钮，弹出“旋转”对话框。选择如图 6-1-33 所示的草图为截面轮廓，选择中心轴线为旋转轴，其余选项按默认设置，单击【确定】按钮，完成“旋转”对话框的设置。旋转效果如图 6-1-34 所示。

调节螺钉

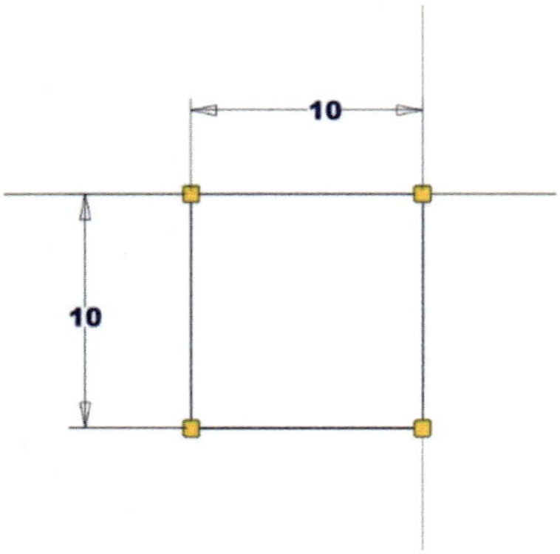

图 6-1-33　旋转草图

图 6-1-34　旋转效果

Step03 单击“修改”面板中的【倒角】按钮，弹出“倒角”对话框。选择如图 6-1-35 所示的模型边，设置倒角边长为 1 mm，其余选项按默认设置，单击【确定】按钮，完成“倒角”对话框的设置。倒角效果如图 6-1-36 所示。

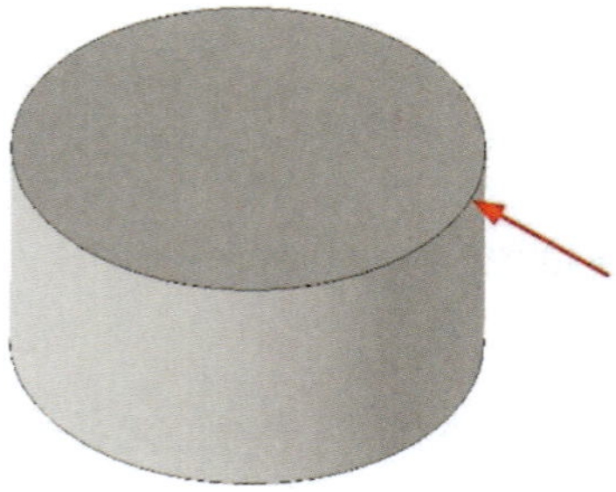
图 6-1-35　选择倒角边

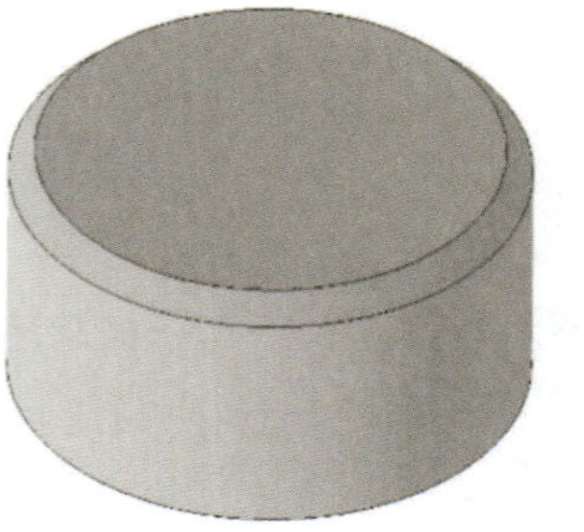
图 6-1-36　倒角效果

Step04 单击“修改”面板中的【螺纹】按钮，弹出“螺纹特性”对话框。选择图 6-1-37 所示圆柱表面，单击 【确定】按钮，完成螺纹特征的设置。效果如图 6-1-38 所示。

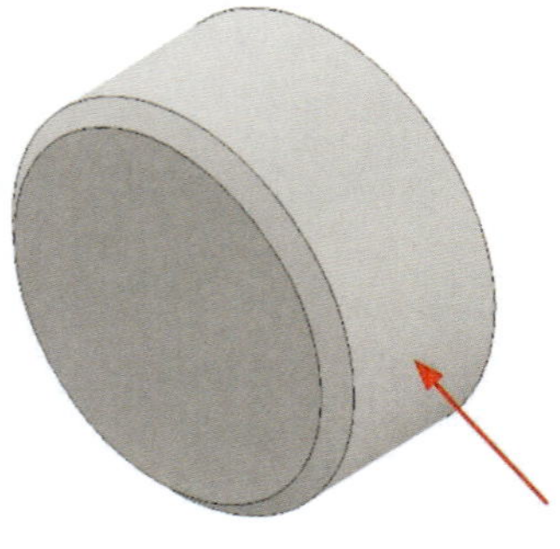
图 6-1-37　选择螺纹面

图 6-1-38　螺纹特征效果

Step05 绘制如图 6-1-39 所示的草图，退出草图状态。

Step06 单击“创建”面板中的【拉伸】按钮，弹出“拉伸”对话框。选择如图 6-1-39 所示的草图为截面轮廓，拉伸高度设置为 3 mm，其余选项按默认设置，单击【确定】按钮，完成“拉伸”对话框的设置，如图 6-1-40 所示。

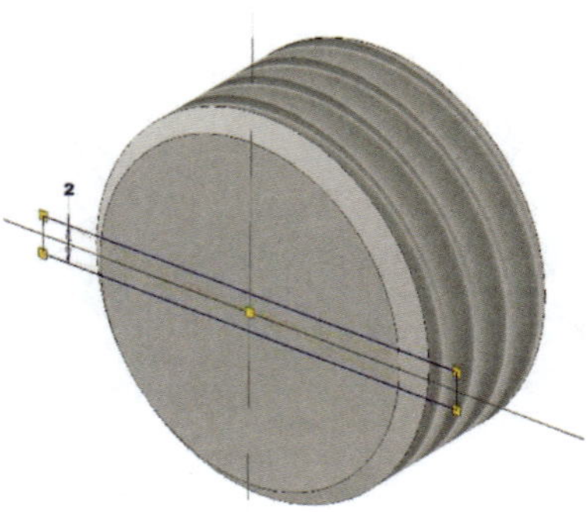

图 6-1-39　绘制草图

图 6-1-40　拉伸切除

（4）支承柱

支承柱

Step 01 新建一个零件文件，并绘制如图 6-1-41 所示的草图，退出草图状态。

Step 02 单击“创建”面板中的【拉伸】按钮，弹出“拉伸”对话框。选择如图 6-1-41 所示的草图为截面轮廓，拉伸高度设置为 45 mm，其余选项按默认设置，单击【确定】按钮，完成“拉伸”对话框的设置，拉伸特征如图 6-1-42 所示。

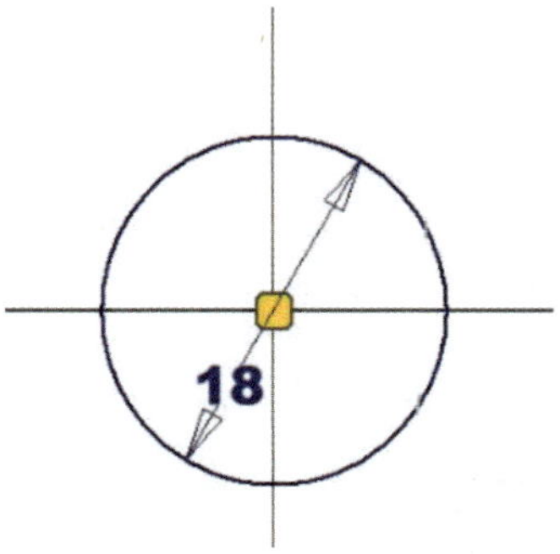

图 6-1-41　绘制草图

图 6-1-42　拉伸特征

Step 03 单击“修改”面板中的【倒角】按钮，弹出“倒角”对话框。选择如图 6-1-43 所示的模型边，设置倒角边长为 1 mm，其余选项按默认设置，单击【确定】按钮，完成“倒角”对话框的设置。倒角特征如图 6-1-44 所示。

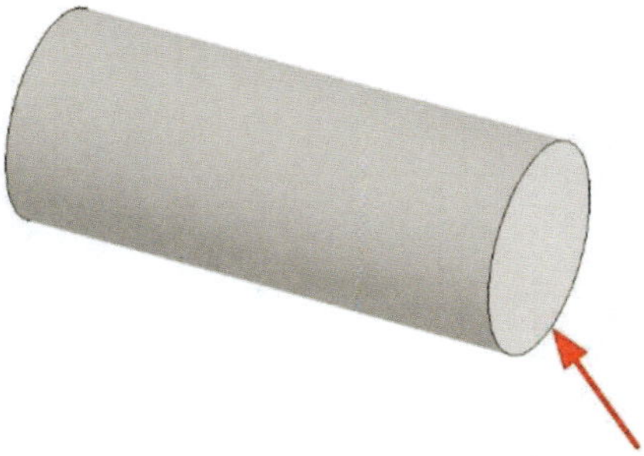

图 6-1-43　选择倒角边

图 6-1-44　倒角特征

Step 04 绘制如图 6-1-45 所示的草图，退出草图状态。

Step 05 单击“修改”面板中的【孔】按钮，弹出“孔特性”对话框。系统自动选择图 6-1-45 所示草图点，设置孔特征参数如图 6-1-46 所示，单击【确定】按钮，完成“孔特性”对话框的设置。添加孔特征结果如图 6-1-47 所示。

Step 06 新建基准平面如图 6-1-48 所示。

Step 07 在步骤 6 中新建的平面绘制如图 6-1-49 所示的草图，退出草图状态。

Step 08 单击“创建”面板中的【拉伸】按钮，弹出“拉伸”对话框。选择如图 6-1-49 所示的草图为截面轮廓，拉伸高度设置为 12 mm，其余选项按默认设置，单击【确定】按钮，完成“拉伸”对话框的设置，效果如图 6-1-50 所示。

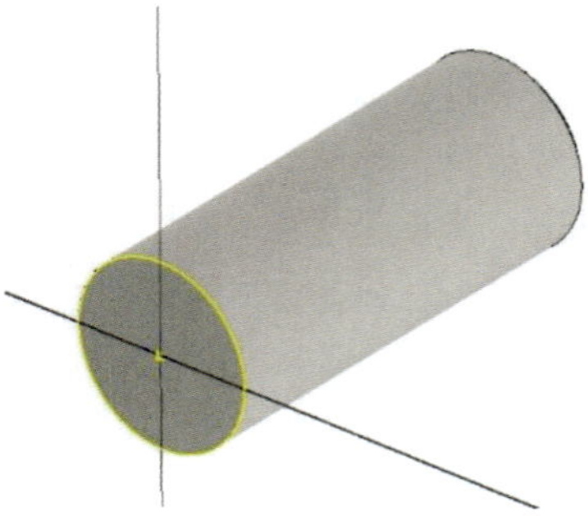

图 6-1-45　绘制草图点

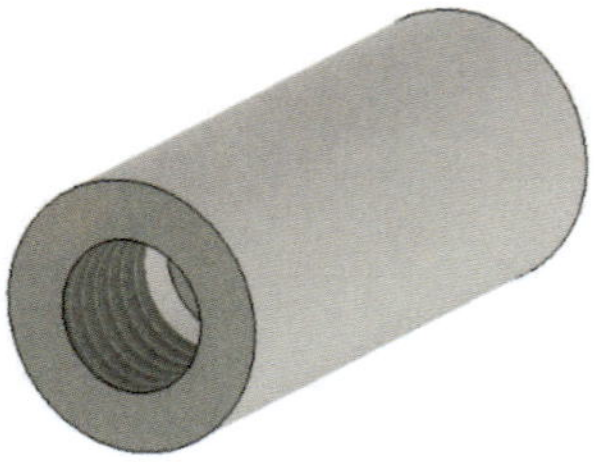

图 6-1-47　添加孔特征

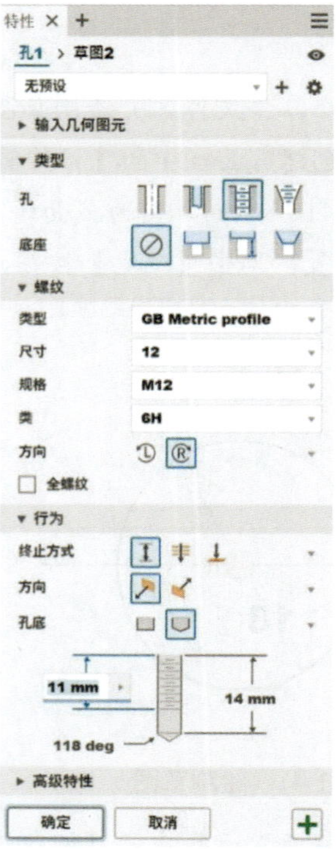

图 6-1-46　设置孔特性

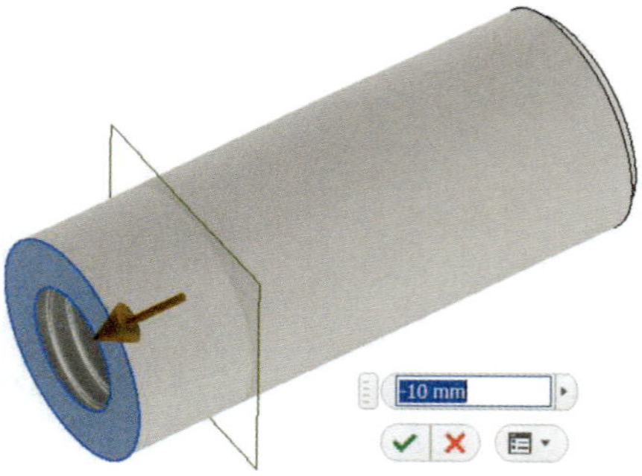

图 6-1-48　新建基准平面

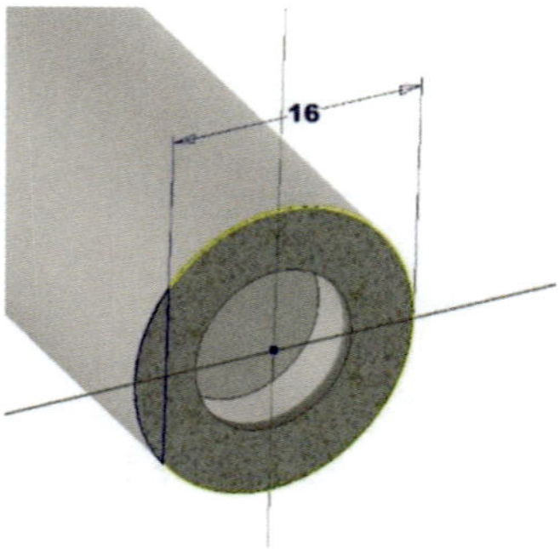

图 6-1-49　绘制草图

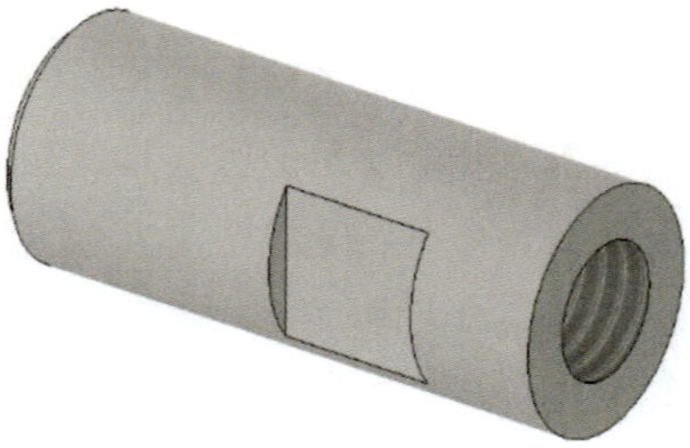

图 6-1-50　拉伸切除

（5）支承帽

支承帽

Step 01 新建一个零件文件，并绘制如图 6-1-51 所示的草图，退出草图状态。

Step 02 单击“创建”面板中的【拉伸】按钮，弹出“拉伸”对话框。选择如图 6-1-51 所示的草图为截面轮廓，拉伸高度设置为 10 mm，其余选项按默认设置，单击【确定】按钮，完成“拉伸”对话框的设置，如图 6-1-52 所示。

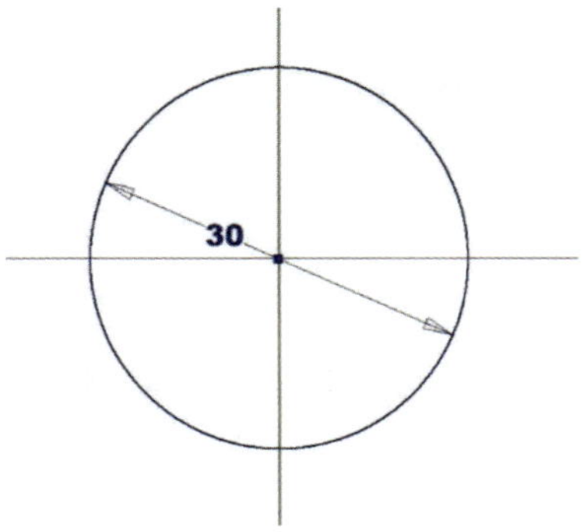

图 6-1-51　绘制草图

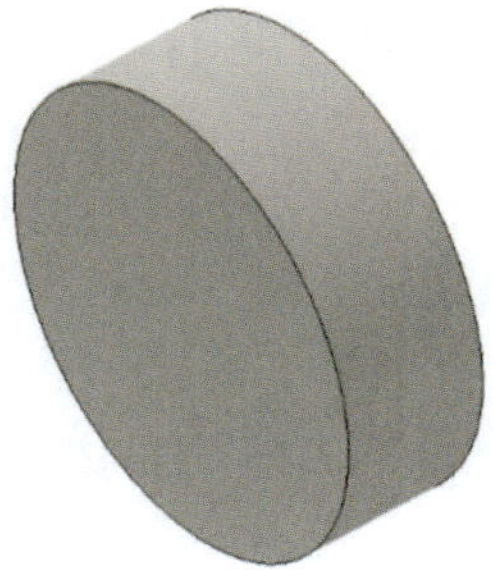

图 6-1-52　拉伸特征

Step 03 绘制如图 6-1-53 所示的草图，退出草图状态。

Step 04 单击“创建”面板中的【拉伸】按钮，弹出“拉伸”对话框。选择如图 6-1-53 所示的草图为截面轮廓，拉伸高度设置为 6 mm，其余选项按默认设置，单击【确定】按钮，完成“拉伸”对话框的设置，如图 6-1-54 所示。

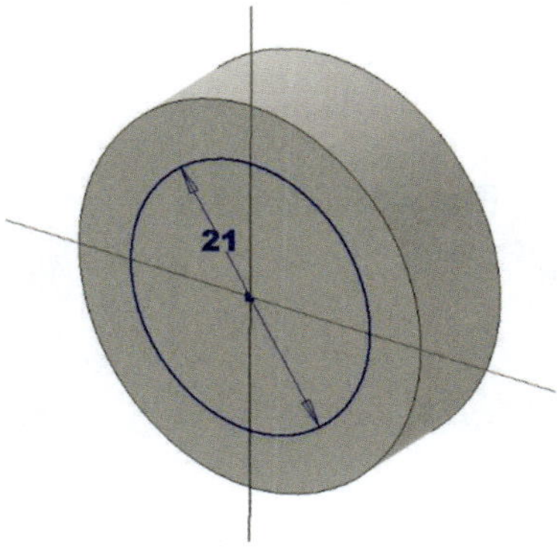

图 6-1-53　绘制草图

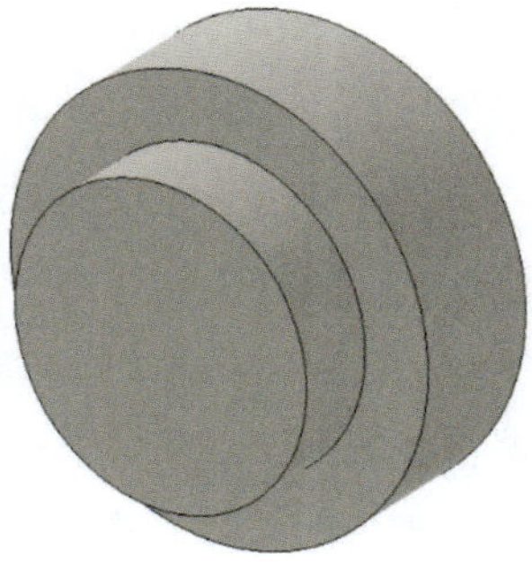

图 6-1-54　拉伸特征

Step 05 绘制如图 6-1-55 所示的草图，退出草图状态。

Step 06 单击“创建”面板中的【拉伸】按钮，弹出“拉伸”对话框。选择如图 6-1-55 所示的草图为截面轮廓，拉伸高度设置为 2 mm，其余选项按默认设置，单击【确定】按钮，完成“拉伸”对话框的设置，如图 6-1-56 所示。

Step 07 绘制如图 6-1-57 所示的草图，退出草图状态。

Step 08 单击“创建”面板中的【拉伸】按钮，弹出“拉伸”对话框。选择如图 6-1-57 所示的草图为截面轮廓，拉伸高度设置为 4 mm，其余选项按默认设置，单击【确定】按钮，完成“拉伸”对话框的设置，如图 6-1-58 所示。

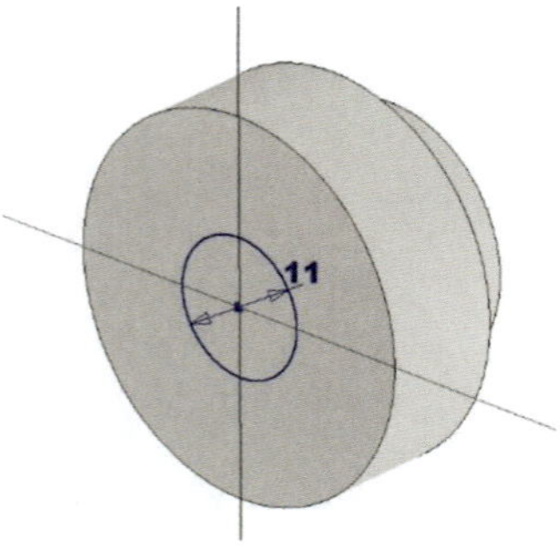

图 6-1-55　绘制草图

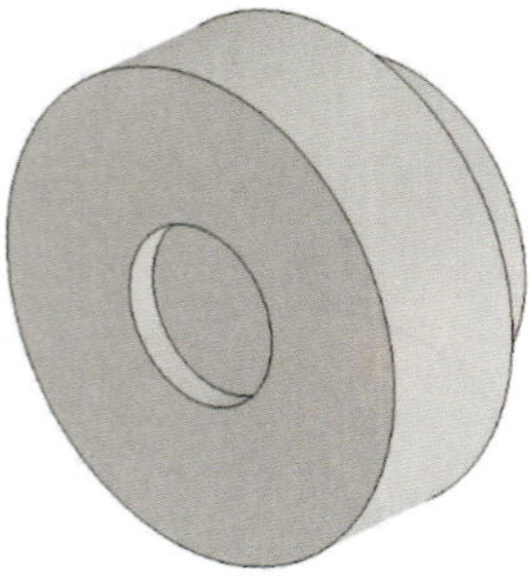
图 6-1-56　拉伸效果

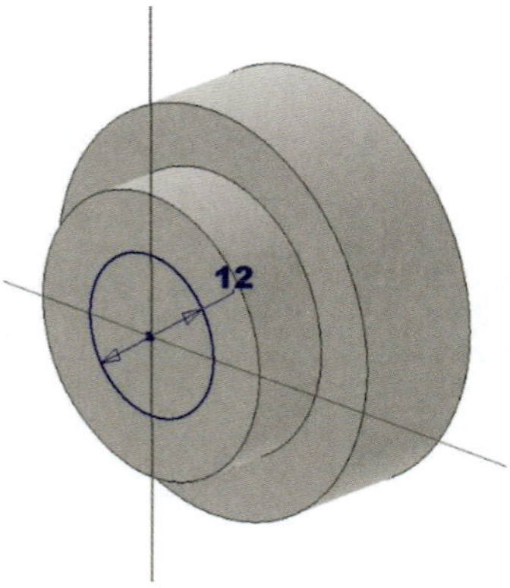

图 6-1-57　绘制草图

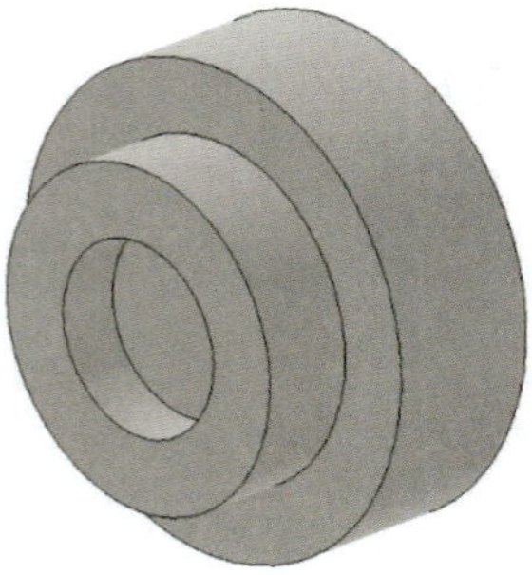
图 6-1-58　拉伸特征

Step 09 绘制如图 6-1-59 所示的草图，退出草图状态。

Step 10 单击“创建”面板中的【拉伸】按钮，弹出“拉伸”对话框。选择如图 6-1-59 所示的草图为截面轮廓，拉伸高度设置为 6 mm，其余选项按默认设置，单击【确定】按钮，完成“拉伸”对话框的设置，如图 6-1-60 所示。

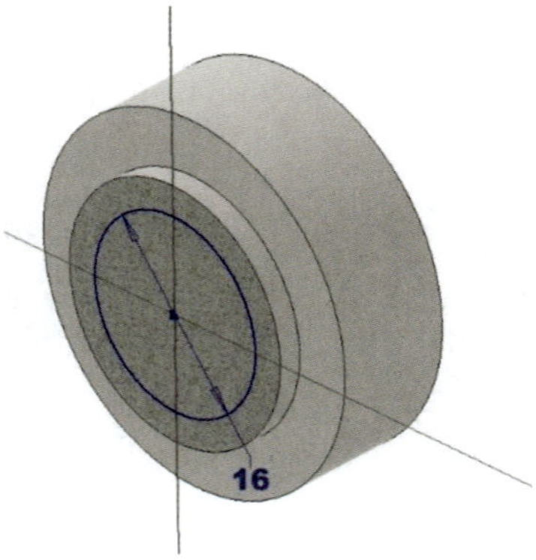

图 6-1-59　绘制草图

图 6-1-60　拉伸特征

Step 11 单击“修改”面板中的【螺纹】按钮，弹出“螺纹特性”对话框。选择图 6-1-61 所示圆柱外表面，单击【确定】按钮，完成螺纹特征的设置，如图 6-1-62 所示。

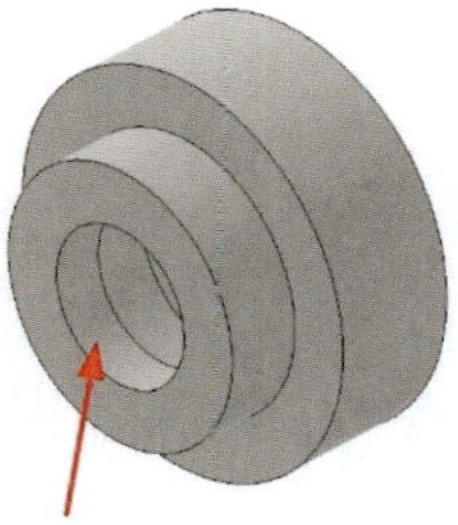

图 6-1-61　选择螺纹面

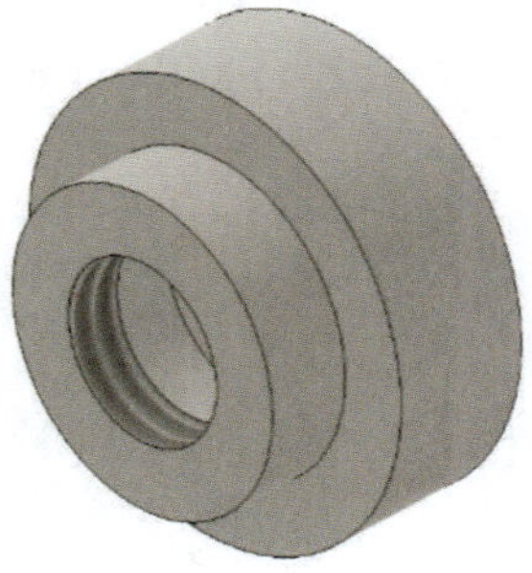

图 6-1-62　螺纹特征

（6）顶丝

顶丝

Step 01 新建一个零件文件，并绘制如图 6-1-63 所示的草图，退出草图状态。

Step 02 单击“创建”面板中的【拉伸】按钮，弹出“拉伸”对话框。选择如图 6-1-63 所示的草图为截面轮廓，拉伸高度设置为 5 mm，其余选项按默认设置，单击【确定】按钮，完成“拉伸”对话框的设置，如图 6-1-64 所示。

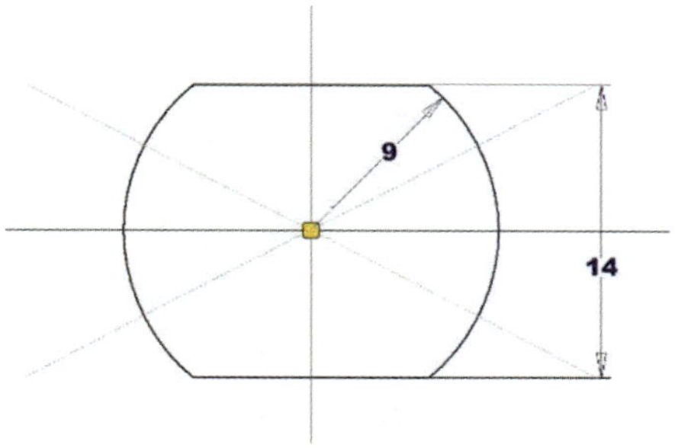

图 6-1-63　绘制草图（1）

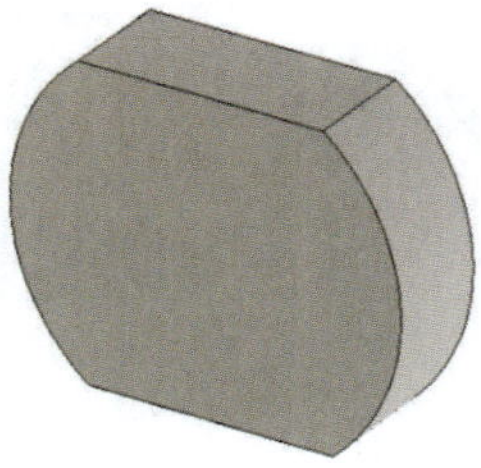

图 6-1-64　拉伸特征（1）

Step 03 绘制如图 6-1-65 所示的草图，退出草图状态。

Step 04 单击“创建”面板中的【拉伸】按钮，弹出“拉伸”对话框。选择如图 6-1-65 所示的草图为截面轮廓，拉伸高度设置为 2 mm，其余选项按默认设置，单击【确定】按钮，完成“拉伸”对话框的设置，如图 6-1-66 所示。

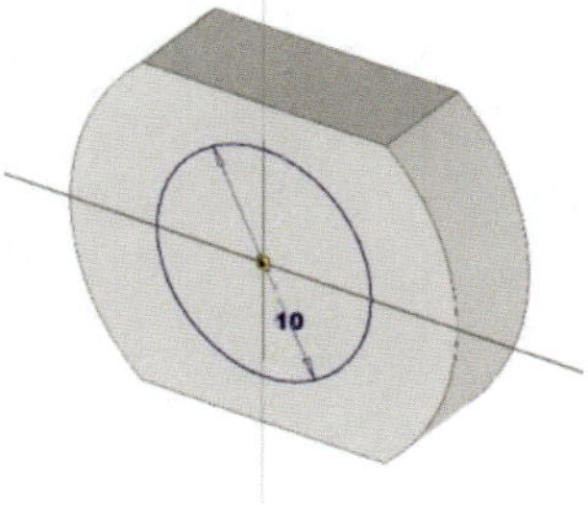

图 6-1-65　绘制草图（2）

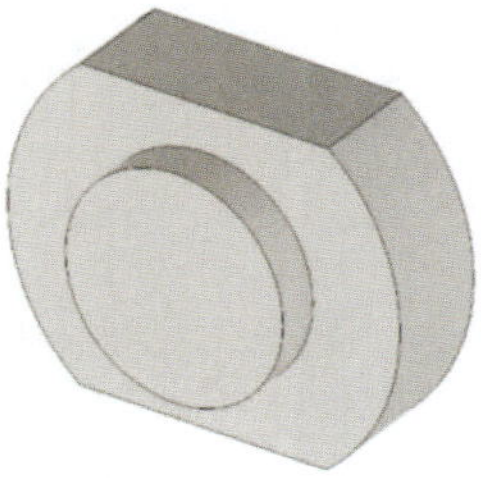

图 6-1-66　拉伸特征（2）

Step 05 绘制如图 6-1-67 所示的草图，退出草图状态。

Step 06 单击“创建”面板中的【拉伸】按钮，弹出“拉伸”对话框。选择如图 6-1-67 所示的草图为截面轮廓，拉伸高度设置为 7 mm，其余选项按默认设置，单击【确定】按钮，完成“拉伸”对话框的设置，如图 6-1-68 所示。

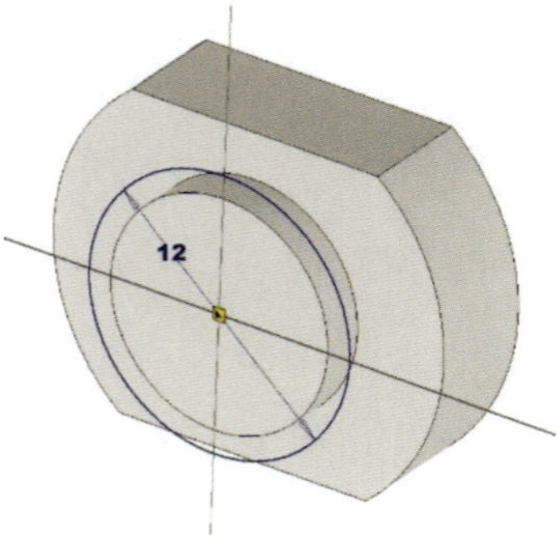

图 6-1-67　绘制草图（3）

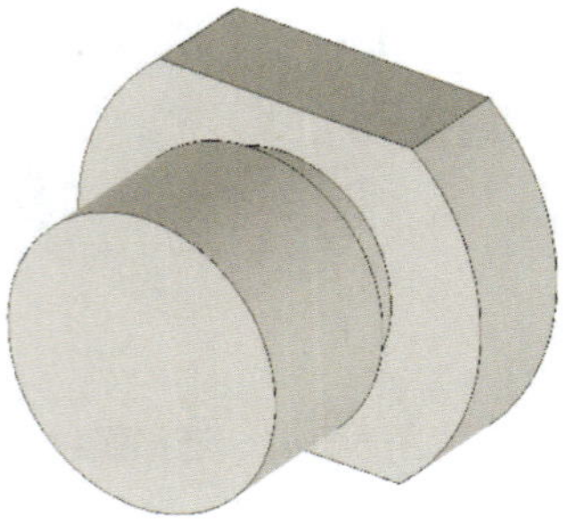

图 6-1-68　拉伸特征（3）

Step 07 绘制如图 6-1-69 所示的草图，退出草图状态。

Step 08 单击“创建”面板中的【拉伸】按钮，弹出“拉伸”对话框。选择如图 6-1-69 所示的草图为截面轮廓，拉伸高度设置为 7 mm，其余选项按默认设置，单击【确定】按钮，完成“拉伸”对话框的设置，效果如图 6-1-70 所示。

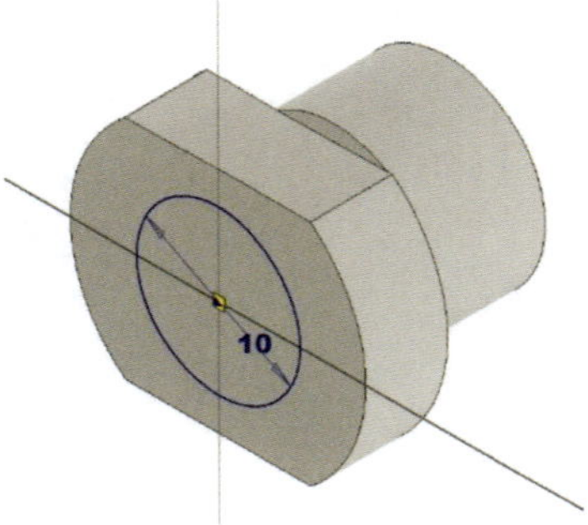

图 6-1-69　绘制草图（4）

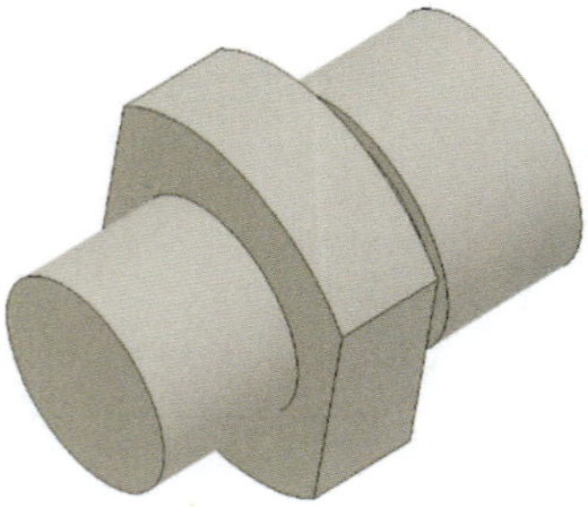

图 6-1-70　拉伸特征（4）

Step 09 单击“修改”面板中的【倒角】按钮，弹出“倒角”对话框。选择如图 6-1-71 所示的模型边，设置倒角边长为 0.5 mm，其余选项按默认设置，单击【确定】按钮，完成“倒角”对话框的设置。倒角特征如图 6-1-72 所示。

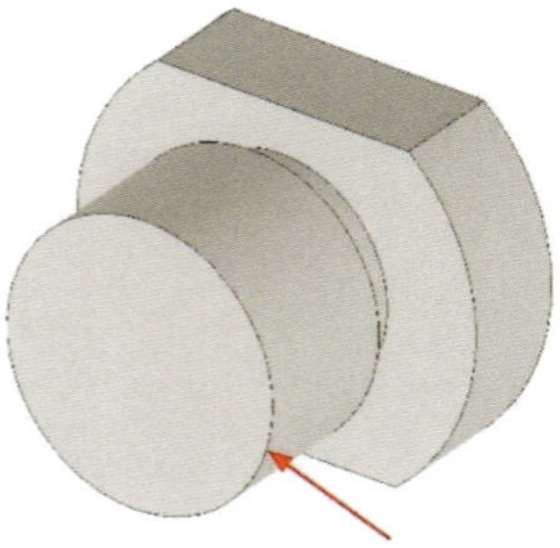

图 6-1-71　选择倒角边（1）

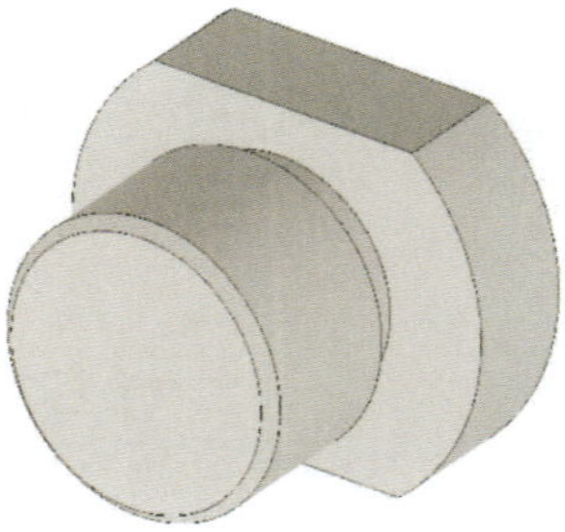

图 6-1-72　倒角特征（1）

Step 10 单击“修改”面板中的【倒角】按钮，弹出“倒角”对话框。选择如图 6-1-73 所示的模型边，设置倒角边长为 1 mm，其余选项按默认设置，单击【确定】按钮，完成“倒角”对话框的设置。倒角特征如图 6-1-74 所示。

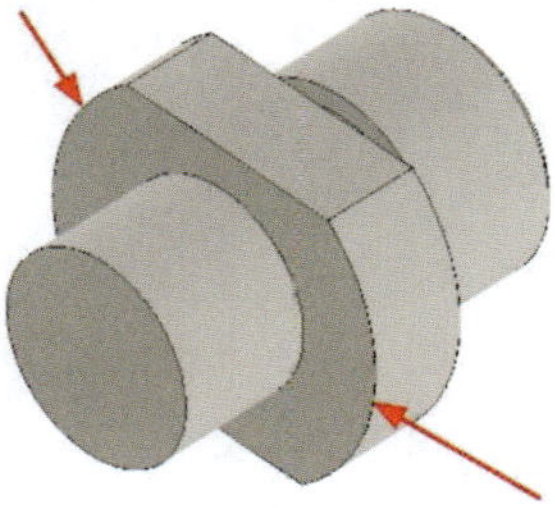

图 6-1-73　选择倒角边（2）

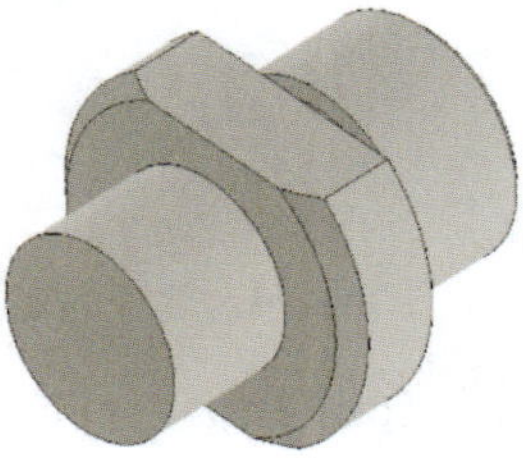

图 6-1-74　倒角特征（2）

Step 11 绘制如图 6-1-75 所示的草图，退出草图状态。

Step 12 单击“创建”面板中的【旋转】按钮，弹出“旋转”对话框。选择如图 6-1-75 所示的草图为截面轮廓，选择中心轴线为旋转轴，其余选项按默认设置，单击【确定】按钮，完成“旋转”对话框的设置。旋转特征如图 6-1-76 所示。

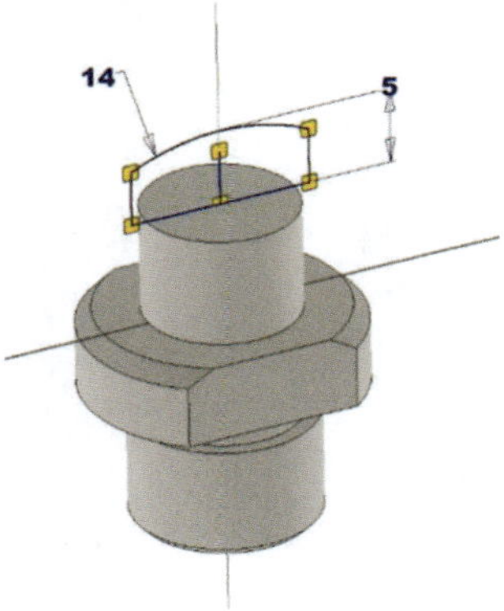

图 6-1-75　绘制旋转草图

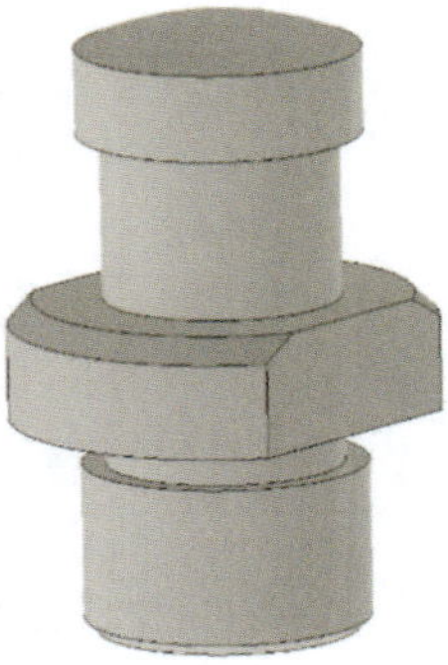

图 6-1-76　旋转特征

Step 13 单击“修改”面板中的【螺纹】按钮，弹出“螺纹特性”对话框。选择图 6-1-77 所示圆柱外表面，单击【确定】按钮，完成螺纹特征的设置。螺纹特征如图 6-1-78 所示。

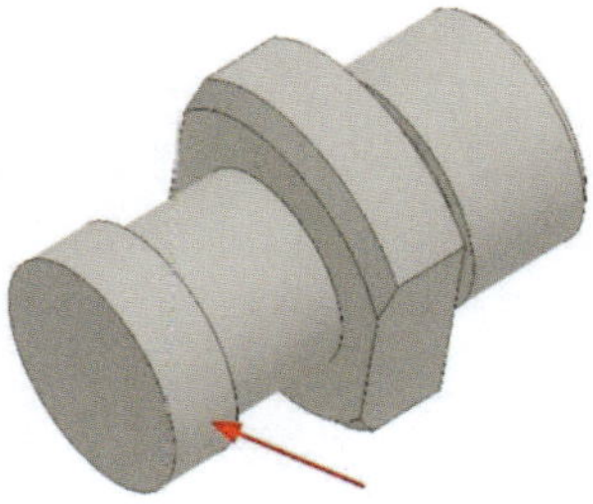

图 6-1-77　旋转螺纹面（1）

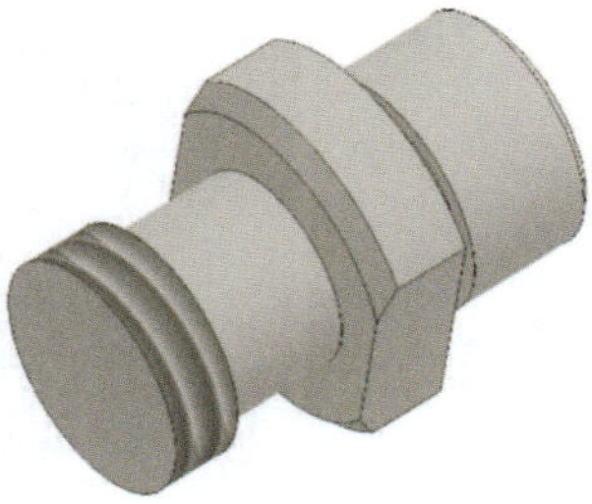

图 6-1-78　螺纹特征（1）

Step 14 单击“修改”面板中的【螺纹】按钮，弹出“螺纹特性”对话框。选择图 6-1-79 所示圆柱外表面，单击【确定】按钮，完成螺纹特征的设置。效果如图 6-1-80 所示。

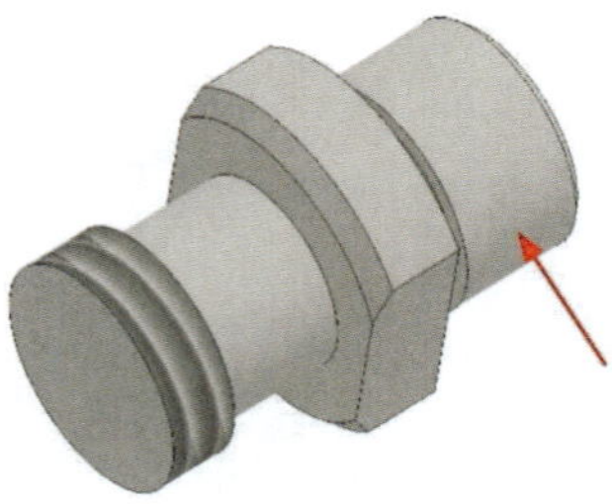

图 6-1-79　旋转螺纹面（2）

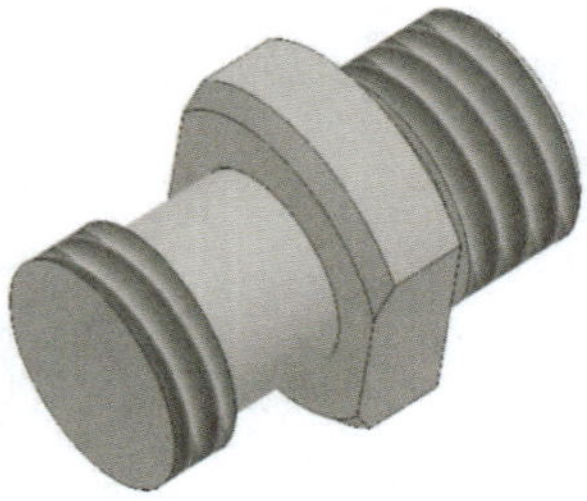

图 6-1-80　螺纹特征（2）

（7）螺钉 M6X12

螺钉 M6X12

Step 01 绘制如图 6-1-81 所示的草图，退出草图状态。

Step 02 单击“创建”面板中的【旋转】按钮，弹出“旋转”对话框。选择如图 6-1-81 所示的草图为截面轮廓，选择中心轴线为旋转轴，其余选项按默认设置，单击【确定】按钮，完成“旋转”对话框的设置。旋转效果如图 6-1-82 所示。

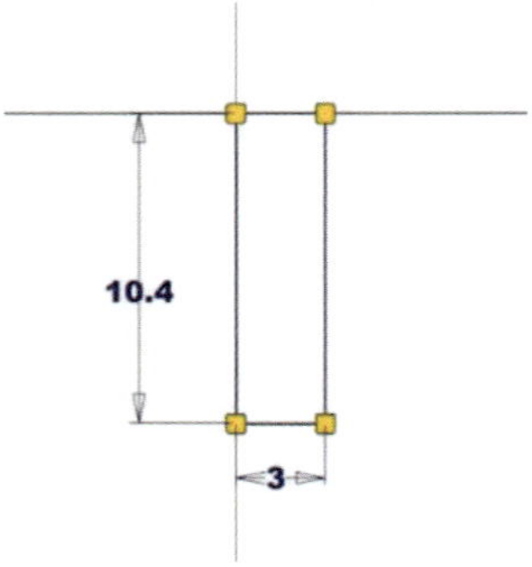

图 6-1-81　绘制旋转草图（1）

图 6-1-82　旋转效果（1）

Step 03 绘制如图 6-1-83 所示的草图，退出草图状态。

Step 04 单击“创建”面板中的【旋转】按钮，弹出“旋转”对话框。选择如图 6-1-83 所示的草图为截面轮廓，选择中心轴线为旋转轴，其余选项按默认设置，单击【确定】按钮，完成“旋转”对话框的设置。旋转效果如图 6-1-84 所示。

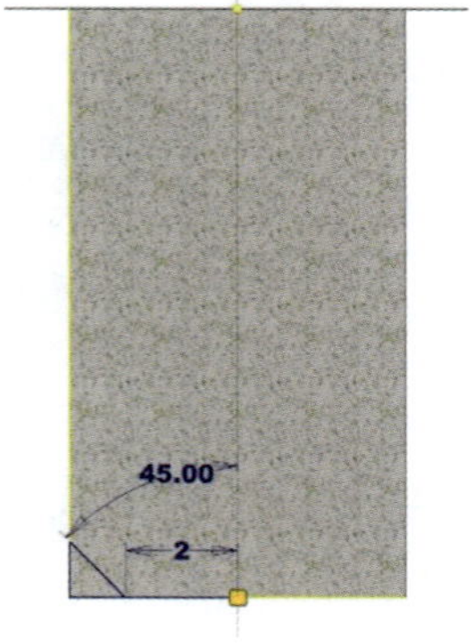

图 6-1-83　绘制旋转草图（2）

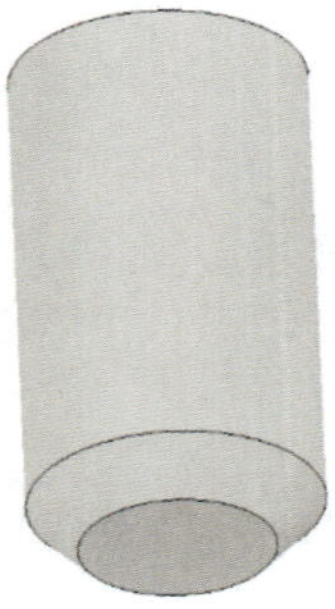

图 6-1-84　旋转效果（2）

Step05 绘制如图 6-1-85 所示的草图，退出草图状态。

Step06 单击“创建”面板中的【拉伸】按钮，弹出“拉伸”对话框。选择如图 6-1-85 所示的草图为截面轮廓，拉伸高度设置为 1.6 mm，其余选项按默认设置，单击【确定】按钮，完成“拉伸”对话框的设置。拉伸效果如图 6-1-86 所示。

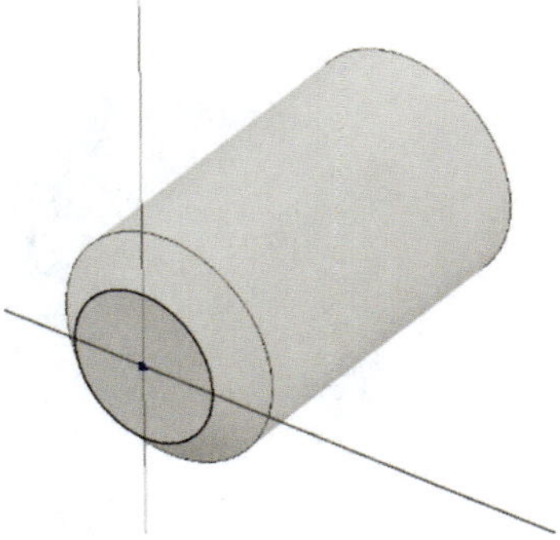

图 6-1-85　绘制草图（1）

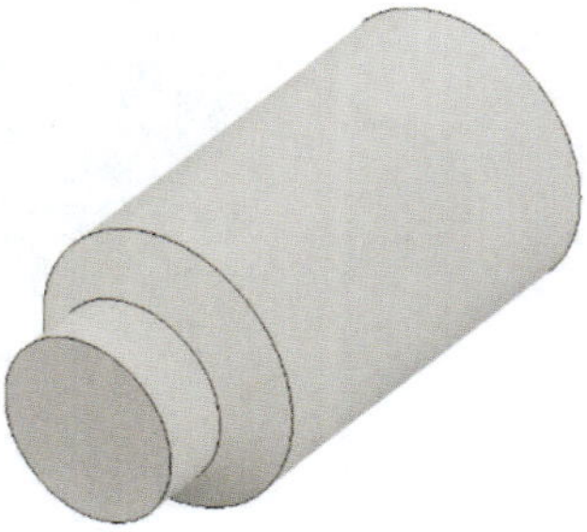

图 6-1-86　拉伸效果

Step07 单击“修改”面板中的【螺纹】按钮，弹出“螺纹特性”对话框。选择图 6-1-87 所示圆柱外表面，单击【确定】按钮，完成螺纹特征的设置。螺纹效果如图 6-1-88 所示。

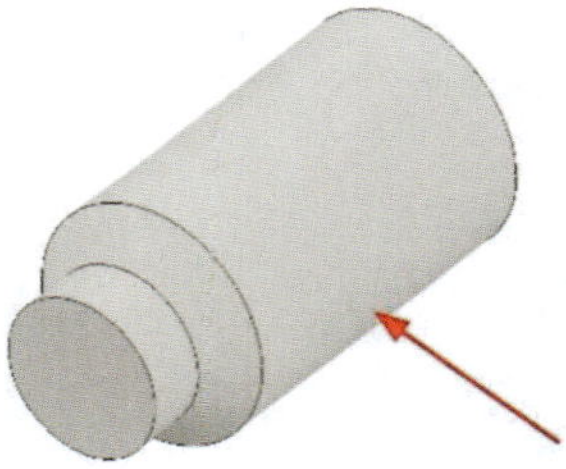

图 6-1-87　选择螺纹面

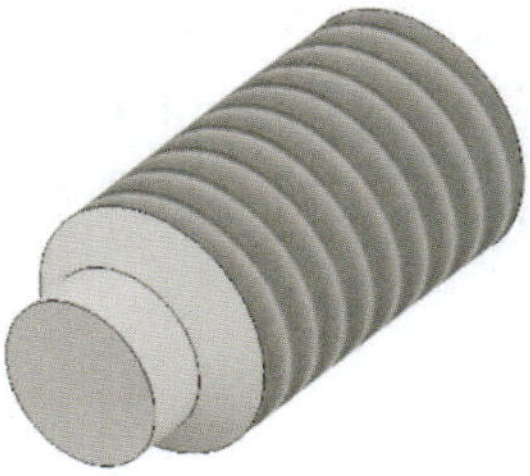

图 6-1-88　螺纹效果

Step08 绘制如图 6-1-89 所示的草图，退出草图状态。

Step09 单击“创建”面板中的【拉伸】按钮，弹出“拉伸”对话框。选择如图 6-1-89 所示的草图为截面轮廓，拉伸高度设置为 1.6 mm，其余选项按默认设置，单击【确定】按钮，完成“拉伸”对话框的设置。拉伸切除效果如图 6-1-90 所示。

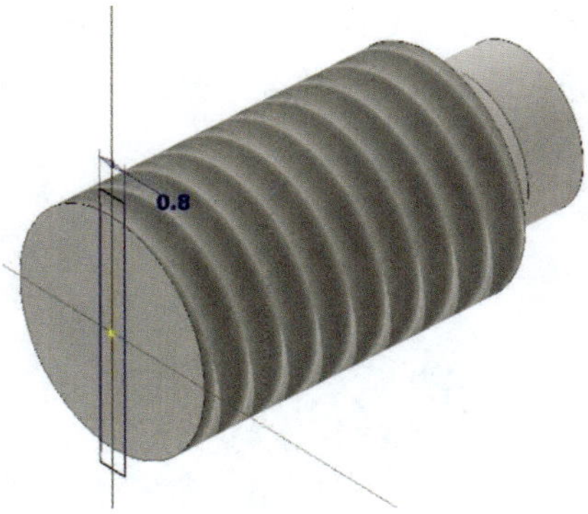

图 6-1-89　绘制草图（2）

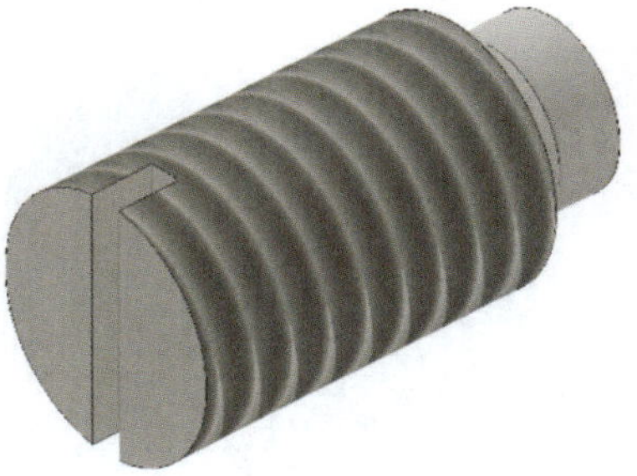

图 6-1-90　拉伸切除效果

Step 10 单击“修改”面板中的【倒角】按钮，弹出“倒角”对话框。选择如图 6-1-91 所示的模型边，设置倒角边长为 0.5 mm，其余选项按默认设置，单击【确定】按钮，完成“倒角”对话框的设置。倒角效果如图 6-1-92 所示。

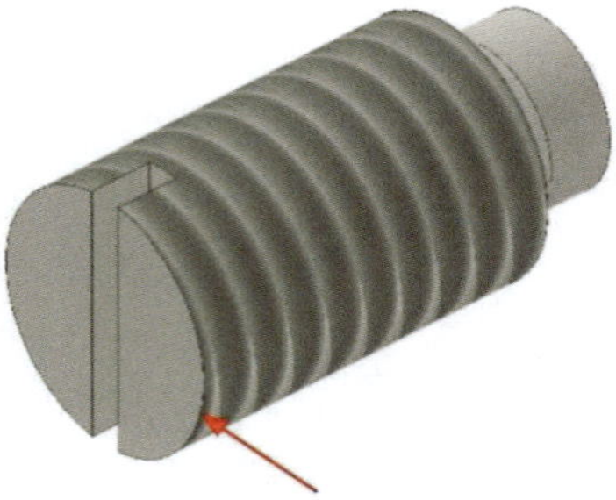

图 6-1-91　选择倒角边

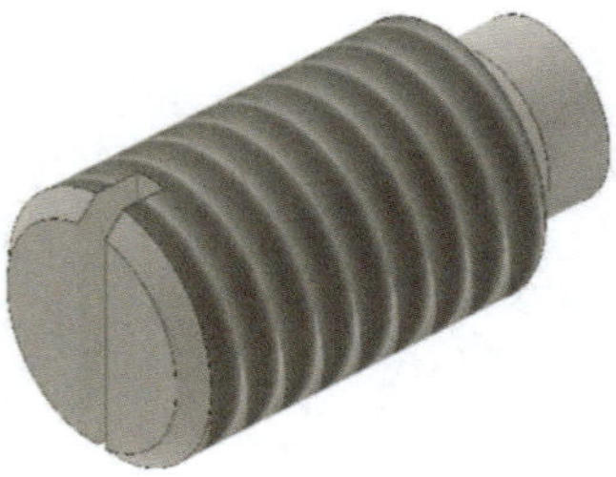

图 6-1-92　倒角效果

2. 装配设计

装配设计

Step 01 启动 Inventor，新建一个部件文件。

Step 02 添加支承座装配约束。单击“零部件”面板中的【放置】按钮，弹出“装入零部件”对话框。装入支承座零件。选中支承座零件，单击鼠标右键选中“固定”约束，如图 6-1-93 所示。

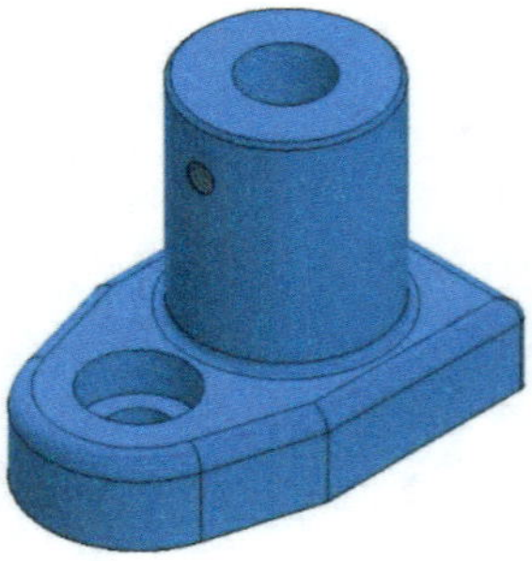

图 6-1-93　支承座固定约束

Step 03 添加调节螺钉与支承座之间的装配约束。选择插入约束【】，选择如图 6-1-94 所示圆边线，使调节螺钉零件与支承座零件轴线重合并在圆边线处也重合，如图 6-1-95 所示。

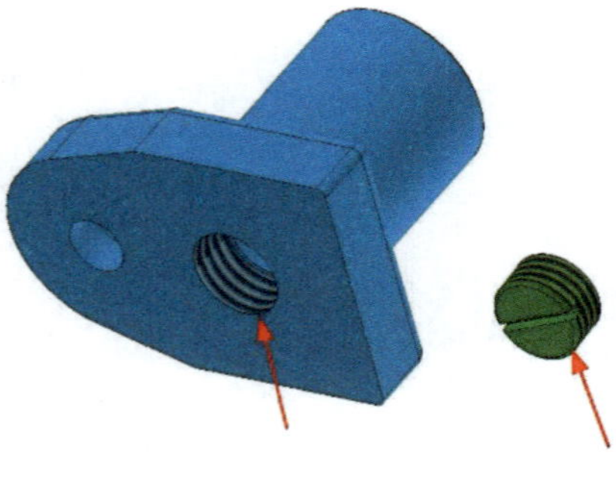

图 6-1-94　插入约束

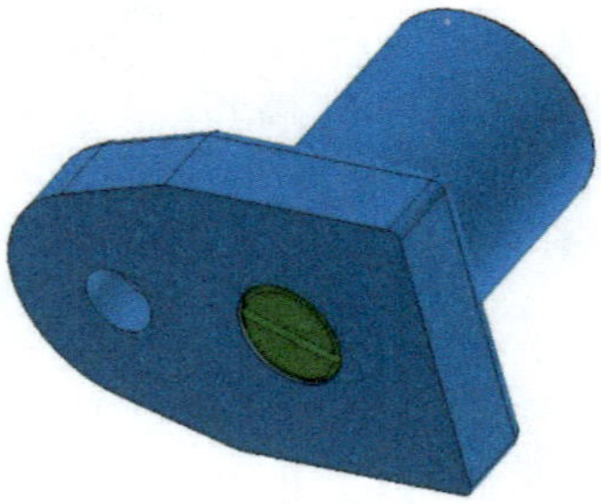

图 6-1-95　装配效果

Step 04 添加弹簧与调节螺钉之间的装配约束。选择配合约束【】，使弹簧与调节螺钉同轴约束、弹簧底部平面与调节螺钉底部平面重合约束，如图 6-1-96 所示。

Step 05 添加支承柱与弹簧之间的装配约束。选择配合约束【】，使支承柱与弹簧同轴约束、弹簧顶部平面与支承柱底部平面重合约束，如图 6-1-97 所示。

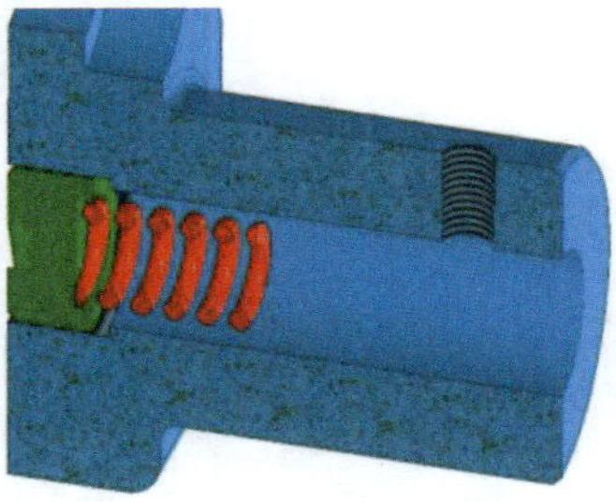

图 6-1-96 弹簧配合约束

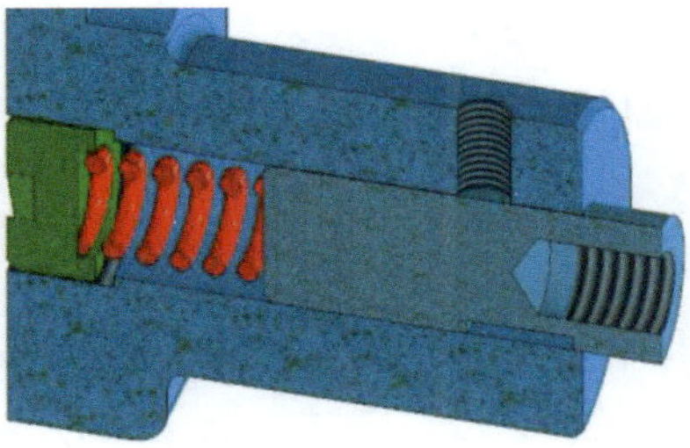

图 6-1-97 支承柱配合约束

Step 06 添加支承柱与支承座之间的装配约束。选择配合约束【】，使支承柱 *XY* 平面与支承座 *YX* 平面对齐，如图 6-1-98 所示。

Step 07 添加螺钉 M6 × 12 与支承座之间的第一个装配约束。选择配合约束【】，使螺钉 M6 × 12 轴线与支承座螺纹孔轴线同轴约束，如图 6-1-99 所示。

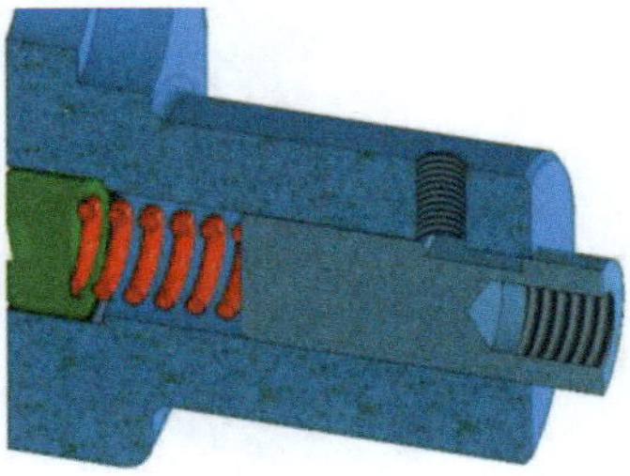

图 6-1-98 基准面配合约束

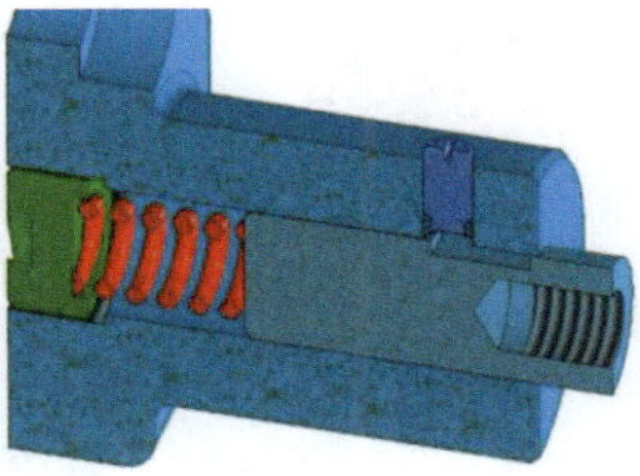

图 6-1-99 添加同轴配合约束

Step 08 添加螺钉 M6 × 12 与支承座之间的第二个装配约束。选择相切约束【】，使螺钉 M6 × 12 上表面与支承座外圆柱相切约束，如图 6-1-100 所示。

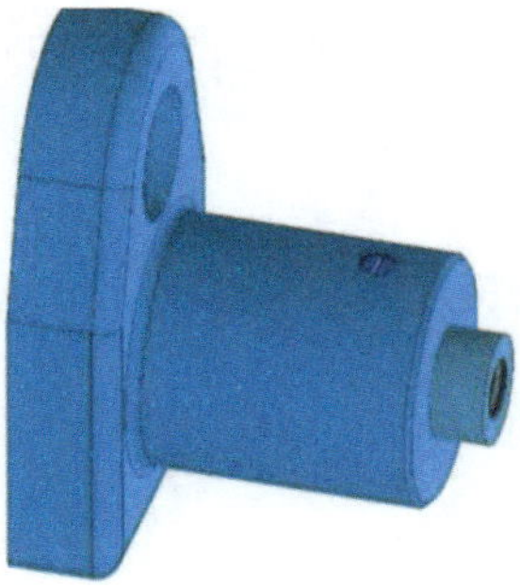

图 6-1-100 添加相切约束

Step 09 添加顶丝与支承座之间的装配约束。选择插入约束【】，选择如图 6-1-101 所示圆边线，使顶丝零件与支承座零件轴线重合并在圆边线处也重合，如图 6-1-102 所示。

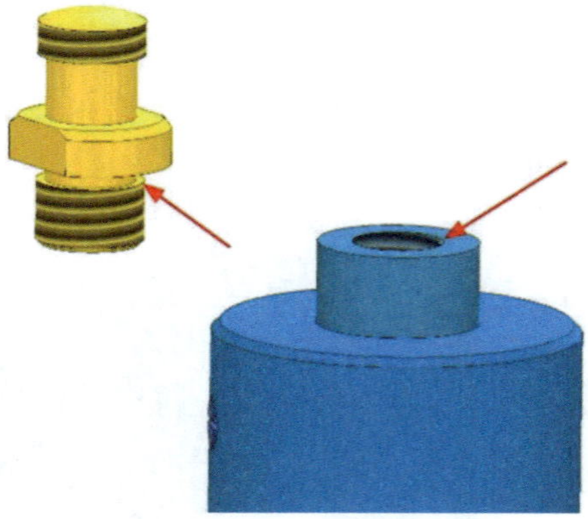

图 6-1-101　添加插入约束

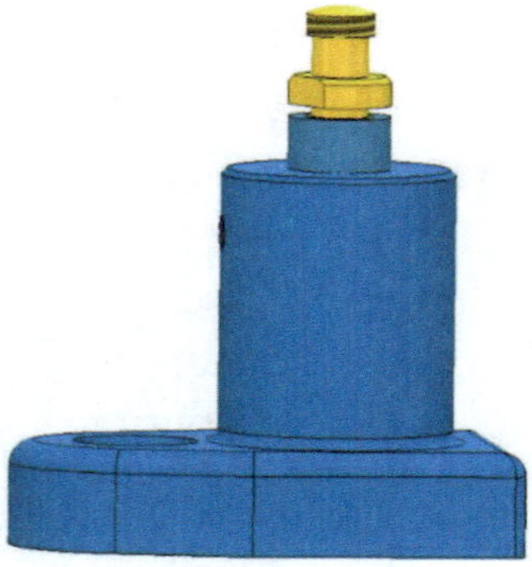

图 6-1-102　装配效果

Step 10 添加支承帽与顶丝之间的装配约束。选择插入约束【】，选择如图 6-1-103 所示圆边线，使支承帽零件与顶丝零件轴线重合并在圆边线处也重合，如图 6-1-104 所示。

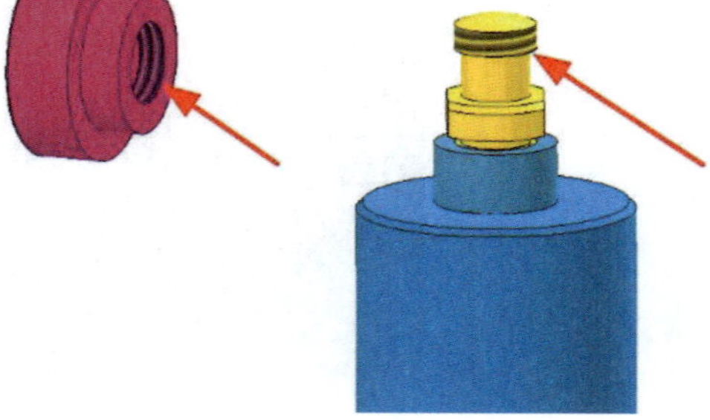

图 6-1-103　添加插入约束

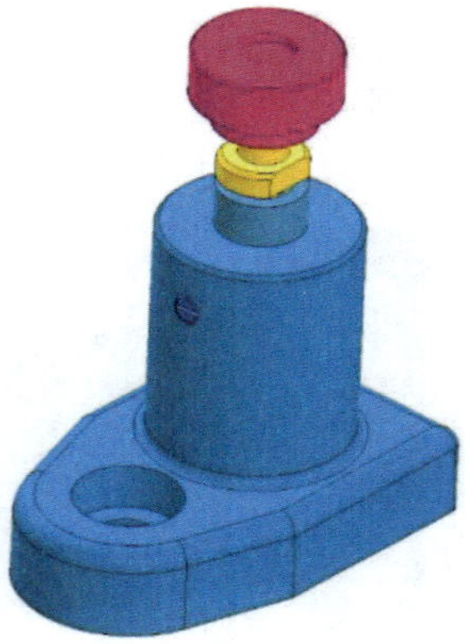

图 6-1-104　装配效果

Step 11 至此弹簧辅助装配设计完成，保存并命名为“弹簧辅助总装配.iam”。

任务 2　千斤顶综合实践

学习目标

会采用草图与零件的创建、装配相关知识进行综合运用。

工作任务

依据本书项目 6 任务 2 附带的工程图纸，完成千斤顶组成零件的设计（图 6-2-1），以及千斤顶装配的设计（图 6-2-2）。

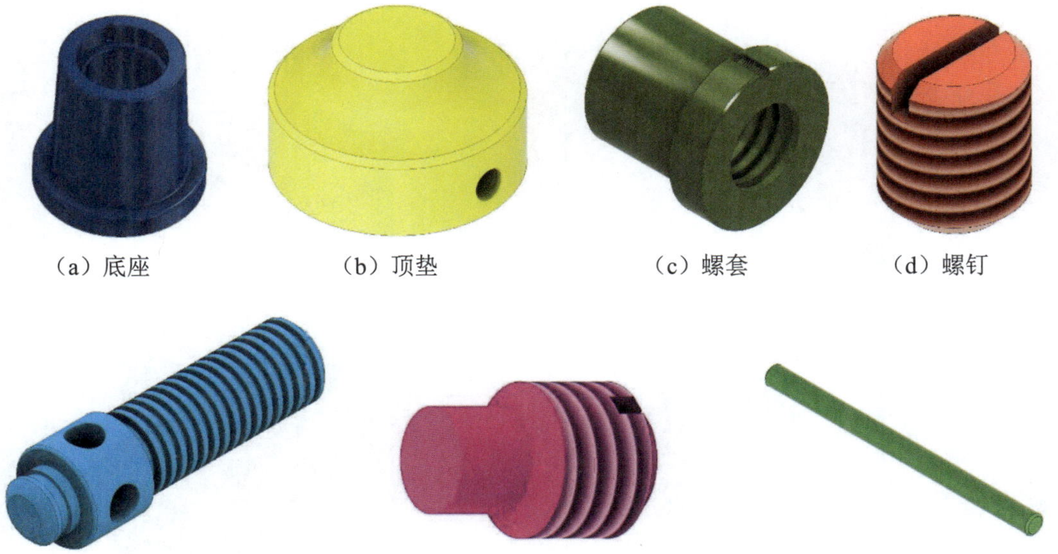

（a）底座 （b）顶垫 （c）螺套 （d）螺钉

（e）螺杆 （f）螺钉 7 （g）铰杠

图 6-2-1 千斤顶组成零件

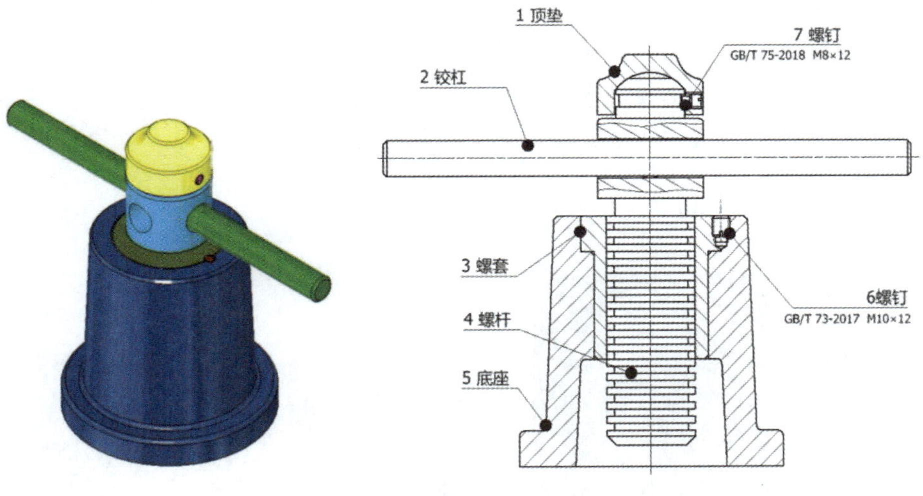

图 6-2-2 千斤顶装配图

任务重点与实施

1. 零件设计

（1）底座

底座

Step01 新建一个零件文件，并绘制如图 6-2-3 所示的草图，退出草图状态。

Step02 单击“创建”面板中的【旋转】按钮，弹出“旋转”对话框。选择草图为截面轮廓，选择右侧的竖直线段为旋转轴，其余选项按默认设置，如图 6-2-3 所示。单击【确定】按钮，完成“旋转”对话框的设置。旋转效果如图 6-2-4 所示。

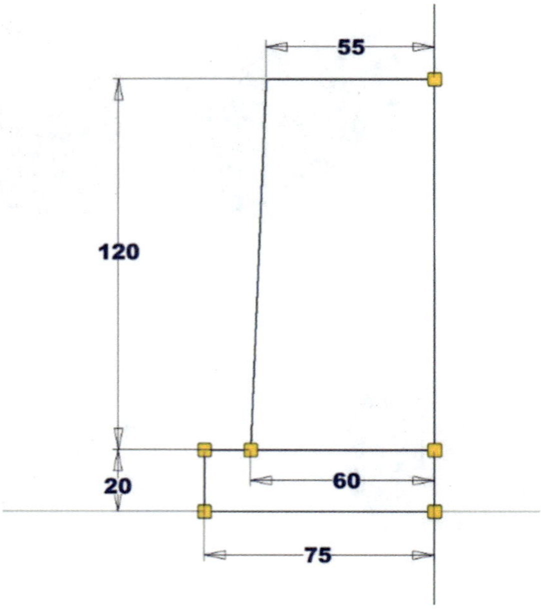

图 6-2-3　旋转草图（1）

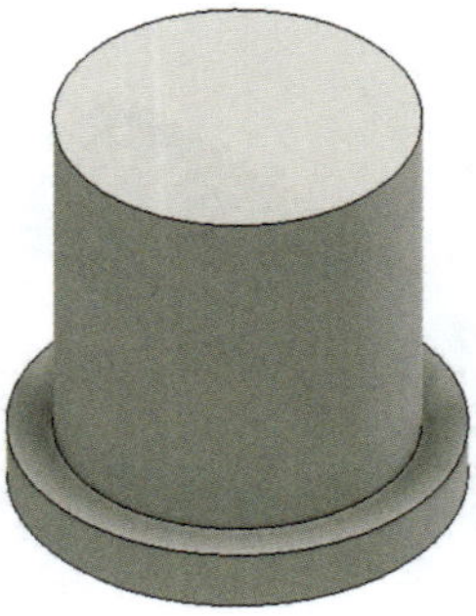

图 6-2-4　旋转效果

Step03 在 *XZ* 平面上绘制如图 6-2-5 所示的草图，退出草图状态。

Step04 单击“创建”面板中的【旋转】按钮，弹出“旋转”对话框。选择如图 6-2-5 所示的草图为截面轮廓，选择右侧的竖直线段为旋转轴，其余选项按默认设置，单击【确定】按钮，完成“旋转”对话框的设置。旋转特征如图 6-2-6 所示。

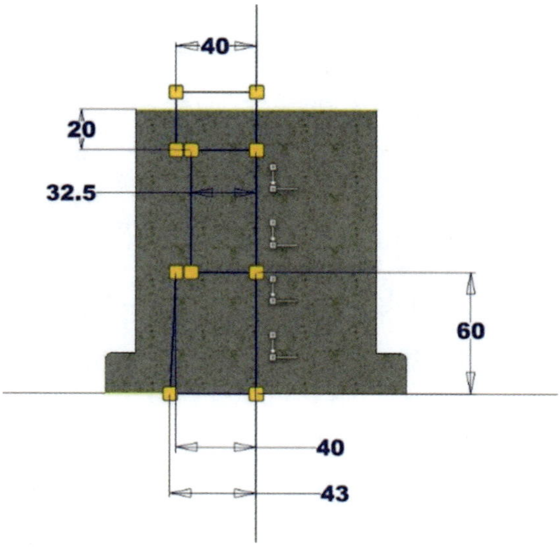

图 6-2-5　旋转草图（2）

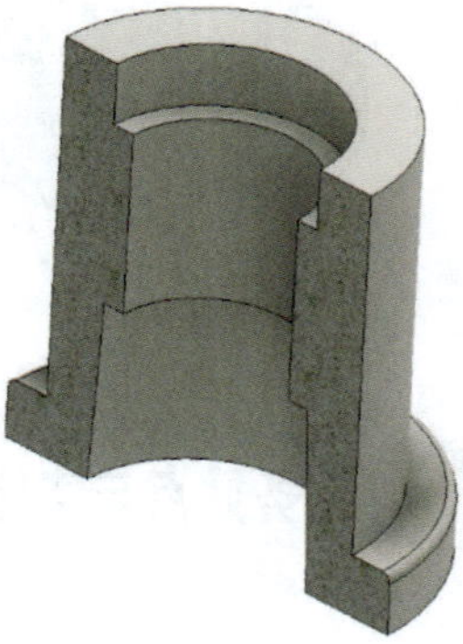

图 6-2-6　旋转特征

Step05 在图 6-2-6 模型上表面绘制如图 6-2-7 所示的草图，退出草图状态。

Step06 单击“修改”面板中的【孔】按钮，弹出“孔特性”对话框。系统自动选择图 6-2-7 所示草图点，设置孔特征参数如图 6-2-8 所示，单击【确定】按钮，完成“孔特性”对话框的设置。添加孔效果如图 6-2-9 所示。

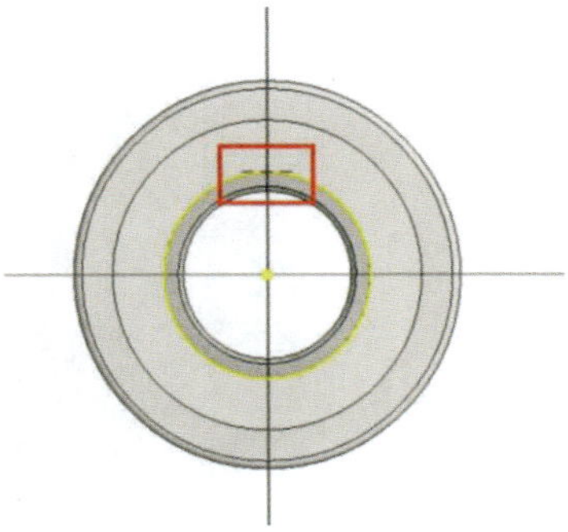

图 6-2-7　绘制点草图

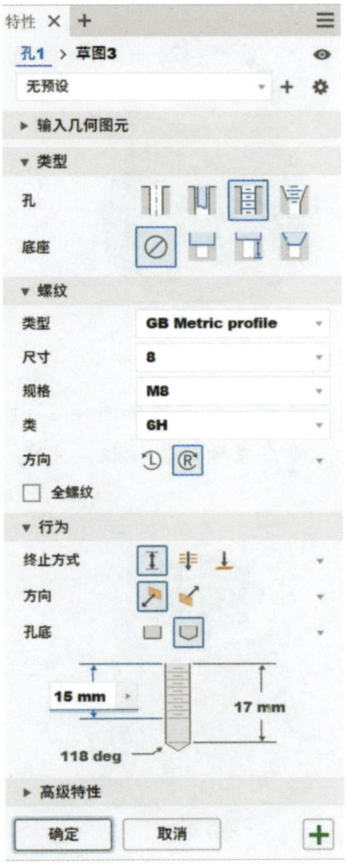

图 6-2-8　设置孔特性

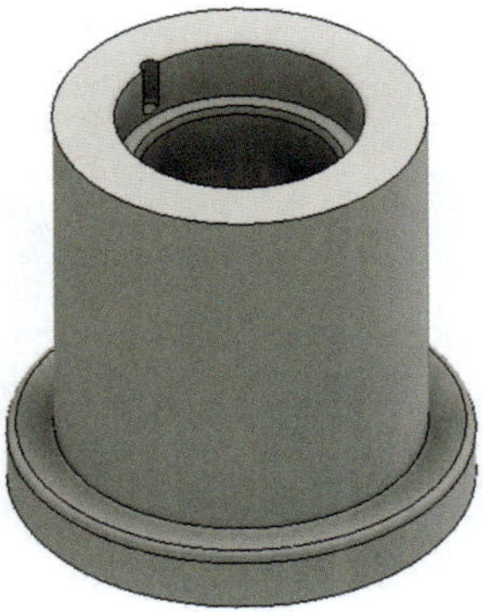

图 6-2-9　添加孔效果

Step 07 单击“修改”面板中的【圆角】按钮，弹出“圆角”对话框。选择如图 6-2-10 所示的模型边，设置圆角半径为 3 mm，其余选项按默认设置，单击【确定】按钮，完成“圆角”对话框的设置。圆角效果如图 6-2-11 所示。

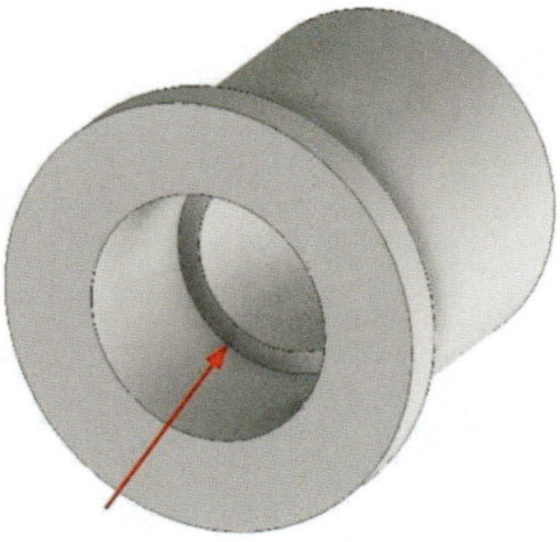

图 6-2-10　选择圆角边（1）

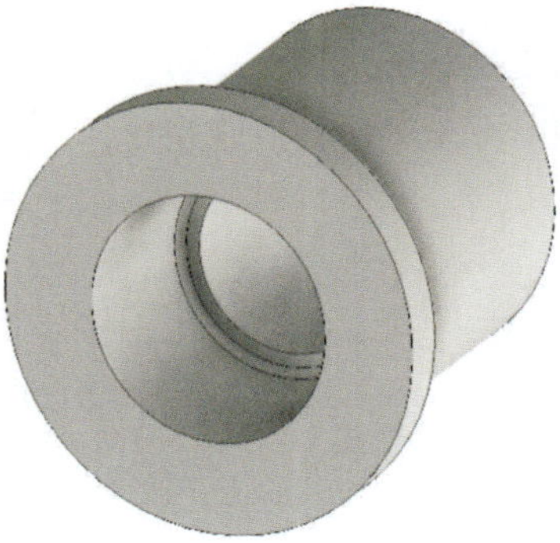

图 6-2-11　圆角效果（1）

Step 08 单击“修改”面板中的【圆角】按钮，弹出“圆角”对话框。选择如图 6-2-12 所示的模型边，设置圆角半径为 3 mm，其余选项按默认设置，单击【确定】按钮，完成“圆角”对话框的设置。圆角效果如图 6-2-13 所示。

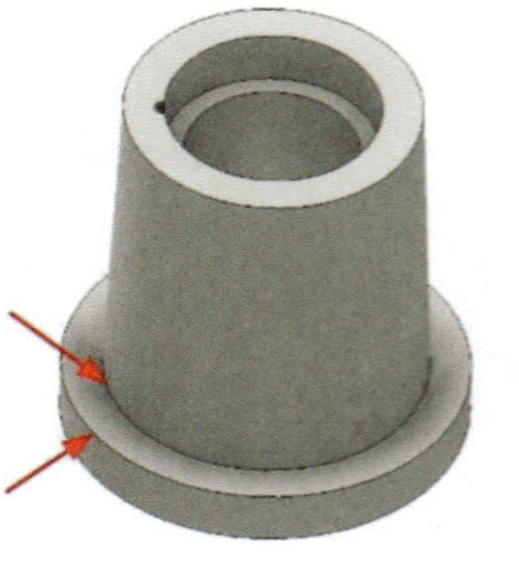

图 6-2-12　选择圆角边（2）

图 6-2-13　圆角效果（2）

Step09 单击“修改”面板中的【倒角】按钮，弹出“倒角”对话框。选择如图 6-2-14 所示的模型边，设置倒角边长为 2 mm，其余选项按默认设置，单击【确定】按钮，完成“倒角”对话框的设置。倒角效果如图 6-2-15 所示。

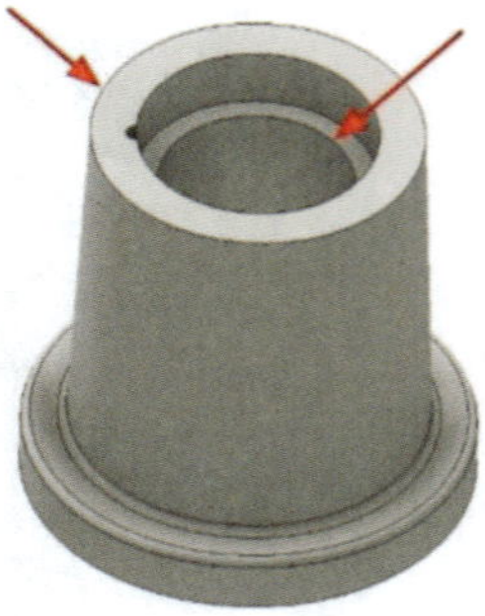

图 6-2-14　选择圆角边（3）

图 6-2-15　倒角效果

（2）顶垫

Step01 新建一个零件文件，并绘制如图 6-2-16 所示的草图，退出草图状态。

Step02 单击“创建”面板中的【旋转】按钮，弹出“旋转”对话框。选择如图 6-2-16 所示的草图为截面轮廓，选择左侧的竖直线段为旋转轴，其余选项按默认设置，单击【确定】按钮，完成“旋转”对话框的设置。旋转效果如图 6-2-17 所示。

顶垫

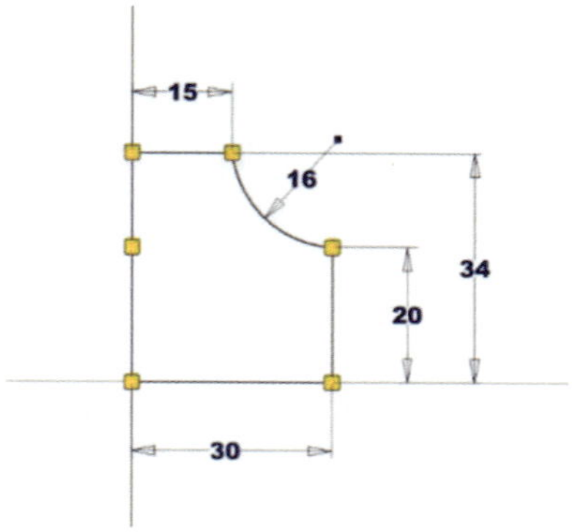

图 6-2-16　旋转草图（1）

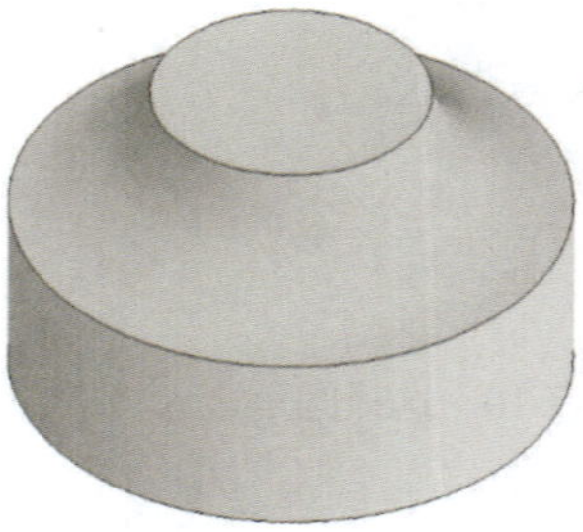

图 6-2-17　旋转效果（1）

Step 03 在 *XZ* 平面上绘制如图 6-2-18 所示的草图，退出草图状态。

Step 04 单击“创建”面板中的【旋转】按钮，弹出“旋转”对话框。选择如图 6-2-18 所示的草图为截面轮廓，选择左侧的竖直线段为旋转轴，其余选项按默认设置，单击【确定】按钮，完成“旋转”对话框的设置。旋转效果如图 6-2-19 所示。

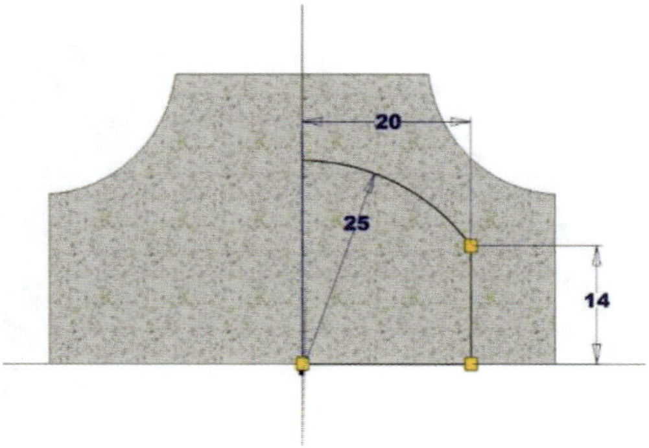

图 6-2-18　旋转草图（2）

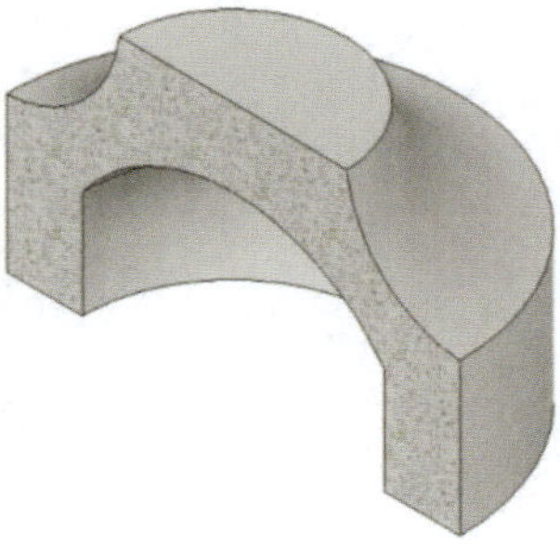

图 6-2-18　旋转效果（2）

Step 05 在 *XZ* 平面上绘制如图 6-2-20 所示的草图，退出草图状态。

Step 06 单击“创建”面板中的【旋转】按钮，弹出“旋转”对话框。选择如图 6-2-20 所示的草图为截面轮廓，选择箭头处线为旋转轴，其余选项按默认设置，单击【确定】按钮，完成“旋转”对话框的设置。旋转效果如图 6-2-21 所示。

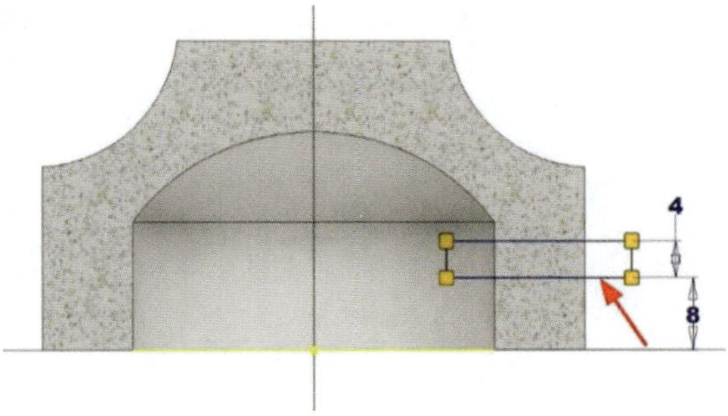

图 6-2-20　绘制旋转草图

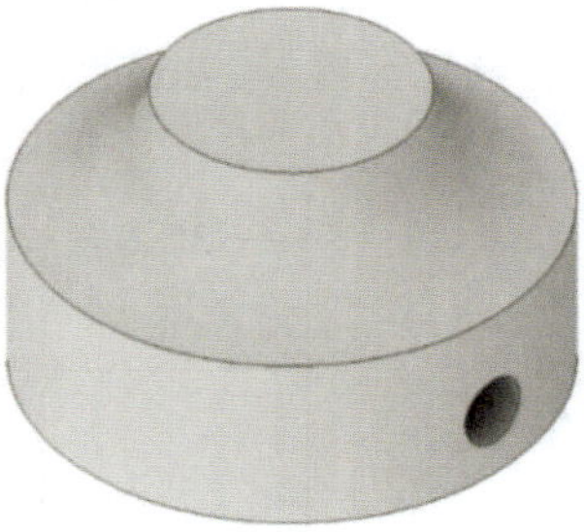

图 6-2-21　旋转效果（3）

Step 07 单击“修改”面板中【螺纹】按钮，弹出“螺纹特性”对话框。选择图 6-2-21 所示的直径 8 mm 的孔，单击【确定】按钮，完成螺纹特征的设置。添加螺纹效果如图 6-2-22 所示。

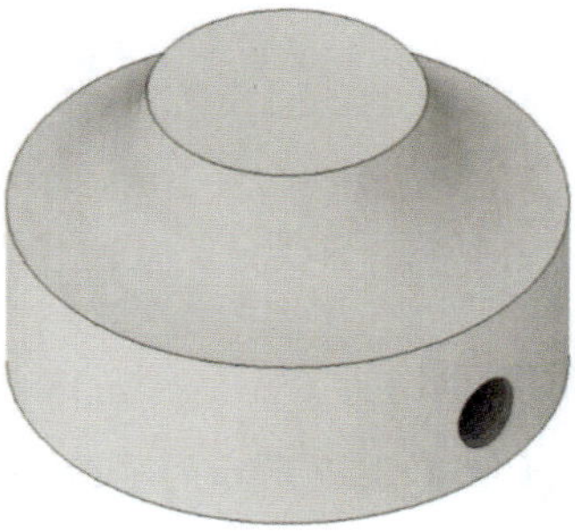

图 6-2-22　添加螺纹效果

Step 08 单击“修改”面板中的【倒角】按钮，弹出“倒角”对话框。选择如图 6-2-23 所示的模型边，设置倒角边长为 1.5 mm，其余选项按默认设置，单击【确定】按钮，完成“倒角”对话框的设置。倒角效果如图 6-2-24 所示。

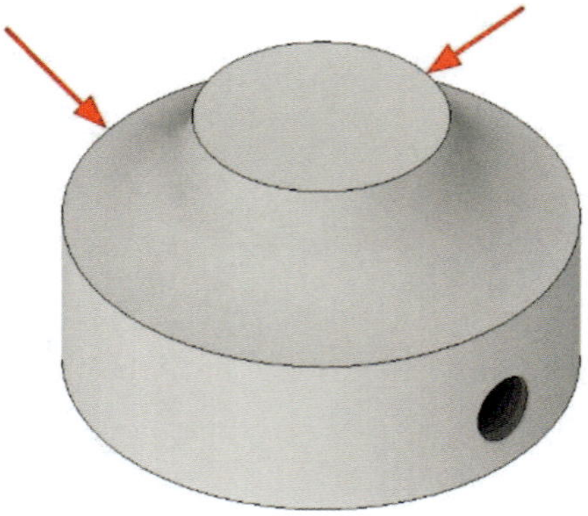

图 6-2-23　选择倒角边

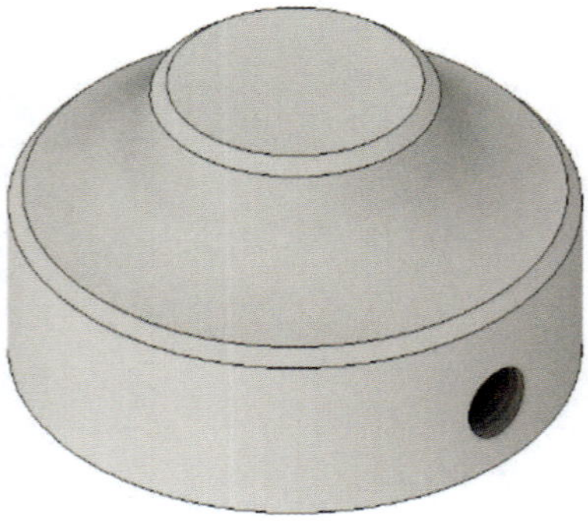

图 6-2-24　倒角效果

（3）螺套

Step 01 新建一个零件文件，并绘制如图 6-2-25 所示的草图，退出草图状态。

Step 02 单击“创建”面板中的【旋转】按钮，弹出“旋转”对话框。选择如图 6-2-25 所示的草图为截面轮廓，选择左侧的竖直线段为旋转轴，其余选项按默认设置，单击【确定】按钮，完成“旋转”对话框的设置。旋转效果如图 6-2-26 所示。

螺套

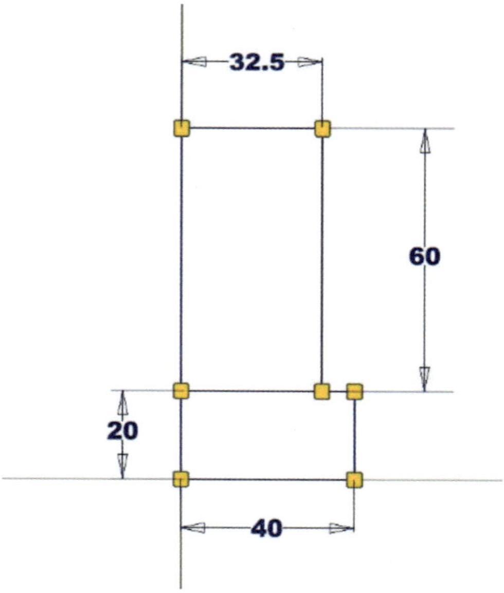

图 6-2-25　绘制旋转草图

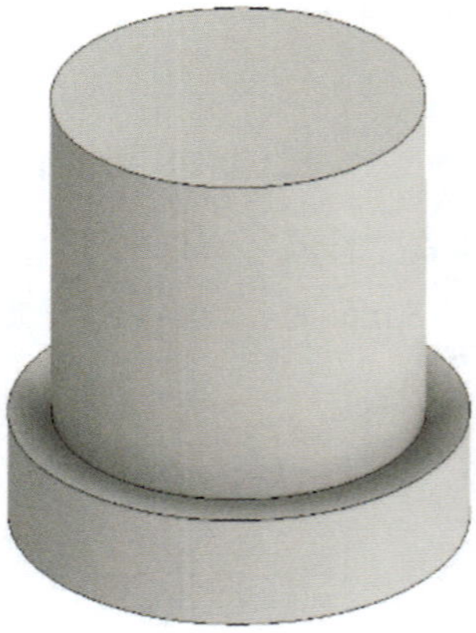

图 6-2-26　旋转效果

Step 03 在图 6-2-26 模型下表面绘制如图 6-2-27 所示的草图，退出草图状态。

Step04 单击“修改”面板中的【孔】按钮，弹出“孔特性”对话框。系统自动选择图 6-2-27 所示草图点，设置孔特征参数如图 6-2-28 所示，单击【确定】按钮，完成“孔特性”对话框的设置。添加孔效果如图 6-2-29 所示。

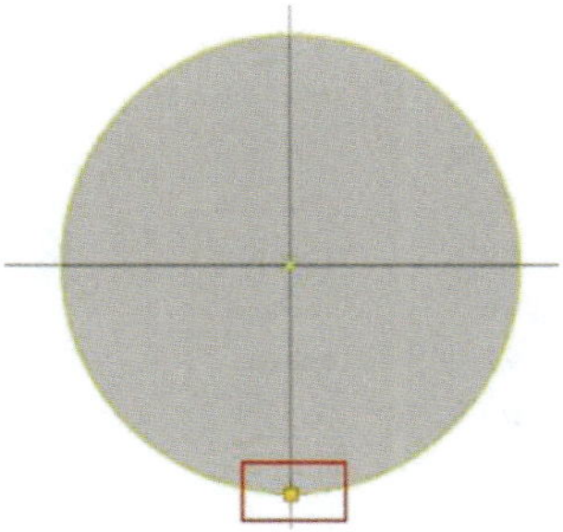

图 6-2-27　绘制草图点

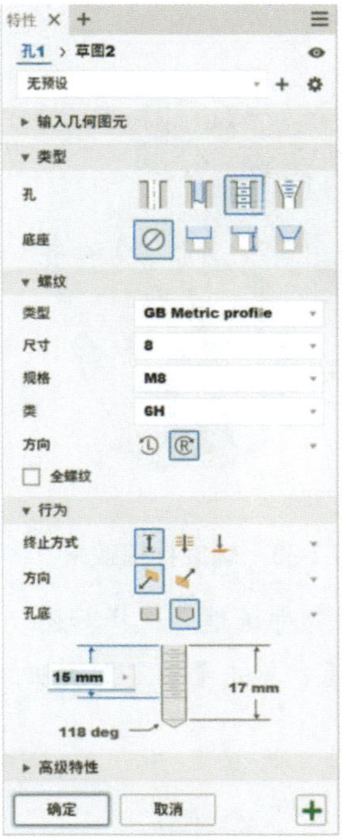

图 6-2-28　设置孔特性

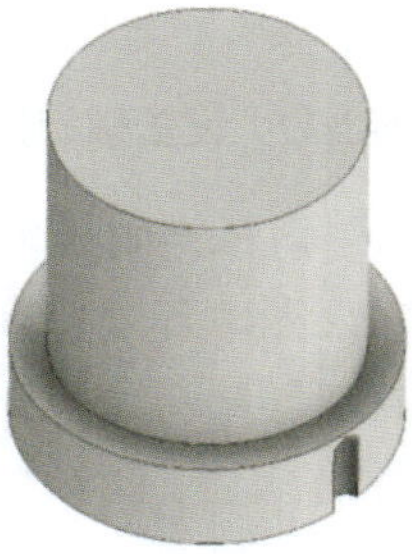

图 6-2-29　添加孔效果

Step05 在 *XZ* 平面上绘制如图 6-2-30 所示的草图，退出草图状态。

Step06 单击“定位特征”面板中【基准轴 轴】按钮，选择圆柱，创建基准轴，如图 6-2-31 所示。

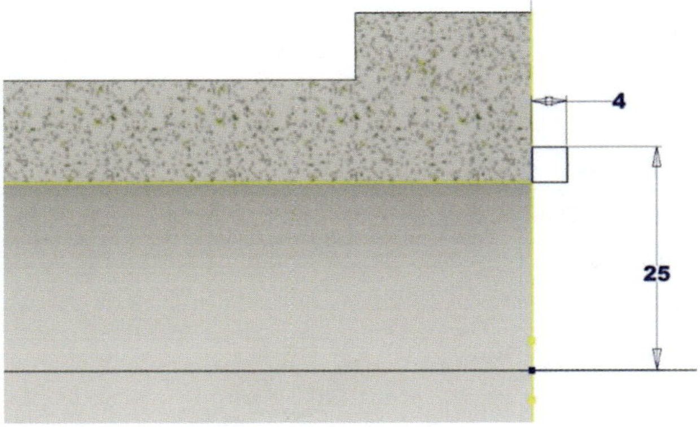

图 6-2-30　绘制草图

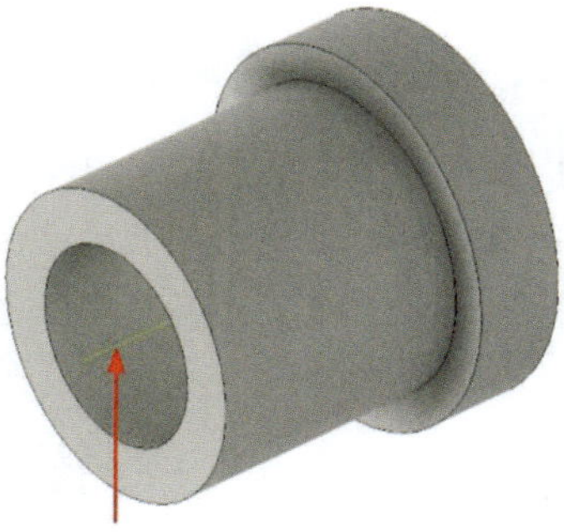

图 6-2-31　基准轴

Step07 单击“创建”面板中的【螺旋扫掠】按钮，选择如图 6-2-30 所示的草图为截面轮廓，选择图 6-2-31 所示基准轴为旋转轴，设置“螺旋扫描”对话框参数如图 6-2-32 所示，其余选项按默认设置，单击【确定】按钮，完成“螺旋扫描”对话框的设置。螺旋扫掠效果如图 6-2-33 所示。

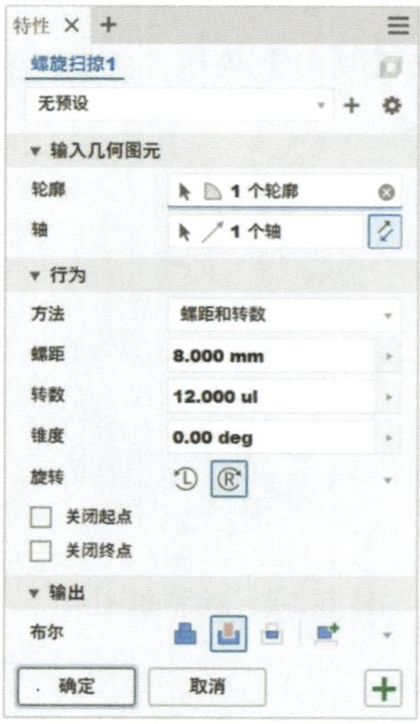

图 6-2-32　设置螺旋扫掠

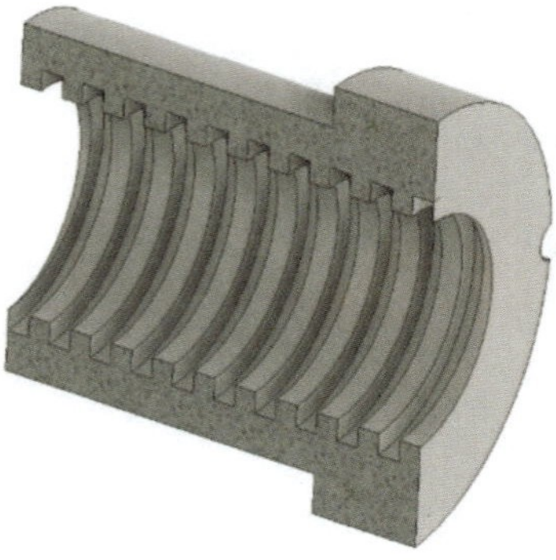

图 6-2-33　螺旋扫掠效果

Step 08 单击“修改”面板中的【倒角 】按钮，弹出“倒角”对话框。选择如图 6-2-34 所示模型孔两边，设置倒角边长为 4 mm，其余选项按默认设置，单击【确定】按钮，完成“倒角”对话框的设置。倒角效果如图 6-2-35 所示。

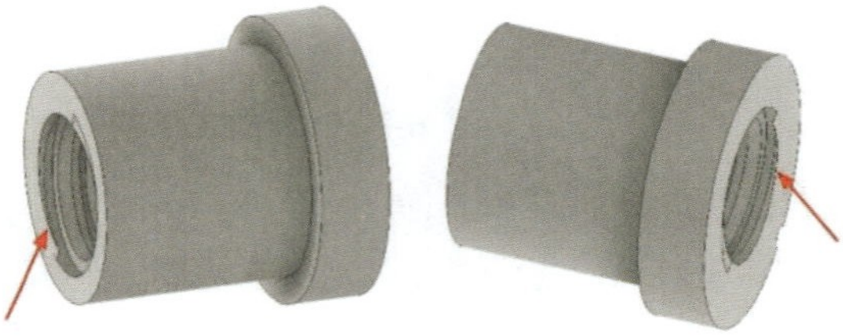

图 6-2-34　选择倒角边

图 6-2-35　倒角效果

（4）添加 04-托架零件

Step 01 单击“修改”面板中的【倒角 】按钮，弹出“倒角”对话框。选择如图 6-2-36 所示模型边，设置倒角边长为 2 mm，其余选项按默认设置，单击【确定】按钮，完成“倒角”对话框的设置。倒角效果如图 6-2-37 所示。

图 6-2-36　选择倒角边（1）

图 6-2-37　倒角效果（1）

Step 02 单击“修改”面板中的【倒角】按钮，弹出“倒角”对话框。选择如图 6-2-38 所示模型边，设置倒角边长为 1 mm，其余选项按默认设置，单击【确定】按钮，完成“倒角”对话框的设置。倒角效果如图 6-2-39 所示。

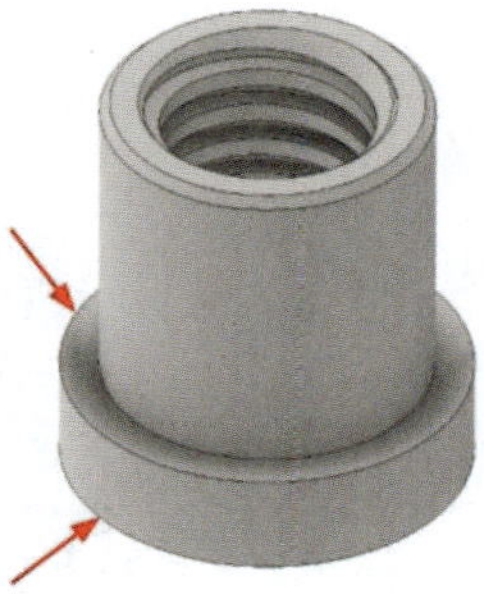

图 6-2-38　选择倒角边（2）

图 6-2-39　倒角效果（2）

（5）螺钉

螺钉

Step 01 新建一个零件文件，并绘制如图 6-2-40 所示的草图，退出草图状态。

Step 02 单击“创建”面板中的【拉伸】按钮，弹出“拉伸”对话框。选择如图 6-2-40 所示的草图为截面轮廓，拉伸高度设置为 12 mm，其余选项按默认设置，单击【确定】按钮，完成“拉伸”对话框的设置。拉伸效果如图 6-2-41 所示。

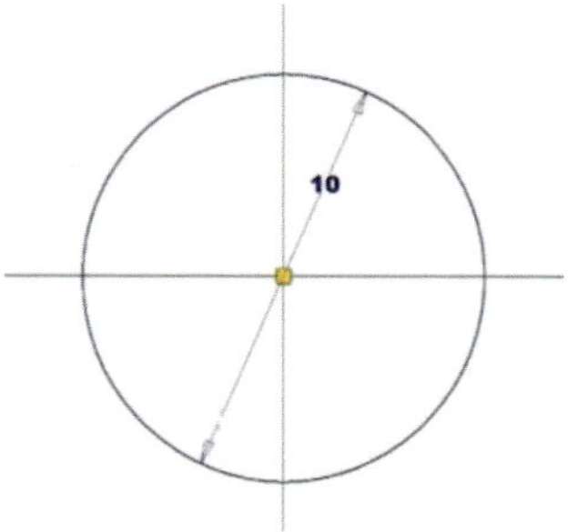

图 6-2-40　绘制草图（1）

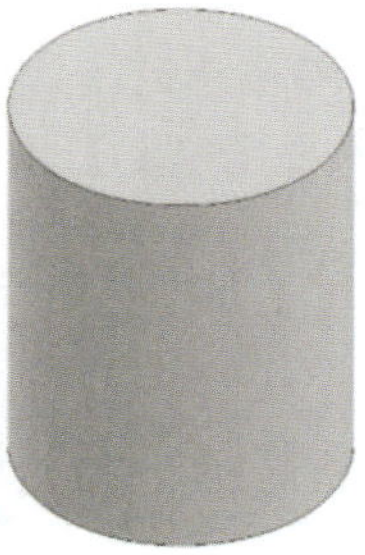

图 6-2-41　拉伸效果

Step 03 单击“修改”面板中的【倒角】按钮，弹出“倒角”对话框。选择如图 6-2-42 所示模型边，设置倒角边长为 1 mm，其余选项按默认设置，单击【确定】按钮，完成“倒角”对话框的设置。倒角效果如图 6-2-43 所示。

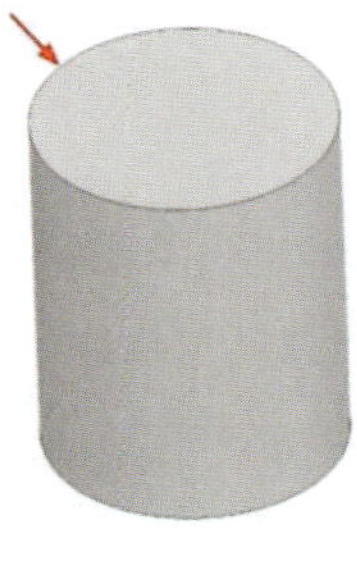

图 6-2-42　选择倒角边

图 6-2-43　倒角效果

Step 04 在 *YZ* 平面上绘制如图 6-2-44 所示的草图，退出草图状态。

Step 05 单击“创建”面板中的【旋转】按钮，弹出“旋转”对话框。选择如图 6-2-44 所示的草图为截面轮廓，选择中心线为旋转轴，其余选项按默认设置，单击【确定】按钮，完成“旋转”对话框的设置。旋转效果如图 6-2-45 所示。

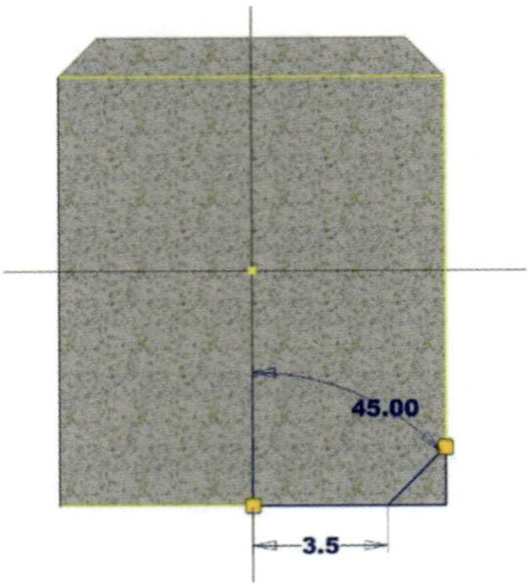

图 6-2-44　绘制旋转草图

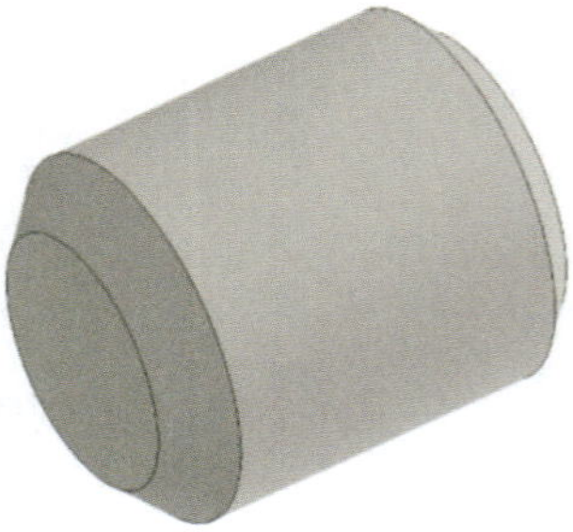

图 6-2-45　旋转效果

Step 06 选择图 6-2-45 模型上表面绘制如图 6-2-46 所示的草图，退出草图状态。

Step 07 单击“创建”面板中的【拉伸】按钮，弹出“拉伸”对话框。选择如图 6-2-46 所示的草图为截面轮廓，拉伸高度设置为 3 mm，其余选项按默认设置，单击【确定】按钮，完成“拉伸”对话框的设置，拉伸切除效果如图 6-2-47 所示。

Step 08 单击“修改”面板中的【螺纹】按钮，弹出“螺纹特性”对话框。选择图 6-2-47 所示圆柱外表面，单击【确定】按钮，完成螺纹特征的设置。螺纹效果如图 6-2-48 所示。

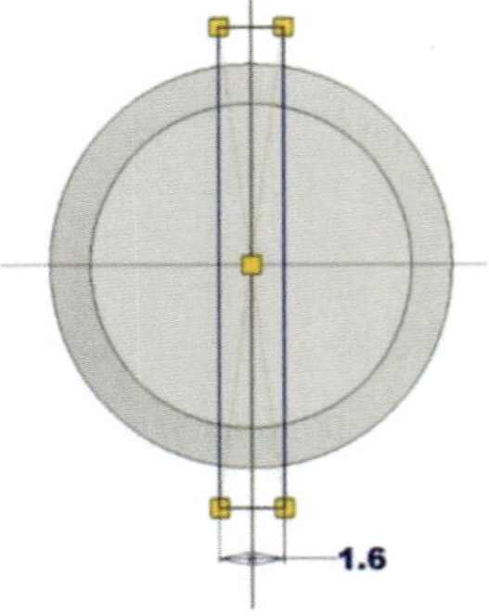

图 6-2-46　绘制草图（2）

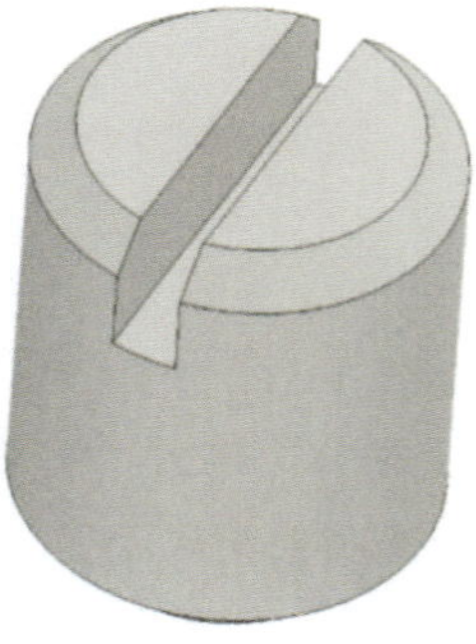

图 6-2-47　拉伸切除效果

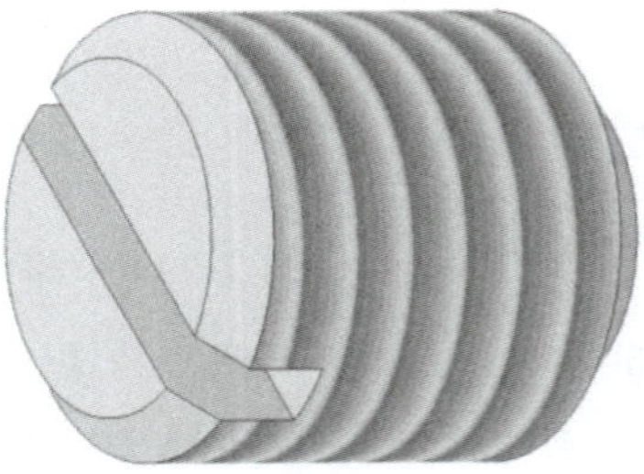

图 6-2-48　螺纹效果

（6）螺杆

螺杆

Step 01 新建一个零件文件，并绘制如图 6-2-49 所示的草图，退出草图状态。

Step 02 单击“创建”面板中的【旋转】按钮，弹出“旋转”对话框。选择如图 6-2-49 所示的草图为截面轮廓，选择底部线段为旋转轴，其余选项按默认设置，单击【确定】按钮，完成“旋转”对话框的设置。旋转效果如图 6-2-50 所示。

Step 03 单击“定位特征”面板中【基准轴 轴】按钮，选择圆柱，创建基准轴，如图 6-2-51 所示。

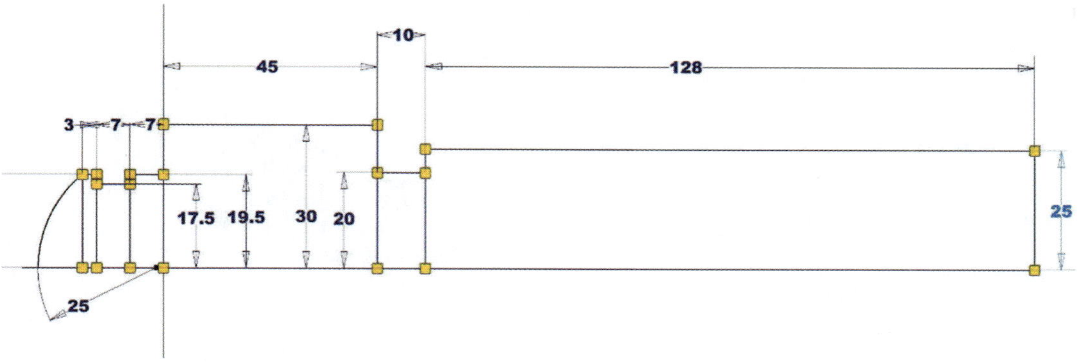

图 6-2-49　绘制旋转草图

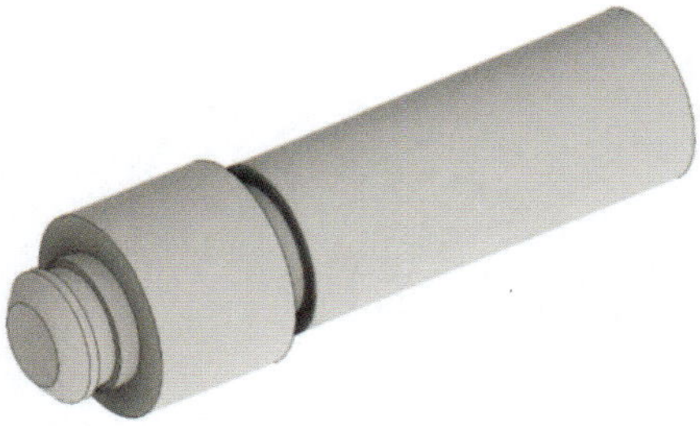

图 6-2-50　旋转效果

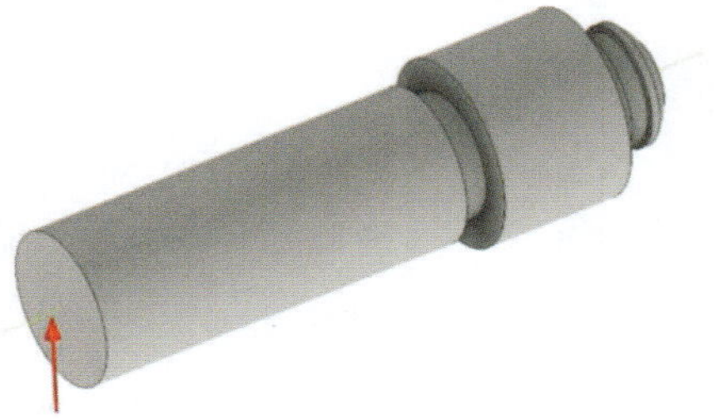

图 6-2-51　创建基准轴

Step 04 在 *YZ* 平面上绘制如图 6-2-52 所示的草图，退出草图状态。

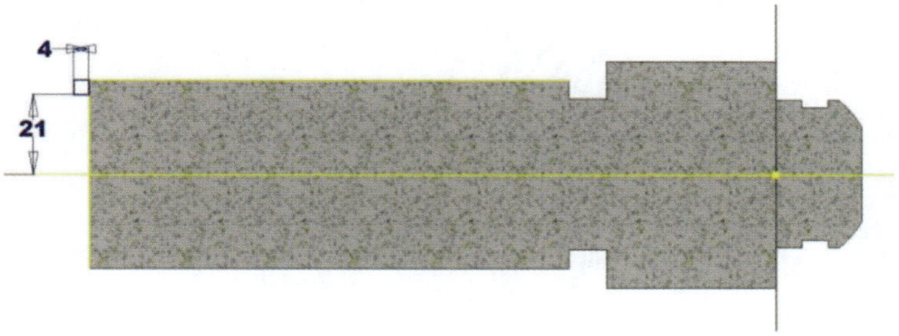

图 6-2-52　绘制草图

Step 05 单击“创建”面板中的【螺旋扫掠】按钮，选择如图 6-2-52 所示的草图为截面轮廓，选择图 6-2-51 所示基准轴为旋转轴，设置“螺旋扫描”对话框参数，如图 6-2-53 所示，其余选项按默认设置，单击【确定】按钮，完成“螺旋扫描”对话框的设置，如图 6-2-54 所示。

Step 06 单击“修改”面板中的【倒角】按钮，弹出“倒角”对话框。选择如图 6-2-55 所示模型边，设置倒角边长为 5 mm，其余选项按默认设置，单击【确定】按钮，完成“倒角”对话框的设置。倒角效果如图 6-2-56 所示。

Step 07 在 *YZ* 平面上绘制如图 6-2-57 所示的草图，退出草图状态。

Step 08 单击“创建”面板中的【拉伸】按钮，弹出“拉伸”对话框。选择如图 6-2-57 所示的草图为截面轮廓，拉伸设置为对称、贯通，其余选项按默认设置，单击【确定】按钮，完成“拉伸”对话框的设置。拉伸效果如图 6-2-58 所示。

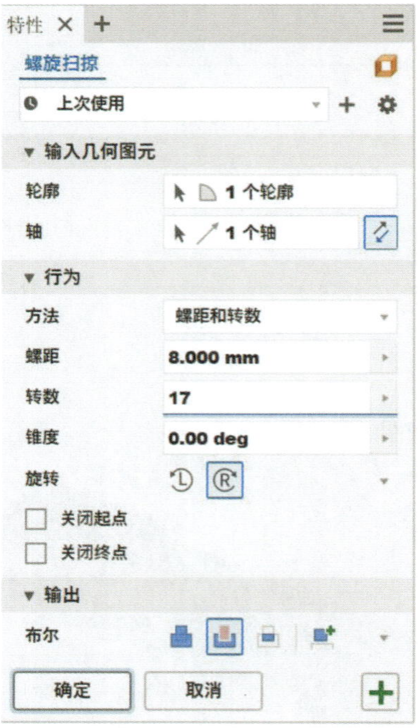

图 6-2-53 设置螺旋扫描特性

图 6-2-54 螺旋扫掠特征

图 6-2-55 选择倒角边（1）

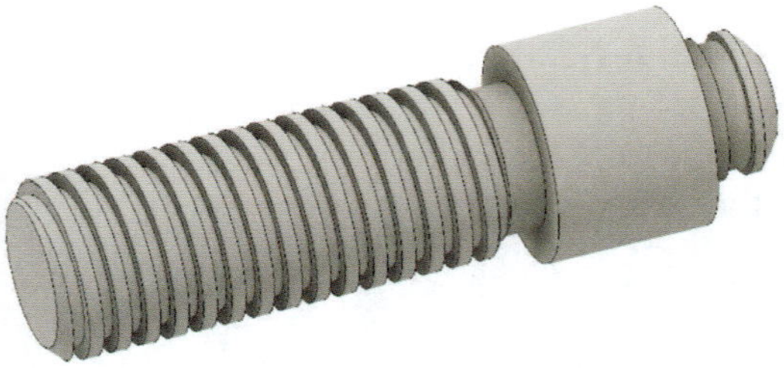

图 6-2-56 倒角效果（1）

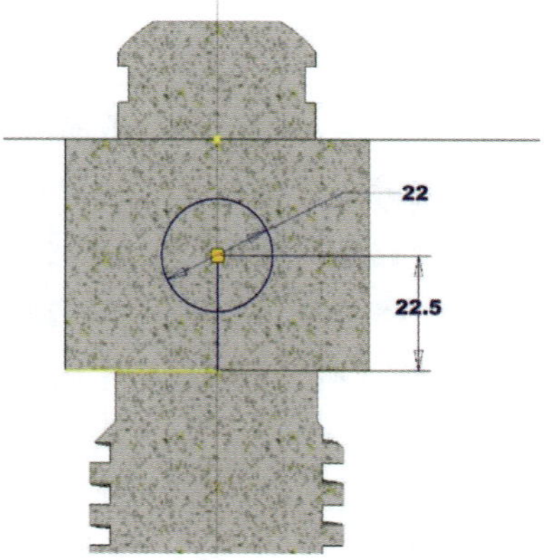

图 6-2-57 拉伸草图（1）

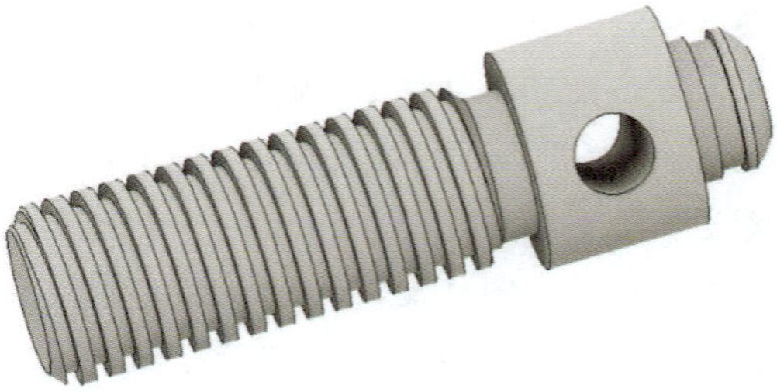

图 6-2-58 拉伸效果（1）

Step 09 在 *XZ* 平面上绘制如图 6-2-59 所示的草图，退出草图状态。

Step 10 单击“创建”面板中的【拉伸】按钮，弹出“拉伸”对话框。选择如图 6-2-59 所示的草图为截面轮廓，拉伸设置为对称、贯通，其余选项按默认设置，单击【确定】按钮，完成“拉伸”对话框的设置。拉伸效果如图 6-2-60 所示。

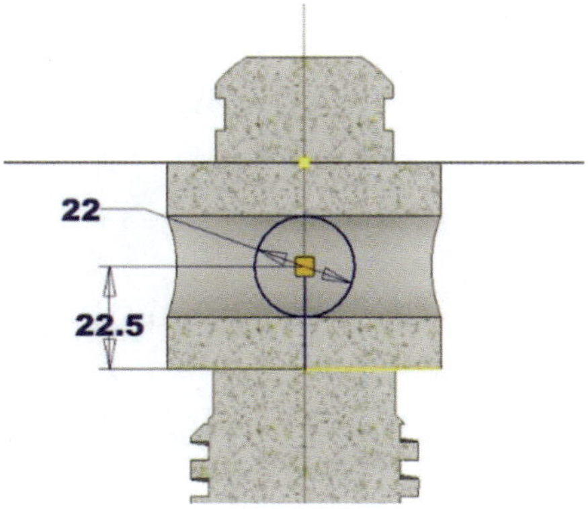

图 6-2-59　拉伸草图（2）

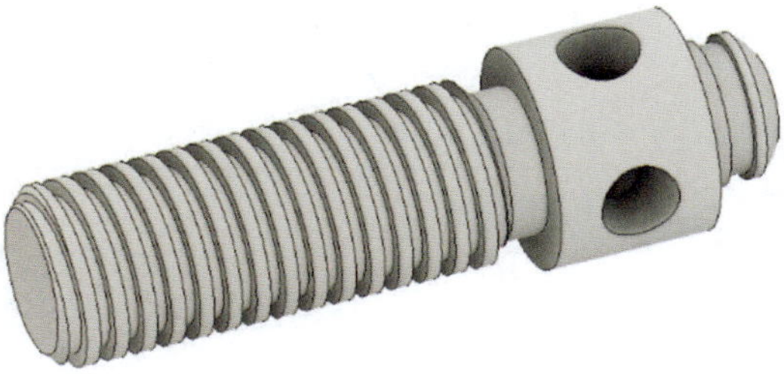
图 6-2-60　拉伸效果（2）

Step 11 单击“修改”面板中的【圆角】按钮，弹出“圆角”对话框。选择如图 6-2-61 所示的模型边，设置圆角半径为 2 mm，其余选项按默认设置，单击【确定】按钮，完成“圆角”对话框的设置。倒角效果如图 6-2-62 所示。

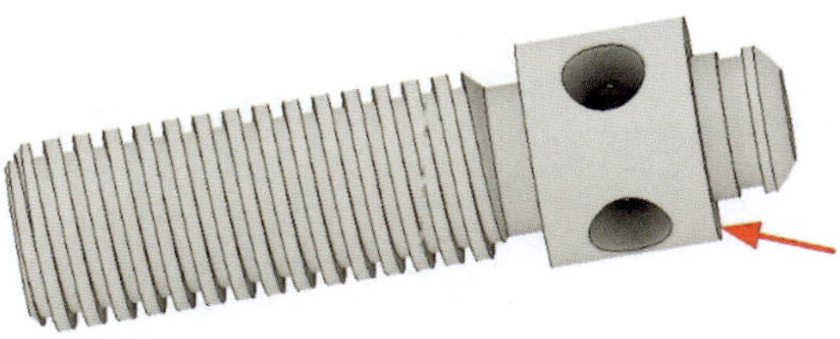
图 6-2-61　选择倒角边（2）

图 6-2-62　倒角效果（2）

（7）螺钉 7

螺钉 7

Step 01 新建一个零件文件，并绘制如图 6-2-63 所示的草图，退出草图状态。

Step 02 单击“创建”面板中的【拉伸】按钮，弹出“拉伸”对话框。选择如图 6-2-63 所示的草图为截面轮廓，拉伸高度设置为 7.7 mm，其余选项按默认设置，单击【确定】按钮，完成“拉伸”对话框的设置。拉伸效果如图 6-2-64 所示。

Step 03 在 *YZ* 平面上绘制如图 6-2-65 所示的草图，退出草图状态。

Step 04 单击“创建”面板中的【旋转】按钮，弹出“旋转”对话框。选择如图 6-2-65 所示的草图为截面轮廓，选择中心线为旋转轴，其余选项按默认设置，单击【确定】按钮，完成“旋转”对话框的设置。旋转效果如图 6-2-66 所示。

Step 05 选择图 6-2-66 所示模型上表面作为绘图平面，绘制如图 6-2-67 所示的草图，退出草图状态。

Step 06 单击“创建”面板中的【拉伸】按钮，弹出“拉伸”对话框。选择如图 6-2-67 所示的草图为截面轮廓，拉伸高度设置为 4.3 mm，其余选项按默认设置，单击【确定】按钮，完成“拉伸”对话框的设置。拉伸效果如图 6-2-68 所示。

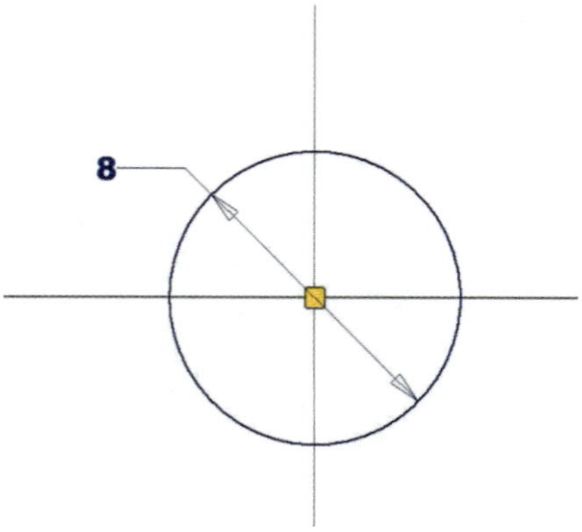

图 6-2-63　拉伸草图（1）

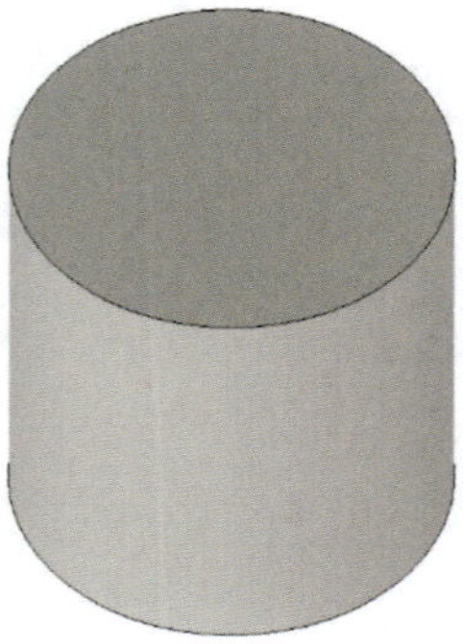

图 6-2-64　拉伸效果（1）

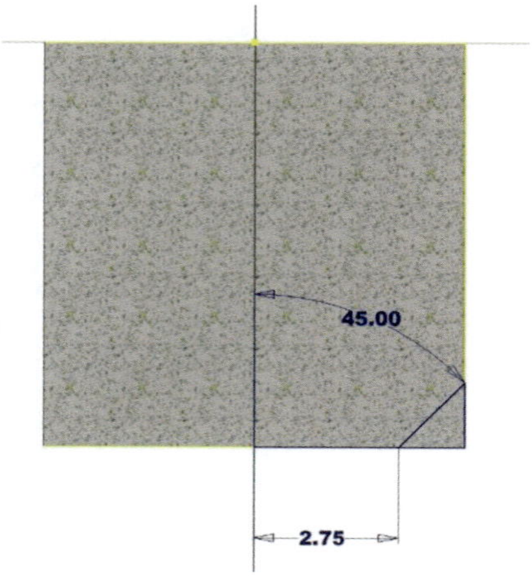

图 6-2-65　旋转草图

图 6-2-66　旋转效果

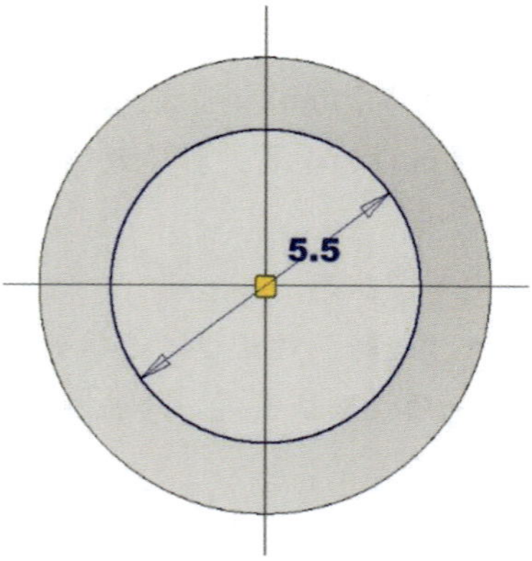

图 6-2-67　拉伸草图（2）

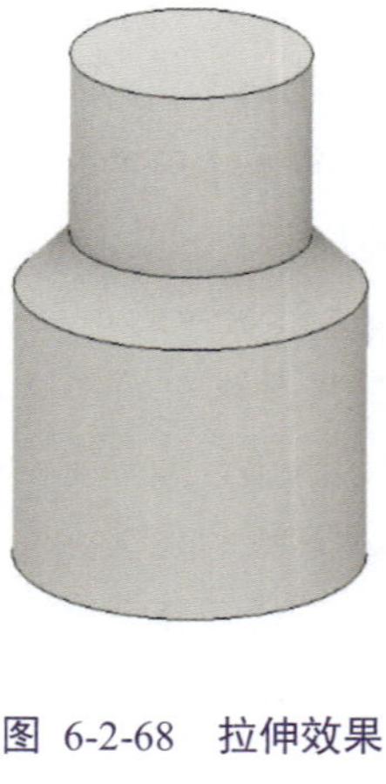

图 6-2-68　拉伸效果（2）

Step 07 单击“修改”面板中的【倒角】按钮，弹出“倒角”对话框。选择如图 6-2-69 所示模型边，设置倒角边长为 1 mm，其余选项按默认设置，单击【确定】按钮，完成“倒角”对话框的设置。倒角效果如图 6-2-70 所示。

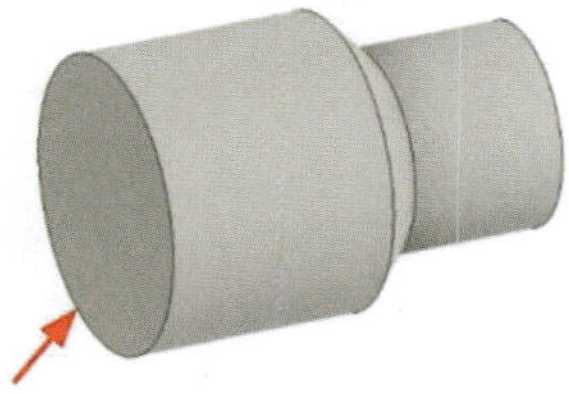

图 6-2-69　选择倒角边

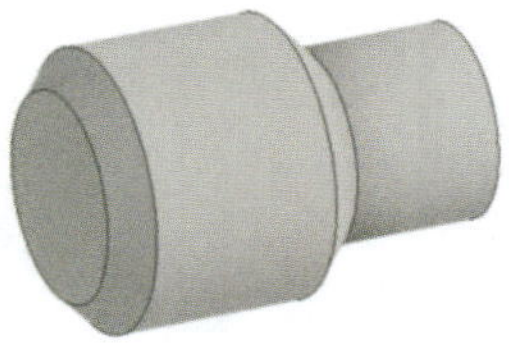

图 6-2-70　倒角效果

Step 08 选择图 6-2-68 所示模型左侧表面作为绘图平面，绘制如图 6-2-71 所示草图，退出草图状态。

Step 09 单击“创建”面板中的【拉伸】按钮，弹出“拉伸”对话框。选择如图 6-2-71 所示的草图为截面轮廓，拉伸高度设置为 2.5 mm，其余选项按默认设置，单击【确定】按钮，完成“拉伸”对话框的设置。拉伸切除效果如图 6-2-72 所示。

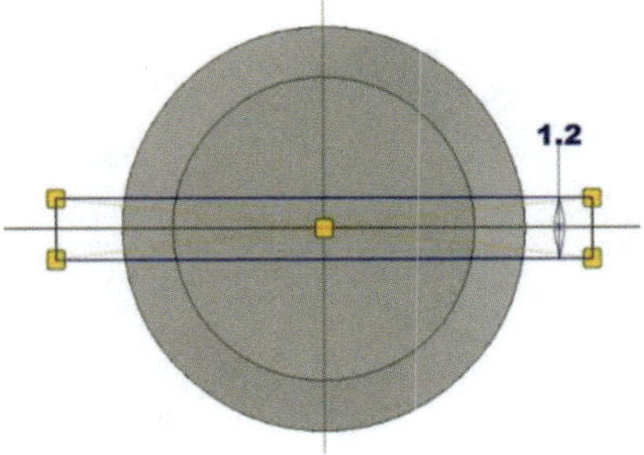

图 6-2-71　绘制草图

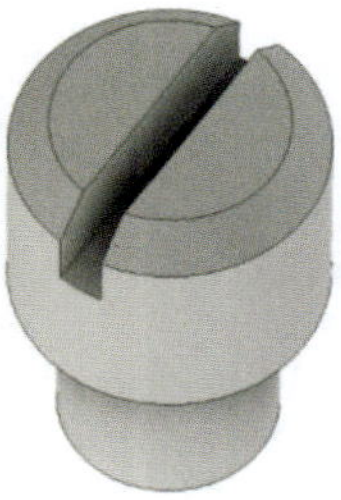

图 6-2-72　拉伸切除效果

Step 10 单击“修改”面板中的【螺纹】按钮，弹出“螺纹特性”对话框。选择图 6-2-72 所示圆柱外表面，单击【确定】按钮，完成螺纹特征的设置。螺纹效果如图 6-2-73 所示。

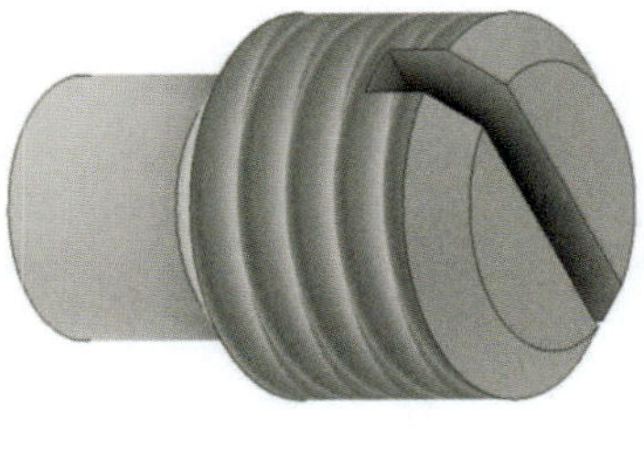

图 6-2-73　螺纹效果

（8）铰杠

Step 01 新建一个零件文件，并绘制如图 6-2-74 所示的草图，退出草图状态。

Step 02 单击“创建”面板中的【拉伸】按钮，弹出“拉伸”对话框。选择如图 6-2-74 所示的草图为截面轮廓，方向设置为两侧对称，拉伸高度设置为 300 mm，其余选项按默认设置，单击【确定】按钮，完成“拉伸”对话框的设置。拉伸效果如图 6-2-75 所示。

铰杠

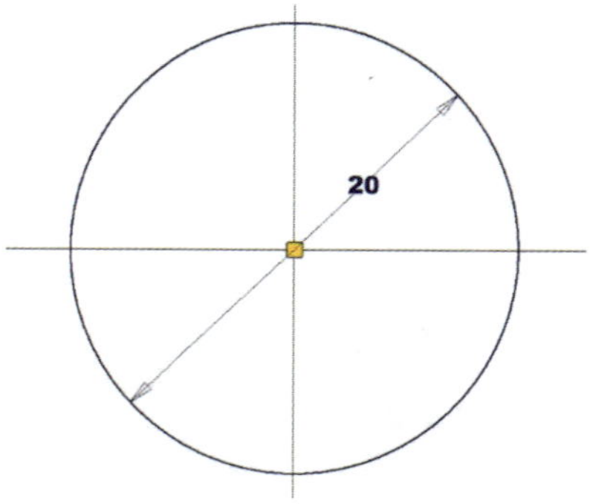

图 6-2-74　拉伸草图

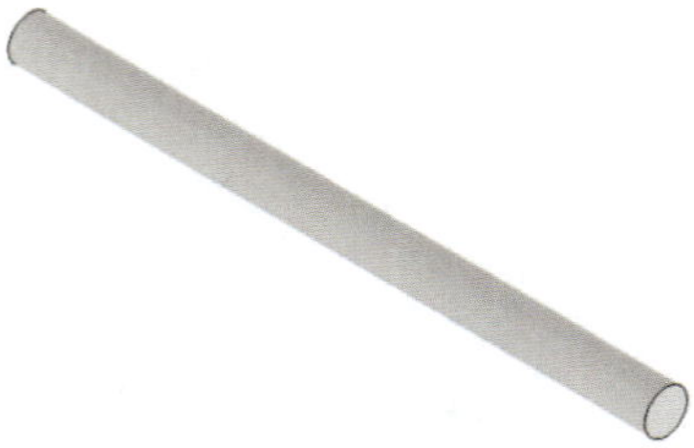

图 6-2-75　拉伸效果

Step 03 单击“修改”面板中的【倒角】按钮，弹出“倒角”对话框。选择如图 6-2-76 所示模型边，设置倒角边长为 2 mm，其余选项按默认设置，单击【确定】按钮，完成“倒角”对话框的设置。倒角效果如图 6-2-77 所示。

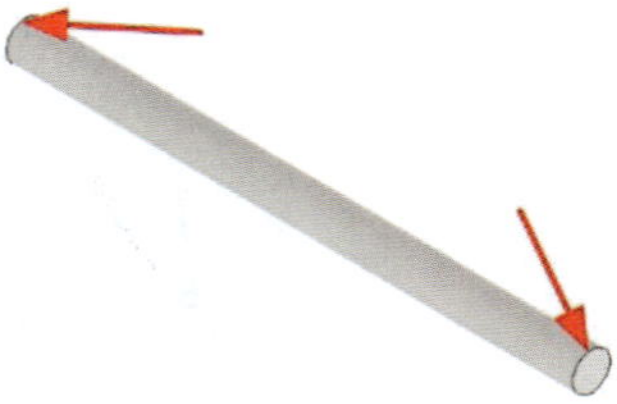

图 6-2-76　选择倒角边

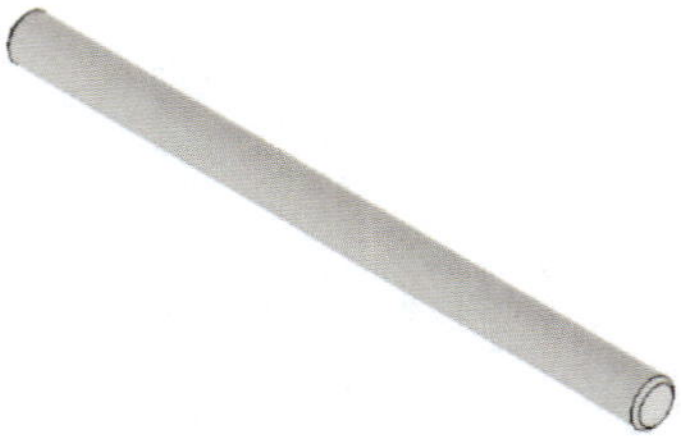

图 6-2-77　倒角效果

（9）零件赋予材料或外观

Step 为方便的在装配环境下进行装配，可以通过快速访问工具栏中【常规】命令对零件赋予材料、【*深蔚蓝色】命令对零件赋予外观。

2．装配设计

装配设计

Step 01 启动 Inventor，新建一个部件文件。

Step 02 添加底座的装配约束。单击“零部件”面板中的【放置】按钮，弹出“装入零部件”对话框，装入底座零件。选中底座零件，单击鼠标右键选中“固定”约束，如图 6-2-78 所示。

图 6-2-78　放置底座并添加固定约束

Step 03 添加螺套与底座之间的装配约束。

（1）装入螺套零件。

（2）单击“关系”面板中的【】按钮，弹出“放置约束”对话框。单击“类型”选项区域中的按钮【】，选择配合约束。选择如图 6-2-79 所示的两轴线作为约束对象。单击【应用】按钮完成“放置约束”对话框的设置。装配效果如图 6-2-80 所示。

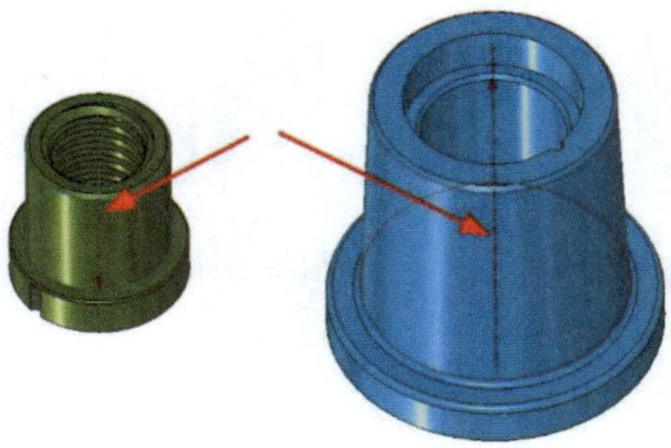

图 6-2-79　添加同轴配合约束（1）

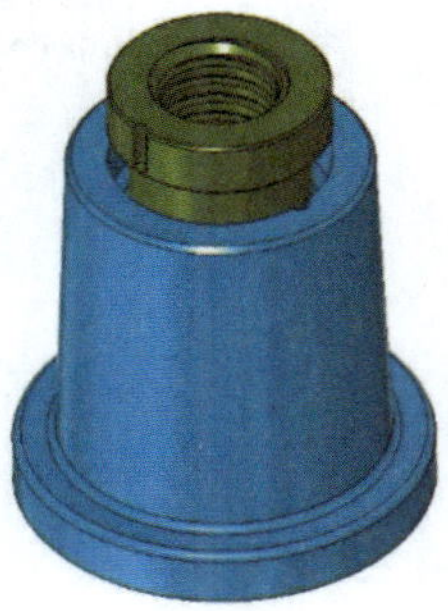

图 6-2-80　装配效果（1）

（3）单击“关系”面板中的【】按钮，弹出“放置约束”对话框。单击“类型”选项区域中的按钮【】，选择配合约束。选择如图 6-2-81 所示的两平面作为约束对象。单击【应用】按钮完成“放置约束”对话框的设置。装配效果如图 6-2-82 所示。

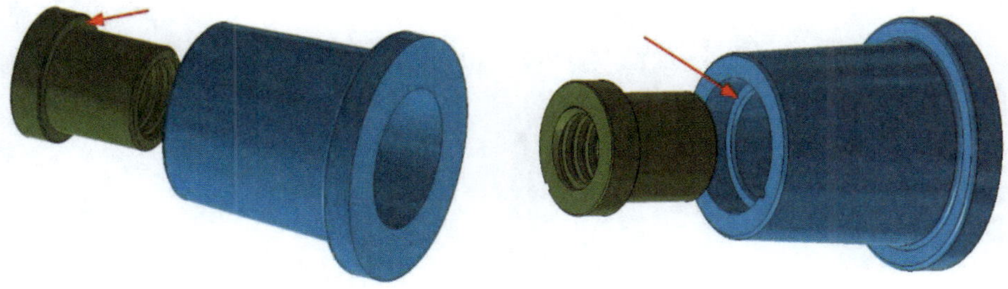

图 6-2-81　添加面配合约束

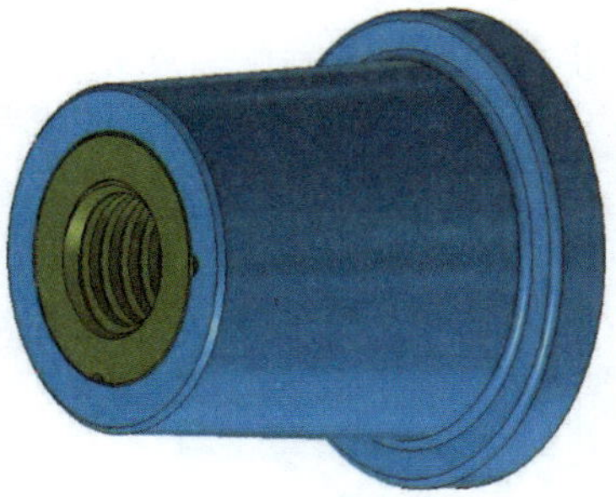

图 6-2-82　装配效果（2）

（4）单击“关系”面板中的【】按钮，弹出“放置约束”对话框。单击“类型”选项区域中的按钮【】，选择配合约束。选择如图 6-2-83 所示的两平面作为约束对象。单击【应用】按钮完成“放置约束”对话框的设置。装配效果如图 6-2-84 所示。

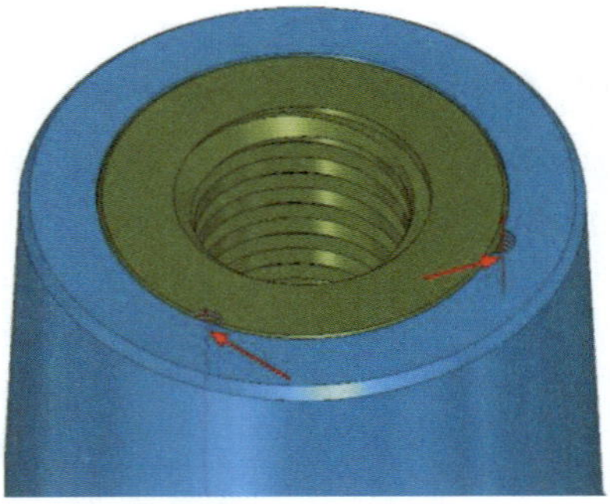

图 6-2-83　添加同轴配合约束（2）

图 6-2-84　装配效果（3）

Step 04 添加螺钉与螺套之间的装配约束。

（1）装入螺钉零件。

（2）单击“关系”面板中的【】按钮，弹出“放置约束”对话框。单击“类型”选项区域中的按钮【】，选择插入约束。选择如图 6-2-85 所示的两圆作为约束对象。单击【应用】按钮完成“放置约束”对话框的设置。装配效果如图 6-2-86 所示。

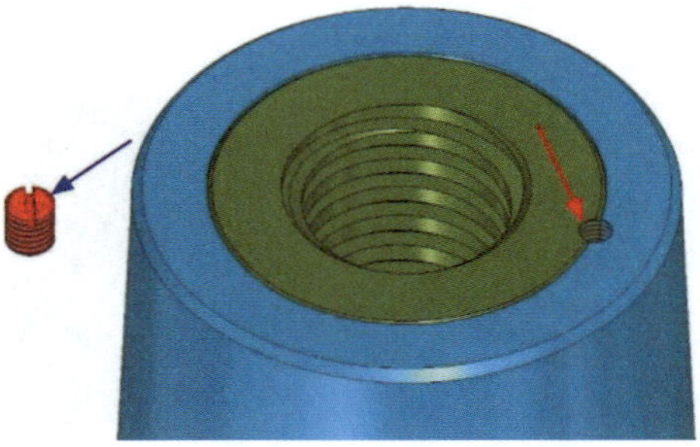

图 6-2-85　添加插入约束

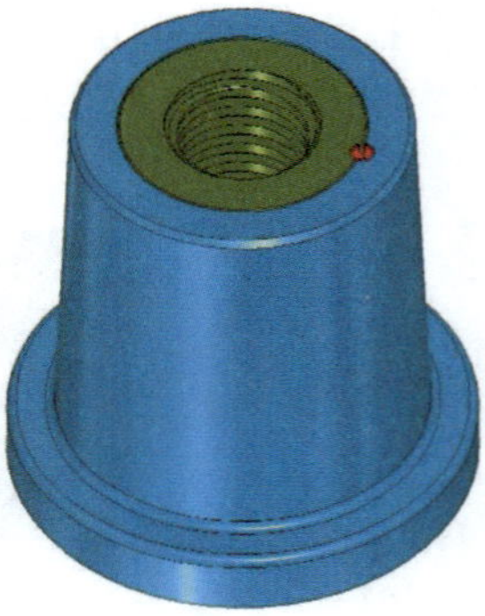

图 6-2-86　装配效果（4）

（3）调整螺钉开槽位置。单击“关系”面板中的【】按钮，弹出“放置约束”对话框。单击“类型”选项区域中的按钮【】，选择配合约束。如图 6-2-87 所示，选择螺钉 *YX* 基准平面和底座 *XZ* 基准平面作为约束对象。单击【应用】按钮完成“放置约束”对话框的设置。装配效果如图 6-2-88 所示。

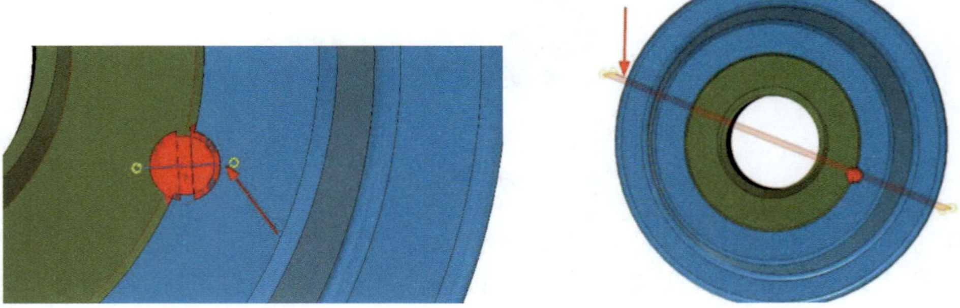

图 6-2-87　添加基准面配合约束（1）

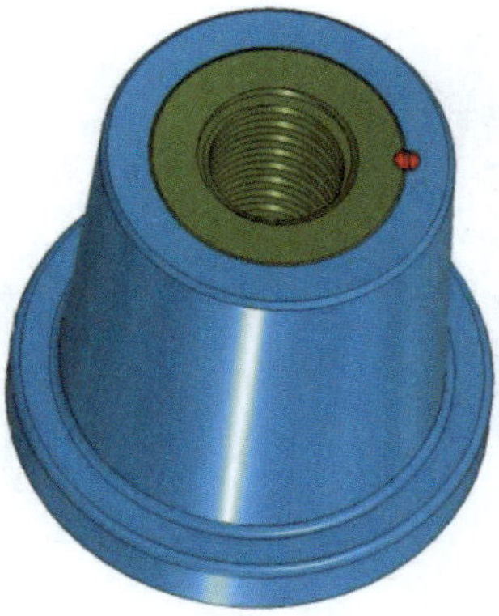

图 6-2-88 装配效果（5）

Step 05 添加螺杆与螺套之间的装配约束。

（1）装入螺杆零件。

（2）单击“关系”面板中的【】按钮，弹出“放置约束”对话框。单击“类型”选项区域中的按钮【】，选择配合约束。选择如图 6-2-89 所示的两轴线作为约束对象。单击【应用】按钮完成“放置约束”对话框的设置。装配效果如图 6-2-90 所示。

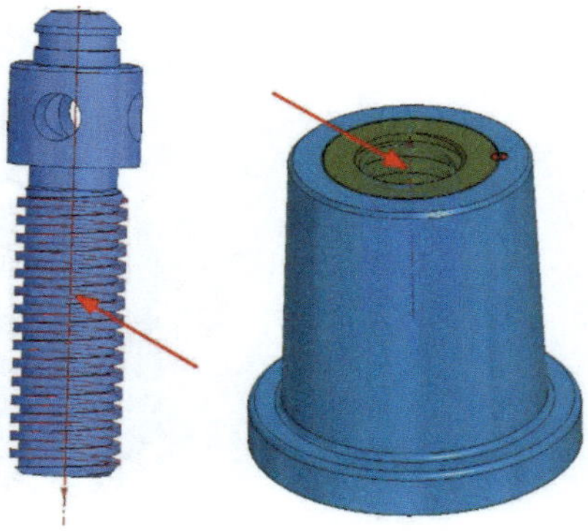

图 6-2-89 添加同轴配合约束（3）

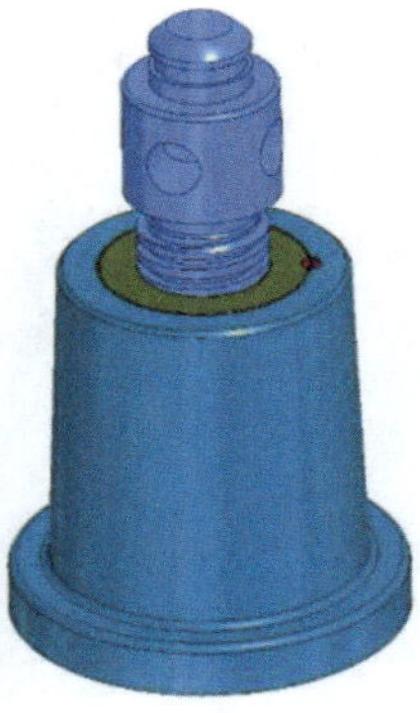

图 6-2-90 装配效果（6）

（3）单击“关系”面板中的【】按钮，弹出“放置约束”对话框。单击“类型”选项区域中的按钮【】，选择相切约束。选择如图 6-2-91 所示的两平面作为约束对象。单击【应用】按钮完成“放置约束”对话框的设置。装配效果如图 6-2-92 所示。

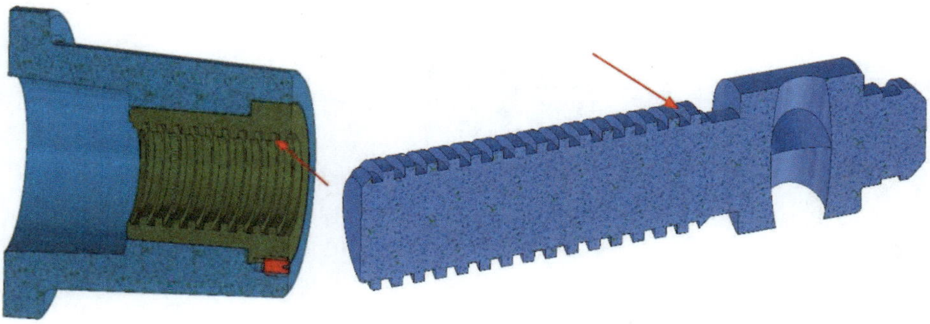

图 6-2-91 添加相切约束（1）

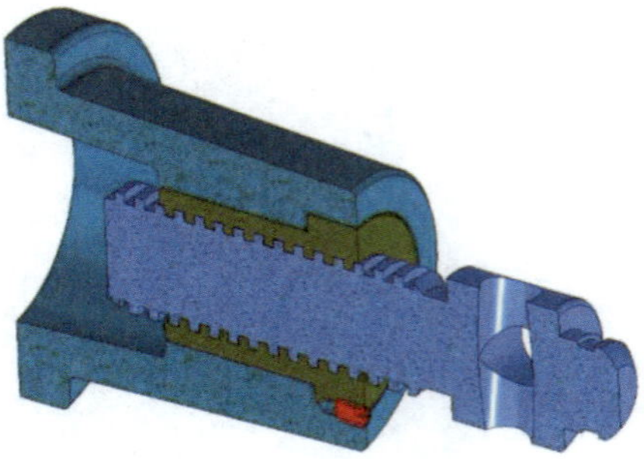

图 6-2-92　装配效果（7）

Step06 添加顶垫与螺杆之间的装配约束。

（1）装入顶垫零件。

（2）单击“关系”面板中的【】按钮，弹出“放置约束”对话框。单击“类型”选项区域中的按钮【】，选择配合约束。选择如图 6-2-93 所示的两轴线作为约束对象。单击【应用】按钮完成“放置约束”对话框的设置。装配效果如图 6-2-94 所示

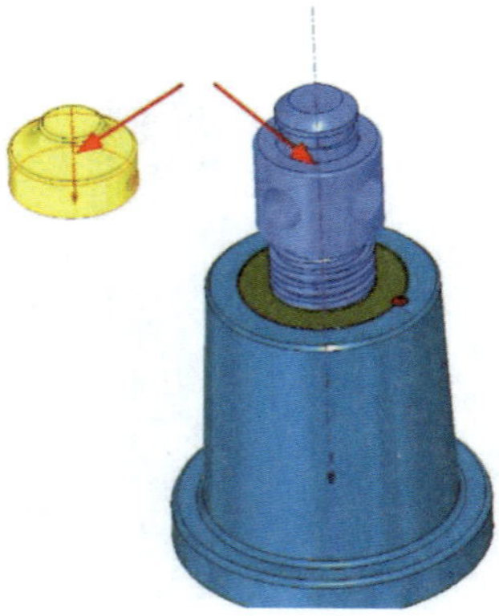

图 6-2-93　添加同轴配合约束（4）

图 6-2-94　装配效果（8）

（3）单击“关系”面板中的【】按钮，弹出“放置约束”对话框。单击“类型”选项区域中的按钮【】，选择相切约束。选择如图 6-2-95 所示的两曲面作为约束对象。单击【应用】按钮完成“放置约束”对话框的设置。装配效果如图 6-2-96 所示。

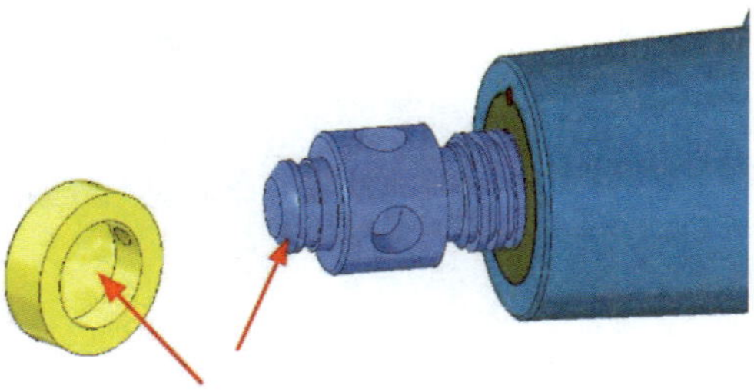

图 6-2-95　添加相切约束（2）

图 6-2-96　装配效果（9）

（4）调整顶垫孔位置。单击“关系”面板中的【】按钮，弹出“放置约束”对话框。单击“类型”选项区域中的按钮【】，选择配合约束。如图 6-2-97 所示，选择底座 *XZ* 基准平面和顶垫 *XZ* 基准平面作为约束对象。单击【应用】按钮完成“放置约束”对话框的设置。装配效果如图 6-2-98 所示。

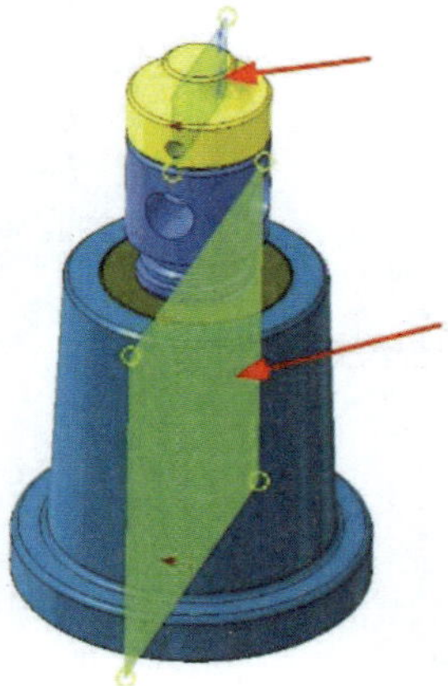

图 6-2-97　添加基准面配合约束（2）

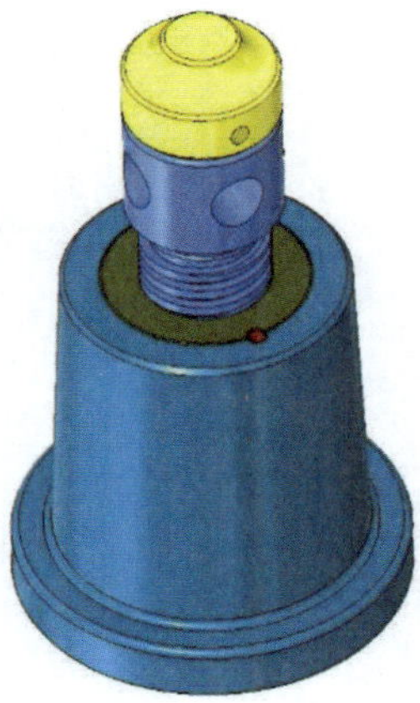

图 6-2-98　装配效果（10）

Step 07 添加螺钉 7 与顶垫之间的装配约束。

（1）装入螺钉 7 零件。

（2）单击“关系”面板中的【】按钮，弹出“放置约束”对话框。单击“类型”选项区域中的按钮【】，选择配合约束。选择如图 6-2-99 所示的两轴线作为约束对象。单击【应用】按钮完成“放置约束”对话框的设置。装配效果如图 6-2-100 所示。

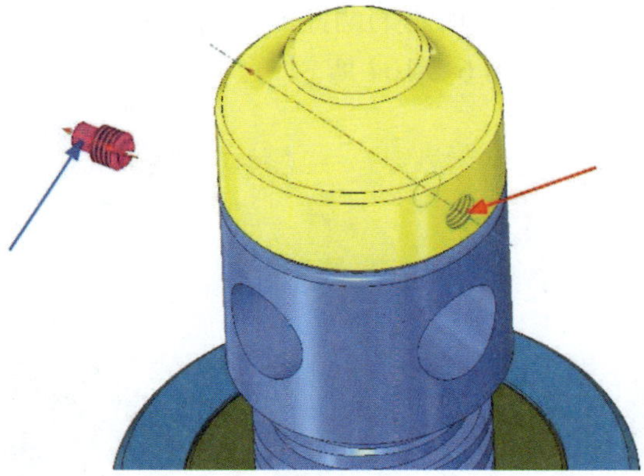

图 6-2-99　添加同轴配合约束（5）

图 6-2-100　装配效果（11）

（3）调整螺钉 7 开槽位置。单击“关系”面板中的【】按钮，弹出“放置约束”对话框。单击“类型”选项区域中的按钮【】，选择配合约束。如图 6-2-101 所示，选择螺钉 7*XY* 基准平面和底座 *XZ* 基准平面作为约束对象。单击【应用】按钮完成“放置约束”对话框的设置。装配效果如图 6-2-102 所示。

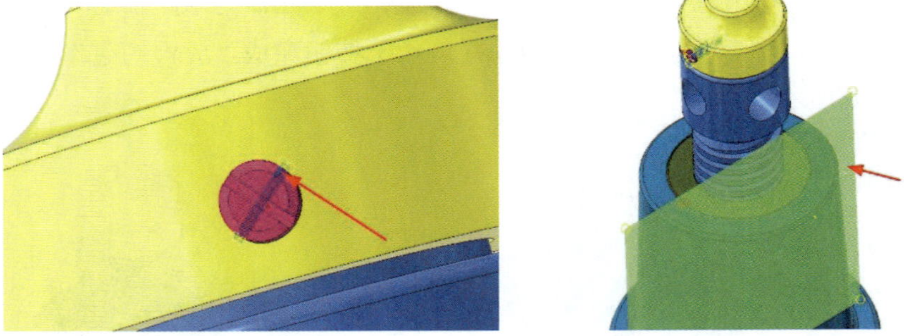

图 6-2-101　添加基准面配合约束（3）

图 6-2-102　装配效果（12）

（4）单击“关系”面板中的【】按钮，弹出“放置约束”对话框。单击“类型”选项区域中的按钮【】，选择相切约束。选择如图 6-2-103 所示的两曲面作为约束对象。单击【应用】按钮完成“放置约束”对话框的设置，装配效果如图 6-2-104 所示。

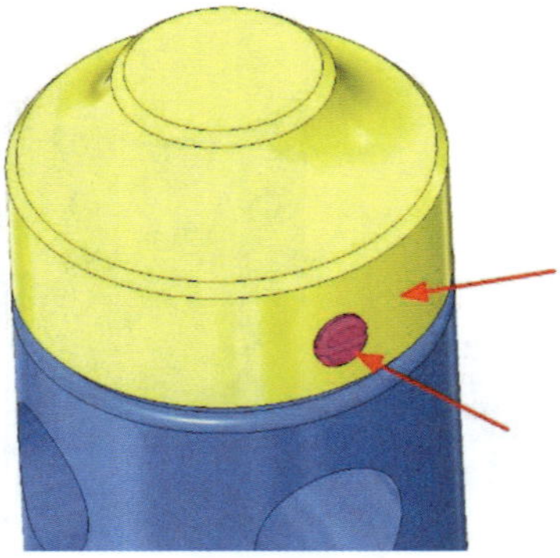

图 6-2-103　添加相切约束（3）

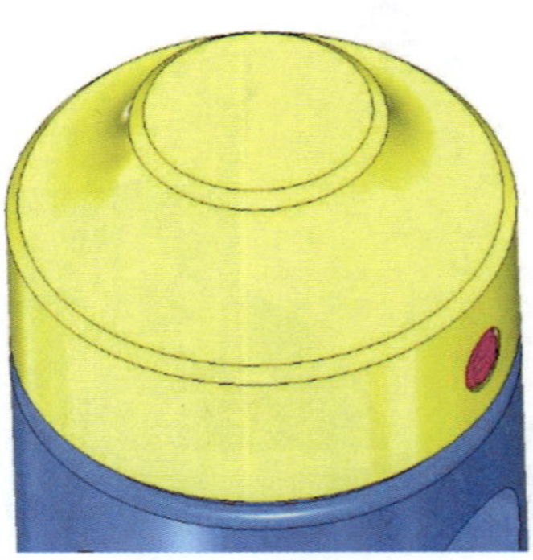

图 6-2-104　装配效果（13）

Step 08 添加铰杠与螺杆之间的装配约束。

（1）装入铰杠零件。

（2）单击“关系”面板中的【】按钮，弹出“放置约束”对话框。单击“类型”选项区域中的按钮【】，选择配合约束。选择如图 6-2-105 所示的两轴线作为约束对象。单击【应用】按钮完成“放置约束”对话框的设置。装配效果如图 6-2-106 所示。